浙江九龙山昆虫

吴建华　余水生　徐华潮　主编

中国农业科学技术出版社

图书在版编目（CIP）数据

浙江九龙山昆虫 / 吴建华，余水生，徐华潮主编. — 北京：中国农业科学技术出版社，2021.1
ISBN 978-7-5116-2986-9

Ⅰ. ①浙… Ⅱ. ①吴… ②余… ③徐… Ⅲ. ①昆虫学—浙江 Ⅳ. ①Q96

中国版本图书馆CIP数据核字（2020）第247460号

责任编辑	徐　毅
责任校对	马广洋
出 版 者	中国农业科学技术出版社
	北京市中关村南大街 12 号　邮编：100081
电　　话	（010）82106631（编辑室）（010）82109702（发行部）
	（010）82109702（读者服务部）
传　　真	（010）82106650
网　　址	http://www.castp.cn
经 销 者	各地新华书店
印 刷 者	北京富泰印刷有限责任公司
开　　本	185 mm × 260 mm　1/16
印　　张	24.25　彩插　40
字　　数	650 千字
版　　次	2021 年 1 月第 1 版　2021 年 1 月第 1 次印刷
定　　价	200.00 元

《浙江九龙山昆虫》
编委会

内容提要

本书是对浙江九龙山国家级自然保护区昆虫资源的系统调查和研究的总结。总论部分介绍了九龙山自然保护区的自然概况和昆虫物种多样性组成，各论部分介绍了浙江九龙山所采集的 5 纲共计 27 目 230 科 1 413 属 2 235 种无脊椎动物，其中，原尾纲 2 目 3 科 6 属 14 种、弹尾纲 1 目 1 科 1 属 1 种、双尾纲 1 目 3 科 4 属 4 种、昆虫纲 22 目 221 科 1 392 属 2 215 种、蛛形纲 1 目 2 科 10 属 11 种；通过系统调查和研究，发现并发表双翅目昆虫 2 新种；书的最后是部分昆虫生态图片和考察照片。全书共附图 160 幅。

本书适合高等农林院校师生使用，也可作为从事森林公园、湿地和自然保护区等管理机构的科技与管理工作者的参考用书。

参编单位

中国科学院植物生理与生态研究所

南开大学

西北农林科技大学

贵州大学

陕西理工大学

沈阳师范大学

华东师范大学

江苏第二师范学院

山东农业大学

南宁师范大学

青岛农业大学

天津农学院

河池学院

上海自然博物馆

上海市农业科学院

广东昆虫资源研究所

浙江清凉峰国家级自然保护区管理局

扬州大学

浙江农林大学

浙江九龙山国家级自然保护区管理中心

参编人员名单

第一章　浙江九龙山国家级自然保护区概况

撰　写：吴建华　余水生

第二章　浙江九龙山昆虫组成及其多样性

撰　写：王义平　郭　瑞

第三、第四、第五章　原尾纲 Protura、弹尾纲 Collembola：Tullbergiidae、
双尾纲 Diplura

鉴定及撰写：卜　云　高　艳

第六章　昆虫纲 Insecta

蜉蝣目 Ephemeroptera、蜻蜓目 Odonata、襀翅目 Plecoptera、蜚蠊目 Blattodea、
等翅目 Isoptera、革翅目 Dermaptera

鉴定及撰写：杜予州　张世军　柯云玲

螳螂目 Mantodea、竹节虫目 Phasmatodea

鉴定及撰写：刘宪伟　朱卫兵　戴　莉　王瀚强　秦艳艳

直翅目 Orthoptera

鉴定及撰写：黄超梅　贺晨曦

缨翅目 Thysanoptera、广翅目 Megaloptera、蛇蛉目 Raphidioptera

鉴定及撰写：李浩翰　郭　瑞　林爱丽　玲　艳　党利红　谢丹乐

同翅目 Homoptera

鉴定及撰写：吕　林　汪佳佳　李德芳　尹基峻　丁　强

半翅目 Hemiptera

鉴定及撰写：潘柯宇　王康祺　潘明杰　朱卫兵

脉翅目 Neuroptera

鉴定及撰写：卢秀梅

鞘翅目 Coleoptera

鉴定及撰写：阿力木·艾克木　杨永亮　王超超　彭　飞

长翅目 Mecoptera

鉴定及撰写：高小彤　花保祯

双翅目 Diptera

鉴定及撰写： 吴　鸿　张婷婷　刘士宜　张　晓　钱星仰　林晓龙　余海军　王新华

霍科科　赵　乐　周振杰　卢锦明　王　雯　李　娟　闫　艳

毛翅目 Trichoptera

鉴定及撰写： 孙长海

鳞翅目 Lepidoptera

鉴定及撰写： 万　霞　龙承鹏　李子坤

膜翅目 Hymenoptera

鉴定及撰写： 王义平　鞠晓雪　诸启帆　王克臻

蛛形纲 Arachnida

鉴定及撰写： 谭梦超

前　言

九龙山位于浙江省遂昌县西南部的浙、闽、赣 3 省毗邻地带，是我国东部武夷山系仙霞岭山脉的一个分支，主峰海拔高 1 724m，为浙江省第四高峰。九龙山所在的区域是中国生物多样性保护的关键区域，黑麂、黄腹角雉等物种是这一区域的重点保护动物，在人迹罕至的地段保存着典型的原生状态常绿阔叶林地带性植被。九龙山区域人文历史短暂，至清朝末年才有人居住，1979 年的首次综合科学考察，揭开了它神秘的面纱，其特殊的自然环境和丰富多样的生物资源方被世人所认识和重视。1983 年，经浙江省人民政府批准，在九龙山区域的核心地段建立了面积为 2 000hm² 的省级自然保护区。2003 年，经国务院批准（国办发〔2003〕54 号）晋升为国家级自然保护区，批准后的国家级自然保护区总面积 5 525hm²。

九龙山保护区是我国亚热带常绿阔叶林的一个典型代表。保护区内有维管束植物 179 科 684 属 1 568 种，其中，蕨类植物 35 科 73 属 227 种（变种、变型，下同），种子植物 144 科 611 属 1 341 种。种子植物中，有裸子植物 7 科 15 属 18 种，被子植物 137 科 596 属 1 324 种。植物区系呈现"南北过渡、东西相承"的特点。同时，保护区分布有陆生脊椎动物 26 目 74 科 183 属 289 种，其中，兽类 8 目 22 科 47 属 61 种，鸟类 13 目 35 科 93 属 145 种，爬行类 3 目 9 科 30 属 49 种，两栖类 2 目 8 科 13 属 34 种。保护区具有丰富的野生动植物资源，在生物多样性和基因资源保护等方面对中国乃至全世界都具重要意义。

保护区生物物种资源十分丰富，珍稀动植物种类繁多，森林生态系统具有稀有性、自然性及生物多样性等特点。同时，保护区地史古老，地势高差大，形成中亚热带至中温带的气候垂直系列带谱和多变的小地形和小气候，保留了植被垂直系列带谱和丰富的生物资源及相应的生物群落。其中，由各种常绿青冈组成的青冈林形成完整的山地群落连续体，其成分和结构都完整地保存着天然原始状态。山脊线上连绵成长廊的猴头杜鹃林，是我国东部保存最好的矮曲林。此外，银鹊树林、长序榆林、鹅掌楸林、黑山山矾林都是很少见的林型，伯乐树等我国特有的单种属树种，也具有很高的保护价值。

长期以来，九龙山保护区的昆虫种类资源研究基础极为薄弱，因此，为全面系统地查清浙江九龙山昆虫种类的组成、发生情况、分布规律以及为益虫开发利用和有害昆虫的防控提供理论依据，2018 年 7 月浙江九龙山国家级自然保护区管理中心启动"九龙山昆虫资源调查"项目，委托浙江农林大学组织实施。该项目联合了中国科学院植物生理与生态研究所、中国农业大学、西北农林科技大学、贵州大学、陕西理工大学、沈阳师范大学、华东师范大学、江苏第二师范学院、山东农业大学、南宁师范大学、青岛农业大学、天津农学院、河池学院、上海自然博物馆和上海农业科学研究院等全国 30 余家单位，约 200 余位昆虫分类专家学者参与研究。在前期工作积累的基础上，从 2018 年开始，有 300 多位专家学者对浙江省昆虫物种进行为期 3 年的系统调查，共获得昆虫标本 50 万余号，调查鉴定 5 纲共计 27 目 230 科 1 413 属 2 235 种无脊柱动物，其中，原尾纲 2 目 3 科 6 属 14 种、弹尾纲 1 目 1 科 1 属 1 种、双尾纲 1 目 3 科 4 属 4 种、昆虫纲 22 目 221 科 1 392 属 2 215 种、蛛形纲 1 目 2 科 10 属 11 种，进一步完善了遂昌九龙山昆虫多样性资料。

本书是该项目的总结，在编写过程中，得到浙江省林业局、浙江农林大学等单位领导和同行的支持和鼓励，以及浙江遂昌九龙山国家级自然保护区广大干部职工的大力支持。在此，谨向所有关心、鼓励、支持、指导和帮助我们完成本书编写的单位和个人表示热诚的谢意。

由于时间仓促和水平有限，疏漏或不足之处在所难免，殷切希望读者对本书提出批评和建议。

《浙江九龙山昆虫》编辑委员会

2020 年 9 月

目　录

第一章

浙江九龙山国家级自然保护区概况

浙江九龙山国家级自然保护区（以下简称"九龙山保护区"）位于浙江省遂昌县西南部的浙、闽、赣3个省毗邻地带，是我国东部武夷山系仙霞岭山脉的一个分支，主峰海拔高1 724m，为浙江省第四高峰（彩图1）。保护区位于118°49′38″~118°55′03″E，28°19′10″~28°24′43″N，东西宽8.8km，南北长10.5km，总面积5 525.0hm²，其中，国有土地1 179.7hm²，集体土地4 345.3hm²（彩图2）。保护区为中国生物多样性保护的关键区域，区内保存着黑麂、黄腹角雉等国家重点保护动物，尤其是在人迹罕至的地段保存着典型的原生状态常绿阔叶林地带性植被。区内气候温暖湿润，水资源丰富，自然气候条件十分优越。

1979年的首次综合科学考察，其特殊的自然环境和丰富多样的生物资源方被世人所认识和重视。1983年，经浙江省人民政府批准，在九龙山区域的核心地段建立了面积为2 000.0hm²的省级自然保护区。2003年，经国务院批准（国办发〔2003〕54号）晋升为国家级自然保护区。

一、地质地貌

（一）地质特征

九龙山保护区地处绍兴—江山深断裂带以东区域，地层分区上处于华南地层区（一级）四明山—武夷山地层分区（二级）龙泉地层小区（三级），地质构造上处于华南地槽褶皱系（一级）浙东华夏褶皱带（二级）陈蔡—遂昌隆起（三级），区内地史古老，孕育于中生代侏罗纪，距今约有2亿年的历史。九龙山区域受几个NNE向构造（如龙游—遂昌、上虞—庆元断裂）以及NW向构造（如遂昌—松阳—平阳大断裂）的控制，保护区内的小断裂以NE—SW向为主。全区地层以侏罗纪火山岩最为发育，基岩以中生代鹅湖岭组火山熔岩和火山碎屑岩的熔凝灰岩、流纹斑岩、花岗斑岩、蚀变酸性火山岩等组成。熔凝灰岩出露最广，从海拔400~1 724m均广泛分布，九龙山顶峰、内九龙、外九龙、内阴坑、黄基坪尖等都是熔凝灰岩；流纹斑岩出露在海拔700m左右的上寮坑、岩坪一带及海拔1 320m的黄基坪等地。这些火山岩组成了九龙山的主体，成为该区地貌发育的地质基础。

（二）地貌特征

九龙山保护区地貌属中山山地，整个山体呈西南—东北走向，断裂、扭曲、切割、侵蚀形成了今天的"九脊六沟"，悬崖峭壁的险峻地貌巍峨壮观，九龙山区域的地貌表现了以下特征。

1. 山地陡峭，高峰群集

九龙山保护区山势险要，峰峦叠嶂，谷深坡陡，山体坡度大于40°的区域面积占总面积的80%。境内高峰群集，以九龙山主峰为中心，周围簇拥着海拔1 500m以上的山峰28座，1 000~1 500m的山峰35座，其山岳切割深度一般在400~500m，为形成九龙山区域的垂直带谱奠定了地形条件。

2. 山顶部有古夷平面残留

九龙山保护区域山顶有白垩系古夷平面留余，地势相对平缓，相对高度20~200m，海拔1 500m上下，上面覆盖着由侏罗系火山岩风化而成的土壤，土层深厚，即使陡坡处也可达60~70cm；下面有在湿热的古气候环境下形成的残留红土，矿质养分较低。因经过长期的植被枝叶残积影响，表土已积累了较厚的有机质层，古夷平面上现有植被茂密。

3. 重力坡地貌广泛分布

在山顶山脊，由于火山岩物理、化学性质的差异，加上山顶山脊部位的岩石物理风化强烈，岩石沿断裂节理崩塌及经过长期风化剥蚀，使山峰呈脊状、尖锥状峰峦，山顶部位两坡格外陡峭，如大岩前到九龙山顶的一段山脊特别明显。在山坡强烈的坡面重力作用下，使冲沟、崩塌、滑坡现象较常见。由于受断层的作用，山坡断崖陡峭如切，以大岩最为突出，规模小的断崖在屁股坑、内九龙、外九龙也多处可见，在壁立的断崖下方，都有明显的倒石堆存在。在沟谷，区内沟谷宽度小，横剖面呈"V"字形，纵剖面坡度大而多裂点，梯级状明显，河床比降大，水动力强，下蚀作用强烈，瀑布龙潭多处可现。在内九龙、外九龙及罗汉源等溪谷中都有9个龙潭，当地人称"龙井"，传说九龙山也由此得名。

4. 闭塞的小地形环境

九龙山区域的山脉总体呈NNE走向，但各山峰的山脊又有所不同，有几处呈"W"形排列，相邻间的山脊组成围椅状、漏斗状等，内九龙、外九龙都属此种形态，使热量、湿气等不易扩散，大气扰动性小，易形成辐射逆温，形成一个相对的暖处，成为形成局部小气候的小地形条件，适合一些动植物生存。

二、气　候

九龙山保护区气候属中亚热带湿润季风气候，四季分明，雨水充沛，光照适宜，相对湿度较高。区内山峦起伏，沟壑纵横，云海茫茫。复杂的地形，构成了丰富多样的气候环境。概括九龙山保护区的气候条件，具有垂直地带性、雨季和干季明显、山顶部风大气候变化复杂、南北坡有较大差异 4 个特征。

保护区自海拔 400m 起至山顶 1 724m，气候垂直差异很大，平均气温垂直递减率为 0.52℃/100m，年均降水量垂直递增率 58mm/100m，≥ 10℃积温垂直递减率 180℃/100m，无霜期缩短 5.5 天/100m。日照则不同，受山体、高程、坡向等因素的影响，在海拔 650~850m 日照最少，向上则转为随着海拔增高而增加。各类植物都因不同海拔高度的气候条件选择自己适宜生长的地方，气候条件与植物种类的垂直分布密切相关。保护区的气候资源，可分成 5 个垂直层次予以评述（表 1-1）。

表 1-1　九龙山保护区气候资源垂直分布状况

海拔 高程 （m）	年均 气温 （℃）	最冷月 均温 （℃）	最热月 均温 （℃）	极端最 低温 （℃）	≥ 10℃ 活动积温 （℃）	年总降 水量（mm）	年太阳 辐射 （mJ/m²）	最低气温 ≥ 4℃天数 （天）
400~600	14.5~16.0	3.8~5.3	25.0~27.0	−12.0~−9.0	4 700~5 100	1 500~1 600	4 200~4 400	210~230
600~1 000	12.5~14.5	2.0~3.8	23.0~25.0	−15.0~−12.0	3 800~4 700	1 600~1 800	3 600~4 200	190~210
1 000~1 400	10.0~12.5	1.0~2.0	21.0~23.0	−18.0~−15.0	3 200~3 800	1 800~1 900	4 000~4 300	180~190
1 400~1 600	9.0~11.0	0.5~1.5	19.0~21.0	−20.0~−18.0	2 600~3 200	1 900~2 000	4 000~4 200	170~180
1 600~1 724	8.0~9.0	0.0~1.0	18.0~19.0	−21.0~−20.0	2 500~2 600	2 000±	4 100±	170±

保护区降水量多，且年际变化大，年内分配不均，如海拔 1 320m 的黄基坪，年总降水量为 1 855~3 600mm。降水量集中在 4—6 月，占全年降水的 46%，形成明显的雨季。7—8 月为少雨期，降水量仅占 17%；夏季的高温少雨，容易引起伏秋的干旱。但由于九龙山保护区森林覆盖率高，水源涵养和水土保持功能好，洪涝灾害及旱害很少发生。

山顶部凸立招风，冷暖平流强烈，气温日差较大且不规则，白天的热对流作用，造成云雨天气为多，山谷中则以夜雨为多。南向坡太阳辐射较强，温度较高且日较差较小，霜冻较轻而少，但蒸发力强，土壤较干燥；北向坡则太阳辐射较弱，温度较低且日较差大，霜冻较多而重，蒸发力较弱，土壤湿度较大。谷顶部及南北坡的不同条件与季节变迁，影响着植物的生长分布及动物的栖息迁徙，如在冬季动物往往朝向阳山麓迁移。

三、水 文

九龙山保护区是钱塘江水系乌溪江支流的集水区，山涧溪流受构造线 NE—SW 向及 NE 向的控制，整个水系呈羽翅状，从东西两个方向流入毛阳溪、周公源和碧龙源。周公源为乌溪江在保护区内的主要支流，内九龙、外九龙、里岗源、中岗源及外岗源等几条小溪几乎平行注入杨茂源、七树坑、松树坑、松坑等平行注入罗汉源，其他更小的支溪如内阴坑、外阴坑也几乎平行汇聚到更大的支流后汇入罗汉源，罗汉源与杨茂源再分别汇入周公源。毛阳溪、碧龙源和周公源再汇合于湖南镇水库，流入钱塘江上游的乌溪江。

九龙山保护区水体质量良好，据环保部门监测，符合国家一级水标准。pH 值 6~7，呈中性，溶解氧含量较高，达 7.99~8.67mg/L，氨、氮、酚、氰、汞、砷等有毒物质未检出。水体是任何动植物的生存基础，水质好，无污染，有利于动植物的生存繁衍，国家二级保护动物大鲵的存在，除了生态环境保持较好外，与九龙山的优良水质也有密切关系。

九龙山保护区的山体由火山岩构成，无含水层。山谷前又无大的坡积、洪积及缓坡地，不具备储存大量地下水的条件。因此，九龙山保护区地下水储量小，地下水源以裂隙水为主，水位相对稳定。

四、土 壤

（一）成土条件

成土条件包括气候、母质、植被、时间等因素。九龙山保护区土壤的成土条件可概括为：气候温暖湿润，植被为古老的阔叶林，母质为中生代酸性火山岩的风化物，成土时间长，人为影响少。土壤发育特点是富铝化作用显著，有机质转化迅速。黏粒矿物以多水高岭土和三水铝石为主，腐殖质组成以富里酸占优势；土层深厚，黏质粗松，酸性反应，有机质、全氮及钾素丰富。

（二）土壤类型与分布

本区土壤有红壤、黄壤、水稻土 3 个土类，红壤土类分老红壤、红壤、乌红壤、黄红壤 4 个亚类，黄壤土类分黄壤、乌黄壤、生草黄壤 3 个亚类，水稻土面积极少，仅为潴育型水稻土 1 个亚类。各土壤类型的分布与性状详见下表（表 1-2）。

表 1-2　九龙山保护区土壤类型、分布与性状

土类	亚类	分布		性状
		垂直分布	主要植被、地形	
红壤	老红壤	海拔 600m 以下	凸形脊坡下部，松灌植被	土质黏、酸、瘦
	红壤	海拔 600m 以下	针、阔植被	黏度、酸性、肥力等居中等状态
	乌红壤	海拔 1 000m 以下	陡坡山凹，常绿阔叶林	壤质土，自然肥力好
	黄红壤	海拔 600~1 000m	阔、松、灌植被	红壤向黄壤的过渡类型，肥力仅次于乌红壤
黄壤	黄壤	海拔 1 000~1 400m	针叶林	黏实，通气性和肥力较差
	乌黄壤	海拔 1 000~1 600m	阔叶林	结构较好，有效养分多，肥力较好
	生草黄壤	海拔 1 600m 以上	山顶部，灌草类植被	有机质含量高，但矿化度低
水稻土	潴育型水稻土	较低海拔	山垄和山麓缓坡梯田	母质为红壤，通过种植水稻发育而成，数量极少

五、动植物资源

（一）植物资源

九龙山保护区属于中亚热带的地理位置，温暖湿润的气候条件和复杂的地形环境，使得浙江九龙山国家级自然保护区成为南北植物的汇流之区，也是许多古老孑遗植物的避难场所，植物的种类十分丰富（彩图 3），植物区系呈现南北过渡、东西相承的特点。据调查，统计区内有维管束植物 179 科 684 属 1 568 种，其中，蕨类植物 35 科 73 属 227 种（变种、变型，下同），种子植物 144 科 611 属 1 341 种。种子植物中，有裸子植物 7 科 15 属 18 种，被子植物 137 科 596 属 1 324 种。

九龙山保护区植物资源丰富，种类繁多，保留了许多古老珍贵植物。根据国家林业局和农业部于 1999 年公布的《国家重点保护野生植物名录（第一批）》，保护区共分布国家野生珍稀濒危植物种类 18 种，其中，属于国家 I 级重点保护植物的有伯乐树和南方红豆杉 2 种，国家 II 级重点保护植物的有福建柏、白豆杉、榧树、长叶榧、连香树、香樟、闽楠、花榈木、鹅掌楸、厚朴、凹叶厚朴、毛红椿、香果树、蛛网萼、长序榆、榉树等16 种。此外，九龙山保护区还是九龙山榧、遂昌冬青、九龙山景天、九龙山凤仙花、九龙山鳞毛蕨、大西坑水玉簪等 40 种植物模式标本的原产地。另外，区内还分布 15 个中国特有属和领春木、银钟花、短萼黄连、银鹊树、南方铁杉、乐东拟单性木兰等珍稀濒危植物。

（二）动物资源

九龙山保护区优良的森林生态环境及丰富的植物资源为野生动物的栖息、繁衍提供了良好的条件。据初步调查统计，保护区分布有陆生脊椎动物26目74科183属289种，其中，兽类8目22科47属61种，鸟类13目35科93属145种，爬行类3目9科30属49种，两栖类2目8科13属34种。兽类、鸟类、两栖类和爬行类种数分别占浙江省总数的77.3%、59.8%、30.2%和60.6%。保护区具有丰富的野生动植物资源，在生物多样性和基因资源保护等方面对中国乃至全世界都具重要意义。

本区不仅野生动物种类繁多，资源丰富，而且珍稀物种种类较多，其中，国家Ⅰ级重点保护野生动物有云豹、豹、黑麂、黄腹角雉、白颈长尾雉等5种；国家Ⅱ级重点保护野生动物有猕猴、短尾猴、穿山甲、豺、黑熊、大灵猫、小灵猫、金猫、鬣羚、斑羚、鸳鸯、凤头鹃隼、鸢、燕隼、红隼、草鸮、领角鸮、白鹇、蓝翅八色鸫、大鲵、虎纹蛙等40种，另有一大批省级重点保护动物。九龙山还是九龙棘蛙等5种动物模式标本的原产地。尤为突出的是，浙江九龙山保护区是国家一级保护动物、中国特有的世界性受威胁物种黑麂最重要的分布中心和最大野生种群的集中分布区，也是另一世界性受威胁的国家一级保护动物黄腹角雉最重要的栖息地和最集中的分布地之一。九龙山保护区是两濒危物种的分布交叉点，是黑麂分布中心的南缘和黄腹角雉分布北界的中心。

六、植 被

九龙山保护区地带性植被是中亚热带常绿阔叶林，其是华东地区植被保存最好的地区之一。尤其是600hm²原生状态自然植被在我国东部高密度人口及经济发达地区十分罕见。由于海拔高差大，垂直气候变异明显，九龙山保护区植被显示常绿阔叶林典型特征的同时，还存在着较为完整的垂直带谱系列。保护区植被可划分为针叶林、针阔混交林、阔叶林、竹林和灌丛5个植被型组、11个植被型、32个群系组、39个群系和44个群丛组（彩图4）。

（一）针叶林

本区针叶林可分为温性针叶林、暖性针叶林两个植被型。海拔800m以下的马尾松林为暖性针叶林，灌木层主要有木荷、冬青、拟赤杨、檵木、马银花等，草本植物主要为芒萁；海拔800m以上为温性针叶林分布区，主要有黄山松林、柳杉林和南方铁杉林。黄山松林主林层下稀疏分布着钝齿冬青、光萼林檎、华东山柳等，灌木层有三桠乌药、华山矾、映山红、马醉木等，草本层有普通鹿蹄草、铁丁兔儿风、东风菜等；柳杉林主林层中杉木占着三成多的比重，灌木层主要有蜡莲绣球、石楠、薄叶山矾、南方枳椇、锐齿槲栎、多脉青冈、木荷等，草本层植物十分稀少；南方铁杉林主林层常分布有较多的阔叶树种，在郁闭的林分下不出现南方铁杉的幼树、幼苗，但在林窗却可见到较多的野生幼苗。九龙山保护区内共有针叶林 1 926.7hm^2，占保护区总面积的 34.9%。

（二）针阔混交林

九龙山保护区的针阔混交林分布海拔较高，属温性针阔混交林类型，主要有黄山松—木荷混交林—杉木—木荷混交林、福建柏—甜槠混交林。黄山松—木荷混交林主要分布在海拔 1 300~1 500m 地段，伴生种有灯台树、多脉青冈、交让木等，灌木层有微毛柃、薄叶山矾、鹿角杜鹃、厚皮香等，草木层稀缺；杉木—木荷林分布在海拔 1 100m 以下地区，有甜槠、山合欢、拟赤杨等树种伴生，灌木层有鹿角杜鹃、箬竹、猴头杜鹃、马银花、浙江红花油茶等，草本层有中华野海棠、华东瘤足蕨、黑足鳞毛蕨、狗脊蕨、苔草等；福建柏—甜槠林分布在海拔 1 100m 左右陡坡上，伴生种有木荷、石灰花楸、褐叶青冈、黄山松等，灌木层除主林层幼树外，有鹿角杜鹃、矩形叶鼠刺、窄基红褐柃、玉山竹等，草本层主要有麦冬、苔草、华东瘤足蕨等。本区共有针阔混交林 1 117.6hm^2，占保护区总面积的 20.2%。

（三）阔叶林

阔叶林是本区分布最广、类型最多、结构最复杂、面积最大的植被型组，可分为常绿阔叶林、落叶常绿阔叶混交林、落叶阔叶林、山地矮曲林 4 个植被型。本区共有阔叶林 2 139.8hm^2，占保护区总面积的 38.7%。

1. 常绿阔叶林

常绿阔叶林是该地区的地带性植被，分布范围广。在海拔 900m 以下，因过去人为干扰较多，自然植被受到过不同程度的破坏，现存较好的常绿阔叶林往往呈孤岛状分布；海拔 900m 以上，常绿阔叶林植被保存较好，林冠稠密，类型繁多，成为九龙山植被的主体。常绿阔叶林含青冈林、栲林、石栎林、山矾林、润楠林、樟林等 6 个群系组，其中以青冈林最为典型和最具特色。青冈林是东亚地带性植被之一，本区有 600hm^2 完整地保存着原生状态的标准青冈群系，由云山青冈、青冈、褐叶青冈、小叶青冈、细叶青冈和多脉青冈等 6 种青冈各自作为优势种组成的群丛组，从山麓到顶部垂直分布的替代序列很是清晰，表现出山地青冈林群落连续体，是迄今所知我国东部最完整的植被或林型。黑山山矾和甜槠为优势种组成的群丛组，是本区常绿阔叶林的另一特色，黑山山矾过去多见散生，组成群落则属首次发现，在林型学和生态学上有重大的意义。常绿阔叶林不同的群丛组，其伴生种、灌木植物和草本植物也有所不同。如褐叶青冈—木荷林，乔木层以褐叶青冈为主，伴生少量的木荷、蓝果树，灌木层有鹿角杜鹃、马银花、尾叶冬青、褐叶青冈、甜槠等，草本层有光叶里白等；黑山山矾—甜槠林，乔木林以黑山山矾为主，伴生甜槠、木荷、红楠等树种，灌木层也以黑山山矾占优势，其他种类还有青冈、甜槠、小叶青冈、浙江新木姜子、鹿角杜鹃、尾叶冬青、尖连蕊茶等，草本层有光叶里白、狗脊蕨、华南瘤足蕨等。

2. 落叶常绿阔叶混交林

组成该类型的落叶树树体高大，占居上层，主要树种有鹅掌楸、秀丽槭、华西枫杨、缺萼枫香、灯台树等；常绿树多占居乔林层的下层，主要树种有多脉青冈、木荷等。落叶常绿阔叶混交林多分布在沟谷地带或近沟谷的下部山坡，自海拔600~1 600m均有分布，主要有鹅掌楸—多脉青冈林、缺萼枫香—紫楠林、橄榄槭—披针叶茴香林、暖木—多脉青冈林、亮叶水青冈—多脉青冈林等5个群丛组。以鹅掌楸—多脉青冈林为例，第一亚层以鹅掌楸、秀丽槭、华西枫杨等落叶阔叶树为主，第二亚层以多脉青冈等常绿阔叶树占优势，灌木层有尖连蕊茶、浙江红花油茶、蜡莲绣球、浙江新木姜子、格药柃、多脉青冈等，草本层主要有大叶金腰、赤车、麦冬、黄山鳞毛蕨、宝铎草等。

3. 落叶阔叶林

本区的落叶阔叶林多分布于海拔1 100~1 650m的山沟谷地，与常绿阔叶林、常绿落叶阔叶混交林间无明显的垂直带而呈相互镶嵌分布，通常树体高大，林相整齐，其群落组成具有原生性和古老性，许多古老珍稀种类都分布其中或其本身为优势种，如鹅掌楸、黄山木兰、枫香、银鹊树、连香树、香果树、华西枫杨、长序榆、蓝果树等。落叶阔叶林有亮叶水青冈—鹅掌楸林、缺萼枫香—华东野胡桃林、缺萼枫香—秀丽槭林、鄂椴—鹅掌楸林、银鹊树—华东野胡桃林、长序榆—青钱柳林等6个群丛组。以鄂椴—鹅掌楸林为例，乔木层可分2~3亚层，以第一亚层的鄂椴、鹅掌楸占优势，伴生树种有缺萼枫香、浙江新木姜子、假地风皮等，灌木层有尖叶山茶、柃木、茶条果、榕叶冬青等，草本植物主要有麦冬、山椒草、虎耳草、黄山鳞毛蕨等。

4. 山地矮曲林

这是在特殊的生境条件下形成的特殊类型，九龙山有两种，一种是在低海拔的陡坡土层瘠薄、光照强、水分少的环境条件下形成的类型，该类型的建群种是乌冈栎，树高3~4m，伴生种有马银花、短尾越橘、赤楠、鹿角杜鹃等，林下几乎无草本植物出现；另一种是在中高海拔的山顶、山脊或近山脊的山坡上，是在山风强、气温日变化大、云雾多、湿度大、土层薄的环境条件下形成的类型，该类型的建群种为猴头杜鹃，伴生种很少，下层木也以猴头杜鹃为主，伴生少量的马醉木、木荷、小叶青冈等，草本植物罕见，在山冈上形成十分壮观的杜鹃长廊。

（四）竹　林

九龙山保护区竹林有大径竹和小径竹林，主要为毛竹林和玉山竹林。毛竹林分布于海拔1 000m以下立地条件较好的地段，有天然林，也有人工林。天然林分布海拔较高，而人工林多数在护林点附近，生长良好。玉山竹林分布于海拔 1 550m 以上的山脊线上，成密集块状分布，高 3m，竿粗 2~5cm，郁闭度 0.9。本区竹林的分布面积很少，仅 24.7hm²，占保护区总面积的 0.4%。

（五）灌 丛

灌丛多分布于近山顶的山冈或山坡上，主要类型有鹿角杜鹃—黄山松灌丛、云锦杜鹃—箬竹灌丛、华山矾灌丛、映山红灌丛、波叶红果树灌丛等。鹿角杜鹃—黄山松灌丛分布于海拔 1 500m 以上的山冈或近山冈山坡上，伴生种类有窄基红褐柃、山鸡椒、云锦杜鹃、映山红、猴头杜鹃等，草本植物有箬竹、东风菜等；云锦杜鹃—箬竹灌丛分布于海拔 1 550m 以上的山顶部分，伴生种有华山矾、饭汤子、圆锥绣球等，草本植物有芒、东风菜、蕨类；华山矾灌丛分布在主峰下海拔 1 680m 的西北坡，主要种类有华山矾、映山红、山樱花、野漆树、饭汤子、华东山柳、盐肤木等；映山红灌丛分布于海拔 1 680m 的山顶部分，主要种类有映山红、华东山柳、扁枝越橘、波叶红果树、钝齿冬青等；波叶红果树灌丛分布于海拔 1 600m 以上的山顶部分，组成种类有波叶红果树、映山红、华东山柳、灯笼花、中华石楠、南方六道木等。本区灌丛的分布面积不大，有 274.5hm²，占保护区总面积的 5.0%。

参考文献

琚金水，张方钢，韦直，等，2002. 九龙山自然保护区常绿阔叶林的植被类型 [J]. 浙江林业科技，（06）：
　　10–14.

罗建峰，罗骑，郑春浩，2009. 浙江九龙山国家重点保护野生植物自然分布与评价 [J]. 现代农业科技，
　　（03）：93–95.

马水龙，史玉明，钟跃良，等，2006. 九龙山国家森林公园鸟类区系 [J]. 浙江林学院学报，（04）：
　　449–454.

潘金贵，1996. 浙江省九龙山自然保护区自然资源研究 [M]. 中国林业出版社.

王昌腾，2005. 浙江九龙山自然保护区珍稀濒危植物区系研究 [J]. 亚热带植物科学，（03）：53–56.

张福根，徐锦法，巫春雄，等，2009. 九龙山自然保护区珍稀濒危和特有植物资源及其分布 [J]. 现代农业
　　科技，（21）：186–193.

张家银，廖进平，罗建峰，等，2009. 浙江九龙山陆生野生脊椎动物资源现状及保护对策 [J]. 温州大学学
　　报（自然科学版），30（04）：1–6.

第二章

浙江九龙山昆虫组成及其多样性

生物多样性是人类赖以生存的条件，是经济社会可持续发展的基础，也是生态安全的重要保障。昆虫是自然界中种类最多的动物，是生物多样性的重要组成部分，在生态系统中具有重要的作用。由于人类活动的影响，昆虫多样性面临着生境遭到破坏，物种濒于灭绝，天敌大量减少等问题。近年来，随着生物多样性的关注度不断提高，昆虫生物多样性研究日益受到重视，如访花昆虫、土壤昆虫以及林冠层昆虫物种组成及其多样性。因此，开展昆虫本底资源调查，正确认识昆虫资源状况，了解昆虫物种结构和组成，掌握昆虫种群的发展趋势，对昆虫资源的保护和利用、生物多样性研究具有重要意义。

浙江九龙山国家级自然保护区（以下简称"九龙山保护区"）属武夷山仙霞岭山脉的分支，是钱塘江水系的最南端源头。区内雨水充沛，光照适宜，地形复杂，植物群落多样，植被覆盖率较高，生态环境优良、动植物资源丰富。自九龙山保护区建立以来，分别开展了脊椎动物、植物、植被等资源调查，基本摸清区内动植物资源种类及其分布，但区内有关昆虫的本底资源调查尚未开展，区内昆虫的种类、数量、分布情况还不清楚。因此，为全面系统地查清九龙山保护区昆虫种类的组成、发生情况、分布规律，2018年7月浙江九龙山国家级自然保护区管理中心会同浙江农林大学合作，启动"九龙山昆虫资源调查"项目。该项目联合了中国科学院动物研究所、中国科学院植物生理与生态研究所、中国农业大学、南开大学、西北农林科技大学、贵州大学、陕西理工大学、沈阳师范大学、山东农业大学、南宁师范大学、青岛农业大学、天津农学院、河池学院和上海农业科学研究院等全国30余家单位、约300余位昆虫分类专家学者参与调查编写（彩图5、彩图6）。经过近3年来的调查，共采集昆虫标本5万余头，并鉴定整理出浙江九龙山国家级自然保护区昆虫名录，共计22目221科1 392属2 215种，进一步完善了九龙山保护区昆虫多样性资料，并对区内昆虫组成及其多样性就行了分析，以期为保护区保护和管理提供依据。野外考察时间及线路见表2-1。

表 2-1　浙江九龙山国家级自然保护区昆虫野外考察情况

时间	考察人员信息	考察地点与内容
2018 年 5 月	河北大学的巴义彬、华南农业大学的工兴民、浙江农林大学柴苗等 10 余人	黄沙腰保护区，采集甲虫
2018 年 8 月	南开大学的贾岩岩、李艳飞；中国农业大学的李晓丽、西北农林科技大学的张诗萌、骆洋；中国科学院上海生命科学研究院的秦艳艳；广东昆虫研究所的张世军等合计 30 余人	黄沙腰保护区，采集鳞翅目、同翅目、等翅目等
2019 年 5 月	中国科学院上海生命科学研究院的朱卫兵和王瀚强、上海自然博物馆的卜云、上海农业科学研究院的卢秀梅、华东师范大学的田迪；浙江农林大学的王义平和卢锦明等合计 20 余人	岩坪保护站、西坑里哨卡、黄沙腰保护区
2019 年 7 月	陕西理工大学的李娟、闫艳；江苏第二师范学院的尹基峻和丁强；河池学院的黄超梅和贺晨曦；山东农业大学的刘士宜；南宁师范大学的谭梦超；中国农业大学的林爱丽和赖艳；沈阳农业大学的屈宗飞和高悦添；南开大学的陈佳林和余海军；陕西理工大学的霍科科、党利红、谢丹乐和王夏；贵州大学的汪佳佳和李德芳；浙江农林大学的王康祺等 20 余人	岩坪保护站、西坑里哨卡、黄沙腰保护区，采集双翅目、广翅目、双翅目、同翅目和螨类等

一、研究方法

（一）昆虫采集及鉴定

2017 年 8 月至 2019 年 7 月，根据不同昆虫类群的生态习性，结合九龙山保护区的具体情况，分别对保护区内岩坪保护点、西坑里和黄沙腰等区域进行 3 次昆虫的种类调查。期间共邀请中国科学院动物研究所、西北农林科技大学、浙江农林大学等 10 多个科研单位，55 位昆虫分类学者分别采用网捕法、马氏网诱集法、灯诱诱集法、黄盘诱捕法、陷阱法对保护区内的昆虫资源进行了野外调查和物种鉴定。同时，结合《浙江昆虫名录》等历史资料，核对并总结出九龙山保护区昆虫名录。

（二）昆虫多样性分析方法

分别利用 Shannon-Wiener 多样性指数（H'）、Simpson 优势度指数（C）、Margalef 丰富度指数（D）和 Pielou 均匀度指数（Jws）对昆虫群落进行分析。其计算公式如下。

（1）Shannon-Wiener 多样性指数：$H'=-\sum n_i/N \ln(n_i/N)$

其中，式中 n_i 为第 i 个类群的个体数，N 为群落中所有类群的个体总数。

（2）Margalef 丰富度指数：$D=(S-1)/\ln N$

式中，S 为类群数。

（3）Pielou 均匀度指数：Jws = H′/lnS

（4）Simpson 优势度指数：$C = \sum p_i^2$

式中，$P_i = n_i/N$。

二、研究结果与分析

（一）九龙山保护区昆虫群落组成

本次调查共采集及鉴定昆虫标本 5 万余号，隶属 22 目 221 科 1 392 属 2 215 种（表2-2），约占浙江省昆虫总数的 22.91%。调查结果显示，九龙山保护区昆虫各类群科数量较多的目为鳞翅目、鞘翅目、膜翅目、直翅目、半翅目和双翅目，这 6 个目的科数占总科数的 66.06%。各类群按科数排列依次为鳞翅目＞鞘翅目＞膜翅目＞直翅目、半翅目、双翅目＞同翅目＞毛翅目＞蜻蜓目＞脉翅目＞革翅目＞蜉蝣目＞蜚蠊目＞襀翅目、等翅目、螳螂目、竹节虫目、缨翅目、长翅目、蚤目＞广翅目、蛇蛉目。从科一级来看，九龙山保护区昆虫分布 221 科，其中，20 种以上的科有 30 个。这些科的种数占仙霞岭昆虫总种数的 58.65%，是优势科。含 30 种以上的科依次为：尺蛾科（135 种）、螟蛾科（132种）、夜蛾科（122 种）、蛱蝶科（75 种）、天牛科（60 种）、茧蜂科（51 种）、姬蜂科（47种）、叶蝉科（46 种）、舟蛾科（45 种）、弄蝶科（43 种）、眼蝶科（40 种）、蟌科（39种）、毒蛾科（37 种）、灰蝶科（36 种）、天蛾科（35 种）、菌蚊科（33 种）、苔蛾亚科（32 种）、瓢虫科（30 种）、食蚜蝇科（30 种）。

以各个目的种数比较，则排列顺序有所不同，鳞翅目、鞘翅目、膜翅目、双翅目、同翅目和半翅目，这 6 个目的种数均在 100 种以上，且总数占总种数的 85.508%。可见，这 6 个目为仙霞岭保护区的优势目昆虫。所有目具体种数排列顺序为鳞翅目＞鞘翅目＞膜翅目＞双翅目＞半翅目＞同翅目＞直翅目＞蜻蜓目＞毛翅目＞等翅目＞脉翅目＞革翅目、长翅目＞蜉蝣目＞广翅目＞襀翅目、蜚蠊目＞螳螂目＞竹节虫目、缨翅目＞蚤目＞蛇蛉目。

表 2-2　九龙山保护区昆虫群落结构

Table2-2　Number of insects from Jiulongshan Reserve of Zhejiang

目 Order	科 Family		属 Genus		种 Species	
	数量 Number	比率（%）Proportion	数量 Number	比率（%）Proportion	数量 Number	比率（%）Proportion
蜉蝣目 Ephemeroptera	4	1.81	6	0.43	8	0.36
蜻蜓目 Odonata	9	4.07	41	2.95	61	2.75
襀翅目 Plecoptera	2	0.90	3	0.22	5	0.23
蜚蠊目 Blattaria	3	1.36	3	0.22	5	0.23
等翅目 Isoptera	2	0.90	9	0.65	29	1.31

（续表）

目 Order	科 Family		属 Genus		种 Species	
	数量 Number	比率（%）Proportion	数量 Number	比率（%）Proportion	数量 Number	比率（%）Proportion
螳螂目 Mantedea	2	0.90	4	0.29	4	0.18
革翅目 Dermaptera	5	2.26	12	0.86	16	0.72
直翅目 Orthoptera	20	9.05	65	4.67	86	3.88
竹节虫目 Phasmatodea	2	0.90	3	0.22	3	0.14
缨翅目 Thysanoptera	2	0.90	3	0.22	3	0.14
同翅目 Homoptera	18	8.14	104	7.47	152	6.86
半翅目 Hemiptera	20	9.05	107	7.69	154	6.95
广翅目 Megaloptera	1	0.45	4	0.29	6	0.27
蛇蛉目 Raphidioptera	1	0.45	1	0.07	1	0.05
脉翅目 Neuroptera	6	2.71	14	1.01	21	0.95
鞘翅目 Coleoptera	27	12.22	191	13.72	282	12.73
长翅目 Mecoptera	2	0.90	3	0.22	16	0.72
双翅目 Diptera	20	9.05	107	7.69	189	8.53
蚤目 Siphonaptera	2	0.90	2	0.14	2	0.09
毛翅目 Trichoptera	14	6.33	29	2.08	55	2.48
鳞翅目 Lepidoptera	36	16.29	556	39.94	910	41.08
膜翅目 Hymenoptera	23	10.41	125	8.98	207	9.35
合计	221	100.00	1 392	100.00	2 215	100.00

（二）九龙山保护区昆虫群落属种多度

以鳞翅目、鞘翅目、膜翅目和双翅目4个优势目为例分别讨论属种多度问题。从属数量上看，鳞翅目属的多度顺序为螟蛾科（95属）＞尺蛾科（88属）＞夜蛾科（87属）＞舟蛾科（32属）＞弄蝶科（30属）＞蛱蝶科（30属）＞灰蝶科（27属）＞天蛾科（20属）＞钩蛾科（15属）＞刺蛾科（14属）＞毒蛾科（14属）＞眼蝶科（12属）＞苔蛾亚科（12属）。鞘翅目属的多度顺序为天牛科（34属）＞瓢虫科（22属）＞象甲科（20属）＞萤叶甲亚科（15属）＞跳甲亚科（12属）＞肖叶甲科（11属）＞鳃金龟科（10属）。膜翅目属的多度顺序为姬蜂科（33属）＞茧蜂科（26属）＞叶蜂科（15属）＞蚁科（12属）＞胡蜂科（8属）。双翅目属的多度顺序为食蚜蝇科（21属）＞摇蚊科（18属）＞菌蚊科（9属）、食虫虻科（9属）＞眼蕈蚊科（8属）、寄蝇科（8属）＞秆蝇科（7属）。

从种的数量上看，鳞翅目种的多度顺序为尺蛾科（135种）＞螟蛾科（132种）＞蛱蝶科（75种）＞舟蛾科（45种）＞弄蝶科（43种）＞眼蝶科（40种）＞毒蛾科（37种）＞灰蝶科（36种）＞天蛾科（35种）＞凤蝶科（26种）＞刺蛾科（22种）＞钩蛾科（20种）＞枯叶蛾科（15种）。鞘翅目种的多度顺序为天牛科（60种）＞瓢虫科（30种）＞象甲科（23种）、萤叶甲亚科（23 种）>鳃金龟科（20 种）>丽金龟科（18 种）>跳甲亚科（14 种）、肖叶甲科（14 种）。膜翅目种的多度顺序为茧蜂科（51 种）>姬蜂科（47 种）>叶蜂科（19 种）、胡蜂科（19 种）>蚁科（16 种）。双翅目种的多度顺序为菌蚊科（33 种）>食蚜蝇科（30 种）>摇蚊科（29 种）>眼蕈蚊科（19 种）>食虫虻科（15 种）>蝇科（11 种）>寄蝇科（10 种）。

将 4 个优势目各科所含的属种数划分为若干等级，对其科在各等级中所占比重进行比较分析（图 2-1、图 2-2）。通过属种数量及在各科中的分布分析可以看出，4 个优势目的

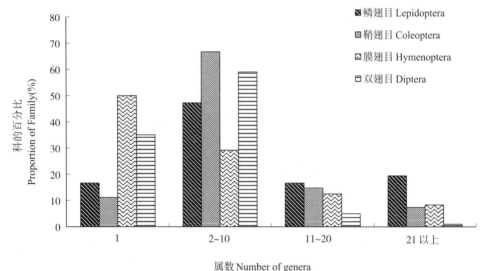

图 2-1　九龙山昆虫优势目的属数数量等级与科的关系

Fig.2-1　Relationship on the number of genera and family in dominant order of insect from Jiulongshan Reserve

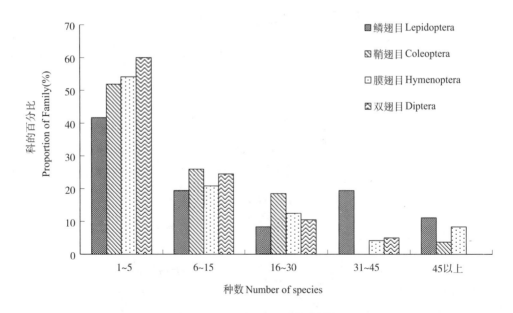

图 2-2　九龙山昆虫优势目的种数数量等级与科的关系

Fig.2-2　Relationship on the number of species and family in dominant order of insect from Jiulongshan Reserve

属数主要集中分布在 1~10 属，种数则分布在 1~15 种。由此可见，4 个优势目中各科类群在属种组成中的比例主要表现为类群小而数量多的结构，该结构反映了九龙山保护区昆虫的群落结构比较稳定。一般地说，同一科的种类往往有着相类似的行为、生物学习性以及能量消耗的方式。类群小，有利于充分利用能量，达到资源有效分摊。因此，在一个群落内，科的单位越多，能流途径就越多，能流的干扰也就越容易被补偿，这个群落的稳定性就越高。

（三）昆虫物种多样性

物种多样性涉及群落的稳定性和生产力，一定程度上与人类的生存和发展紧密相关。研究昆虫群落多样性有助于掌握昆虫群落的组成和结构，并进而阐明结构与功能的相互关系，预测群落演替的趋势。选取本次调查常见昆虫的 8 个目为研究对象，进行物种多样性分析（表 2-3）。

表 2-3 九龙山保护区昆虫多样性指数

Table 2-3 Diversity indexes of insects from Jiulongshan Reserve

多样性指数 index of diversity	蜻蜓目 Odonata	直翅目 Orthoptera	同翅目 Homoptera	半翅目 Hemiptera	鞘翅目 Coleoptera	双翅目 Diptera	鳞翅目 Lepidoptera	膜翅目 Hymenoptera
H′	0.2035	0.3241	0.3403	0.3441	0.3659	0.3674	0.2403	0.367445
C	0.0066	0.0415	0.0552	0.0595	0.1651	0.1220	0.5103	0.148919
Jws	0.0495	0.0728	0.0677	0.0683	0.0649	0.0720	0.0353	0.07
D	5.5438	7.8537	13.9518	14.1366	25.9633	15.1530	83.9880	19.03359

结果表明，从昆虫的 Margalef 丰富度指数（D）来看，昆虫丰富度指数的变幅较大，以鳞翅目最高，蜻蜓目最低，两者相差 15 倍。种数少的目，如直翅目和蜻蜓目等的丰富度指数均很低；而物种数较多的目，如鳞翅目、鞘翅目和膜翅目的指数就较高。从昆虫的 Shannon-Wiener 多样性指数（H′）来看，两种多样性指数 D 和 H′反映的情况基本一致，鳞翅目昆虫最高，其次为鞘翅目和膜翅目，蜻蜓目的最低，仅为 0.2035。

从昆虫的 Pielou 均匀度指数（Jws）来看，昆虫均匀度指数差异较大，这可能与物种采集的数量差异有关。从昆虫的 Simpson 优势度指数（C）来看，昆虫的优势度指数与多样性指数的趋势基本一致，说明九龙山保护区昆虫群落结构稳定，物种丰富度较高。

（四）昆虫资源

昆虫资源是目前地球上最大的尚未被充分利用的生物资源，在社会经济发展中占有重要地位，在人民生活、食品和保健等方面也有着重要作用。仙霞岭保护区的昆虫种类繁多，资源丰富。本次调查发现保护区内分布浙江省重点保护陆生野生动物宽尾凤蝶 *Agehana elwesi* 和黑紫蛱蝶 *Sasakia funebris* 两种。同时，发现并发表九龙山长唇大蚊 *Geranomyia jiulongensis* Qian et Zhang, 2020 和亚离长唇大蚊 *Geranomyia subablusa* Qian et Zhang, 2020 两新种。此外，从目前已鉴定的昆虫来看，根据其用途和价值，主要包括天敌昆虫、食用昆虫、药用昆虫和观赏昆虫。本次调查的结果分析表明（表 2-4），九龙山保护区天敌昆虫有 29 科 164 种，占物种总数的 7.5%；食用昆虫有 31 科 163 种，占总数的 7.4%；药用昆虫 15 科 45 种，占总数的 2.1%；观赏昆虫有 53 科 296 种，占总数的 13.5%。

表 2-4　九龙山保护区特有昆虫及资源昆虫统计

Table2-4　Unique insects and insect resources of from Jiulongshan Reserve

目 Order	新属种 New genus-species		天敌昆虫 Natural enemies of insects		食用昆虫 Edible insects		药用昆虫 Medicinal insect		观赏昆虫 Ornamental insect	
	属 genera	种 species	科 families	种 species	科 families	种 species	科 families	种 species	科 families	种 species
蜉蝣目 Ephemeroptera									2	5
蜻蜓目 Odonata			5	32					3	14
襀翅目 Plecoptera									1	1
蜚蠊目 Blattaria							1	1		
等翅目 Isoptera					1	1	1	1		
螳螂目 Mantedea			1	2					1	2
革翅目 Dermaptera					3	8			2	3
直翅目 Orthoptera					5	33			3	11
竹节虫目 Phasmatodea					1	2			1	2
同翅目 Homoptera					3	9	2	5	3	17
半翅目 Hemiptera			4	22	2	10	2	15	2	12
广翅目 Megaloptera			1	2			1	1	1	1
蛇蛉目 Raphidioptera			1	1						
脉翅目 Neuroptera			2	11			1	6	1	5
鞘翅目 Coleoptera			3	16	2	28	2	3	8	35
长翅目 Mecoptera			1	3						
双翅目 Diptera	2		3	15	1	3				
鳞翅目 Lepidoptera					8	45	3	8	18	167
膜翅目 Hymenoptera			8	60	5	24	2	5	7	21
合计 Total	2		29	164	31	163	15	45	53	296

三、讨论

九龙山保护区的昆虫物种丰富，共有昆虫 22 目 221 科 1 377 属 2 193 种，占浙江省已知昆虫科数的 49.44%，种类数占已知总数的 22.91%。调查发现九龙山保护区昆虫物种多样性丰富，种群结构稳定，拥有天敌昆虫、药用昆虫、食用昆虫和观赏昆虫共计 128 科 668 种，占物种总数的 30.49%。与浙江省凤阳山（25 目 239 科 1 161 属 1 690 种）、天目山（28 目 333 科 2 191 属 4 134 种）、古田山（22 目 191 科 759 属 1 156 种）、乌岩岭（20 目 202 科 1 299 属 2 133 种）、清凉峰（27 目 256 科 1 598 属 2 567 种）5 个国家级自然保护区已知的昆虫资源相比（余建平等，2000; 徐华潮等，2002; 王义平，2009；徐华潮等，2011；郭瑞等，2015），其种类数仅次于昆虫种类最多的浙江天目山国家级自然保护区和浙江清凉峰国家级自然保护区，这可能与调查时间的长短及深入程度有关。自 1983 年九龙山省级自然保护区建立以来，昆虫系统调查为首次，同时，本次标本的采集时间较短，涉及的科属有限，相信随着采集标本数量的增加以及昆虫学研究的深入，昆虫种类及其数量将会进一步增加。

深入开展昆虫多样性调查的基础研究，特别是加强资源昆虫种类、生物学研究，采取多种保护措施，创造珍稀、特有昆虫及资源昆虫的适宜生境，为珍稀昆虫的保护和资源昆虫的开发利用奠定基础。同时，还应该广泛开展科普宣传工作，加强昆虫多样性保护的宣传教育，合理科学利用和开发昆虫资源，使昆虫资源为人类作出更大贡献。

参考文献

郭瑞，王义平，翁东明，等，2015. 浙江清凉峰昆虫物种组成及其多样性 [J]. 环境昆虫学报，37（1）：30-35.

王义平，2009. 浙江乌岩岭昆虫及其森林健康评价 [M]. 北京：科学出版社.

徐华潮，郝晓东，黄俊浩，等，2011. 浙江凤阳山昆虫物种多样性 [J]. 浙江农林大学学报，28（1）：1-6.

徐华潮，吴鸿，杨淑贞，等，2002. 浙江天目山昆虫物种多样性研究 [J]. 浙江林学院学报，19（4）：350-355.

余建平，余晓霞，2000. 浙江古田山自然保护区昆虫名录补遗 [J]. 浙江林学院学报，17（3）：262-265.

Lewinsohn T M, Roslin T, 2008. Four ways towards tropical herbivore megadiversity[J]. Ecology Letters, 11（4）：398-416.

第三章

原尾纲 Protura

原尾纲统称原尾虫，体型微小，体长 0.6~2.0 mm。身体长梭形，头部无触角和眼，具 1 对假眼。口器内颚式。胸部分 3 节，分别着生 1 对足。前足跗节极为长大，着生形态多样的感觉毛，行走时向头部前方高举，司感觉功能。部分种类中胸和后胸各有气孔 1 对。腹部 12 节，腹部第 1~3 节腹面分别具有 1 对腹足。腹部末端无尾须；雌雄外生殖器结构相似，生殖孔位于第 XI ~ XII 节之间。个体发育为增节变态类型，胚后发育共有 5 个时期，即前幼虫、第 I 幼虫、第 II 幼虫、童虫和成虫。

原尾虫主要生活在富含腐殖质的土壤中，是典型的土壤动物。分布广泛，适应性强，在森林湿润的土壤里，苔藓植物中，腐朽的木材、树洞以及白蚁和小型哺乳动物的巢穴中均可以发现原尾虫。原尾虫的分布遍及全世界，除南极洲外，在各大陆的 5 个气候带和六大动物地理区均有分布。

截至 2020 年，全世界已知 3 目 10 科 830 余种，中国已记录 9 科 217 种，浙江省分布 3 目 7 科 39 种。2019 年 5 月首次对浙江省九龙山自然保护区的原尾虫进行采集调查，共获得 350 余号标本，经鉴定为 3 科 14 种，其中，三珠近异蚖为浙江省新纪录种。现记述如下。

蚖目 Acerentomata

特征：无气孔和气管系统，头部假眼突出；颚腺管的中部常有不同形状的"萼"和花饰以及膨大部分或突起；3 对胸足均为 2 节，或者第 II、第 III 胸足 1 节；腹部第 VIII 节前缘有一条腰带，生有栅纹或不同程度退化；第 VIII 腹节背板两侧具有 1 对腹腺开口，覆盖有栉梳；雌性外生殖器简单，端阴刺多呈短锥状；雄性外生殖器长大，端阳刺细长。

分布：世界广布。目前世界已知 460 种，中国记录 114 种九龙山保护区分布 8 种。

始蚖科 Protentomidae Ewing, 1936

始蚖科昆虫体型较为粗笨，口器稍尖细，大颚顶端不具齿；下颚须和下唇须均较短；颚腺管近盲端具有光滑的球形萼；前足跗节感觉器多数呈柳叶形或短棒状；第Ⅰ～Ⅱ腹足2节，第Ⅲ腹足1节或者2节；后胸背板具有2对或1对前排刚毛，腹节背板前排刚毛不同程度的减少。

东洋区、古北区和新北区分布。世界已知6属44种，中国记录4属11种，九龙山保护区分布1属3种。

新康蚖属 *Neocondeellum* Tuxen et Yin, 1982

新康蚖属假眼圆形较小，具短而粗的后杆；颚腺管中部为球形萼；第Ⅰ～Ⅲ对腹部2节，各生4根刚毛；第Ⅲ腹足1节，生3根刚毛；前跗节感器有退化缺失，仅有少数感器保留。

古北区、东洋区和新北区分布。世界已知10种，中国记录6种，九龙山保护区分布3种。

分种检索表

（1）腹部第Ⅱ～Ⅵ节背板前排刚毛3对（A1,2,5）⋯⋯⋯⋯ 长跗新康蚖 *N. dolichotarsum*

　　腹部第Ⅱ～Ⅵ节背板前排刚毛少于3对 ⋯⋯⋯⋯⋯⋯⋯⋯⋯⋯⋯⋯ 2

（2）腹部第Ⅱ～Ⅵ节背板前排刚毛1对（A1）⋯⋯⋯⋯ 金色新康蚖 *N. chrysallis*

　　腹部第Ⅱ～Ⅵ节背板前排刚毛2对（A1,2）⋯⋯⋯⋯ 乌岩新康蚖 *N. wuyanense*

1. 长跗新康蚖 *Neocondeellum dolichotarsum* (Yin, 1977)（彩图7）

主要特征：体型粗短，黄色，前足跗节和腹部后端程棕黄色；体长780~940μm；头椭圆形；头眼比 =16~18；颚腺管中部具球形萼，近基部腺管短而中部略膨大，盲端为小球形；前跗背面感器 t-1 和 t-2 细长，t-3 棍棒状；外侧面感器 a、b 和 f 以及内侧感器 a′均为棒状，其中，a 较粗大。第Ⅷ腹节的栉梳后缘生 8~10 枚尖齿；雌性外生殖器的端阴刺尖细。

观察标本：2♀，浙江省遂昌县九龙山自然保护区黄坛淤保护站，2019-5-25，卜云、李京洋采。

分布：浙江（杭州、临安、丽水、德清、江山）、江苏、上海、安徽、湖南、四川、贵州。

2. 金色新康蚖 *Neocondeellum chrysallis* (Imadaté et Yin, 1979)（彩图8）

主要特征：体型粗壮，体长 830~960μm；头卵圆形，前端具短喙；假眼圆形，明显分成左右两部分，并具有较短的后杆，头眼比 =16~18；颚腺管中部具桃形萼，近基部腺管扭曲转折，末端膨大为小球形；前跗背面感器 t-1 和 t-2 尖细，t-3 棍棒状，基端比 =1.1；外侧面感器 a 与 t-3 形状相同，b 和 f 短小；第Ⅷ腹节的栉梳后缘生 8~10 枚尖齿；雌性外生殖器的端阴刺尖细。

观察标本：4♀，浙江省遂昌县九龙山自然保护区黄坛淤保护站，2019-V-26；3♀，浙江省遂昌县九龙山自然保护区杨茂源保护站，2019-5-27；4♀，浙江省遂昌县九龙山自然保护区陈坑保护站，2019-5-28；8♀，2mj，浙江省遂昌县九龙山自然保护区西坑里保护站，2019-5-29，卜云、李京洋采。

分布：浙江（杭州、临安、丽水、开化）、安徽、江西、湖南。

3. 乌岩新康虮 *Neocondeellum wuyanensis* Yin et Imadaté, 1991（彩图9）

特征：体型粗短，体长820~930μm；头卵圆形；假眼近圆形，具有后杆，头眼比=15；颚腺管较短，中部具有球形萼；前跗背面感器t-1细长，基端比=0.9~1.0，t-2长度接近t-1的2/3，t-3宽短；外侧面感器a与b形状长度相似，f和t-3形状和长度相似，7μm；a'非常短，不到*a*长度的一半，β1和δ4感觉毛状，非常短；第Ⅷ腹节的栉梳后缘生10枚尖齿；雌性外生殖器的端阴刺尖细。

观察标本：2♀，2♂，5mj，浙江省遂昌县九龙山自然保护区西坑里保护站，2019-5-29，卜云、李京洋采。

分布：浙江（丽水、泰顺、江山）。

檗虮科 Berberentulidae Yin, 1983

身体较粗壮，成虫的腹部后端常呈土黄色；口器较小，上唇一般不突出成喙，下唇须退化成1~3根刚毛或者1根感器；颚腺管细长，具简单而光滑的心形萼；假眼圆或椭圆形，有中隔；中胸和后胸背板生前刚毛2对和中刚毛1对；第Ⅰ对腹足2节，各生4根刚毛，第Ⅱ~Ⅲ对腹足1节，各生2或者1根刚毛；第Ⅷ腹节前缘的腰带纵纹明显或不同程度退化或变形。

世界广布。世界已知22属165种，中国记录11属56种，九龙山保护区分布3属5种。

分属检索表

（1）第Ⅷ腹节腰带上的栅纹退化不见 ··· 2
　　　第Ⅷ腹节腰带上的栅纹清晰 ············· 格虮属 *Gracilentulus*

（2）颚腺管细长，沿基部腺管上有2~3个念珠状膨大处 ··· 肯虮属 *Kenyentulus*
　　　颚腺管平直，沿基部腺管上无念珠状膨大处 ············· 巴虮属 *Baculentulus*

格虮属 *Gracilentulus* Tuxen, 1963

格虮属下唇须生3根刚毛和1根感器；颚腺管较短而简单，在心形萼的基侧腺管平直；前跗节背面感器t-1为棍棒状，内外侧感器均细长，常缺b'感器；第Ⅷ腹节腰带上的栅纹明显而排列细密；栉梳略呈长方形，后缘具有小齿；雌性外生殖器的基内骨常较短，具尖锥状端阴刺。

全北区、东洋区分布。世界已知19种，中国记录4种，九龙山保护区分布1种。

4. 梅坞格蚖 _Gracilentulus meijiawensis_ Yin et Imadaté, 1979（彩图 10）

主要特征：体长 1 200~1 300μm；头椭圆形，长 122~124μm；假眼较小，圆形，头眼比 =13~16；下唇须具 3 刚毛和 1 细长如剑状感器；颚腺较短而平直，萼简单光滑，近基部腺管短，盲端稍膨大；前跗背面感器 t-1 鼓槌状，基端比 =0.42，t-2 细长，t-3 小而粗钝，外侧面感器 a 细长，b 极长，顶端达 f 的基部，c 和 d 长度相仿，e 较短，f 和 g 均细长，顶端均超过爪的基部；内侧感器 a′ 粗大，b′ 缺失，c′ 细长；第Ⅷ腹节的腰带发达，栅纹细密；栉梳长方形，后缘平直，生 12 枚尖齿；雌性外生殖器的端阴刺尖细。

观察标本：1♂，浙江省遂昌县九龙山自然保护区黄坛淤保护站，2019-5-25，卜云，李京洋采。2♀，1♂，浙江省遂昌县九龙山自然保护区杨茂源保护站，2019-5-27，卜云，李京洋采。

分布：浙江（杭州、临安、丽水、德清）、江苏、上海、安徽、江西、湖南、云南。

肯蚖属 _Kenyentulus_ Tuxen, 1981

肯蚖属下唇须生 3 根刚毛和 1 根感器；颚腺管较长，萼为简单的心形，沿其基部腺管上有 2~3 个念珠状膨大部；前跗节背面感器 t-1 为鼓槌形，外侧感器通常短小；具有内侧感器 b′；第Ⅷ腹节腰带上无栅纹或者只有一半栅纹，或极不明显；第Ⅷ腹节腹板仅有 1 排 4 根刚毛；雌性外生殖器的端阴刺尖细。

古北区、东洋区、全热带区分布。世界已知 43 种，中国记录 31 种，九龙山保护区分布 3 种。

分种检索表

（1）腹部Ⅱ~Ⅵ节背板后排具 9 对刚毛 ························· 长腺肯蚖 _K. dolichadeni_
  腹部Ⅱ~Ⅵ节背板后排具 8 对刚毛 ·· 2
（2）颚腺管萼部远侧光滑······························· 日本肯蚖 _K. japonicus_
  颚腺管萼部远侧具有不规则突起或纤毛状突起 ········ 毛萼肯蚖 _K. ciliciocalyci_

5. 长腺肯蚖 _Kenyentulus dolichadeni_ Yin, 1987（彩图 11）

主要特征：体长 1 250~1 300μm；头长 125~140μm，宽 85~80μm；假眼卵圆形，头眼比 =11~13；颚腺管的萼细长，萼呈心形，远端有数个不规则突起，沿细长的基部腺管有 2 膨大处，盲端略膨大；前跗背面感器 t-1 棒状，基端比 =0.62~0.68，t-2 细长，t-3 较长大，外侧面感器 a 较粗大，b 短而尖细，c 甚长，顶端可达 e 的基部，d 短于 c，e 和 f 靠近，两者均细长，g 较短而粗；内侧感器 a′ 粗大，b′ 和 c′ 均细长；第Ⅷ腹节的腰带仅中部有一条带细齿的波纹，无栅纹；栉梳长方形，后缘生 5~6 枚小齿；雌性外生殖器的端阴刺尖锥状。

观察标本：11♀，1mj，浙江省遂昌县九龙山自然保护区黄坛淤保护站，2019-5-25~26；1♂，浙江省遂昌县九龙山自然保护区杨茂源保护站，2019-5-27；4♀，2♂，浙江省遂昌县九龙山自然保护区陈坑保护站，2019-5-28；15♀，浙江省遂昌县九龙山自然保护区西坑里保护站，2019-5-29，卜云、李京洋采。

分布：浙江（丽水、金华、庆元）、江西、湖北、海南、广西、四川、贵州。

6. 日本肯蚖 *Kenyentulus japonicus*（Imadaté, 1961）（彩图 12）

特征：体长 600~900μm；头长 93~102μm；假眼圆形，长 7~8μm，头眼比 =12~14；颚腺管的萼光滑，远端无明显突起，沿基部腺管有 2 膨大处，盲端不膨大；前跗背面感器 t-1 棍棒状，基端比 =0.47~0.56，t-2 细长，t-3 矛形，外侧面感器 a 稍粗大，b 甚短小，顶端达不到 γ3 的基部，c 和 d 长度相仿，e 和 f 靠近，f 和 g 均细长，顶端不超过爪的基部；内侧感器 a' 粗钝，b' 和 c' 均细长；第Ⅷ腹节的腰带不发达，无栅纹；栉梳宽扁，后缘生 10 枚细齿；雌性外生殖器的端阴刺尖锥状。

观察标本：1♀，浙江省遂昌县九龙山自然保护区黄坛淤保护站，2019-5-26；1♀，浙江省遂昌县九龙山自然保护区杨茂源保护站，2019-5-27；卜云、李京洋采。

分布：我国浙江（杭州、临安、丽水、海盐、德清、上虞、开化、嵊泗）、陕西、江苏、上海、安徽、江西、湖南、海南、四川、贵州、云南；国外：日本。

7. 毛萼肯蚖 *Kenyentulus ciliciocalyci* Yin, 1987（彩图 13）

主要特征：体长 700~1 000μm；头长 77~104μm；假眼圆形，头眼比 =11~14；颚腺管上的萼简单光滑，其远侧生有许多放射状的细小如纤毛的突起，沿基部腺管有 2 膨大处；前跗背面感器 t-1 鼓槌状，基端比 =0.45~0.56，t-2 细长，t-3 矛形，外侧面感器 a 粗大，b 细小，顶端略超过 γ2 的基部，c 甚长，顶端可达或超过 f 的基部，e 和 f 靠近，g 短粗，顶端可达爪的基部；第Ⅷ腹节的腰带退化无栅纹，仅中部有一条具细齿的波纹；栉梳长形，后缘生 7~8 枚小齿；雌性外生殖器的端阴刺尖细。

观察标本：8♀，浙江省遂昌县九龙山自然保护区黄坛淤保护站，2019-5-25—26；2♀，浙江省遂昌县九龙山自然保护区杨茂源保护站，2019-5-27；1♀，1♂，浙江省遂昌县九龙山自然保护区陈坑保护站，2019-5-28；13♀，1♂，2mj，浙江省遂昌县九龙山自然保护区西坑里保护站，2019-5-29，卜云、李京洋采。

分布：我国浙江（临安、丽水、余姚、德清、江山）、湖南、广东、香港、海南、重庆、四川、贵州、云南。

巴蚖属 *Baculentulus* Tuxen, 1977

巴蚖属下唇须生 3 根刚毛和 1 根感器；颚腺管平直，萼心形，简单无花饰；前跗节背面感器 t-1 为鼓槌形；第Ⅱ~Ⅲ对腹足各生 1 长刚毛和 1 甚短小刚毛；第Ⅷ腹节腰带上无栅纹，栉梳为稍斜的长方形。

全北区、东洋区、全热带区和澳洲区分布。世界已知 40 种，中国记录 13 种，九龙山保护区分布 1 种。

8. 土佐巴蚖 *Baculentulus tosanus*（Imadaté et Yosii, 1959）（彩图 14）

主要特征：体长 800~1 030μm；头长 88~100μm；假眼较小，头眼比 =14~15；

颚腺管较短，萼小而光滑，紧靠萼远侧具有 2~3 个凸起，基部腺管短而平直；前跗长 69~74μm，爪长 18~20μm，跗爪比 =3.5~4.0，中垫甚短；前跗背面感器 t-1 鼓槌状，基端比 =0.5~0.6，t-2 细长，t-3 细长芽形，外侧面感器 a、b、c、d 长度相仿，b 与 c 同排，d 的位置远，e 较短，f 细长的顶端接近爪的基部，g 稍粗壮，顶端约与 f 相同，内侧感器 a' 粗大呈梭形，b' 缺失，c' 细长；第Ⅷ腹节的腰带无栅纹；栉梳斜长方形，后缘生 8~10 枚小齿；雌性外生殖器的端阴刺尖细。该种可以通过颚腺以及前跗节感器形态与天目巴蚖区分。

观察标本：5♀，2♂，4mj，浙江省遂昌县九龙山自然保护区黄坛淤保护站，2019-5-25—26；1♂，2mj，浙江省遂昌县九龙山自然保护区杨茂源保护站，2019-5-27；2♀，1♂，浙江省遂昌县九龙山自然保护区陈坑保护站，2019-5-28；9♀，3♂，4mj，浙江省遂昌县九龙山自然保护区西坑里保护站，2019-5-29，卜云、李京洋采。

分布：我国浙江（临安、丽水）、台湾、海南、贵州。

古蚖目 Ensentomata

古蚖目中胸和后胸背板上有中刚毛，两侧各生 1 对气孔，气孔内生有气管笼（旭蚖科 Antelientomidae 无气孔）；口器较宽而平直，一般不突出成喙；大颚顶端较粗钝并具有小齿；颚腺细长无萼，膨大部常忽略不见；假眼较小而突出，有假眼腔；前跗节上的感器 f 和 b' 常常各生 2 根；前跗的爪垫几乎与爪长相仿；中跗和后跗均具爪，但无套膜；3 对腹足均为 2 节，各生 5 根刚毛；第Ⅷ腹节前缘无腰带，两侧的腹腺孔上盖小而简单，无具齿的栉梳；雌性外生殖器常有腹片和细长的刺状端阴刺。

世界广布。目前世界已知 364 种，中国记录 99 种，九龙山保护区分布 6 种。

古蚖科 *Eosentomidae* Berlese, 1909

见古蚖目特征。

世界广布。世界已知 10 属 360 种，中国记录 6 属 95 种，九龙山保护区分布 2 属 6 种。

古蚖属 *Eosentomon* Berlese, 1909

古蚖属假眼圆形或椭圆形，简单无中隔或有中隔，或具 2~5 条纵行线纹以及 1~3 个小泡；前跗节背面感器 e 和 g 俱全，且均呈匙形；中胸和后胸背板两侧各有 1 对气孔，孔内常有 2 根气管笼；腹部第 Ⅳ~Ⅶ 节背板前排刚毛常缺 1~4 对；雌性外生殖器有 1 对腹片，是由数根形状不同的骨片组成，向后延伸成细长的端阴刺。

世界广布。世界已知 309 种，中国记录 64 种，浙江省九龙山分布 5 种。

分种检索表

1. 上海古蚖 *Eosentomon shanghaiense* Yin, 1979（彩图 15）

主要特征： 体长 590~580μm；头长 99μm；假眼长 8μm，头眼比 =12；前跗长 68μm，爪长 12~13μm；前跗背面感器 t-1 棒状，基端比 =0.89，外侧面感器 a 较长，e 和 g 均为匙形；内侧感器 b'-1 缺失；气孔较大，直径 6~7μm，各具 2 个粗大的气管龛；雌性外生殖器上的头片形如扭曲的螺纹，端阴刺细长。

观察标本： 1♂，浙江省遂昌县九龙山自然保护区黄坛淤保护站，2019-5-26；2♀，浙江省遂昌县九龙山自然保护区西坑里保护站，2019-5-29，卜云、李京洋采。

分布： 浙江（临安、丽水、余姚、泰顺、开化、景宁）、上海、安徽、江西、贵州。

2. 东方古蚖 *Eosentomon orientale* Yin, 1965（彩图 16）

主要特征： 体长 800~900μm；头长 90~102μm；假眼长 10~13μm，具有 2 条线纹，头眼比 =8~10；前跗长 60~74μm；前跗背面感器 t-1 较短，中部和顶部膨大，基端比 =0.8，t-2 尖细，t-3 较长；外侧面感器 a 与 b 长度相仿，c 较长，d 长大而粗钝，e 和 g 均为匙形，f-1 柳叶形，f-2 甚短小；内侧感器 a' 较短而稍阔，b'-1 和 b'-2 均存在，c' 缺失；中跗中垫短小，后跗中垫甚长；气孔直径 5~6μm。

观察标本： 1♂，浙江省遂昌县九龙山自然保护区黄坛淤保护站，2019-5-26，卜云、李京洋采。

分布： 浙江（杭州、临安、丽水、余姚、开化、舟山）、辽宁、宁夏、陕西、江苏、上海、安徽、江西、湖北、湖南、广东、海南、广西、重庆、四川、贵州。

3. 珠目古蚖 *Eosentomon margarops* Yin et Zhang, 1982（彩图 17）

主要特征： 体长 1 000~1 280μm；头长 120~125μm，宽 80~85μm；假眼长 10μm，生有 5 条线纹和 3 个圆珠；前跗长 80~95μm，跗爪比 =5.1~5.5；前跗背面感器 t-1 顶部膨大如锤，基端比 =1.1~1.2，t-2 短刚毛状，t-3 较长；外侧面感器 a，b 正常，c 稍长于 a，d 较短而粗，e 和 g 均为匙形，f-1 顶端稍膨大，f-2 短小；内侧感器 a' 的中部稍膨大，b'-1 和 b'-2 的形状和长度相仿，c' 末端可达 δ6 的基部；中、后跗节的中垫均短小；雌性外生殖器的腹片呈 "S" 形，端阴刺细长。

观察标本：8♀，1 mj，浙江省遂昌县九龙山自然保护区黄坛淤保护站，2019-5-25—26；5♀，5mj，浙江省遂昌县九龙山自然保护区杨茂源保护站，2019-5-27；2♀，4mj，浙江省遂昌县九龙山自然保护区西坑里保护站，2019-5-29，卜云、李京洋采。

分布：浙江（丽水、江山）、江西、湖南、福建、广东、广西、四川、贵州、云南。

4. 普通古蚖 *Eosentomon commune* Yin, 1965（彩图 18）

主要特征：体长 1 090~1260μm；头呈卵形，长 118~135μm；前跗长 96~102μm；前跗背面感器 t-1 短棍状，基端比 =1.0，t-2 细长，t-3 短小如棒；外侧面感器 a 中等长度，b 与 c 几乎等长 e 和 g 均为匙形；内侧感器 a′ 中部略膨大，b′-1 和 b′-2 长度约相等，c′ 短小；中、后跗节中垫均极短小。

观察标本：3♀，2♂，浙江省遂昌县九龙山自然保护区黄坛淤保护站，2019-5-26；1♀，1♂，浙江省遂昌县九龙山自然保护区陈坑保护站，2019-5-28，卜云、李京洋采。

分布：浙江（杭州、临安、丽水、余姚、泰顺、德清、江山、开化、舟山）、江苏、上海、安徽、江西、湖北、湖南、四川、贵州、云南。

5. 樱花古蚖 *Eosentomon sakura* Imadatéet Yosii, 1959（彩图 19）

主要特征：体长 1 000~1 400μm；头长 110~120μm；假眼长 11~12μm，头眼比 =10~11；前跗长 85~100μm，爪长 14~18μm；前跗背面感器 t-1 中部膨大成纺锤形，基端比 =1.1~1.3，t-2 细长，t-3 棍状；外侧面感器 a 正常，b 与 c 长度相仿，f-1 尖细且较长，f-2 短小，e 和 g 均为匙形；内侧感器 a′ 中部略膨大，b′-1 和 b′-2 长度约相等，c′ 短小；中、后跗节中垫均短小，气孔直径 7.0μm。

观察标本：8♀，1mj，浙江省遂昌县九龙山自然保护区黄坛淤保护站，2019-5-25—26；6♀，1mj，浙江省遂昌县九龙山自然保护区杨茂源保护站，2019-5-27；3♀，1mj，浙江省遂昌县九龙山自然保护区陈坑保护站，2019-5-28；9♀，浙江省遂昌县九龙山自然保护区西坑里保护站，2019-5-29，卜云、李京洋采。

分布：我国浙江（杭州、临安、丽水、余姚、泰顺、江山、开化、嵊泗、庆元、景宁）、江苏、上海、安徽、江西、湖北、湖南、福建、香港、台湾、广东、海南、广西、四川、贵州、云南；国外：日本。

近异蚖属 *Paranisentomon* Zhang et Yin, 1984

近异蚖属体型较大，前跗节外侧面感器缺 e；g 为顶部膨大的匙形，或为尖细的刚毛形；t-2 刚毛形，f-1 也为刚毛形；内侧面感器 b′-2 细长而不膨大。假眼简单或有线纹和小泡。中、后跗节的爪垫短小，长小于爪长的 1/5。气孔较大，直径常为 6~7μm。第Ⅷ腹节背板的刚毛式为 6/9，腹板刚毛式为 0/7；雌性外生殖器的腹片多为"S"形，头片如鸭头状。

东洋区和古北区分布。世界已知 4 种，中国记录 4 种，九龙山保护区分布 1 种。

6. 三珠近异蚖 *Paranisentomon triglobulum* Yin et Zhang, 1982（浙江新记录种）（彩图 20）

主要特征：体长 1 000~1 200μm；头长 95~110μm；假眼长 11~12μm，头眼比 =10~11；

前跗长 80~90μm；基端比 =1.0~1.1，t-2 短刚毛状，t-3 正常；外侧面感器 a 中等大小，b 与 c 长度相仿，d 较粗且长，e 缺如，g 均为匙形，f-1 为顶端尖细的刚毛状；内侧感器 b'-1 和 b'-2 长度相仿，前者稍粗。中、后跗节中垫均短小，气孔直径 6.5μm。

观察标本：1♀，浙江省遂昌县九龙山自然保护区黄坛淤保护站，2019-5-25；1♀，1♂，浙江省遂昌县九龙山自然保护区杨茂源保护站，2019-5-27；2♀，5♂，4mj，浙江省遂昌县九龙山自然保护区西坑里保护站，2019-5-29，卜云、李京洋采。

分布：浙江（丽水）、安徽、江西、湖南、广东、广西、贵州。

参考文献

卜云，高艳，栾云霞，等，2012. 低等六足动物系统学研究进展 [J]. 生命科学，24（20）：130–138.

尹文英，周文豹，石福明，2014a. 天目山动物志：3 卷 [M]. 杭州：浙江大学出版社 . 1–435.

王义平，童彩亮，2014b. 浙江清凉峰昆虫 [M]. 北京：中国林业出版社 . 1–372.

尹文英，1999. 中国动物志 节肢动物门 原尾纲 [M]. 北京：科学出版社，1–510.

卜云，上海科技馆上海自然博物馆自然史研究中心，上海 200041.

Bu Y., Gao Y., Luan Y. X, 2020. Two new species of Protura (Arthropoda: Hexapoda) from Zhejiang, East China. Entomotaxonomia, 43(3): 1–15.

Szeptycki, A, 2007. Checklist of the world *Protura*. Acta Zoologica Cracoviensia, 50B (1): 1–210.

第四章

弹尾纲 Collembola

弹尾纲通称为跳虫，体型较小，成虫体长在 0.5~8.0mm，大多数在 1~3mm；无翅，口器内颚式；头部具有分节的触角，无复眼；胸部 3 节，每节有 1 对胸足；腹部 6 节，通常在腹部腹面第 I、第 III、第 IV 节分别具有特化的附肢——腹管、握弹器和弹器；胸足从基部到端部依次由基节、转节、腿节和胫跗节组成，末端为单一的爪；腹部 6 节，在有些类群中一些体节有愈合现象；体表着生稀疏或者密集的刚毛，有些类群体表着生扁平的鳞片；有些类群腹部末端生有肛针。

跳虫一般生活在潮湿并富含腐殖质的土壤或地表凋落物中，大多数种类以真菌和腐殖质为食，少数种类生活在小水体表面，一些种类适应于极地的极端环境。跳虫的胚后发育为表变态，终生蜕皮，每次蜕皮后其外部形态发生细微的变化。跳虫的分布很广，从赤道到两极附近，从平原到海拔 6 400m 的高度，均有跳虫的生存。

目前全世界已记录跳虫 4 目 40 科 9 000 余种，中国已记录 4 目 20 科近 600 种，浙江省分布 100 余种。2019 年 5 月对九龙山保护区的跳虫进行采集调查，对土螆科进行鉴定，现记述如下。

原螆目 Poduromorpha

土螆科 Tullbergiidae

本科昆虫身体长形，背腹扁平，无色素。大多体型较小，体长 0.5~1.5 mm，多数种类体长小于 1 mm。头和身体上有假眼，数量和位置因种类而不同。触角第 3 节感觉器完全裸露，2 个感觉棒相对弯曲，通常有 1 附属的腹面感棒。无眼，小爪微小。握弹器和弹器退化。第 VI 腹节末端具 1 对肛刺。

全世界广布。我国记录 6 属 12 种。九龙山保护区分布 1 属 1 种。

美土蚖属 *Mesaphorura* Börner, 1901

美土蚖属体型细长，长 0.4~1.2 mm，通常 0.6~1.0 mm；无色素；体表颗粒细；触角短于头长，第 Ⅳ 节有 5 个的感器，第 Ⅲ 节具有 2 个相向弯曲的大感棒；角后器位于长椭圆形的表皮凹陷中，由 18~55 个杆状的小泡组成；假眼星形，假眼式为 11/011/10011；腹管具 6+6 刚毛。

全北区。全世界已知 59 种，我国已知 4 种，九龙山保护区分布 1 种。

1. 吉井氏美土蚖 *Mesaphorura yosii*（Rusek, 1967）（彩图 21）

主要特征：体长 0.5~0.6 mm，无色素；体表颗粒均匀；触角第 Ⅳ 节具有 5 个感器，感器 b 最粗，e 加粗，d 刚毛状；角后器为相邻假眼的 1.7 倍长，由两排 36 个小泡组长；假眼球形，内部星形；假眼式为 11/011/10011；第 Ⅴ 腹节背板 p3 毛为纺锤状感器；第 Ⅵ 腹节背板具有新月形褶皱；2 根肛刺位于较小的突起上，短于第 Ⅲ 足的爪；肛瓣上有 12' 和 13' 毛；仅发现雌性个体。

观察标本：18♀，浙江省遂昌县九龙山自然保护区黄坛淤保护站，2019-5-25—26；5♀，浙江省遂昌县九龙山自然保护区杨茂源保护站，2019-5-27；3♀，浙江省遂昌县九龙山自然保护区陈坑保护站，2019-5-28；5♀，浙江省遂昌县九龙山自然保护区西坑里保护站，2019-5-29，卜云、李京洋采。

分布：浙江（杭州、临安、丽水、富阳、上虞、衢州）、江苏、上海、湖南、广东、云南、西藏；国外：世界广布。

参考文献

卜云，高艳，2019. 中国土蚖科系统分类学研究（弹尾纲，原蚖目）// 第十六届全国昆虫区系分类学术讨论会论文摘要集 [D]. 杭州：浙江大学.

卜云，高艳，栾云霞，等，2012. 低等六足动物系统学研究进展 [J]. 生命科学，24（20）：130–138.

卜云，高艳，上海科技馆上海自然博物馆，上海 200041.

尹文英，周文豹，2014. 石福明，天目山动物志 [J]. 杭州：浙江大学出版社.

Bellinger P. F., Christiansen K. A., Janssens F. Checklist of the Collembola of the world.[1996-2020]. http://www.collembola.org.

Bu Y., Gao Y, 2017.Two newly recorded species of *Mesaphorura*（Collembola:Tullbergiidae）from China. Entomotaxonomia, 39（3）：169–175.

Gao Y., Bu Y, 2020. Description of a new species of *Paratullbergia*（Collembola, Tullbergiidae）fromChina with the report of an abnormal antenna.Zootaxa, 4808（1）：121–130.

第五章

双尾纲 Diplura

双尾虫的分布遍及全世界，热带和亚热带地区种类尤其丰富。按照最新的分类系统，双尾纲分为 2 亚目 3 总科 10 科。

目前全世界已知双尾虫 10 科 1 000 余种，中国已记录 6 科 53 种，浙江省分布 3 科 7 种。2019 年 5 月首次对浙江省九龙山自然保护区的双尾虫进行采集调查，共获得 24 号标本，鉴定为 3 科 4 种，现记述如下。

分科检索表

（1）尾须长而多节，腹部无气孔 ………………………………… 康（虬）科 Campodeidae

尾须单节钳形，几丁质化，腹部第 I ~ Ⅶ节有气孔 ……………………………… 2

（2）触角无感觉毛，端节有 4 个或少数板状感觉器，胸气门 2 对，腹部第 I 节腹片上没有可伸缩的囊泡 ……………………………… 副铗（虬）科 Parajapygidae

触角第Ⅳ~Ⅵ节通常有感觉毛，端节至少有 6 个板状感觉器，胸气门 4 对，腹部第 I 节腹片上有 1 对可伸缩的囊泡 ……………………………… 铗（虬）科 Japygidae

一、康（虬）科 Campodeidae

触角第Ⅲ~Ⅵ节上有感觉毛，顶部感觉器着生于触角端节窝中。上颚有内页，下颚有梳。头缝完整似 "Y" 形，有或无鳞片。胸气门 3 对，腹部无气孔。腹部第 I 节腹片的刺突由肌肉组成，圆形。第 I 节腹片上的基节囊泡不发育。尾须长形，多节，无腺孔。

世界广布。世界已知 50 属 450 种左右，中国记录 11 属 22 种，九龙山保护区分布 2 属 2 种。

1. 鳞（虬）属 *Lepidocampa* Oudemans, 1890

本科虫虫体呈蜗形。除头、触角、足和尾须外，全身被有鳞片、刚毛和大毛。前胸背板多于 3+3 大毛。前跗有 2 个稍相等的侧爪和 1 个不成对的中爪，有 2 根薄片状的侧刚毛，上有短柔毛。刺突、囊泡和尾须与康（虮）属相似。

世界广布。世界已知 16 种，中国记录 3 种，九龙山保护区分布 1 种。

1. 韦氏鳞（虮）*Lepidocampa weberi* Oudemans, 1890（彩图 22）

主要特征：体长约 3.5mm；触角 28~33 节，长约 2mm；前胸背板前缘无刚毛，有 6+6（mi，lp$_{1-5}$）大毛；中胸背板有 8+8（ma，la，lp$_{1-6}$）大毛；后胸背板有 7+7（mi，lp$_{1-6}$）大毛；腹部第 I 节背片无大毛，第 3 对腿节有 1 根背大毛；刺突端毛（a）羽毛状，侧端毛（sa）光滑；胫节距刺羽毛状；尾须长 2.2mm，10~11 节。

观察标本：9♀，2 幼体，浙江省遂昌县九龙山自然保护区黄坛淤保护站，2019-V-25~26，卜云，李京洋采。

分布：我国浙江（杭州、临安、丽水）、江苏、上海、安徽、江西、湖北、湖南、广东、海南、广西、四川、贵州、云南；国外：世界广布种。

美（虮）属 *Metriocampa* Silvestri, 1912

虫体无鳞片；前胸背板有 2+2（ma，lp$_3$）大毛；腹部第 I~Ⅶ节背片无中前（ma）大毛；爪简单，既无前跗侧刚毛，也无近基刚毛，而通常有一近似刚毛形的附属器；第 3 对腿节无背大毛。

世界广布。世界已知 30 余种，中国记录 6 种，九龙山保护区分布 1 种。

2. 桑山美（虮）*Metriocampa kuwayamae* Silvestri,1931（彩图 23）

主要特征：体长 2.5~3mm。触角 19~22 节，长 1.2mm；尾须 2mm，多节；前胸背板有 2+2（ma，lp$_3$）大毛；中胸背板有 2+2（ma，la）大毛；后胸背板有 1+1（ma）大毛；腹部第 I~Ⅶ节背片无大毛，第Ⅷ节背片有 1+1（lp$_3$）大毛；腹部第 I 节腹片有 5+5 大毛；有 1 对简单的爪，无中爪。前跗无侧刚毛；胫节有一对光滑的距刺。

观察标本：2♀，浙江省遂昌县九龙山自然保护区杨茂源保护站，2019-5-27，卜云，李京洋采。

分布：浙江（杭州、临安、丽水）、吉林、辽宁、北京、山西、河南、安徽、湖南。

二、副铗（虮）科 Parajapygidae Womersley, 1939

副铗科昆虫全身无鳞片；触角无感觉毛，端节有 4 个或少数板状感觉器；下颚内叶只有 4 个梳状瓣；无下唇须；有不成对的中爪；胸气门 2 对，腹部第 I~Ⅶ节有气孔；腹部刺突刺形无端毛；腹部第 I 节没有可伸缩的囊泡，第Ⅱ~Ⅲ节有 1 对基节囊泡；腹部第Ⅷ~Ⅹ节几丁质化；尾铗单节成钳形，有近基腺孔。

世界广布。世界已知 4 属 60 种左右，中国记录 1 属 6 种，九龙山保护区分布 1 种。

副铗（虮）属 *Parajapyx* Silvestri, 1903

虫体纤细，体长 2~3 mm，上颚有 5 齿，在 1~4 齿之间有 3 个小齿。下颚内叶第一瓣长约为第二瓣的一半。

世界广布。世界已知 50 余种，中国记录 6 种，浙江省九龙山分布 1 种。

3. 黄副铗（虮）*Parajapyx isabellae*（Grassi, 1886）（彩图 24）

主要特征：小形细长，体长 2.0~2.8mm，白色，只末节及尾为黄褐色；头幅比 =1；触角 18 节，没有感觉毛；前胸背板有 7+7（C$_{1-2}$，M$_{1-2}$，T$_{1-2}$，L$_1$）大毛；2 个侧爪稍有差异，有不成对的中爪；腹部第 I ~ Ⅶ节有刺突，囊泡只见于腹板第Ⅱ节和第Ⅲ节；臀尾比 =1.6；尾铗单节，左右略对称，内缘有 5 个大齿，近基部 1/3 处内陷。

观察标本：2♀，浙江省遂昌县九龙山自然保护区黄坛淤保护站，2019-5-26，卜云，李京洋采。2♀，浙江省遂昌县九龙山自然保护区杨茂源保护站，2019-5-27，卜云，李京洋采。

分布：我国浙江（杭州、临安、丽水）、吉林、北京、山东、河南、宁夏、甘肃、江苏、上海、安徽、浙江、湖北、湖南、福建、广东、广西、四川、贵州、云南；国外：世界广布。

三、铗（虮）科 Japygidae Lubbock, 1873

本科虫体全身无鳞片。触角第Ⅳ ~ Ⅵ节有感觉毛，端节至少有 6 个板状感觉器；上颚没有能动的内叶，下颚内叶有 5 个梳状瓣；有下唇须；胸气门 4 对；前跗节有中爪和侧爪；腹部第 I ~ Ⅶ节有气孔，有刺突；单节尾铗骨化成钳形；腹部刺突刺形无端毛；腹部第 I 节有 1 对基节器和 1 对可伸缩的囊泡；腹部第Ⅷ ~ Ⅹ节几丁质化；单节尾铗几丁质化，无近基腺孔。

世界广布。世界已知 71 属 400 种左右，中国记录 11 属 21 种，九龙山保护区分布 1 属 1 种。

偶铗（虮）属 *Occasjapyx* Silvestri，1948

偶铗触角 24~28 节；下颚内叶第 1 瓣完整，不呈梳状；前胸背板 5+5 大毛。无盘状中腺器；尾长略对称，左尾铗有 1~2 齿，齿前有 1 排突起，齿后（或齿间与齿后）有 2 排小齿，右尾铗有 1~2 齿，1 个在基部，1 个在中后部，齿前基部和齿间有 1 排突起或小齿，齿后有小齿。

古北区、东洋区分布。世界已知 12 种，中国记录 7 种，九龙山保护区分布 1 种。

4. 日本偶铗（虮）*Occasjapyx japonicus*（Enderlein, 1907）（彩图 25）

主要特征：触角 24 节；体狭长（8~12mm），扁平（最大宽度 1.2mm），光滑，少毛；头略呈方形；头幅比 =1.1；上、下颚包在头壳内，下唇全部露在外面；内颚叶外侧为 1 锐利能动的大钩，坚硬褐色，内侧为 5 个透明的梳状瓣；前胸背板、中胸背板和后胸背板都是 5+5 大毛。前跗节有 2 侧爪和 1 中爪，中爪特别短；腹部第 I 节背片仅 1 对后缘大毛，第Ⅱ节 4+4 大毛，第Ⅲ ~ Ⅶ各有 7+7 大毛，第Ⅶ节背片后侧角尖锐突出，为种的特征之一；腹部第 I ～ VII 节有略呈尖形的刺突和透明的囊泡；第 X 节完全骨化，背腹板完全愈合，扁平，背臀比 =1.25，臀尾比 =1.25。尾强骨化，弯曲呈钩状，肥厚，沿中线隆起，左右尾不对称：右尾内缘锐利，基部约 1/4 处有 1 大齿，约 1/2 处也有 1 大齿，两大齿间有整齐的 8~9 个小齿，从第二大齿到末端有不明显的小齿约 12 个，左尾内缘约 1/4 处有 1 很大的齿，约 1/2 处也有 1 三角形的大齿，两齿之间部分凹陷，背腹缘各有 1 列小齿，约 10 余个。

观察标本：2♀1♂，浙江省遂昌县九龙山自然保护区黄坛淤保护站，2019-5-26，卜云，李京洋采。1♀1♂，浙江省遂昌县九龙山自然保护区杨茂源保护站，2019-5-27，卜云，李京洋采。

分布：浙江（杭州、临安、丽水）、河北、北京、陕西、江苏、上海、安徽、湖北、广东、广西。

参考文献：

卜云，高艳，栾云霞，等，2012. 低等六足动物系统学研究进展 [J]. 生命科学，24（20）：130–138.

王义平，童彩亮，2014. 浙江清凉峰昆虫 [M]. 北京：中国林业出版社，1–372.

卜云，上海科技馆上海自然博物馆自然史研究中心，上海 200041.

尹文英，周文豹，石福明，2014. 天目山动物志 [M]. 杭州：浙江大学出版社，1–435.

栾云霞，卜云，谢荣栋，2007. 基于形态和分子数据订正黄副铗虮的一个异名（双尾纲，副铗虮科）[J]. 动物分类学报，32（4）：1006–1007.

尹文英，等，2000. 中国土壤动物 [M]. 北京：科学出版社，1–339.

周尧，1966a. 铗（虮）科昆虫的研究（I – III）[M]. 动物分类学报，3（1）：51–66.

Bu, Y., Gao, Y., Potapov, M.B. and Luan, Y. X, 2012. Redescription of arenicolous dipluran *Parajapyx pauliani*（Diplura,Parajapygidae）and DNA barcodinganalyses of *Parajapyx* from China. *ZooKeys*, 221: 19–29.

Enderlein, G. S, 1907. Über die segmental-apotome der Insekten und zur kenntnis der morphologie der Japygiden. *Zoologischer Anzeiger*, 31（19–20）：329–635.

Grassi, B, 1886. I progenitori degli Insetti e dei Miriapoda, I' Japyx e la Campodea. *Atti della Accademia Gioenia di Scienze Naturali in Catania*, 19: 1–83.

Oudemans, J. T, 1890. Apterygota des Indischen Archipels. pp. 73–92. In: M. Weber（ed.）. *Zoologische Ergebnisse einer Reise in Niederla ndisch-Ostindien*, Leiden, E. J.Brill.

Silvestri, F, 1903. Descrizione di un nuovo genere di Projapygidae（Thysanura）trovato in Italia. *Estratto dagli Annali della R. Scuola Sup. di Agricoltura in Portici*,5: 1–8.

Silvestri, F, 1912. Nuovi generi e nuove specie di Campodeidae（Thysanura）dell' America settentrionale. *Bollettino del Laboratorio di Zoologia Generale e Agraria della R. Scuola superiore d'agricoltura in Portici*,

6: 5–25.

Silvestri, F, 1948. Descrizioni di alcuni Japyginae（Insecta Diplura）del Nord America. *Bollettino del Laboratorio di entomologia agraria di Portici*, 8: 118–136.

第六章

昆虫纲 Insecta

蜉蝣目 Ephemeroptera

蜉蝣目已知种类有 3 000 余种，保留着一系列祖征和独征，它们对探讨和研究有翅昆虫的起源和演化具有十分重要的价值。如蜉蝣的生活史有 4 个阶段，分别为卵、稚虫、亚成虫和成虫，这种原变态型的发育过程是有翅昆虫中较原始的类型，仅见于蜉蝣目。蜉蝣稚虫生活在水中，腹部前 7 节背板都可能生长着按节排列的、成对的、常见为扁平的片状鳃。这种类型的鳃只在蜉蝣中存在，它们可能与胸部的翅具有同样的起源。无论是稚虫还是亚成虫或成虫，蜉蝣身体的尾端都生长着 2~3 根较长的、分节的终尾丝（常长于体长），这在有翅昆虫中也十分罕见。蜉蝣亚成虫与成虫已十分相似，如它们都已到陆地或空中生活，翅都已完全伸展，都能够飞行，少数种类的雌性亚成虫已经能够交尾产卵。但亚成虫与成虫也存在明显的形态差别，如亚成虫的附肢（如足、尾铗、终尾丝、阳茎等）还没有完全伸展；亚成虫的翅及身体表面密生细毛和微毛，故身体看上去灰暗无光；一些在稚虫发育良好而在成虫需要退去的器官在亚成虫还没有退化完全，如口器、头胸部可能具有的鳃甚至腹部的鳃和身体表面的一些突起或附属物等。简言之，从形态上看，蜉蝣亚成虫是稚虫与成虫之间的一个必要过渡和发育阶段。蜉蝣成虫和亚成虫的口器都已退化，不具功能，故它们都不饮不食，一般只能存活几分钟到数小时。蜉蝣亚成虫与成虫的翅在停歇时竖立，不能像其他新翅类一样能将翅折叠覆盖于体背，故蜉蝣十分容易识别。

九龙山保护区昆虫调查发现该目 4 科 6 属 8 种。

一、四节蜉科 Baetidae

本科稚虫体型较小，在 3.0~12.0mm。身体背腹厚度大于身体宽度，流线型，运动似小鱼。触角长度大于头宽的 2 倍，后翅芽有时消失，鳃通常 7 对，有时 5 对或 6 对。2 根或 3 根尾丝。

成虫复眼明显分上下两部分，上半部分锥状、橘红色或红色，下半部分为圆形、黑色。前翅的 IMA、MA2、IMP、MP2 脉与翅基部游离，横脉少，相邻纵脉间具 1 根或 2 根缘闰脉，后翅小或缺如。前足跗节 5 节，中后足跗节 3 节。阳茎退化成膜质，2 根尾丝。

在九龙山保护区发现该科 1 属 1 种。

1. 皮刺四节蜉 *Baetis aculeatus*（Navas）

分布：我国浙江（遂昌九龙山、百山祖）；国外：欧洲。

二、扁蜉科 Heptageniidae

本科稚虫身体各部分扁平，背腹厚度小于身体宽度。足的关节为前后型，腹部 1~7 节具鳃，各具片状部分和丝状部分，尾丝 2 根或 3 根。

成虫前翅的 CuA 脉与 CuP 脉之间具 2 对闰脉，后翅明显，MA 脉与 MP 脉分叉，身体一般具黑色、红色或者褐色的斑纹，2 根尾须。

在九龙山保护区发现该科 3 属 5 种。

2. 车根似动蜉 *Cinymina chegengensis* Su et al.

分布：浙江（遂昌九龙山、百山祖）。

3. 海南似动蜉 *Cinymina hunanensis* Zhang et Cai

分布：浙江（遂昌九龙山、百山祖）。海南。

4. 斜纹似动蜉 *Cinymina obliquistrita* You et al.

分布：浙江（遂昌九龙山、百山祖、雁荡山）、江苏、安徽、湖南。

5. 葛氏扁蚴蜉 *Ecdyonurus galileae*（Demoulin）

分布：我国浙江（遂昌九龙山、百山祖）；国外：欧洲。

6. 拟高翔蜉 *Epeorus assimilis*（Eaton）

分布：我国浙江（遂昌九龙山、百山祖）；国外：亚洲，北美洲。

三、细裳蜉科 Leptophlebiidae

本科稚虫体长一般 10mm 以下，身体大多扁平，下颚须与下唇须 3 节。鳃位于体侧，少数位于腹部，6 对或 7 对，除第 1 对鳃及第 7 对鳃可能变化，其余各鳃端部大多分叉。3 根尾丝。

成虫一般在 10.0 mm 以下。雄成虫的复眼分为上下两部分，上半部分为棕红色，下半部分黑色。前翅的 C 及 Sc 脉粗大，MA1 与 MA2 之间和 MP1 脉与 MP2 脉之间各具 1 根闰脉，MP2 脉与 CuA 脉之间无闰脉，CuA 脉与 CuP 脉之间具 2~8 根闰脉，2~3 根臀脉，强烈向翅后缘弯曲。雄性外生殖器：尾铗 2~3 节，一般 3 节，第 2~3 节远短于第 2 节，阳茎常具各种附着物。3 根尾丝。

在九龙山保护区发现该科 1 属 1 种。

7. 安徽宽基蜉 *Choroterpes anhuiensis* Wu et You

分布：浙江（遂昌九龙山、百山祖）、安徽。

四、河花蜉科 Potamanthidae

本科稚虫 7.0~30.0 mm，身体扁平，体表常具鲜艳的斑纹，身体背面光滑，只有足具毛。上颚一般突出成非常明显至很小的颚牙状，下颚须及下唇须 3 节，前胸背板向侧面略突出。鳃 7 对，第 1 对丝状，2 节；第 2~7 对鳃 2 叉状，端部呈缨毛状，位于体侧；3 根尾丝。

成虫体型较大，前翅 MP2 脉与 CuA 脉在基部极度后弯，远离 MP1 脉；A1 脉分叉。后翅具前缘突，前后翅常具鲜艳斑纹。雄性外生殖器：尾铗 3 节，基节最长；尾丝 3 根。

在九龙山保护区发现该科 1 属 1 种。

8. 大眼似河花蜉 *Potamanthodes macrophthalmus* You et Su

分布：浙江（遂昌九龙山、百山祖）、陕西。

蜻蜓目 Odonata

在九龙山保护区发现该目 9 科 41 属 61 种

一、蜓科 Aeschnidae

本科种类均大型，身体粗壮，体表翅颜色多样，多为蓝、黄、红、绿等色等，翅脉较复杂，翅室众多；足粗壮具长粗刺。生活环境多样，出没于静水的湖泊、池塘、沼泽、湿地、水田等以及流水的溪流、江河等地区，多善于飞行，有长时间巡行领地的行为，都是空中捕食的高手。本科种类具有发达的产卵器，多产卵于植物组织内。

在九龙山保护区发现该科 2 属 3 种

1. 黑纹伟蜓 *Anax nigrofasciatus* Oguma

寄主：蝇、蚊、蝶、蛾。

分布：浙江（遂昌九龙山、龙王山、莫干山、岱山、百山祖、缙云）、河北、福建、贵州。

2. 碧伟蜓 *Anax parthenope julius* Brauer

寄主：蝇、蚊。

分布：我国浙江（遂昌九龙山、龙王山、莫干山、天目山、定海、岱山、普陀、百山祖）、河北、新疆、江苏、湖南、福建、台湾、四川、贵州、云南、西藏；国外：亚洲东部，日本，朝鲜。

3. 遂昌黑额蜓 *Planaeschna suichangensis* Zhou

分布：浙江（遂昌九龙山、丽水）、福建、广东、广西。

二、春蜓科 Gomphidae

本科为中到大型种类，体表黄黑条纹相间，复眼间距很宽，头相对小。合胸粗壮发达，翅相对较小，前，后翅均有亚三角室，多具臀套；肛附器多样，常较强壮，雌性无产卵器，点水产卵为主。本科分布广泛，适应性多样，主要为栖落型种类。

在九龙山保护区发现该科 14 属 21 种。

4. 安氏奇春蜓 *Anisogomphus anderi* Lieftinck

分布：浙江（遂昌九龙山、龙王山、天目山、百山祖）、湖南、福建、云南。

5. 长角亚春蜓 *Asiagomphus cuneatus*（Needham）

分布：浙江（遂昌九龙山、莫干山、天目山、百山祖）、江西、福建。

6. 凹缘亚春蜓 *Asiagomphus septimus*（Needham）

分布：我国浙江（遂昌九龙山、古田山、百山祖）、江西、福建、台湾、广东。

7. 双纹缅春蜓 *Burmagomphus arvalis* Needham

分布：浙江（遂昌九龙山、天目山）、江苏。

8. 领纹缅春蜓 *Burmagomphus collaris*（Needham）

分布：浙江（遂昌九龙山、龙王山、莫干山、天目山、百山祖）、河北、江苏。

9. 溪居缅春蜓 *Burmagomphus intincus*（Needham）

分布：浙江（遂昌九龙山、天目山、百山祖）、福建。

10. 弗鲁戴春蜓细小亚种 *Davidius fruhstorferijunnior*（Navas）

分布：浙江（遂昌九龙山、龙王山、莫干山、天目山、百山祖）、江苏、湖北、江西、福建、广西、四川、贵州。

11. 深山闽春蜓 *Fukienogom promethus*（Lieftinck）

分布：我国浙江（遂昌九龙山、天目山、百山祖）、福建、台湾、广东。

12. 联纹小叶春蜓 *Gomphidia conflens* Selys

分布：我国浙江（遂昌九龙山、龙王山、古田山、百山祖）、河北、山西、河南、江苏、福建、台湾、广西；国外：日本，越南。

13. 扭角曦春蜓 *Heliogomphus retroflexus*（Ris）

分布：我国浙江（遂昌九龙山、天目山、古田山、百山祖）、福建、台湾；国外：越南。

14. 独角曦春蜓 *Heliogomphus scorpio*（Ris）

分布：浙江（遂昌九龙山、天目山、百山祖）、福建、广东、广西。

15. 小团扇春蜓 *Ictinogomphus rapax*（Rambur）

分布：我国浙江（遂昌九龙山、龙王山、天目山、百山祖）、河南、陕西、江苏、湖北、江西、福建、福建、台湾、广东、海南、广西、四川、贵州、云南；国外：日本，越南，缅甸，孟加拉，印度，斯里兰卡，马来西亚。

16. 台湾环尾春蜓 *Lamelligomphus formosanus*（Matsumura）

分布：我国浙江（遂昌九龙山、龙王山、莫干山、天目山、百山祖）、安徽、福建、台湾、广西。

17. 优美纤春蜓 *Leptogomphus elegans* Leffinck

分布：浙江（遂昌九龙山、天目山、古田山、百山祖）、福建、广西。

18. 双峰弯尾春蜓 *Melligomph ardens*（Needham）

分布：浙江（遂昌九龙山、莫干山、天目山、古田山、百山祖）、福建、广西、贵州。

19. 无峰弯尾春蜓 *Melligomphuus ludens*（Needham）

分布：浙江（遂昌九龙山、天目山、百山祖）、福建。

20. 长钩日春蜓 *Nihonogomphus semanticus* Chao

分布：浙江（遂昌九龙山、莫干山、天目山、古田山、百山祖）、福建、广东。

21. 浙江日春蜓 *Nihonogomphus zhejiangensis* Chao et Zhou

分布：浙江（遂昌九龙山、莫干山、天目山、开化、百山祖）。

22. 中华长钩春蜓 *Ophiogomphus sinicus*（Chao）

分布：浙江（遂昌九龙山、莫干山、天目山、古田山、百山祖）、江西、福建、香港。

23. 小尖尾春蜓 *Stylogomphus tantulus* Chao

分布：浙江（遂昌九龙山、天目山、百山祖）、福建。

24. 亲棘尾春蜓 *Trigomphus carus* Chao

分布：浙江（遂昌九龙山、天目山、百山祖）、福建。

三、大蜓科 Cordulegasteridae

本科为体型大或超大种类，体黑色只具黄色条纹。头大，脸突出，方形或宽大于长。额隆起，复眼大，相遇一点。前胸小，合胸粗壮，浅色斑纹较简单。足粗壮，腿节有两列小齿，胫节具4棱纵脊，两列刺。翅透明，后翅臀区发达。腹部圆筒形，肛附器较短而简单。雌性与雄性外貌相似，产卵器异常发达，但仅用于拨水产卵。

在九龙山保护区发现该科 2 属 3 种

25. 双斑圆臀大蜓 *Anotogaster kuchenbeiseri* **Foerster**

分布： 浙江（遂昌九龙山、龙王山、龙泉）、河北、湖北、江西、福建、四川。

26. 巨圆臀大蜓 *Anotogaster sieboldii* **Selys（彩图 26）**

分布： 浙江（遂昌九龙山、龙王山、莫干山、天目山、古田山、百山祖、雁荡山）、湖南、福建。

27. 尖额绿大蜓 *Chiorogomphus nasutus* **Needham**

分布： 浙江（遂昌九龙山、莫干山、天目山、百山祖）、广西。

四、伪蜻科 Corduliidae

本科体型小至中型，身体通常金属绿色。后翅的结前横脉厚度相等；基室无横脉；前翅和后翅的三角室相异；雄性后翅基部成角，和腹部第 2 节侧面具耳形突。雄性胫节弯曲面具薄龙骨状脊。本科近些年系统发育地位有较多变动，一些属移除作为新科，但是仍有争议。考虑到中国种类的地位尚不明确，故在此暂时按旧有分类体系。

在九龙山保护区发现该科 1 属 1 种。

28. 杭州异伪蜻 *Macronidia hangzhoensis* **Zhou**

分布： 浙江（遂昌九龙山、龙王山、莫干山、杭州、天目山、古田山、百山祖）、福建。

五、蜻科 Libellulidae

本科种类多体型小到中型，身体粗壮，体表颜色极其鲜艳，多为蓝、黄、红、黑、绿、褐、粉等色等；翅颜色多样，常具美丽的花纹，翅脉较复杂，翅室多；足粗壮具刺，较多种类体表被霜。

在九龙山保护区发现该科 10 属 19 种。

29. 黄翅蜻 *Brachythemis contaminata* **Fabricius**

寄主：蚊。

分布： 浙江（遂昌九龙山、古田山、天目山、丽水、缙云、龙泉、庆元）、江苏、福建、广东、云南。

30. 纹蓝小蜻 *Diplacodes trivialis*（**Rambur**）

分布： 浙江（遂昌九龙山、古田山、百山祖、仙居、临海、缙云）、江西、广西、云南。

31. 闪绿宽腹蜻 *Lyriothemis pachygastra* **Selys**

寄主：叶蝉、小型蛾。

分布：浙江（遂昌九龙山、天目山、古田山、奉化、东阳、缙云、龙泉）、江苏、福建、广西、四川、云南。

32. 侏红小蜻 *Nannophya pygmaea* **Rambur**

分布：我国浙江（遂昌九龙山、天目山、丽水、庆元）；国外：亚洲东部。

33. 白尾灰蜻 *Orthetrum albistylum* **Uhler**

寄主：蚊、飞虱、蜉蝣。

分布：浙江（遂昌九龙山、莫干山、天目山、古田山、百山祖、丽水、缙云、庆元）、河北、江苏、福建、广东、四川、云南。

34. 齿背灰蜻 *Orthetrum devium* **Needham**

分布：浙江（遂昌九龙山、莫干山、天目山、古田山、百山祖）、江苏、广东、广西、四川、云南。

35. 褐肩灰蜻 *Ortherum internum* **Mclachlan**

寄主：蚊、飞虱。

分布：浙江（遂昌九龙山、莫干山、天目山、古田山、百山祖、开化、遂昌、云和、龙泉）、河北、湖北、湖南、福建、四川、贵州、云南。

36. 异色灰蜻 *Orthetrum melania* **Selys**

寄主：小型昆虫。

分布：我国浙江（遂昌九龙山、龙王山、莫干山、天目山、古田山、百山祖、缙云、龙泉、庆元）、河北、湖北、湖南、福建、广西、四川、贵州、云南；国外：日本。

37. 赤褐灰蜻 *Orthetrum neglectum* **Rambur**

分布：浙江（遂昌九龙山、天目山、百山祖）、江西、福建、海南、广西、广东、四川、贵州、云南。

38. 狭腹灰蜻 *Orthetrum sabina* **Drury**

寄主：叶蝉、小型蛾、蚊。

分布：我国浙江（遂昌九龙山、龙王山、天目山、古田山、百山祖、开化）、江西、福建、海南、广东、广西、云南、贵州；国外：日本。

39. 黄翅灰蜻 *Orthetrum testaceum* **Burmeister**

分布：浙江（遂昌九龙山、古田山、百山祖）、福建、四川、贵州。

40. 六斑曲缘蜻 *Palpopleura sexmaculata* **Fabricius**

分布：浙江（遂昌九龙山、龙王山、古田山、百山祖、丽水、缙云、遂昌、庆元）、江西、湖南、福建、广东、四川、贵州、云南。

41. 黄蜻 *Pantala flavescens* **Fabricius**

寄主：蚊、叶蝉、小型蛾。

分布：我国浙江（遂昌九龙山、全省广布）、河北、湖北、江西、湖南、福建、广西、四川、贵州、云南、西藏；国外：日本，缅甸，印度，斯里兰卡。

42. 玉带蜻 *Pseudothemis zonata* **Burmeister**

寄主：小型蛾。

分布：浙江（遂昌九龙山、天目山、古田山、浦江、义乌、东阳、丽水、缙云、遂昌、龙泉）、河北、江苏、福建；日本。

43. 斑丽翅蜻 *Rhyothemis variegata*（Linnaeus）

分布：浙江（遂昌九龙山、古田山、百山祖、开化）、福建、广东、云南。

44. 夏赤蜻 *Sympetrum darwinianum* **Selys**

寄主：小型蛾、蚊、叶蝉。

分布：浙江（遂昌九龙山、百山祖、浦江、丽水、缙云）、福建、广西、四川。

45. 竖眉赤蜻 *Sympetrum eroticumardens* **McLachlan**（彩图 27）

寄主：小型蛾、叶蝉。

分布：浙江（遂昌九龙山、莫干山、古田山、百山祖、浦江、丽水、缙云）、河北、湖北、四川、贵州、云南。

46. 小黄赤蜻 *Sympetrum knckeli* **Selys**

寄主：叶蝉、蚊。

分布：浙江（遂昌九龙山、龙王山、古田山、百山祖、丽水、云和、龙泉）、河北、江苏、湖北、江西、湖南、福建。

47. 双横赤蜻 *Sympetrum ruptum* **Needham**

分布：浙江（遂昌九龙山、天目山、百山祖）、福建。

六、色蟌科 Calopterygidae

这是一个大科，包含许多色彩艳丽的种类。翅宽，多无翅柄，具浓密的翅脉，结前横脉较多，方室狭长，大多数雄性无翅痣，雌性常具白色的伪翅痣。仅作短距离的飞行，停栖时翅束起于身体背面。身体一般有金属光泽，腹部细长。天性活跃，喜欢在流动的水边繁殖，多有领域性及炫耀行为。大多数种类的雌性是单独产卵，或雄性在旁边作警戒。

在九龙山发现该科 4 属 5 种。

48. 赤基丽色蟌（华红基色蟌） *Archineura incurnata*（Karsch）

分布：浙江（遂昌九龙山、龙王山、莫干山、天目山、古田山、百山祖、丽水、龙泉）、江西、湖南、福建、广西、四川、贵州。

49. 巨齿尾溪蟌 *Bayadera melanopteryx* **Ris**

分布：浙江（遂昌九龙山、龙王山、莫干山、天目山、古田山、百山祖）、安徽、湖北、湖南、广东、四川、贵州。

50. 褐翅黑溪螅 *Euphaea opaca* **Selys**

分布： 浙江（遂昌九龙山、龙王山、莫干山、百山祖、古田山、遂昌、龙泉）、安徽、福建、云南。

51. 粗壮溪螅 *Philoganga robusta* **Navas**

分布： 浙江（遂昌九龙山、莫干山、天目山、百山祖）、福建、江西、贵州。

52. 大溪螅 *Philoganga vetusta* **Ris**

分布： 浙江（遂昌九龙山、龙王山、天目山、古田山、百山祖）、湖南、福建、广东、海南、贵州。

七、综螅科 Synlestidae

本科为大型种类，相当强壮，体表多具金属光泽，翅具很长的翅柄。翅痣宽，插入脉存在，Riv 起点在，或者刚好接近于亚翅结。Cup 从起点处向前方强度弯曲。方室基部封闭。腹部极细长。

在九龙山发现该科 2 属 3 种。

53. 褐腹缘综螅 *Megalestes chengi* **Chao**

分布： 浙江（遂昌九龙山、莫干山、百山祖）、福建。

54. 黄腹绿综螅 *Megalestes heros* **Needham**

分布： 浙江（遂昌九龙山、古田山、百山祖）、福建、四川。

55. 白条绿丝螅 *Sinolestes ornata* **Needham**

分布： 浙江（遂昌九龙山、古田山、百山祖）。

八、螅科 Coenagriidae

本科种类均小型，身体细小，体表颜色多样，多为蓝、黄、红、绿等色等，翅脉较简单，翅室较少，具柄，多透明，足短具短刺。腹部细长，肛附器及阳茎结构较复杂。生活环境多样，多出没于静水的湖泊、池塘、沼泽、湿地、水田等水域，不善于飞行，大部分时间落在草间。

在九龙山保护区发现该科 3 属 4 种

56. 沼狭翅螅 *Aciagrion hisopa* **Selys**

分布： 我国浙江（遂昌九龙山、莫干山、天目山、百山祖）、福建、台湾、四川、云南；国外：缅甸，印度，斯里兰卡，马来西亚。

57. 杯斑小螅 *Agriocnemis feminsa*（**Ramb.**）

寄主： 小型昆虫。

分布： 浙江（遂昌九龙山、龙游、开化、缙云、庆元）。

58. 短尾黄蟌 *Ceriagrion melanurum* Selys

寄主：小型昆虫。

分布：我国浙江（遂昌九龙山、龙王山、莫干山、古田山、百山祖、开化、缙云）、华东、湖北、湖南、四川、贵州、云南；国外：亚洲东部。

59. 奇数蟌 *Coenagrion impar* Needham

分布：浙江（遂昌九龙山、莫干山、百山祖）、广西、四川。

九、扇蟌科 Platycnemididae

本科种类多体型小到中型，身体细长；头横宽，复眼间距大；体表颜色多样，多为蓝、黄、红、绿等色；翅通常透明，翅脉简单，翅室较少；足较短，具长刺，部分种类胫节特异性膨大。臀脉和 Cup 存在；方室长为宽的 2~3 倍，前边和后边几相等；MA 和 IRiii 走向平直；翅痣覆盖一翅室。

在九龙山保护区发现该科 2 属 2 种。

60. 华丽扇蟌 *Calicnemla sinensis* Liftinck

分布：浙江（遂昌九龙山、天目山、古田山、百山祖）、福建。

61. 蓝纹长腹扇蟌（黄纹长蝮蟌）*Coeliccia cyanomelas* Ris

分布：我国浙江（遂昌九龙山、龙王山、莫干山、天目山、古田山、百山祖）、福建、台湾、云南；国外：印度，亚洲东部。

襀翅目 Plecoptera

在九龙山保护区发现该目 2 科 3 属 5 种。

一、襀科 Perlidae

本科体型为小至大型，浅黄至褐色、深褐色或黑褐色。口器退化，下颚须锥状、端节短小；单眼 2 ~ 3 个；触角长丝状。胸部腹面有发达的残余气管鳃；前胸背板多为梯形或横长方形，中纵缝明显，表面粗糙；足的第 1、第 2 跗节极短，第 3 节很长；翅的中部至前端无横脉。尾须发达、丝状多节。襀亚科雄虫第 10 背板分裂形成左、右两半背片，半背片常特化成 1 对弯曲、前伸的骨化突起，即半背片突；肛上突退化为膜质的小突起，肛下叶小三角形、无变化；腹部背板上常有各种特化的构造；许多种类在后胸腹板、第 5 ~ 8 腹板上有棕褐色的刷毛丛；有的第 9 腹板略向后伸形成殖下板，极少数在其中部有一光滑的圆钮。钮襀亚科雄虫第 10 背板不分裂形成半背片；肛上突完全退化，肛下叶特化为向后上方弯曲的骨化突起，即生殖钩；腹部背板无变化，腹板无刷毛丛；第 9 腹板发达，向后伸形成明显的殖下板，绝大多数在其中部有一光滑的圆钮。雌虫第8腹板通常向后延伸而成相当明显的殖下板；肛上突退化，肛下叶三角形、正常。稚虫胸部腹侧面有发达的气管鳃，有的类群有臀鳃。

在九龙山保护区发现该科1属3种

1. 浙江襟襀 *Togoperla chekianensis*（Chu）

分布：浙江（遂昌九龙山、龙王山、天目山、古田山、百山祖、杭州）、湖北、江西、湖南、福建、广西、贵州、河南。

2. 长形襟襀 *Togoperia elongata* Wu et Claassen

分布：我国浙江（遂昌九龙山、龙王山、莫干山、天目山、百山祖、杭州、开化、庆元）、安徽、江西、福建、广东、香港、广西、四川、贵州；国外：越南。

3. 中华襟襀 *Togoperla sinensis* Banks

分布：浙江（遂昌九龙山、龙王山、百山祖）、湖北、江西、湖南、广东、贵州。

二、卷襀科 Leuctridae

本科体型为小型，一般不超过10mm，深褐或黑褐色。头宽于前胸，单眼3个。前胸背板横长方形；翅透明或半透明，无"X"形的脉序，前翅在Cu1和Cu2以及M和Cu1之间的横脉多条，后翅臀区狭；在静止时，翅向腹部包卷成筒状。雄虫肛上突及肛下叶特化，与第10背板上的一些骨化的突起构成外生殖器，有的在第5~9背板上还形成一些特殊构造，尾须第1节无变化或特化为外生殖器的组成部分。雌虫第8腹板形成较明显的下生殖板，尾须第1节无变化。

在九龙山保护区发现该科2属2种。

4. 中华拟卷襀 *Paraleuctra sinica* Yang et Yang

分布：浙江（遂昌九龙山、龙王山、百山祖）。

5. 长刺诺襀 *Rhopalopsole longispina* Yang et Yang

分布：浙江（遂昌九龙山、天目山、百山祖）。

蜚蠊目 Blattodea

在九龙山保护区发现该目3科3属5种

一、蜚蠊科 Blattidae

本科雌雄基本同型，体型中、大型，通常具光泽和浓厚的色彩。足较细长，多刺。雌雄两性肛上板对称。雄性下生生殖板横阔，对称，具1对细长的尾刺。

在九龙山保护区发现该科 1 属 2 种。

1. 美洲大蠊 *Periplaneta americana*（Linnaeus）

分布：我国浙江（遂昌九龙山、龙王山、百山祖、杭州、宁海、兰溪、江山、温州）、辽宁、河北、江苏、安徽、湖南、福建、广东、广西、四川、贵州、云南；国外：世界广布。

2. 黑胸大蠊 *Periplaneta fuliginosa* Serv.

寄主：馒头、糕点、米粉、鱼粉。

分布：我国浙江（遂昌九龙山、龙王山、莫干山、百山祖、临安、定海、丽水、遂昌、龙泉、庆元）、辽宁、河北、江苏、安徽、湖南、福建、台湾、广东、海南、广西、四川、贵州、云南；国外：日本，美国。

二、姬蠊科 Blattellidae

本科体型属小型，全长极少超过 15mm，大多数个体呈黄褐色、黑褐色，雌雄同型。头部具较明显的单眼，唇基缝不明显。前胸背板通常不透明。前、后翅发达或退化，极少完全无翅。前翅革质，翅脉发达，Sc 脉简单；后翅膜质，缺端域，臀脉域呈折叠的扇形。中、后足腿节腹面具或缺刺，跗节具跗垫，爪间具中垫。

在九龙山保护区发现该科 1 属 2 种。

3. 德国小蠊 *Blattella germanica*（Linnaeus）

寄主：玉米、向日葵、柑橘、各种皮毛、贮藏果品、米。

分布：我国浙江（遂昌九龙山、龙王山、莫干山、天目山、临安、定海、丽水、遂昌、龙泉、庆元、百山祖）、黑龙江、辽宁、内蒙古、新疆、河北、陕西、江苏、湖南、福建、广东、广西、四川、贵州、云南、西藏；国外：日本，欧洲，非洲北部，美国，加拿大。

4. 拟德国小蠊 *Blattella liturieollis*（Walker）

寄主：甘蔗。

分布：我国浙江（遂昌九龙山、莫干山、天目山、四明山、嵊泗、庆元、百山祖）、福建、广西、四川、贵州、云南、西藏；国外：世界广布。

三、地鳖蠊科 Polyphagidae

本科体型小到中型，雌雄虫同型或异型，体表一般具毛。唇基通常加厚。静止时后翅臀域平置于其余部分腹侧，不呈扇状折叠。中、后足腿节下缘无明显大刺。卵生。

在九龙山保护区发现该科 1 属 1 种

5. 中华真地鳖 *Eupolyphaga sinensis*（Walker）

寄主：大米、麦、甘薯、玉米及各种干粮。

分布：我国浙江（遂昌九龙山、龙王山、天目山、百山祖、杭州、余姚、奉化）、辽宁、内蒙古、北京、河北、山西、山东、河南、甘肃、陕西、青海、江苏、湖北、湖南、四川、贵州、云南；国外：俄罗斯，蒙古。

等翅目 Isoptera

在九龙山保护区发现该目 2 科 9 属 29 种。

一、鼻白蚁科 Rhinotermitidae

成虫：头部有囟，大小不一；复眼小至中等；有单眼。前胸背板扁平，宽度在不同类群变化较大；左上颚具 1 枚端齿和 3 枚缘齿，右上颚具 1 枚端齿和 2 枚缘齿，第 1 缘齿具有亚缘齿。足跗节 4 节；胫节距 2：2：2 或 3：2：2；爪无中垫。尾须 2 节。翅膜质，网状；前翅鳞大，在多数类群与后翅鳞重叠。兵蚁：单型或二型。头部椭圆形至长方形；有囟，触角 12~19 节；前胸背板扁平；胫节距 3：2：2 或 2：2：2；爪缺中垫；尾须 2 节。

在九龙山保护区发现该科 2 属 19 种。

1. 台湾乳白蚁 Coptotermes formosanus Shiraki

寄主：梨、桑、茶、杉、竹、樟、枫杨、松、柳、梧桐、悬铃木及木构件。

分布：我国浙江（遂昌九龙山、浙江广布）、江苏、安徽、湖北、江西、湖南、福建、台湾、广东、海南、广西、四川、云南；国外：日本，菲律宾，斯里兰卡，南美洲，美国，南非。

2. 肖若散白蚁 Reticulitermes affinis Hsia et Fan

寄主：房屋及樟、杉、松、竹。

分布：我国浙江（遂昌九龙山、龙王山、天目山、百山祖、龙泉、庆元）、江苏、安徽、湖北、江西、湖南、福建、台湾、广东、广西、四川、贵州、云南、香港。

3. 黑胸散白蚁 Reticulitermes chinensis Snyder（彩图 28）

主要特征：兵蚁：头部两侧平行，后缘近平直；头长至上颚基 1.83~1.90mm，头最宽 1.08~1.22mm；额平坦或隆起；上唇矛状，唇端缓尖，侧端毛有或缺；左上颚长 1.05~1.22mm，稍粗，端部略弯；触角 16~18 节；后颏长 1.30~1.50mm，宽 0.43~0.52mm，腰狭 0.12~0.15mm，腰缩指数 0.27~0.32。前胸背板梯形，长 0.50~0.55mm，宽 0.82~0.95mm；前缘中央浅凹，后缘近平直；中区毛约 6 枚。成虫：头部圆形；囟点状；复眼和单眼近圆形；复眼与头下缘间距明显小于复眼短径；触角 17~18 节；后唇基突起明显，侧观稍低于头顶，高于单眼。前胸背板前缘中央凹入浅宽，后缘中央浅凹。

观察标本：26 兵，浙江省丽水市景宁县望东垟高山湿地，2016-8-11，柯云玲、吴文静采；5 兵，浙江省丽水市景宁县渔际坑保护站，2016-8-11，柯云玲、吴文静采。

分布：我国浙江（遂昌九龙山、景宁、全省分布）、全国广布；国外：印度，越南。

4. 弯颚散白蚁 *Reticulitermes curvatus* Xia et Fan

分布：浙江（遂昌九龙山、百山祖、庆元、遂昌）。

5. 花胸散白蚁 *Reticulitermes fukienensis* Light

寄主：房屋、树木。

分布：浙江（遂昌九龙山、百山祖、龙泉）、江苏、福建、广东。

6. 长头散白蚁 *Reticulitermes longicephalus* Tsai et Chen

寄主：多种树木根部及地面部分。

分布：浙江（遂昌九龙山、龙泉、庆元、百山祖）、福建。

7. 尖唇散白蚁 *Reticulitermes aculabialis* Tsai et Huang

分布：浙江（遂昌九龙山、安吉、吴兴、德清、余姚、磐安、柯城、衢江、江山、常山、开化、龙游、莲都、遂昌）、陕西、河南、甘肃、江苏、安徽、湖北、江西、湖南、福建、广东、广西、四川、贵州、云南。

8. 柠黄散白蚁 *Reticulitermes citrinus* Ping et Li

分布：浙江（遂昌九龙山、浙江、越城、柯桥、诸暨、永康、龙泉、缙云、遂昌）。

9. 湖南散白蚁 *Reticulitermes hunanensis* Tsai et Peng（彩图 29）

主要特征：兵蚁：头部两侧近平行，向后稍狭，后缘稍突；头长至上颚基 1.87~2.21mm，头最宽 1.14~1.25mm；额微隆；上唇端半透明区锐角形狭尖出，缺侧端毛；上颚长而强，1.12~1.22mm，端部粗短略弯曲；触角 16 节；后颏长 1.37~1.56mm，宽 0.44~0.49mm，腰狭 0.13~0.15mm，腰缩指数 0.28。前胸背板近肾形，长 0.49~0.54mm，宽 0.84~0.94mm；前、后缘中央均凹入较浅；中区毛约 6 枚。成虫：头部近圆形；囟点状；复眼近圆形，与头下缘间距小于复眼短径；单眼近圆形；触角 17 节；后唇基几不突起，低于头顶，约平于单眼。前胸背板梯形；前缘中央浅凹，后缘中央凹入较深。

观察标本：5 兵，浙江四明山，2016-8-1，柯云玲、吴文静采；3 兵，浙江省衢州市开化县古田山，2017-8-25，张世军、张欢欢采；14 兵，浙江省丽水市遂昌县九龙山自然保护区，2017-8-28，张世军、张欢欢采。

分布：浙江（遂昌九龙山、四明山、古田山、婺城）、福建、湖北、湖南、广西、四川、贵州。

10. 圆唇散白蚁 *Reticulitermes labralis* Hsia et Fan, 1965（彩图 30）

主要特征：兵蚁：头部两侧近平行，后缘宽圆；头长至上颚基 1.58~1.81mm，头最宽 1.02~1.12mm；额微隆；上唇矛状，端部狭圆，具侧端毛；上颚较细直，0.89~0.98mm，端部尖细；触角 15~16 节；后颏长 1.05~1.33mm，宽 0.40~0.44mm，腰狭 0.16~0.19mm，腰缩指数 0.40~0.50。前胸背板长 0.44~0.55mm，宽 0.73~0.84mm，前、后缘较平直，中央凹入均浅；中区毛 10~16 枚。成虫：头部圆形；囟点状；复眼呈圆缓的三角形，与头下缘间距小于复眼长径；单眼近圆形；触角 17~18 节；后唇基突起，稍低于头顶，稍高于单眼。前胸背板前缘中央凹入浅宽，后缘中央凹入明显。

观察标本：3 兵，浙江四明山，2016-8-1，柯云玲，吴文静采；4 兵，浙江舟山秀山岛，2016-8-5，柯云玲，吴文静采；17 兵，浙江省丽水市景宁县望东垟高山湿地，2016-8-11，柯云玲，吴文静采；2 兵，浙江省丽水市景宁县石印公园，2016-8-12，柯云玲，吴文静采；42 兵，浙江省舟山市定海区桃花村万花谷，2017-8-21，张世军，张欢欢采；2 兵，浙江省衢州市开化县古田山，2017-8-25，张世军，张欢欢采。

分布：浙江（遂昌九龙山、定海、四明山、古田山、柯城、衢江、常山、龙游、岱山、莲都、景宁）、江苏、上海、江西、安徽、湖北、广东、香港、四川、河南、陕西。

11. 细颚散白蚁 Reticulitermes leptomandibularis Hsia et Fan（彩图 31）

主要特征：兵蚁：头部两侧近平行，后缘中央平直，后侧角稍圆；头长至上颚基 1.76~2.03mm，头最宽 1.09~1.21mm；额微隆；上唇端部透明区针状尖出，缺侧端毛；左上颚长 1.12~1.24mm，较细直，端部尖细、略弯；触角 15~16 节；后颏长 1.30~1.61mm，宽 0.42~0.48mm，腰狭 0.11~0.16mm，腰缩指数 0.25~0.33。前胸背板梯形，长 0.48~0.59mm，宽 0.81~0.90mm；前、后缘较平直，中央凹入均浅；中区毛约 6 枚。成虫：头部近圆形；囟点状；复眼近圆形，与头下缘间距显著小于复眼短径；单眼长圆形；触角 17 节；后唇基稍突起，低于头顶，约平于单眼。前胸背板梯形；前缘平直，中央凹入浅，后缘中央"V"形凹入。

观察标本：6 兵，浙江四明山，2016-8-2，柯云玲，吴文静采；50 兵，浙江江山市廿八都镇周村村里东坑，2016-8-8，柯云玲，吴文静采；22 兵，浙江省舟山市定海区桃花村万花谷，2017-8-21，张世军，张欢欢采；86 兵，浙江省衢州市开化县古田山，2017-8-24—25，张世军，张欢欢采；8 兵，浙江省丽水市遂昌县九龙山自然保护区，2017-8-28，张世军，张欢欢采。

分布：我国浙江（遂昌九龙山、定海、四明山、古田山、鄞州、北仑、余姚、慈溪、宁海、象山、越城、柯桥、上虞、诸暨、嵊州、新昌、婺城、东阳、永康、浦江、武义、磐安、江山、莲都、缙云、云和、庆元）、福建、江苏、江西、安徽、湖南、广东、广西、河南、四川、海南、贵州、台湾。

12. 罗浮散白蚁 Reticulitermes luofunicus Zhu, Ma et Li（彩图 32）

主要特征：兵蚁：头部两侧微弧形，向后稍外扩，后缘宽圆；头长至上颚基 2.18~2.54mm，头最宽 1.37~1.56mm；额微隆；上唇端部透明区短针状尖出，侧端毛有或缺；上颚粗壮，端部近强弯，长 1.32~1.44mm；触角 16~17 节；后颏长 1.76~2.00mm，宽 0.51~0.59mm，腰狭 0.17~0.20mm，腰缩指数约为 0.30。前胸背板肾形，中部长 0.52~0.61mm，宽 1.01~1.12mm；前缘中央浅凹，后缘中央凹入明显；中区毛约 4 枚。成虫：未见。

观察标本： 11 兵，浙江省衢州市开化县古田山，2017-8-24，张世军，张欢欢采；15 兵，浙江省丽水市遂昌县九龙山自然保护区，2017-8-27，张世军，张欢欢采；7 兵，浙江省衢州市江山市双溪口乡，2017-8-31，张世军，张欢欢采。

分布： 浙江（遂昌九龙山、古田山、江山、东阳）、广东、贵州。

13. 小散白蚁 *Reticulitermes parvus* Li（彩图 33）

主要特征： 兵蚁：头部两侧近平行，向后稍扩，后缘宽圆；头长至上颚基 1.53~1.58mm，头最宽 0.90~0.92mm；额微隆；上唇舌状，端部狭圆；触角 14~15 节；左上颚长 0.92mm；后颏长 0.98~1.09mm，宽 0.38~0.42mm，腰狭 0.13~0.14mm，腰缩指数 0.34。前胸背板长 0.44~0.47mm，宽 0.64~0.66mm，前、后缘中央凹入均较明显；中区毛约 20 枚。成虫：头部长圆形；冈点状；复眼圆缓的三角形；单眼短径大于单复眼间距的 2 倍以上；后唇基稍突起，低于头顶。前胸背板前缘中央凹入浅宽，后缘中央浅凹。

观察标本： 8 兵，浙江省衢州市开化县古田山，2017-8-24，张世军，张欢欢采。

分布： 浙江（遂昌九龙山、古田山、余姚、奉化、宁海、吴兴、南浔、德清、长兴、越城、柯桥、上虞、诸暨、嵊州、新昌、兰溪、柯城、衢江、江山、常山、龙游、莲都、龙泉、遂昌、庆元）、湖南、香港。

14. 清江散白蚁 *Reticulitermes qingjiangensis* Gao et Wang（彩图 34）

主要特征： 兵蚁：头部两侧近平行，中后段稍外扩，后缘近宽圆；头长至上颚基 2.20~2.37mm，头最宽 1.28~1.35mm；额微隆；上唇端部半透明区粗针状短尖出；上颚强壮，端部较短而弯，长 1.21~1.25mm；触角 17~18 节；后颏长 1.55~1.80mm，宽 0.50~0.55mm，腰狭 0.15~0.16mm，腰缩指数 0.28。前胸背板近肾形，长 0.45~0.55mm，宽 0.95~1.04mm；前缘中央凹入较深，后缘中央浅凹；中区毛细，长毛约 4 枚。成虫：未见。

观察标本： 4 兵，浙江省衢州市江山市双溪口乡，2017-8-29，张世军，张欢欢采。

分布： 浙江（遂昌九龙山、江山、婺城、永康、浦江）、江苏、安徽、河南。

15. 武宫散白蚁 *Reticulitermes wugongensis* Li et Huang（彩图 35）

主要特征： 兵蚁：头部两侧近平行，后缘平直；头长至上颚基 2.09~2.25mm，头最宽 1.19~1.30mm；额隆起明显；上唇矛状，端部狭圆，无侧端毛；上颚长 1.13~1.20mm，强壮，端部较弯，且弯端较长；触角 16~17 节；后颏长 1.42~1.76mm，宽 0.50~0.55mm，腰狭 0.13~0.18mm，腰缩指数 0.31~0.33。前胸背板长

0.60~0.64mm，宽0.90~1.02mm，前缘中央宽"V"形浅凹，后缘近平直；中区毛约20余枚。成虫：未见。

观察标本：4兵，浙江省江山市廿八都镇周村村里东坑，2016-8-8，柯云玲，吴文静采；6兵，浙江省衢州市江山市双溪口乡，2017-8-31，张世军，张欢欢采。

分布：浙江（遂昌九龙山、江山）、福建。

16. 丹徒散白蚁 *Reticulitermes dantuensis* Gao et Zhu（彩图36A、彩图36B）

主要特征：兵蚁：头部两侧中段稍外扩，后缘宽圆；头长至上颚基1.28~1.47mm，头最宽0.92~0.99mm；额隆起；上唇钝矛状，缺侧端毛；左上颚长0.84~0.91mm，端部细直；触角14~15节；后颏长0.88~1.00mm，宽0.35~0.40mm，腰狭0.15~0.17mm，腰缩指数约为0.41。前胸背板长0.34~0.40mm，宽0.61~0.70mm，前缘中央凹入较宽、深，后缘较浅。成虫：头壳近圆形，至上唇基长1.06mm，连复眼宽1.12mm；囟点状；复眼椭圆形，长径0.20mm，短径0.18mm；单眼近圆形，长0.06mm，宽0.05mm；单复眼间距0.08mm；前胸背板长0.60mm，宽0.90mm；前翅鳞长0.66mm。

观察标本：5兵，浙江四明山，2016-8-1，柯云玲，吴文静采；26兵，浙江省舟山市定海区桃花村万花谷，2017-8-21，张世军，张欢欢采；14兵2成虫，浙江省舟山市普陀区里山，2017-8-22，张世军，张欢欢采。

分布：浙江（遂昌九龙山、四明山、定海、普陀）、江苏、安徽、四川。

17. 黄胸散白蚁 *Reticulitermes flaviceps* Oshima（彩图37）

主要特征：兵蚁：头部两侧近平行，向后稍外扩，后缘宽圆；头长至上颚基1.71~2.02mm，头最宽1.10~1.16mm；额微隆；上唇矛状，端部狭圆，具侧端毛；上颚较直，端部稍弯，长1.04~1.10mm；触角16节；后颏长1.04~1.34mm，宽0.43~0.49mm，腰狭0.18~0.21mm，腰缩指数0.36~0.44。前胸背板长0.43~0.51mm，宽0.80~0.91mm，前缘中央浅凹，后缘中央稍凹；中区毛20枚左右。成虫：头部长圆形；囟点状；复眼近圆形，与头下缘间距约等于复眼短径；单眼近圆形；后唇基稍突起，低于头顶，高于单眼。前胸背板前缘中央凹入很浅，后缘中央凹入略深。

观察标本：6兵，浙江四明山，2016-8-1，柯云玲，吴文静采；20兵，浙江省丽水市景宁县石印公园，2016-8-12，柯云玲，吴文静采；28兵，浙江省舟山市普陀区里山，2017-8-22，张世军，张欢欢采；5兵，浙江省舟山市本岛定海区长岗山森林公园，2017-8-23，张世军，张欢欢采；7兵，浙江省衢州市开化县古田山，2017-8-24—26，张世军，张欢欢采；15兵，浙江省丽水市遂昌县九龙山自然保护区，2017-8-27—28，张世军，张欢欢采。

分布：我国浙江（遂昌九龙山、定海、普陀、景宁，四明山、古田山、全省分布）、全国广布；国外：日本，越南。

18. 花胸散白蚁 *Reticulitermes fukienensis* Light（彩图 38）

主要特征： 兵蚁：头部两侧近平行，后缘宽圆；头长至上颚基 1.78~2.12mm，头最宽 1.05~1.11mm；额隆起；上唇矛状，端部三角形尖出，缺侧端毛；左上颚长 1.02~1.05mm，端部尖细、甚弯；触角 15~16 节；后颏长 1.26~1.33mm，宽 0.43~0.46mm，腰狭 0.18~0.20mm，腰缩指数 0.39~0.44。前胸背板长 0.48~0.53mm，宽 0.71~0.82mm，前缘较平直，后缘中央浅凹；中区毛约 40 枚。成虫：前胸背板黄褐色，具若干褐色斑点。头部长圆形；凸点状；复眼近圆形，与头下缘间距稍大于复眼短径，几与复眼长径相等；单眼近圆形；后唇基几未突起，低于头顶，高于单眼。前胸背板前缘近平直，后缘中央浅凹。

观察标本： 1 兵，浙江省舟山市定海区桃花村万花谷，2017-8-21，张世军、张欢欢采；2 兵，浙江省丽水市遂昌县九龙山自然保护区，2017-8-27，张世军、张欢欢采。

分布： 浙江（遂昌九龙山、定海、瓯海、吴兴、德清、长兴、婺城、永康、衢江、江山、常山、开化、龙游、龙泉）、福建、江苏、广东、广西、海南、云南、香港。

19. 近黄胸散白蚁 *Reticulitermes periflaviceps* Ping et Xu（彩图 39）

主要特征： 兵蚁：头部两侧近平行，向后稍外扩，后缘宽圆；头长至上颚基 1.66~1.74mm，头最宽 1.04~1.11mm；额隆起；上唇矛状，端部狭圆，缺侧端毛；左上颚长 1.03~1.07mm，端部稍弯；触角 15 节；后颏长 1.21~1.29mm，宽 0.39~0.42mm，腰狭 0.16~0.17mm，腰缩指数 0.40~0.41。前胸背板长 0.49~0.52mm，宽 0.78~0.87mm，前缘中央宽凹入，后缘中央浅凹；中区长毛约 20 枚。成虫：未见。

观察标本： 4 兵，浙江四明山，2016-8-1，柯云玲，吴文静采；10 兵，浙江省江山市廿八都镇周村村里东坑，2016-8-8，柯云玲，吴文静采；2 兵，浙江省舟山市普陀区里山，2017-8-22，张世军、张欢欢采；1 兵，浙江省舟山市本岛定海区长岗山森林公园，2017-8-23，张世军、张欢欢采；14 兵，浙江省衢州市开化县古田山，2017-8-24、26，张世军、张欢欢采；18 兵，浙江省丽水市遂昌县九龙山自然保护区，2017-8-27~28，张世军、张欢欢采；1 兵，浙江省衢州市江山市双溪口乡，2017-8-30，张世军、张欢欢采。

分布： 浙江（遂昌九龙山、定海、普陀、四明山、古田山、江山）、广东。

二、白蚁科 Termitidae

成虫： 头部有囟；复眼大小不一；有单眼；触角 14~23 节；后唇基拱形，长或短；除少数类群外，上颚具 1 枚端齿和 2 枚缘齿。前胸背板马鞍形。足跗节 3~4 节；胫节距 3：2：2 或 2：2：2，中足胫节有时具额外的刺。尾须 1~2 节。翅弱网状或不呈网状；前翅鳞短小，不与后翅鳞重叠。兵蚁：头部形状多样，单型、二型或三型；有囟；上颚粗短、细长或退化，左右对称或不对称；触角 11~20 节。前胸背板马鞍形，窄于头宽。跗节 3~4。尾须 1~2 节。多数类群具兵蚁，少数无。

在九龙山保护区发现该科7属9种。

20. 黑翅土白蚁 *Odontotermes formosanus*（Shiraki）（彩图40）

主要特征：兵蚁：头部卵圆形，中后部最宽；头长至上颚基1.72~1.77mm，头最宽1.27~1.44mm；额平；上颚镰刀形，左上颚齿位于中部之前，齿尖指向侧前方；上唇舌状，端部约伸达上颚中部，未遮盖颚齿；触角16~17节；后颏粗短，最宽处0.55~0.68mm，最狭0.37~0.38mm。前胸背板元宝形，长0.48~0.59mm，宽0.90~1.00mm；前、后缘中央均具明显凹刻。成虫：头部圆形；单、复眼椭圆形，单复眼间距约等于复眼长径；触角19节；后唇基隆起，中央具纵缝；前唇基与后唇基等长。前胸背板中央有一淡色"十"字形斑纹，其两侧靠前各有一圆形淡色点。前翅鳞略大于后翅鳞。

观察标本：多兵，浙江省舟山本岛定海区长岗山森林公园，2016-8-3，柯云玲，吴文静采；18兵，浙江省舟山市桃花岛（桃花镇），2016-8-4，柯云玲，吴文静采；25兵，舟山市秀山岛（秀山县），2016-8-5，柯云玲，吴文静采；21兵，浙江省舟山市本岛黄杨尖（村），2016-8-6，柯云玲，吴文静采；7兵，江山市廿八都镇周村村里东坑，2016-8-8，柯云玲，吴文静采；5兵，浙江省丽水市景宁石印公园，2016-8-12，柯云玲，吴文静采；12兵，浙江省舟山市定海区桃花村万花谷，2017-8-21，张世军，张欢欢采；8兵，浙江省舟山市普陀区里山，2017-8-22，张世军，张欢欢采；8兵，浙江省舟山市本岛定海区长岗山森林公园，2017-8-23，张世军，张欢欢采；46兵，浙江省衢州市开化县古田山，2017-8-24、26，张世军，张欢欢采；5兵，浙江省丽水市遂昌县九龙山自然保护区，2017-8-27，张世军，张欢欢采；3兵，浙江省衢州市江山市双溪口乡，2017-8-30，张世军，张欢欢采。

分布：我国浙江（遂昌九龙山、定海、江山、全省分布）、全国广布；国外：日本，缅甸，泰国，越南。

21. 黄翅大白蚁 *Macrotermes barneyi* Light（彩图41）

主要特征：大兵蚁：头部长方形，最宽处位于中部或后部；头长至上颚基3.33~3.61mm，头最宽2.61~3.11mm；囟小；头顶平；上唇舌状，具透明三角尖；触角17节；触角窝后下方具淡色眼点。后颏最宽处0.73~0.86mm，最狭0.50~0.54mm。前胸背板长1.00~1.05mm，宽1.88~2.05mm；小兵蚁：体型明显小于大兵蚁，头长至上颚基1.77~1.94mm，头最宽1.50~1.55mm；后颏最宽处0.50~0.52mm，最狭0.34mm；前胸背板长0.66~0.70mm，宽1.09~1.11mm。体色略浅于大兵蚁。头部卵形；上颚更细长且直；其他与大兵蚁类似。成虫：头部宽卵形；复眼长圆形，单眼椭圆形，单复眼间距小于单眼宽；囟小，颗粒状突起；后唇基短，隆起明显；触角19节。前胸背板前、后缘中央均凹入；中部稍前具一"十"字形淡色斑纹，左、右前侧角各有一淡色小斑。前翅鳞略大于后翅鳞。

观察标本：2兵，浙江省舟山本岛定海区长岗山森林公园，2016-8-3，柯云玲，吴文静采；2兵，舟山市桃花岛（桃花镇），2016-8-4，柯云玲，吴文静采；5兵，浙江省舟山市秀山岛（秀山县），2016-8-5，柯云玲，吴文静采；3兵，浙江省舟山市本岛黄杨尖（村），2016-8-6，柯云玲，吴文静采；4兵，浙江省舟山本岛马黄山，2016-8-6，于昕采；1兵，浙江省丽水市景宁石印公园，2016-8-12，柯云玲，吴文静采；138兵（含3大兵），浙江省舟山市定海区桃花村万花谷，2017-8-21，张世军，张欢欢采；5兵，浙江省衢州市开化县古田山，2017-8-26，张世军，张欢欢采。

分布：我国浙江（遂昌九龙山、定海、普陀、景宁、古田山、萧山、余杭、富阳、临安、建德、桐庐、淳安、北仑、镇海、鄞州、奉化、余姚、慈溪、象山、宁海、鹿城、龙湾、瓯海、洞头、瑞安、乐清、永嘉、平阳、苍南、文成、泰顺、吴兴、德清、长兴、安吉、越城、柯桥、上虞、诸暨、嵊州、新昌、婺城、金东、永康、柯城、衢江、江山、常山、开化、龙游、岱山、嵊泗、椒江、黄岩、路桥、温岭、临海、玉环、三门、天台、仙居、莲都、龙泉、青田、缙云、遂昌、松阳、云和、庆元）、全国广布；国外：越南。

22. 近扭白蚁 *Pericapritermes nitobei*（Shiraki）（彩图42）

主要特征：兵蚁：头部扁筒形，不连上颚长2.20~2.23mm，宽1.00~1.13mm；中纵缝明显，由头后缘向前伸过头长的1/2；囟小，点状；上唇近方形，前缘稍凹，两侧角稍尖突；左上颚长于右上颚；左上颚曲度极大，端部内弯，末端平，右上颚曲度较小，末端尖；触角14节。前胸背板长0.30~0.33mm，宽0.63~0.73mm，前缘中央无明显凹刻。成虫：头部近圆形，背面弓形隆起；囟椭圆形，凹陷，几与复眼等大；单眼椭圆形；单复眼间距几等于单眼宽或长；后唇基短，隆起；触角14~15节。前胸背板前缘直，后缘中央前凹。前翅鳞大于后翅鳞。

观察标本：1兵，浙江省衢州市开化县古田山，2017-8-24，张世军，张欢欢采；12兵，浙江省丽水市遂昌县九龙山自然保护区，2017-8-27—28，张世军，张欢欢采。

分布：我国浙江（遂昌九龙山、古田山、萧山、余杭、临安、北仑、镇海、鄞州、奉化、余姚、慈溪、象山、宁海、吴兴、德清、长兴、安吉、越城、柯桥、诸暨、婺城、永康、柯城、衢江、江山、常山、龙游）、江苏、福建、江西、安徽、湖北、湖南、广东、广西、四川、贵州、云南、海南、河南、香港、台湾；国外：印度尼西亚，日本，马来西亚，泰国，越南。

23. 大近扭白蚁 *Pericapritermes tetraphilus*（Silvestri）

分布：我国浙江（遂昌九龙山、婺城、武义、柯城、衢江、江山、常山、开化、龙游、莲都、龙泉、遂昌、庆元）、江西、福建、广东、广西、云南；国外：印度，孟加拉，缅甸。

24. 台湾华扭白蚁 *Sinocapritermes mushae*（Oshima *et* Maki）

分布：我国浙江（遂昌九龙山、北仑、镇海、鄞州、奉化、余姚、慈溪、象山、宁海、鹿城、越城、诸暨、柯城、衢江、江山、常山、开化、龙游、莲都、龙泉、遂昌）、湖北、江西、湖南、福建、台湾、广东、海南、广西、重庆、四川、云南；国外：日本。

25.大鼻象白蚁 *Nasutitermes grandinasus* Tsai et Chen

分布：浙江（遂昌九龙山、百山祖、庆元）、江西、湖南、福建、广东、海南。

26.小象白蚁 *Nasutitermes parvonasutus*（Nawa）（彩图 43）

主要特征：兵蚁：头部短卵形，最宽处位于中部稍后；不连象鼻长 0.93~1.04mm，宽 0.84~0.97mm；象鼻管状，向前微下倾；鼻与头顶连线平直或微凹；上颚侧端多较尖，但不伸出，少数具尖刺；触角 13 节；前胸背板宽 0.45~0.47mm，前缘中央无缺刻。成虫：头及前胸背板毛被密。头部宽卵形；复眼小而圆，单眼卵形，单复眼间距约等于单眼长度；囟小，裂缝状；后唇基隆起；触角 15 节。前胸背板窄于头宽，前缘近平直、中央略突，后缘中央具缺刻。工蚁：头部卵形；触角 14 节。前胸背板前缘中央凹入深。

观察标本：119 兵，浙江省衢州市开化县古田山，2017-8-24，张世军，张欢欢采；139 兵，浙江省丽水市遂昌县九龙山自然保护区，2017-8-27，张世军，张欢欢采。

分布：我国浙江（遂昌九龙山、古田山、萧山、富阳、临安、鄞州、奉化、余姚、象山、宁海、吴兴、德清、长兴、安吉、武义、莲都、缙云、庆元）、福建、江西、安徽、湖南、广东、广西、贵州、四川、云南、香港、台湾。

27.夏氏华象白蚁 *Sinonasutitermes xiai* Ping et Xu

分布：浙江（遂昌九龙山、鄞州、余姚、宁海、遂昌）、江西、福建。

28.异齿奇象白蚁 *Mironasutitermes heterodon* Gao et He

分布：浙江（遂昌九龙山、临安、遂昌）。

螳螂目 Mantodea

在九龙山保护区发现该目 2 科 4 属 4 种。

一、花螳科 Hymenopodidae

本科昆虫头顶光滑或具锥形突起。前足股节具 3~4 枚中刺和 4 枚外列刺，内列刺为一大一小交替排列。前足胫节外列刺排列较紧密和呈倒伏状。中和后足股节有时具叶状突起，胫节基部不膨大。

在九龙山保护区发现该科 3 属 3 种。

1.天目山原螳 *Anaxarcha tianmushanensis* Zheng

分布：浙江（遂昌九龙山、龙王山、莫干山、天目山、古田山、百山祖）。

2. 广斧螳 *Hierodula patellifera*（Serville）

寄主：蚜、叶蝉、槐尺蛾、柳毒蛾、松毛虫、槐舟蛾、杨舟蛾。

分布：我国浙江（遂昌九龙山、龙王山、百山祖、湖州、长兴、安吉、德清、桐乡、杭州、临安、萧山、富阳、桐庐、淳安、上虞、新昌、慈溪、奉化、宁海、岱山）、辽宁、北京、河北、山西、山东、河南、甘肃、上海、海南、江苏、安徽、湖北、江西、湖南、福建、台湾、广东、广西、四川、贵州、云南、西藏；国外：日本，菲律宾。

3. 枯叶大刀螳 *Tenodera aridifolia*（Stoll）

寄主：松毛虫、杉天牛、尺蛾、蚜。

分布：我国浙江（遂昌九龙山、龙王山、莫干山、杭州、临安、金华、开化、古田山、丽水、遂昌、云和、龙泉、庆元、百山祖）、黑龙江、吉林、辽宁、河北、山东、河南、江苏、安徽、湖北、江西、湖南、福建、广东、海南、广西、贵州、四川、云南、西藏、台湾；国外：日本，越南，泰国，缅甸，印度，马来西亚，菲律宾，印度尼西亚。

二、长颈螳科 Vatidae

本科昆虫头顶中央具较大的锥状突起，雌雄两性触角呈丝状。前足腿节具 3~4 枚中刺和 4 枚外列刺。前足腿节内列刺的排列为一大刺与一小刺相交替。中、后足腿节或胫节具 1~3 个隆脊或叶状突起，或胫节基半部明显膨胀；尾须锥状或端节略膨大。

在九龙山保护区发现该科 1 属 1 种。

4. 中华屏顶螳 *Kishinouyeum sinensae* Ouchi（彩图 44）

分布：浙江（遂昌九龙山、龙王山、莫干山、余杭、临安、天目山、古田山、百山祖）。

革翅目 Dermaptera

在九龙山保护区发现该目 5 科 12 属 16 种。

一、大尾螋科 Pygidicranidae

本科昆虫体型稍扁平，触角 15~30 节，腹部长大或较宽扁，末腹背板发达，足粗壮。世界已知 202 种，中国记录 13 种，浙江省分布 1 种。

在九龙山发现该科 1 属 1 种。

1. 瘤螋 *Challia fletcheri* Burr

分布：我国浙江（遂昌九龙山、龙王山、天目山、古田山、百山祖）、江西、湖南、海南、广西；国外：朝鲜。

二、丝尾螋科 Diplatyidae

本科昆虫体型小而细长，触角 15~25 节，前后翅发达，腹部细长，尾铗较短，若虫尾须细长分节。

在九龙山保护区发现该科 2 属 2 种。

2. 隐丝尾螋 *Diplatys reconditys* Hincks

分布：我国浙江（遂昌九龙山、龙王山、天目山、古田山、百山祖）、江苏、江西、台湾、广西。

3. 凤阳丝尾螋 *Haplodiplatys fengyangensis*（Zhou）

分布：浙江（遂昌九龙山、凤阳山、百山祖）。

三、蠼螋科 Labiduridae

本科昆虫体型狭长，稍扁平，头部圆隆，触角 15~36 节，鞘翅发达，具侧纵脊，腹部狭长，尾铗中等长，足发达，腿节较粗。

在九龙山保护区发现该科 3 属 4 种。

4. 四川蠼螋 *Forcipula clavata* Lin

分布：浙江（遂昌九龙山、龙王山、天目山、古田山、百山祖）、江西、福建、广东、广西、四川。

5. 岸栖蠼螋 *Labidura riparia*（Pallas）

分布：我国浙江（遂昌九龙山、龙王山、莫干山、天目山、古田山、百山祖）、内蒙古、河北、山西、甘肃、新疆、江苏、湖南、福建、广东、海南、四川、贵州、云南；国外：苏联，日本，越南，缅甸，印度，菲律宾，欧洲西部，非洲北部，北美洲，南美洲。

6. 铅纳蠼螋 *Nala lividipes*（Dufour）

分布：我国浙江（遂昌九龙山、龙王山、莫干山、天目山、古田山、百山祖）、山东、福建、台湾、云南；国外：日本，印度，斯里兰卡，菲律宾，欧洲南部，非洲，澳大利亚。

7. 尼纳蠼螋 *Nala nepalensis* Burr

分布：我国浙江（遂昌九龙山、莫干山、天目山、百山祖）、湖南、贵州、云南；国外：印度，尼泊尔，马来西亚。

四、苔螋科 Spongiphoridae

本科昆虫体型多长而扁，头部较大，触角细长，15~20 节，鞘翅发达，腹部长而扁平，尾铗长而扁，雄性两支基部远离。

在九龙山保护区发现该科 1 属 1 种。

8. 小姬螋 *Labia minor*（Linnaeus）

分布：我国浙江（遂昌九龙山、龙王山、莫干山、天目山、古田山、百山祖）、江苏；国外：世界广布种。

五、球螋科 Forficulidae

本科为革翅目中最大的一科。体型小到中型，多为褐色或褐黄色，头部接近三角形，鞘翅和后翅通常发达，腹部狭长，尾铗发达，形状变化大，跗节3节，第2节叶状或肾形。

在九龙山保护区发现该科5属8种。

9. 日本张铗螋 *Anechura japonica*（Bormans）

分布：我国浙江（遂昌九龙山、龙王山、莫干山、天目山、古田山、百山祖）、吉林、河北、山西、宁夏、甘肃、陕西、山东、江苏、湖北、江西、湖南、福建、广西、四川、贵州、西藏；国外：朝鲜，日本，俄罗斯。

10. 清六张球螋 *Anechura sakaii* Zhou

分布：浙江（遂昌九龙山、凤阳山、百山祖）。

11. 双斑球螋 *Forficula bimaculata* Zhou

分布：浙江（遂昌九龙山、凤阳山、百山祖）。

12. 达球螋 *Forficula davidi* Burr

分布：浙江（遂昌九龙山）、江苏、安徽、湖北、湖南、广西、四川、贵州、云南。

13. 桃源球螋 *Forficula taoyuanensis* Ma et Chen

分布：浙江（遂昌九龙山、天目山、百山祖）、湖南、福建。

14. 中华山球螋 *Oreasiobia chinensis*（Sheinmann）

分布：浙江（遂昌九龙山、天目山、安吉、遂昌）、甘肃、陕西、湖北、湖南、福建、四川、贵州。

15. 黄头球螋 *Paratimomenus flavocapitatus* Shiraki

分布：我国浙江（遂昌九龙山、龙王山、莫干山、天目山、百山祖）、福建、台湾、广西、西藏。

16 克乔球螋 *Timomenus komarovi*（Semenov）

分布：我国浙江（遂昌九龙山、龙王山、莫干山、天目山、百山祖）、湖南、福建、海南、台湾、四川；国外：日本，朝鲜，菲律宾。

直翅目 Orthoptera

在九龙山保护区发现该目20科63属86种。

一、蛩螽科 Meconematidae

本科昆虫体型属小型。前胸腹板缺刺。前足胫节内、外侧听器均为开放式；足跗节第1~2节具侧沟。前、后翅发育完全，有的类群前翅短缩，缺后翅；雄性前翅具发声器。胸听器发达，外露。产卵瓣较长，剑状。

在九龙山保护区发现该科5属7种。

1. 叉尾剑螽 *Xiphidiopsis furcicauda* Mu,He et Wang

分布：浙江（遂昌九龙山、凤阳山，福建）。

2. 宽板剑螽 *Xiphidiopsis latilamella* Mu,He et Wang

分布：浙江（遂昌九龙山、凤阳山）。

3. 巨叉畸螽 *Teratura*（*Macroteratura*）*megafurcula*（Tinkham）

分布：浙江（遂昌九龙山、龙王山、天目山、古田山、江山、凤阳山）、安徽、湖北、江西、湖南、福建、广东、广西、重庆、四川、贵州。

4. 双瘤剑螽 *Xiphidiopsis*（*Xiphidiopsis*）*bituberculata* Ebner

分布：浙江（遂昌九龙山、天目山、清凉峰）、湖北、湖南、广西、四川、贵州。

5. 四川简栖螽 *Xizicus*（*Haploxizicus*）*szechwanensis*（Tinkham）

分布：浙江（遂昌九龙山、龙王山、天目山、古田山）、安徽、湖北、江西、湖南、海南、广西、重庆、四川、贵州、云南。

6. 双突副栖螽 *Xizicus*（*Paraxizicus*）*biprocerus*（Shi & Zheng）

分布：浙江（遂昌九龙山、天目山、清凉峰、古田山）、江西、福建、广东、广西。

7. 陈氏格螽 *Grigoriora cheni*（Bey-Bienko）

分布：浙江（遂昌九龙山、天目山、古田山）、江西、福建。

二、拟叶螽科 Pse1udophyllidae

本科昆虫体型中到大型，黄色、黄绿色、绿色或褐色，似树叶、树皮或地衣。颜面向后倾斜，触角窝内侧边缘的片状隆起明显，超过或接近触角柄节端部。前胸背板通常具颗粒状突起或刺。翅通常发达，少数类群短缩或无翅。前足胫节内、外侧听器多为封闭式，少数类群为开放式。足的第1~2跗节具侧沟，后足股节背面具隆线。雄性下生殖板通常向后延伸，具腹突。产卵瓣马刀状，通常较直，少数显著弯曲。

在九龙山保护区发现该科1属1种。

8. 中华翡螽 *Phyllominus sinicus* Beier

分布：浙江（遂昌九龙山、龙王山、天目山、百山祖）、陕西、河南、江西、福建、广东、四川。

三、草螽科 Conocephalidae

本科昆虫体型小至大型。头为下口式，颜面不同程度的倾斜。头顶突出，有的突出不明显，腹面基部通常具齿形突，有的缺。前足胫节内、外侧听器均为封闭式，呈裂缝状，胸足第1~2跗节具侧沟。翅发达，有的短缩。产卵瓣较长，有的较短，背腹缘近于平等，有的中部扩展。

在九龙山保护区发现该科1属1种。

9. 线条钩顶螽（黑胫钩额螽）*Ruspolia lineosa*（Walker）

分布：我国浙江（遂昌九龙山、百山祖）、河南、上海、安徽、福建、台湾、湖北、江西、湖南、四川、贵州、云南；国外：日本。

四、纺织娘科 Mecopodidae

本科昆虫体型中到大型，粗壮。触角窝边缘不显著隆起。胸部听器被前胸背板侧片所盖。前胸腹板具刺。前、后翅发育完全或退化，雄性前翅具发声器。前足胫节内、外侧听器均为开放型；后足胫节背面具端距；跗节第1~2节具侧沟。产卵瓣较长。

在九龙山保护区发现该科1属1种。

10. 日本纺织娘 *Mecopoda elongata*（Linneaus）（彩图 45）

分布：浙江（遂昌九龙山、百山祖）、湖北、湖南、广东、四川、海南、广西、贵州、云南。

五、螽斯科 Tettigoniidae

本科昆虫体型中到大型，较粗壮。触角窝内侧片状隆起不明显突出。前胸背板较发达，通常胸听器被前胸背板盖及。前翅发育完全，有的短缩，雄性前翅具发声器。前足胫节内、外侧听器均为封闭式；后足胫节背缘具端距；跗节第1~2节具侧沟。产卵瓣剑状，较长。

在九龙山保护区发现该科1属2种。

11. 广东寰螽 *Atlanticus kwangtungensis* Tinkham
分布：浙江（遂昌九龙山、天目山、古田山、百山祖）、福建、广东。

12. 间隔寰螽 *Atlanticus*（*Sinpacificus*）*interval* He
分布：浙江（遂昌九龙山、遂昌白马山）。

六、露螽科 Phaneropteridae

本科昆虫体型小至大型。触角窝内侧边缘不显著片状隆起。前胸腹板缺刺。前、后翅发育完全，或退化缩短，雄性前翅具发声器。前足胫节听器有的内、外侧均为开放型，有的内、外侧均为封闭型，有的外侧为开放型，内侧为封闭型。后足胫节背面具端距；跗节不具侧沟。产卵瓣通常宽短、侧扁，向背方弯曲，边缘具细齿。

在九龙山保护区发现该科 5 属 6 种。

13. 日本条螽 *Ducetia japonica*（Thunberg）

分布：我国浙江（遂昌九龙山、龙王山、天目山、古田山、百山祖）、山西、山东、河南、甘肃、陕西、江苏、上海、安徽、湖北、江西、湖南、福建、台湾、广东、海南、广西、四川、贵州、云南、西藏；国外：朝鲜，日本，澳大利亚，菲律宾，印度，斯里兰卡。

14. 贝氏掩耳螽 *Elimaea berezovskii* Bey-Bienko

分布：我国浙江（遂昌九龙山、天目山、百山祖）、陕西、安徽、湖北、湖南、福建、台湾、广东、海南、广西、四川、贵州、云南。

15. 中华半掩耳螽（中国拟平脉树螽）*Hemielimaea chinensis* Brunner

分布：我国浙江（遂昌九龙山、龙王山、天目山、古田山、百山祖、丽水）、安徽、湖北、江西、湖南、福建、台湾、广东、海南、广西、四川、贵州。

16. 细齿平背螽 *Isopsera denticulata* Ebner

分布：我国浙江（遂昌九龙山、龙王山、天目山、古田山、百山祖）、陕西、安徽、湖北、江西、湖南、福建、广东、四川、贵州；国外：日本。

17. 显沟平背螽 *Isopsera sulcata* Bey-Bienko

分布：浙江（遂昌九龙山、龙王山、天目山、百山祖）、安徽、江西、湖南、广东、海南、广西、四川、贵州。

18. 赤褐环螽 *Letana rubescens*（Stal）

分布：我国浙江（遂昌九龙山、天目山、百山祖）、陕西、江苏、安徽、湖北、湖南、广东、香港、广西、四川、贵州、云南；国外：越南，老挝，泰国。

七、蝼蛄科 Gryllotalpidae

本科昆虫体型中大型，具短绒毛。头较小，前口式，触角较短，复眼突出，单眼 2 枚。前胸背板卵形，较强隆起，前缘内凹。前、后翅发达或退化；雄性具发声器。前足为挖掘足，胫节具 2~4 个趾状突，后足较短；跗节 3 节。产卵瓣退化。

在九龙山保护区发现该科 1 属 1 种。

19. 东方蝼蛄 *Gryllotalpa orientalis* Burmeister（彩图 46）

寄主：杨、水稻、小麦、玉米、高粱、大麦、甘薯、马铃薯、蚕豆、花生、棉、麻、桑、甘蔗、茶、烟草、蔬菜、甜菜、洋葱、韭、瓜类、萝卜、茄、当归、梨、柑橘、葡萄、草莓。

分布：浙江（遂昌九龙山、浙江广布）、全国广布。

八、蛉蟋科 Trigonidiidae

本科昆虫体型属小型，一般不超过 10mm。额突较短，宽于触角第 1 节，复眼突出。雄性前翅通常具发声器，如缺发声器，则雌、雄前翅脉序相似，或角质化，或退化。足较长，后足胫节背面侧缘背刺细长，具毛，后足第 1 跗节背面两侧缘缺刺。雌性产卵瓣弯刀状，端部尖锐，背缘一般具细齿。

在九龙山发现该科 1 属 1 种。

20. 虎甲蛉蟋（小黑蟋）*Trigonidium cicindeloides* Rambur

寄主：水稻、麦、豆类、甘薯、棉、甘蔗。

分布：浙江（遂昌九龙山、常山、龙泉、庆元、永嘉）。

九、蟋蟀科 Gryllidae

本科昆虫体型小至大型，体色通常黄褐色至黑色，部分类群呈绿色或黄色，缺鳞片。头通常球形，触角丝状，明显长于体长；复眼较大，单眼 3 枚。前胸背板背片较宽，扁平或稍隆起，少部分种类两侧缘明显；侧片一般较平。前翅通常发达，部分种类前翅退化或缺失，后翅呈尾状或缺失。前足听器位于胫节近基部，个别种类缺失；后足为跳跃足，胫节背面多具背刺。雌性产卵瓣发达，矛状。

在九龙山发现该科 9 属 11 种。

21. 刻点哑蟋（细点亚蟋）*Goniogryllus punctatus* Chopard

分布：浙江（遂昌九龙山、天目山、丽水、龙泉）、河南、湖北、湖南、福建、广西、四川、贵州、云南。

22. 短翅灶蟋 *Gryllodes sigillatus*（Walker）

分布：我国浙江（遂昌九龙山、百山祖）、河北、河南、陕西、江苏、湖南、福建、海南、贵州；国外：朝鲜，日本，孟加拉，印度，巴基斯坦，斯里兰卡，马来西亚，大洋洲，美洲，非洲。

23. 双斑蟋 *Gryllus bimaculatus*（Geer）

寄主：梨、柑橘、稻、甘薯、茶、菠菜、梨、桃、李。

分布：浙江（遂昌九龙山、开化、丽水、庆元）。

24. 多伊棺头蟋（大扁头蟋）*Loxoblemmus doenitzi* Stein

寄主：松、杉、大豆、玉米、小麦、瓜类、棉、芝麻、花生、绿豆、萝卜、白菜。

分布：我国浙江（遂昌九龙山、龙王山、莫干山、百山祖、丽水）、河北、山西、山东、陕西、河南、江苏、湖南、四川、贵州、云南；国外：日本。

25. 石首棺头蟋（小扁头蟋）*Loxoblemmus equestris* Saussure

分布：我国浙江（遂昌九龙山、莫干山、天目山、百山祖、建德、龙泉）、辽宁、北京、河北、河南、江苏、上海、安徽、湖北、江西、湖南、福建、台湾、广东、海南、广西、四川、云南、西藏；国外：朝鲜，日本，缅甸，印度，斯里兰卡，马来西亚，菲律宾，新加坡，印度尼西亚。

26. 斗蟋 *Scaptipedus micado* Saussure

寄主：梨、柑橘、蔬菜、豆类、甘蔗。

分布：浙江（遂昌九龙山、长兴、临安、建德、丽水、龙泉）。

27. 黑甲铁蟋 *Scleropterus coriaceus*（Haan）

分布：浙江（遂昌九龙山、开化、丽水、庆元）。

28. 花生大蟋 *Tarbinskiellus portentosus*（Lichtenstein）

寄主：水稻、玉米、大麦、小麦、甘薯、棉、桑、苎麻、花生、芝麻、豆、茶、甘蔗、白菜、茄、西瓜、辣椒、番茄、烟草、李、柑橘、马尾松、柏、油茶、枇杷、桃、柿、杉、樟、楝、黄麻、天竺葵、胡椒。

分布：我国浙江（遂昌九龙山、龙王山、百山祖、建德、三门、普陀、天台、仙居、临海、黄岩、温岭、玉环、遂昌、松阳）、江西、湖南、福建、台湾、广东、海南、广西、四川、云南；国外：印度，巴基斯坦，马来西亚，新加坡，印度尼西亚。

29. 黄脸油葫芦 *Teleogryllus emma*（Ohmachi et Matsumura）

寄主：各种树苗。

分布：我国浙江（遂昌九龙山、天目山、百山祖）、河北、山西、河南、陕西、江苏、江西、湖南、福建、广东、海南、广西、四川、贵州、云南、西藏；国外：日本。

30. 污褐油葫芦（油葫芦）*Teleogryllus testaceus* Walker

寄主：茶、刺槐、泡桐、杨、松、乌柏、油桐、稻、高粱、甘薯、绿豆、棉、芝麻、甘草、烟草、枣、花生、大豆、桃、胡萝卜、白菜、萝卜、葱、瓜类、番茄、菠菜、梨。

分布：我国浙江（遂昌九龙山、全省广布）、河北、河南、宁夏、陕西、安徽、湖南、福建、台湾。

31. 拟斗蟋 *Velarifictorus khasiensis* Vasanth et Ghosh

分布：我国浙江（遂昌九龙山、百山祖）、河南、江西、湖南、福建、海南、广西、贵州、云南；国外：印度。

十、蝼蛄科

本科昆虫体型为大型，较背腹扁平。头较小，下口式。翅发达，雄性镜膜内至少具2条分脉。足较长，后足胫节背面两侧缘具长刺，刺间具小刺；跗节第1节较长，第2节甚短。产卵瓣剑状。

在九龙山保护区发现该科1属1种。

32. 日本钟蟋（金钟儿） *Homoeogryllus japonicus*（Haan）（彩图 47）

分布： 我国浙江（遂昌九龙山、杭州、临安、龙泉）、北京、山东、湖南、江苏、上海、福建、海南、台湾、广西；国外：日本，菲律宾，印度尼西亚，印度。

十一、锥头蝗科 Pyrgomorphidae

本科昆虫体型小至中型，一般较细长，呈纺锤形。头部锥形，颜面极向后倾斜或颜面近波状；颜面隆起具细纵沟，头顶向前突出较长，触角剑状。前胸背板具颗粒状突起，前胸腹板突明显。前后翅发达，后足股节外侧中区具不规则短棒状隆起或颗粒状突起。鼓膜器发达，缺摩擦板。

在九龙山保护区发现该科 1 属 2 种。

33. 长额负蝗 *Atractomorpha lata*（Motschulsky）

寄主： 茶、樟、杨、桑、柑橘、稻、麦、玉米、大豆、高粱、棉、甘蔗、烟草、白菜、甘蓝、茄、甜菜、草莓。

分布： 我国浙江（遂昌九龙山、桐庐、定海、普陀、浦江、义乌、龙泉、庆元、温州、平阳、泰顺）、黑龙江、吉林、内蒙古、北京、河北、山西、山东、河南、陕西、江苏、上海、安徽、湖北、江西、湖南、福建、台湾、广东、广西、四川、贵州；国外：日本，朝鲜。

34. 短额负蝗（斜面蝗、尖头蚱蜢） *Atractomorpha sinensis* Bolivar（彩图 48）

寄主： 竹、玉米、水稻、茭白、大麦、小麦、棉、豆类、花生、向日葵、甘蔗、柑橘、黄麻、甘薯、马铃薯、萝卜、辣椒、白菜、蔬菜、油菜、瓜类、茶、桑、竹、栗、芝麻、烟草、茄、柿、葡萄、桃、李、樟、乌桕、柳、杨、一串红、百日草、菊、月季。

分布： 我国浙江（遂昌九龙山、长兴、安吉、德清、嘉兴、嘉善、桐乡、杭州、余杭、临安、天目山、萧山、富阳、慈溪、临海、黄岩、常山、丽水、遂昌、松阳、青田、景宁、龙泉）、北京、河北、山西、山东、甘肃、陕西、青海、湖南、江苏、上海、安徽、湖北、江西、福建、广东、广西、四川、贵州、云南；国外：日本，越南。

十二、斑腿蝗科 Catantopidae

本科昆虫体型中至大型，头部一般呈卵圆形，头顶前端缺细纵沟；触角丝状。前胸背板一般具有中隆线，侧隆线不明显或缺如，仅在少数种类具有明显侧隆线。前胸腹板突锥形、圆形、横片状。前后翅发达，有时退化呈鳞片状，鼓膜器在具翅种类中发达，仅在缺翅种类中不明显或缺如。后足股节外侧中区具羽状纹，其外侧基部上基片明显长于下基片，仅少数种类上、下基片近乎等长。

在九龙山保护区发现该科 10 属 14 种。

35. 棉蝗（大青蝗）Chondracris rosea（Geer）

寄主：竹、木芙蓉、水稻、高粱、甘薯、玉米、棉、苎麻、大豆、甘蔗、瓜类、柑橘、刺槐、绿豆、豇豆、向日葵、茶、竹、杉、木麻黄、相思树。

分布：我国浙江（遂昌九龙山、天目山、湖州、长兴、安吉、德清、余杭、桐庐、余姚、镇海、奉化、宁海、定海、普陀、浦江、义乌、江山、丽水、遂昌、松阳、景宁、庆元、永嘉）、河北、内蒙古、山东、陕西、江苏、湖北、湖南、福建、台湾、广东、海南、广西、四川、贵州、云南。

36. 绿腿腹露蝗 Fruhstorferiola veridifemorata Caudell

寄主：竹、马铃薯、豆、芝麻、向日葵、西瓜、苋菜、白菜、梨、枫杨、胡枝子、杨、樟、泡桐、紫藤、梨、无花果。

分布：浙江（遂昌九龙山、莫干山、天目山、百山祖、奉化、宁海、金华、浦江、义乌、东阳、丽水、遂昌、松阳、云和、景宁、龙泉、庆元）、河南、江苏、安徽、江西、湖南、福建、广东、四川。

37. 斑角蔗蝗 Hieroglyphus annulicornis（Shiraki）

寄主：水稻、玉米、高粱、甘蔗、大豆、棉、花生、柑橘、甘薯、芒、芦苇、柳。

分布：我国浙江（遂昌九龙山、天目山、杭州、淳安、慈溪、定海、丽水、遂昌、龙泉、庆元）、江苏、安徽、福建、台湾、湖北、湖南、广东、广西、海南、香港、河北、陕西、四川、贵州、云南。

38. 山稻蝗 Oxya agavisa Tsai

寄主：水稻、稗、玉米、高粱。

分布：我国浙江（遂昌九龙山、龙王山、莫干山、天目山、古田山、百山祖、绍兴、诸暨、新昌、天台、遂昌、龙泉、庆元、温州、乐清、永嘉、瑞安、洞头、文成、平阳、泰顺）、甘肃、陕西、江苏、安徽、湖北、江西、湖南、福建、台湾、广东、海南、广西、四川、贵州、云南。

39. 中华稻蝗 Oxya chinensis（Thunberg）（彩图49）

寄主：水稻、玉米、高粱、麦类、甘薯、马铃薯、豆类、棉、蓖麻、柑橘、亚麻、甘蔗、茭白、芋、芦苇、茶、蕹菜、竹。

分布：浙江（遂昌九龙山、莫干山、天目山、湖州、杭州、奉化、开化、丽水、龙泉）、内蒙古、北京、天津、河北、山西、山东、江苏、安徽、湖南、江西、广东、陕西、辽宁、福建、河南、湖北、海南、香港、广西、四川、贵州、云南。

40. 小稻蝗 Oxya intricata Stal

寄主：水稻、麦类、玉米、高粱、甘蔗、甘薯、茭白、柑橘、大豆、竹、大丽菊、木芙蓉。

分布：我国浙江（遂昌九龙山、杭州、天目山、奉化、丽水、云和、龙泉、庆元、乐清、永嘉）、陕西、湖南、江苏、湖北、湖南、江西、福建、台湾、广东、海南、香港、广西、四川、贵州、云南、西藏。

41. 日本黄脊蝗（橘黄脊蝗）*Patanga japonica* Bolivar

寄主：玉米、高粱、水稻、小麦、甘薯、豆、花生、棉、甘蔗、油菜、芝麻、萝卜、茭白、柑橘、茶、杉、马尾松、竹、海棠、梨、桃。

分布：我国浙江（遂昌九龙山、全省分布）、甘肃、陕西、河北、山东、江苏、安徽、江西、湖南、福建、台湾、广东、广西、四川、贵州、云南、西藏；国外：朝鲜，日本，印度，伊朗。

42. 长翅素木蝗 *Shirakiacris shirakii*（Bolivar）

寄主：水稻、小麦、玉米、甘蔗、豆、竹、甘薯、胡萝卜、萝卜、甘蓝。

分布：浙江（遂昌九龙山、天目山、四明山、定海、普陀、浦江、丽水、遂昌、龙泉、百山祖、温州、永嘉）、吉林、河北、山东、河南、甘肃、陕西、江苏、安徽、湖北、江西、福建、广东、广西、四川。

43. 卡氏蹦蝗 *Sinopodisma kelloggii*（Chang）

寄主：玉米、白菜、茶。

分布：浙江（遂昌九龙山、百山祖、古田山、杭州、丽水、遂昌、松阳、云和、景宁、龙泉、庆元）、福建。

44. 比氏蹦蝗 *Sinopodisma pieli*（Chang）

寄主：马铃薯、苋菜、茄、向日葵、竹、枫杨。

分布：浙江（遂昌九龙山、天目山、临安、龙泉、庆元）、江西、安徽。

45. 长角直斑腿蝗 *Stenocatautops splendens*（Thunberg）

寄主：水稻、小麦、高粱、玉米、大豆、棉、甘蔗、瓜类、油菜、桑、花椒、茉莉、茶。

分布：我国浙江（遂昌九龙山、天目山、百山祖、古田山、杭州、临安、桐庐、镇海、奉化、象山、定海、金华、义乌、东阳、丽水、缙云、遂昌、松阳、云和、景宁、龙泉、庆元、温州、瑞安、泰顺）、河南、江西、湖南、福建、台湾、广东、海南、广西、贵州、云南、西藏；国外：越南，印度，尼泊尔。

46. 东方凸额蝗 *Traulia orientalis* Ramme

寄主：水稻。

分布：浙江（遂昌九龙山、百山祖、遂昌、庆元）、安徽、福建、广东、广西。

47. 短翅凸额蝗（饰凸额蝗）*Traulia ornata* Shiraki

寄主：水稻。

分布：我国浙江（遂昌九龙山、天目山、龙泉、庆元）、台湾。

48. 短角外斑腿蝗 *Xenocatantops brachycerus*（Willemse）

寄主：杉、茶、水稻、小麦、甘蔗、茶、甘薯、棉、花生、油菜。

分布：我国浙江（遂昌九龙山、龙王山、莫干山、天目山、百山祖、嘉兴、杭州、桐庐、上虞、诸暨、镇海、奉化、义乌、开化、江山、丽水、缙云、遂昌、松阳、青田、云和、景宁、龙泉、庆元）、甘肃、陕西、河北、山东、河南、江苏、安徽、湖北、江西、湖南、福建、广东、海南、广西、四川、贵州、云南；国外：印度，尼泊尔，不丹。

十三、斑翅蝗科 Oedipodidae

本科昆虫体型中至大型，一般较粗壮，体表具细刻点或密披绒毛，头近卵形，触角丝状。前胸背板背面隆起或呈屋脊状或鞍形，有时较平。前后翅均发达，少数种类较为短缩，均具有斑纹，网脉密集，雄性中润脉具细齿或粗糙。后足股节较粗短，鼓膜器发达。在九龙山发现该科5属6种。

49. 花胫绿纹蝗（花尖翅蝗、红腿蝗） *Aiolopus tamulus*（Fabricius）（彩图50）

寄主：柑橘、小麦、玉米、高粱、稻、棉、甘蔗、甘薯、大豆、花生、茶、柿、桑、竹。

分布：我国浙江（遂昌九龙山、德清、平湖、杭州、义乌、兰溪、常山、丽水、松阳、庆元、温州、辽宁、河北、北京、山东、江苏、江西、安徽、福建、台湾、广东、广西、云南、四川、贵州、陕西、宁夏、甘肃、海南、湖南。

50. 云斑车蝗 *Gastrimargus marmoratus* Thunberg

寄主：水稻、麦、玉米、高粱、甘薯、大豆、棉、花生、甘蔗、柑橘、茶、苜蓿、竹、松、油菜、木麻黄。

分布：我国浙江（遂昌九龙山、古田山、杭州、桐庐、建德、绍兴、上虞、新昌、慈溪、镇海、奉化、宁海、象山、定海、浦江、东阳、兰溪、丽水、遂昌、龙泉、庆元、温州、永嘉、瑞安、平阳）、山东、江苏、福建、广东、海南、香港、广西、重庆、四川；国外：朝鲜，日本，印度，缅甸，越南，泰国，菲律宾，马来西亚，印度尼西亚。

51. 方异距蝗 *Heteropternis respondens*（Walker）

寄主：稻、甘蔗、茶。

分布：我国浙江（遂昌九龙山、象山、东阳、丽水、青田、龙泉）、江苏、湖北、江西、福建、广东、广西、海南、甘肃、陕西、云南、贵州、四川、台湾；国外：印度，尼泊尔，孟加拉，斯里兰卡，缅甸，日本，菲律宾，印度尼西亚，马来西亚，泰国。

52. 赤胫异距蝗 *Heteropternis rufipes*（Shiraki）

分布：我国浙江（遂昌九龙山、百山祖）、河北、江苏、福建、台湾、贵州、云南。

53. 红胫小车蝗 *Oedaleus manjius* Chang

寄主：水稻、小麦、玉米、高粱、甘蔗、大豆、棉、亚麻、马铃薯、柑橘。

分布：浙江（遂昌九龙山、百山祖、古田山、奉化、宁海、浦江、义乌、东阳、丽水、遂昌、龙泉）、甘肃、陕西、江苏、湖北、四川、湖南、福建、广东、海南、广西、贵州、云南。

54. 疣蝗（瘤蝗）*Trilophidia annulata*（Thunberg）

寄主：水稻、红苕、甘蔗、苜蓿、甘薯、玉米。

分布：我国浙江（遂昌九龙山、莫干山、天目山、百山祖、建德、杭州、奉化、宁海、东阳、古田山、江山、丽水、缙云、遂昌、松阳、青田、龙泉、庆元、永嘉）、黑龙江、吉林、辽宁、内蒙古、河北、山东、宁夏、甘肃、陕西、江苏、江西、湖南、安徽、福建、广东、海南、广西、四川、贵州、云南、西藏；国外：朝鲜，日本，印度。

十四、网翅蝗科 Arcypteridae

本科昆虫体型大多较小。头圆锥形，前端背面缺细纵沟，颜面后倾。触角丝状。前胸背板较平坦。前、后翅均发达，缩短或缺如，前翅常缺中闰脉和音齿。后足股节外侧基部的上基片长于下基片，外侧具羽状平行隆线，胫节缺外端刺。腹部第1节背板两侧听器发达，不明显或缺如，腹部第2节背板两侧缺摩擦板。

在九龙山保护区发现该科4属6种。

55. 青脊竹蝗 *Ceracris nigricornis* Walker

寄主：竹、水稻、玉米、棕榈。

分布：浙江（遂昌九龙山、莫干山、临安、淳安、常山、遂昌、庆元）。

56. 大青脊竹蝗 *Ceracris nigricornis laeta*（Bolira）

寄主：竹、水稻、玉米、高粱、棕榈。

分布：我国浙江（遂昌九龙山、湖州、安吉、龙王山、杭州、天目山、奉化、古田山、常山、遂昌、云和、龙泉）、湖南、江西、福建、台湾、四川、贵州、云南、广东、海南。

57. 中华雏蝗 *Chorthippus chinensis* Tarbinsky

寄主：甘薯。

分布：浙江（遂昌九龙山、四明山、遂昌、龙泉、庆元）。

58. 鹤立雏蝗（牯岭雏蝗）*Chorthippus fuscipennis*（Caudell）

分布：浙江（遂昌九龙山、古田山、百山祖、丽水、龙泉、庆元）、山东、陕西、江苏、安徽、江西、福建、四川。

59. 爪哇斜窝蝗 *Epacromiacris javana* Willemse

分布：我国浙江（遂昌九龙山、丽水、遂昌、龙泉）、福建、台湾、广东、广西、湖南、贵州、云南、四川、陕西、甘肃。

60. 黄脊阮蝗 *Rammeacris kiangsu*（Tsai）

寄主：竹、小叶女贞、水稻、玉米、麦、棉、甘薯、豆类、花生、芝麻、甘蔗、瓜类、棕榈、茶、油菜、花椒。

分布：浙江（遂昌九龙山、全省分布）、陕西、江苏、安徽、湖北、江西、湖南、福建、广东、广西、四川、云南。

十五、剑角蝗科 Acrididae

本科昆虫体型小至中型，头部多呈圆锥形，头顶中央前端缺顶角沟，头侧窝明显，但有时也缺，侧观颜面与头顶形成锐角，触角丝状。前胸背板中隆线低，前胸腹板在两足基部之间通常不隆起，较平坦或仅具有小隆起，前翅若发达则不具中润脉，若具中润脉则缺音齿，后翅通常透明或暗褐色。后足股节上基片长于下基片，外侧具羽状纹。腹部第一节背板两侧常具有发达的鼓膜器，腹部第二节外侧缺摩擦板。

在九龙山保护区发现该科5属8种。

61. 中华蚱蜢（异色剑角蝗东亚蚱蜢）*Acrida cinerea*（Thunberg）

寄主：棉、玉米、甘蔗、水稻、高粱、花生、豆类、茉莉、茶、桃、梨、柿、李、亚麻、甘薯、烟草、蕹菜、柑橘、竹、油茶、泡桐。

分布：浙江（遂昌九龙山、莫干山、桐庐、杭州、绍兴、上虞、新昌、慈溪、镇海、奉化、宁海、象山、定海、岱山、普陀、浦江、东阳、丽水、遂昌、龙泉、庆元、永嘉、文成）、北京、河北、山西、山东、宁夏、甘肃、陕西、江苏、安徽、湖北、江西、湖南、福建、广东、云南、贵州、四川。

62. 狭背蚱蜢 *Acrida turrita* Linnaeus

寄主：甘蔗、水稻、高粱。

分布：浙江（遂昌九龙山、天目山、建德、东阳、庆元）。

63. 二色戛蝗 *Gonista bicolor*（Haan）

寄主：水稻、甘蔗、玉米、柑橘。

分布：我国浙江（遂昌九龙山、金华、义乌、兰溪、龙泉、庆元）、河北、山东、陕西、江苏、湖南、福建、台湾、四川、贵州、西藏。

64. 异翅鸣蝗 *Mongolotettix anomopterus*（Caudell）

寄主：玉米。

分布：浙江（遂昌九龙山、龙王山、天目山、百山祖、桐庐、东阳、永康）、甘肃、陕西、河北、山东、江苏、安徽、湖北、江西、湖南、广东、四川、贵州。

65. 小戛蝗 *Paragonisa infumata* Willemse

寄主：玉米、高粱、水稻、小麦、甘薯、大豆、绿豆、花生、棉、甘蔗、油菜、芝麻、萝卜、茭白、柑橘、茶、杉、马尾松、竹、海棠、梨、桃。

分布：浙江（遂昌九龙山、杭州、天目山、慈溪、镇海、奉化、宁海、象山、定海、岱山、义乌、龙泉、温州、永嘉、瑞安、洞头、平阳、泰顺）。

66. 褐色佛蝗 *Phlaeoba tenerasa* Walker

寄主：野山楂。

分布：浙江（遂昌九龙山、慈溪、奉化、普陀、云和、庆元）。

67. 僧帽佛蝗 *Phlaeoda infumata* Br.W.

寄主：稻、甘蔗、甘薯。

分布：浙江（遂昌九龙山、龙王山、百山祖、普陀、丽水、遂昌、龙泉、庆元）、湖北、湖南、福建、广东、海南、广西、四川、贵州、云南。

68. 短翅佛蝗 *Phlaeota angustidorsis* Boliuar（彩图 51）

寄主：竹。

分布：浙江（遂昌九龙山、四明山、百山祖、天目山、安吉、杭州、富阳、云和、乐清）、江苏、江西、湖南、福建、四川、贵州。

十六、刺翼蚱科 Scelimenidae

本科昆虫体型小至大型。颜面隆起在触角之间分叉呈沟状，略狭或中等宽，在触角之间略向前突出。触角丝状，着生于复眼之下或复眼下缘之间。前胸背板不呈屋脊形，前缘平直，后突向后延伸颇长，到达后足胫节的端部，前胸背板侧片后下角具尖刺。前翅鳞片状，后翅发达，常不超过前胸背板后突的顶端。后足胫节向端部渐扩大，刺较小，有时几乎消失；后足跗节第 1 节长于第 3 节。

在九龙山保护区发现该科 3 属 4 种。

69. 二刺羊角蚱 *Criotettix bispinosus*（Dalman）

分布：我国浙江（遂昌九龙山、龙泉、庆元）、上海、江苏、福建、台湾、江西、广东、海南、广西、四川、云南；国外：印度，缅甸，菲律宾，越南，泰国，马来西亚，印度尼西亚。

70. 大优角蚱 *Eucriotettix grandis* Hancock

分布：我国浙江（遂昌九龙山、古田山、百山祖）、福建、广东、海南、广西、云南、四川、西藏；国外：尼泊尔，印度。

71. 眼优角蚱 *Eucriotettix oculatus*（Bolivar）（彩图 52A、彩图 52B）

主要特征：体中小型，头部明显隆起。头顶宽与一眼宽之比为 1 : 1.3，中隆线在端部明显，稍向前突出，两侧微凹，颜面隆起在触角间向前突出，纵沟狭，两侧缘近平行。复眼球形，明显高于前胸背板；侧单眼位于复眼中部内侧。触角丝状，着生于复眼下缘内侧，中段一节的长度为宽度的 6 倍。前胸背板前缘平直，仅中央微凹入；背面平坦，密具刻点，肩角间稍隆起，随后在中隆线两侧微凹陷；中隆线全长明显，在横沟间稍膨大，侧隆线在沟前区近平行，肩部之间具 1 对短纵隆线，有些个体不甚明显；肩角钝圆；后突长锥形，到达或超过后足胫节顶端；前胸背板侧片后角呈片状扩大，末端具横向的直刺。前翅长卵形，端部圆；后翅几达或略超过后突的顶端。前、中足股节细长，上、下缘平直；后足股节粗壮，长为宽的 3.3 倍，上缘具微细锯齿；后足跗节第 1 节明显长于第 3 节，第 1 节下方的第 3 垫较第 1、第 2 垫稍长。

观察标本：15♂11♀，浙江遂昌九龙山，544m，2019-7-26，黄超梅、贺晨曦采。

分布：浙江（遂昌九龙山），广泛分布中国南方。

72. 细股伴鳄蚱 *Paragavialidium tenuifemura* Deng（彩图 53A、彩图 53B）

主要特征：体中型，狭长。头顶宽短，其宽度为 1 眼宽的 1.5 倍，前缘平直，不突出于复眼前；中隆线不明显，颜面隆起侧观在触角之间明显向前突出，颜面隆起纵沟在触角之间部分的宽度等于触角基节宽。触角丝状，细长，着生于复眼下缘之下，15 节，中段 1 节的长度为宽度的 6~7 倍。复眼圆球形，突出；侧单眼位于复眼下缘之间。前胸背板宽平，背面在肩部前后中隆线上各具 1 瘤突，后半部具粗糙瘤突和短隆线；前缘平直，中隆线细而弱，前半部可见，后半部不可见；在背板前缘中央具有 1 个斜向上方的柱状突起，在前缘两侧复眼的后下方具有 1 个明显的角状突起；侧隆线发达，呈片状隆起，平行；肩角钝角形突出，在肩部之间具有 1 对较短的纵隆线；后突长锥形，到达后足胫节顶端，前胸背板总长为超过后足股节顶端部分长的 2.8 倍；前胸背板侧片后角具有 1 个略向前弯曲的刺。前翅鳞片状，卵形，顶圆；后翅发达，略不到达前胸背板后突的顶端。前足股节较宽于中足股节，上缘具 2 大齿 1 小齿，下缘具 2 大齿；中足股节上缘具 3 齿，下缘具 2 个大齿，中足股节的宽度狭于前翅宽；后足股节上缘前半段具细锯齿，后半段具 3 个大齿突，膝前齿直角形和膝齿尖锐，下缘具 6~7 个齿状突起；后足跗节第 1 节长度略大于第 2、第 3 节之和，第 1 跗节下 1 垫和 2 垫小，顶直角形，第 3 垫大，顶钝。产卵瓣狭长，上、下瓣均具细锯齿。下生殖板长与宽近相等，后缘中央具 3 齿。

观察标本：4♂9♀，浙江遂昌九龙山，544m，2019-7-26，黄超梅、贺晨曦采。

分布：浙江（遂昌九龙山）。

73. 凶猛蚱（土蚱）*Tetrix trux* Steimann

寄主：禾本科。

分布：浙江（遂昌九龙山、天目山、丽水、龙泉、庆元、百山祖）、福建、广东、广西、云南。

十七、扁角蚱科 Discotettigidae

本科昆虫体型通常小型，颜面隆起在触角之间分叉呈沟状；丝状触角，但末端部一些节侧扁扩大，呈卵形或者近长方形；着生于复眼之间，12~14 节，前胸背板侧片后角向外或向下突出；前足股节上缘为脊状；后足跗节第 1 节与第 3 节等长；一些种类有前翅和后翅或一些种类缺如。

在九龙山保护区发现该科 1 属 1 种。

74. 南昆山扁角蚱 *Flatocerus nankunshanensis* Liang et Zheng（彩图 54A、彩图 54B）

主要特征：体小型，体表具小颗粒。头顶不突出于复眼前缘之前，具中隆线，其宽度约等于一眼宽；颜面垂直，颜面隆起在触角之间向前突出，纵沟明显，其宽度约为触角基节宽的 1/2，侧缘平行。触角位于复眼的下方，触角窝的上缘与复眼下缘平，12 节，近顶端 5 节明显侧扁，呈长方形或长卵形，末节尖细。复眼球状突出；侧单眼位于复眼下部内侧之间。前胸背板前缘中央明显呈钝角形突出；后突锥形，略超过后足股节的端部；中隆线高，呈片状隆起，侧面观上缘弧形；沟前区缺侧隆线，肩角不明显，前胸背板侧片后角向下，顶端近平截。前翅长卵形；后翅发达，不到达或超过前胸背板后突的顶端。前、中足股节的上、下缘几平直；后足股节粗短，其长为宽的 2.5 倍，上缘近端半部具细齿外侧具小颗粒；后足胫节的内外侧各具刺 4~8 个；后足跗节第 1 节与第 3 节等长，第 1 节下的 3 个垫几等长，顶钝。产卵瓣狭长，上、下瓣的外缘均具明显细齿。下生殖板后缘中央呈锐角形突出。

观察标本：1♂1♀，浙江遂昌九龙山，1 164m，2019-7-25，黄超梅、贺晨曦采。

分布：浙江（遂昌九龙山）。

十八、短翼蚱科 Metrodoridae

本科昆虫体型中小型。颜面隆起在触角分叉呈沟状，触角丝状。前胸背板侧片后下角斜截形，不具刺。前翅鳞片状，后翅发达，亦有无翅者。后足跗节第 1 节长度与第 3 节等长。

在九龙山保护区发现该科 1 属 3 种。

75. 肩波蚱 *Bolivaritettix humeralis* Günther

分布：浙江（遂昌九龙山、龙王山、天目山、古田山、百山祖）、福建、广东、广西。

76. 圆肩波蚱 *Bolivaritettix circinihumerus* Zheng（彩图 55A、彩图 55B）

主要特征：体中小型．较细长，头部不突出于前胸背板之上。头顶较宽，其宽度为眼宽的 1.7 倍，前缘平直，与复眼前缘齐平．中隆线明显，突出于前缘；侧面观颜面隆起与头顶形成直角形，在复眼前可见；颜面隆起在触角之间呈弧形突出，纵沟与触角基节等宽。触角丝状，着生于复眼下缘之间，16 节，中段一节长为宽的 5~6 倍。复眼圆球形：侧单眼位于复眼前缘的中部。前胸背板前缘平直，中隆线全长明显；侧面观背板上缘在肩部前略隆起，在肩部后平直：侧隆线在沟前区长．明显向后收缩：肩角圆形，在其后明显收缩。在肩部之间具 1 对短纵隆线：后突长锥形，超过后足股节顶端甚远，其超出部分长 6mm，前胸背板总长为后突超出后足股节顶端部分长的 2.9 倍；前胸背板侧片后角平截，中央微凹。前翅长卵形；后翅不到达前胸背板后突的顶端。前、中足股节的下缘波状，中足股节宽略大于前翅能见部分宽；后足股节长为宽的 3.2 倍，上侧中隆线具细齿，膝前齿及膝齿顶钝；后足胫节外侧具刺 7 个，内侧具刺 6 个；后足跗节第 1 节与第 3 节等长，第

1 节下的 3 个垫等长，顶钝。产卵瓣狭长，上、下瓣均具细齿。下生殖板长、宽近相等，后缘具 3 个齿。

观察标本：1♂1♀，浙江遂昌九龙山，306m，2019-7-28，黄超梅、贺晨曦采。

分布：浙江遂昌九龙山、广西（贺州、金秀、上思、罗城、融水、天峨、田林）。

77. 锡金波蚱 *Bolivaritettix sikkinensis* Bol（彩图 56A、彩图 56B）

主要特征：体中小型。头顶很宽，其宽度为一眼宽的 1.6~1.8 倍，前缘平直，侧缘不呈圆弧形弯曲，中隆线明显，突出于前缘之前；侧面观颜面隆起在触角之间呈弧形突出。触角着生于复眼下缘之下。复眼圆球形，其后缘几与前胸背板前缘相接；侧单眼位于复眼前缘的中部。前胸背板前缘平直，中隆线明显；侧面观背板上缘在肩部之前明显呈丘状隆起；侧隆线在沟前区近平行；肩角宽圆形，在肩部之间具 1 对短纵隆线；后突长锥形，超过后足股节的顶端；前胸背板侧片后角顶端平截。前翅卵形，顶圆，其能见部分几与中足股节等宽；后翅发达，到达前胸背板后突的顶端。前、中足股节的下缘几直；后足跗节第 1 节略长于第 3 节。产卵瓣狭长，上、下瓣均具细齿。体黑褐色。

观察标本：1♀，浙江遂昌九龙山，306m，2019-7-29，黄超梅、贺晨曦采。

分布：浙江（遂昌九龙山）、广西，云南，湖南，海南。

十九、蚱科 Tetrigidae

本科昆虫体小型至中型。颜面隆起在触角之间分叉呈沟状。触角丝状，多数着生于复眼下缘内侧。前胸背板侧片后缘通常具 2 个凹陷，少数仅具 1 个凹陷；侧片后角向下，末端圆形。前、后翅正常，少数缺翅。后足跗节第 1 节明显长于第 3 节。

在九龙山保护区发现该科 5 属 8 种。

78. 突眼蚱 *Ergatettix dorsifera*（Walker）

寄主：小麦及禾本科杂草。

分布：我国浙江（遂昌九龙山、古田山、百山祖、龙游、开化、丽水、云和、庆元）、甘肃、陕西、湖南、福建、台湾、广东、广西、贵州、云南、四川；国外：印度，苏联，斯里兰卡，中亚等地区。

79. 浙江拟台蚱 *Formosatettoides zhejiangensis* Zheng

分布：浙江（遂昌九龙山、古田山、百山祖、丽水）。

80. 贵州尖顶蚱 *Teredorus guizhouensis* Zheng

分布：浙江（遂昌九龙山、古田山、百山祖）、贵州。

81. 武夷山尖顶蚱 *Teredorus wuyishanensis* Zheng（彩图 57A、彩图 57B）

主要特征：体小型，狭长、体长（自头顶侧至前胸背板后突顶端）为体宽（前胸背板侧叶后角之间的宽度）的 4.4~5 倍。头部略突出于前胸背板水平之上，背面观，头顶极向前狭，使两复眼很接近，中隆线明显，缺侧隆线，头顶与颜面隆起在触角之间略弧形突出，在中央单眼处凹陷，触角着生于复眼下缘稍下处，细长，15 节，中段一节的长为宽的 4 倍。复眼圆球形，突出，侧单眼位于复眼中部。前胸背板较平滑，具细小颗粒，中隆线全长明显，侧隆线在沟前区明显，平行，后突长锥形，到达后足胫节顶端，前胸背板后突超出后足股节顶端部分较长约 5mm，前胸背板总长为后突超出后股节顶端部分长度的 2.8 倍；前胸背板侧片后角向下，顶圆，前翅长卵圆形，顶狭圆，具明显的网状翅脉，其长度为宽度的 3.3 倍。后翅发达，到达后突的顶端、前、中足股节上、下缘近直，具细齿，后足股节粗，上、下隆线具细齿，上隆线膝前叶尖锐，后足胫节外侧具刺 6 个，内侧5 个，后足跗节第 1 节与第 3 节等长、第 1 节下侧三等长，下生殖板锥形，腹面观顶端裂开成 2 齿状。

观察标本：1♂1♀，浙江遂昌九龙山，306m，2019-7-26，黄超梅、贺晨曦采。

分布：浙江（遂昌九龙山）、福建、江西。

82. 安徽微翅蚱 *Alulatettix anhuiensis* Zheng（彩图 58A、彩图 58B）

主要特征：体型小，侧面扁平。顶突在眼前明显突出，顶的中隆凸明显超出前缘，前缘圆整，外隆突稍向上折，窝位于外侧和中部之间隆凸；顶宽约为眼宽的 1.5 倍。顶与额骨形成直角。额肋在外侧小骨前明显凹陷，中间突出触角在中眼睑以下凹陷，纵槽约与触角基节宽度相等，侧小眼位于眼前缘中部，触角丝状 14 节，位于眼腹缘之间，第 8 节最长，约为其宽度的 4.5 倍，眼睛呈球形。前庭有前突的前缘，隆突正中隆起的叶状；侧貌上，肩前缘拱起，后直，先端锐尖，眼上方突出；前带外侧龙骨不明显，前突肱骨角模糊，宽钝三角形。后前额突略超过腹部顶部或到达股骨后膝，先端狭圆形；前庭外宽钝三角形。后前额突略超过腹部顶部或到达股骨后膝，先端狭圆形；前庭外侧叶后缘有两个凹形，上凹极浅，前凸侧裂片后角向下产生。鞘翅小，翅短未达第 1 腹段后缘，股骨前、中有近直的腹缘，股骨中部宽约为鞘翅目可见部分的 4.0 倍宽，后肢粗壮，长约 2.8 倍，后胫骨外侧有 6~7 根棘，内侧有 7~8 根棘。后跗骨第 1 节约 2.0 倍于第 3 节的长度，第 1和第 2 肺泡更小，尖端更尖，第 3 肺绒毛较大，顶端钝。下生殖板短，圆锥状，先端分叉。头顶宽为一眼宽的 2 倍；头顶前缘圆形；侧面观，前胸背板上缘在肩部前弧形，向后平直；后突顶端狭圆形；后翅不到达第 1 腹节后缘；中足股节宽为前翅能见部分宽的 3 倍。

观察标本：1♂2♀，浙江遂昌九龙山，412m，2019-7-29，黄超梅、贺晨曦采。

分布：浙江（遂昌九龙山）、安徽、江西。

83. 日本蚱 *Tetrix japonica*（Bolivar）（彩图 59A、彩图 59B）

主要特征：体小型，体表具细颗粒。头部不突出于前胸背板之上。头顶宽，约为一眼宽的 1.5 倍：颜面近垂直，侧面观颜面隆起与头顶形成钝角形，在触角之间向前突出，在复眼之间近直；颜面隆起纵沟深。触角丝状，着生于复眼下缘之间，其长度约为前足胫节长的 1.8 倍，14 节，中段节长为宽的 4 倍。复眼近圆形；侧单眼位于复眼前缘中部偏下处内侧。前胸背板前缘平直，中隆线全长明显，低；侧面观背板上缘近平直，在前段略呈屋脊形，侧隆线在沟前区平行；后突楔状，到达腹部末端，但不超过后足股节的顶端：前胸背板侧片后缘具 2 个凹陷，后角向下，顶圆形。前翅卵形；后翅不到达前胸背板后突的顶端。前、中足股节的下缘平直，中足股节的宽度明显大于前翅能见部分的宽度，后足股节粗短。长为宽的 2~3 倍. 上侧中隆线具细齿：后足跗节第 1 节明显长于第 3 节，第 1 节下的第 3 垫大于第 1 和第 2 垫。下生殖板短锥形顶端具 2 个齿。

观察标本：4♂2♀，浙江遂昌九龙山，412m，2019-7-29，黄超梅、贺晨曦采。

分布：我国浙江（遂昌九龙山）、广西、云南、四川、湖北、安徽、浙江；国外：日本，朝鲜，俄罗斯。

84. 秦岭蚱 *Tetrix qinlingensis* Zheng et Huo（彩图 60A、彩图 60B）

主要特征：体小型。头顶略突出于复眼之前，前缘平直，中隆线明显，直延至后头，侧缘略反折，头顶宽为一眼宽的 1.5~1.6 倍：侧面观颜面隆起与头顶形成钝角形，在侧单眼之间不凹陷，较平直：颜面隆起纵沟在触角之间的宽度略大于触角基节宽。触角丝状，着生于复眼下缘之间，15 节，中段一节长为宽的 4 倍。复眼圆球形；侧单眼位于复眼前缘的中部。前胸背板前缘平直，中隆线全长明显侧隆线在沟前区明显，平行；侧面观背板上缘在肩部前略隆起，向后平直；肩角宽钝角形；后突长锥形，超过后足股节的顶端，但不到达后足胫节的中部；前胸背板侧片后缘具 2 个凹陷，后角向下，顶圆形。前翅长卵形，端部狭圆；后翅超过前胸背板后突的顶端，其超出部分长约 2mm。前足股节上、下缘近平直；中足股节下缘呈波状，其宽度略狭于前翅能见部分的宽度；后足股节粗短，长为宽的 3 倍；后足胫节外侧具刺 6~8 个，内侧具刺 7 个；后足跗节第 1 节长大于第 2、第 3 节长度之和，第 1 节下的 3 个垫近等长。产卵瓣狭长，上瓣的上外缘及下瓣的下外缘均具细齿。下生殖板长大于宽，后缘中央呈三角形突出。

观察标本：3♂2♀，浙江遂昌九龙山，306m，2019-7-27，黄超梅、贺晨曦采。

分布：浙江（遂昌九龙山）、云南（河口、富宁、师宗、富源、镇雄、丘北、大关、沾益）、广西（大新、德保、罗城、昭平、贺州、蒙山、富川、环江、宜州）。

85. 乳源蚱 *Tetrix ruyuanensis* Liang（彩图 61A、彩图 61B）

主要特征：体小型，体表具小颗粒，头部不突出于前胸背板之上。头顶稍突出于复眼前缘，其宽度为一眼宽的 1.5 倍，前缘弧形，中隆线明显，两侧略凹陷，侧隆线在端部稍隆起；颜面倾斜，侧面观颜面隆起与头顶形成钝角形，在侧单眼前不凹陷，在触角之间呈弧形突出；颜面隆起纵沟深，在触角之间的宽度与触角基节等宽。复眼球形；侧单眼位于复眼前缘的中部。触角丝状，着生于复眼下缘内侧，其长度为前足胫节长的 2 倍，14 节，中段一节长为宽的 5 倍。前胸背板前缘近平直，背面在横沟间呈小丘状隆起，肩部以后较平直；后突楔状，到达后足股节的膝部；中隆线略呈片状隆起。侧隆线在沟前区平行，沟前区近似方形；肩角近弧形，肩角之间无短纵隆线；前胸背板侧片后缘其 2 个凹陷，后角向下，项圆形。前翅长卵形后翅不到达前胸背板后突的顶端。前、中足股节的上缘略弯曲，下缘微呈波状，中足股节宽略大于前翅能见部分宽；后足股节粗短，长为宽的 2.8 倍上、下缘均具细齿；后足胫节边缘具小刺，端部略宽于基部；后足跗节第 1 节明显长于第 3 节，第 1 节下的第 1 和第 2 垫小，三角形且顶尖，第 3 垫大，近似长方形且顶钝。产卵瓣粗短，上瓣长为宽的 3 倍。下生殖板长大于宽，后缘中央呈三角形突出。体深褐色；前胸背板背面及后足胫节外侧面色较深。

观察标本：1♀，浙江遂昌九龙山，804m，2019-7-27，黄超梅、贺晨曦采。

分布：浙江（遂昌九龙山），广泛分布中国各地。

二十、蚤蝼科 Tridactylidae

本科昆虫体型为小型，体长很少超过 10mm，色暗，口器前伸，触角 12 节，前翅短，后翅超过腹部末端；前足开掘足，后足跳跃足，胫节端部有 2 个能动的长片；雄虫有前后翅摩擦的发音器，雌虫无产卵器，尾须 2 节。

在九龙山发现该科 1 属 1 种。

86. 蚤蝼 *Tridactylus japonicus*（Haan）

寄主：甘蔗、棉、甘薯、烟草、白菜、水稻。

分布：我国浙江（遂昌九龙山、百山祖、宁波、慈溪、舟山）、江西；国外：日本。

竹节虫目 Phasmatodea

在九龙山保护区发现该目 2 科 3 属 3 种。

一、䗛科 Phasmatidae

本科昆虫完全无翅或具翅。触角短于前足股节，丝状，分节明显。胸中节横宽，极少长大于宽。足具锯齿具叶，雌性前足股节背缘基部常锯齿状，中、后足股节腹面隆线常具较明显的小齿。

在九龙山保护区发现该科 1 属 1 种。

1. 疏齿短肛䗛 *Baculum sparsidentatum* Chen et He

分布：浙江（遂昌九龙山、百山祖）、湖南。

二、异䗛科 Heteronemiidae

完全无翅或具翅。触角长于前足股节，丝状，分节不明显。胸中节长于或等于后胸背板，或明显长大于宽。足较光滑，中、后足股节偶尔具叶或齿。

在九龙山保护区发现该科 2 属 2 种。

2.浙江异䗛 *Micadina zhejiangensis* **Chen et He**

分布：浙江（遂昌九龙山、百山祖）。

3.突翅细颈枝䗛 *Sipyloidea obvius* **Chen et He**

分布：浙江（遂昌九龙山、百山祖）。

缨翅目 Thysanoptera

在九龙山保护区发现该目 2 科 3 属 3 种。

一、管蓟马科 Phloeothripidae

本科昆虫触角通常 8 节，有时 4~5 节；感觉锥简单或叉状，下颚须和下唇须各 2 节。前胸背板近梯形。翅无脉，无微毛，翅缘缨毛长，常有间插缨；翅仅基部有 3 根鬃。前足腿节常增大或仅雄虫的增大，前足跗节常有齿或仅雄虫有齿。雌虫无特殊的产卵器。第 X 腹节管状，管端部环生鬃。

在九龙山保护区发现该科 2 属 2 种。

1.华简管蓟马（中华简管蓟马、中华皮蓟马） *Haplothrips chinensis* **Priesner**

寄主：桃、梨、稻、麦、柑橘、豆类、十字花科、八宝、人心药、竹、狗尾草、苔子、大蓟、白花蒿、菊、绿梅、刺梅、猕猴桃、胡萝卜、杉、盐肤木、柑橘、珍珠梅、百合、柝、马铃薯、月季、牡荆、金合允、三叶草、蓖麻、头花蓼、一枝黄花、山蓼、丁香、蒲公英、糙苏、小旋花、枸杞、茶、半枝莲、夏枯草、麦冬、葱、洋葱、柳、白菜、菠菜、棉、高粱、玉米。

分布：我国浙江（遂昌九龙山、百山祖、丽水、松阳、青田、庆元）、吉林、内蒙古、河北、江苏、河南、湖北、江西、湖南、福建、台湾、广东、广西、四川、贵州、云南；国外：韩国，日本，东南亚。

2.芒眼管蓟马 *Ophthalmothrips miscanthicola***（Haga）**

寄主：真菌。

分布：浙江（遂昌九龙山、百山祖、龙王山、杭州）、福建、广东、海南、四川；国外：日本。

二、蓟马科 Thripidae

本科昆虫触角 5~9 节，第 3、第 4 节上感觉锥叉状或简单。下颚须 2 或 3 节，下唇须 2 节。翅细长，尖、剑状，常稍弯曲，有 1 或 2 条纵脉，横脉常退化，前翅前、后缘通常有缘缨。雌虫产卵器腹向弯曲。

在九龙山保护区发现该科 1 属 1 种。

3. 黄胸蓟马（夏威夷蓟马）*Thrips hawaiiensis*（Morgan）

寄主：南瓜、野玫瑰、珍珠梅、车轮梅、油桐、茶、刺槐、中国槐、菊、柑橘、猕猴桃、夜来香、洋紫荆、蒲桃、桃金娘、桑、羊蹄甲、金合欢、倒钩刺、滇丁香、瑞香、独活、青皮象耳豆、药用狗牙花、烟草、月季、白刺花、凤凰木、白楸、茜草、三叉苦、牵牛花、蓼、豆类、茄科、菊科、十字花科。

分布：我国浙江（遂昌九龙山、天目山、丽水、松阳、庆元）、山西、河南、上海、江苏、湖北、江西、湖南、福建、台湾、广东、海南、广西、贵州、四川、云南、西藏；国外：朝鲜，日本，关岛，中途岛，泰国，越南，新加坡，印度，巴基斯坦，孟加拉，马来西亚，斯里兰卡，菲律宾，印度尼西亚，新几内亚，澳大利亚，新西兰，牙买加，墨西哥，美国。

同翅目 Homoptera

在九龙山保护区发现该目 18 科 104 属 152 种。

一、广翅蜡蝉科 Ricaniidae

本科昆虫体型中到大型，前翅宽大呈三角形，形似蛾、静止时翅覆于体背呈屋脊状；头宽广，与前胸背板等宽或近等宽，头顶宽短，边缘具脊，唇基比额窄，呈三角形，一般只有 1 条中纵脊；触角柄节短，第 2 节常近球形，鞭节短；前胸背板短，具中脊线，中胸背板很大，隆起，有 3 条脊线；肩板发达，前翅大，广三角形，端缘和后缘近等长，前缘多横脉，但不分叉，爪脉无颗粒，后翅小，翅脉简单，只有肘脉有较多分支，横脉较少。后足第 1 跗节很短，短于第 2、第 3 跗节之和，端部无刺。

在九龙山保护区发现该科 2 属 3 种。

1. 眼斑宽广蜡蝉 *Pochazia dicareta* Melichar

寄主：钩藤、樟。

分布：浙江（遂昌九龙山、天目山、松阳、百山祖）、江西、广东。

2. 粉黛广翅蜡蝉 *Ricania pulverosa* Stal

寄主：油梨。

分布：我国浙江（遂昌九龙山、天目山、遂昌、景宁）、福建、台湾、广东。

3. 八点广翅蜡蝉 *Ricania speculum*（Walker）

寄主：桃、李、梅、杏、樱桃、枣、柑橘、桑、茶、油茶、板栗、油桐、棉、柿、大豆、玫瑰、迎春花、蜡梅、杨、楝。

分布：我国浙江（遂昌九龙山、全省分布）、陕西、河南、江苏、湖北、江西、湖南、福建、台湾、广东、广西、云南；国外：印度，斯里兰卡，尼泊尔，印度尼西亚，菲律宾。

二、蛾蜡蝉科 Flatidae

本科昆虫体长小至中型。头窄于前胸背板，头顶前缘平截或锥形突出，额平坦，复眼位于头两侧。触角刚毛状着生于复眼下方。前胸背板短，中脊线有或无，中胸背板很大，呈盾形。前翅大，广三角形，常覆盖有一层蜡粉。

在九龙山保护区发现该科3属3种。

4. 碧蛾蜡蝉 *Geisha distinctissima*（Walker）

寄主：柑橘、刺枣、柿、桑、桃、李、杏、梨、梅、杨梅、葡萄、无花果、茶、栗、甘蔗、花生、菊。

分布：我国浙江（遂昌九龙山、龙王山、莫干山、百山祖、古田山、湖州、长兴、安吉、德清、杭州、临安、桐庐、新昌、兰溪、天台、临海、黄岩、常山、江山、丽水、遂昌、龙泉、庆元、温州、文成、泰顺）、山东、江苏、江西、湖南、福建、台湾、广东、四川、云南；国外：日本。

5. 白蛾蜡蝉 *Lawana imitata* Melichar

寄主：柑橘。

分布：浙江（遂昌九龙山、缙云、庆元）、江西。

6. 褐缘蛾蜡蝉 *Salurnis marginella*（Guerin）

寄主：茶、油茶、柑橘、油梨、迎春花。

分布：我国浙江（遂昌九龙山、古田山、杭州、富阳、金华、武义、丽水、龙泉、庆元、温州）、江苏、安徽、湖北、江西、湖南、广东、广西、四川、贵州；国外：印度，马来西亚，印度尼西亚。

三、飞虱科（Delphacidae）

在九龙山保护区发现该科18属23种。

7. 似黑点纹翅飞虱 *Cemus nigropuctatus*（Motschulsky）

寄主：茅草。

分布：浙江（遂昌九龙山、丽水、云和、龙泉、庆元）。

8. 白带飞虱 *Delphacodes albifacia* Matsumura

分布：浙江（遂昌九龙山、衢县、开化、丽水、缙云、云和、龙泉、庆元）。

9. 小宽头飞虱 *Delphacodes matsuyamensis*（Lshihara）

分布：浙江（遂昌九龙山、丽水、庆元）。

10. 小叉额叉飞虱 *Dicranotropis nagaragawana*（Matsumura）

寄主：鹅观草、雀麦。

分布：浙江（遂昌九龙山、丽水、云和、庆元）。

11. 绿长角飞虱 *Euidella albipennis*（Matsumura）

寄主：狗尾草。

分布：浙江（遂昌九龙山、丽水、云和、庆元）。

12. 带背飞虱 *Himeunka tateyamaella*（Matsumura）

寄主：马唐、狗牙根、大红丝草。

分布：浙江（遂昌九龙山、丽水、缙云、云和、龙泉、庆元）。

13. 单突剑缘飞虱 *Indozuriel dantur* Kuoh

寄主：马唐、假稻。

分布：浙江（遂昌九龙山、丽水、云和、龙泉、庆元）。

14. 灰飞虱 *Laodelphax striatellus*（Fallné）

寄主：水稻、小麦、高粱、谷子、稗。

分布：我国浙江（遂昌九龙山、安吉、龙王山、杭州、临安、萧山、富阳、桐庐、绍兴、诸暨、宁波、定海、金华、磐安、兰溪、临海、黄岩、衢县、龙游、古田山、常山、江山、丽水、缙云、遂昌、青田、云和、龙泉，全省广布）；国外：亚洲，非洲，欧洲，西伯利亚。

15. 小宽头飞虱 *Muirodelphax Matsuyamensis*（Ishihara）

分布：我国浙江（遂昌九龙山、丽水、庆元，江苏）；国外：日本。

16. 拟褐飞虱 *Nilaparvata bakeri*（Muir.）

寄主：假稻、游草、秕谷草、柳叶箸、双穗雀稗。

分布：我国浙江（遂昌九龙山、古田山、杭州、临安、萧山、丽水、缙云、云和、龙泉、庆元、温州）、河南、江苏、安徽、湖北、江西、湖南、福建、台湾、广东、广西、四川、贵州、云南；国外：朝鲜，日本，韩国，菲律宾，斯里兰卡。

17. 褐飞虱 *Nilaparvata lugens* Stål

寄主：水稻。

分布：我国浙江（遂昌九龙山、全省广布）、全国（黑龙江、青海、内蒙古、新疆、西藏除外）；亚洲：日本，韩国，太平洋岛屿，澳大利亚等。

18. 伪褐飞虱 *Nilapatvata muiri* China

寄主：游草、秕谷草、柳叶诺、双穗雀稗。

分布：我国浙江（遂昌九龙山、杭州、萧山、建德、丽水、云和、龙泉、庆元、温州）、全国（黑龙江、青海、内蒙古、新疆、西藏除外）；国外：日本，韩国。

19. 褐背飞虱 *Opiconsiva sameshimai*（Matsumura et Ishihara）

寄主：狗牙根、游草。

分布：我国浙江（遂昌九龙山、丽水、缙云、云和、龙泉、庆元）、河南、江苏、安徽、湖北、江西、湖南、四川、山东、吉林；国外：日本。

20. 白颈飞虱 *Paracorbulo sirokata*（Matsumura et Ishihara）

寄主：蓼、莎草、水稻、膜稃草、双穗雀、假稻。

分布：我国浙江（遂昌九龙山、桐庐、丽水、云和、庆元）、广东、广西、云南、四川、贵州、湖南、江苏、安徽；国外：日本。

21. 长绿飞虱 *Saccharosydne procerus*（Matsumura）

寄主：楝、茭白、水稻。

分布：我国浙江（遂昌九龙山、龙王山、古田山、长兴、安吉、德清、嘉兴、平湖、杭州、临安、富阳、义乌、东阳、衢县、开化、常山、丽水、缙云、龙泉、庆元）、吉林、陕西、山东、江苏、安徽、江西、湖南、福建、广东、广西、贵州；国外：日本，菲律宾。

22. 白背飞虱 *Sogatella furcifera*（Horvath）（彩图62）

寄主：水稻、稗、早熟禾、小麦、玉米、甘蔗、粟、茭白。

分布：我国浙江（遂昌九龙山、莫干山、天目山、杭州、桐庐、富阳、安吉、德清、临安、舟山、东阳、丽水、龙泉，庆元，开化，江山，衢州、缙云、遂昌、青田）、全国（除新疆外，其他各省区均有分布）；国外：蒙古，朝鲜半岛，日本，印度，巴基斯坦，越南，尼泊尔，沙特阿拉伯，泰国，斯里兰卡，菲律宾，印度尼西亚，马来西亚，斐济，密克罗尼西亚，瓦努阿图，澳大利亚（昆士兰和北部地区）。

23. 烟翅白背飞虱 *Sogatella kolophon*（Kirkaldy）

寄主：花生、甘薯、大狗尾草、马唐、雀麦。

分布：浙江（遂昌九龙山、衢县、开化、江山、丽水、龙泉、庆元）。

24. 郴州长突飞虱 *Stenocranus chenzhouensis* Ding

分布：浙江（遂昌九龙山、云和、龙泉）。

25. 白条飞虱 *Terthron albovittatum*（Matsumura）

寄主：稗、双穗雀稗、膜稃草、稷先。

分布：我国浙江（遂昌九龙山、临安、桐庐、建德、定海、丽水、缙云、云和、龙泉、庆元）、广东、广西、云南、四川、贵州、福建、台湾、湖北、湖南、江西、江苏、安徽；国外：朝鲜，日本，马来西亚，印度。

26. 黑边黄脊飞虱 *Toya propinqua neopropinqua*（Muir）

寄主：水稻、甘蔗、稗、假稻、游草、狗牙根、马唐、膜稃草。

分布：浙江（遂昌九龙山、衢县、丽水、缙云、云和、龙泉、庆元）。

27. 黑面黄脊飞虱 *Toya terryi*（Muir）

寄主：水稻、稷、马唐、假稻、铺地黍。

分布：浙江（遂昌九龙山、金华、龙游、丽水、云和、龙泉）。

28. 二刺匙顶飞虱 *Tropidocephala brunnipennis* **Signoret**

寄主： 水稻、甘蔗、白茅。

分布： 我国浙江（遂昌九龙山、衢县、开化、古田山、丽水、云和、龙泉、庆元）、江苏、安徽、江西、湖南、台湾、广东、海南、贵州、云南；国外：朝鲜，日本，印度，马来西亚，印度尼西亚，菲律宾，大洋洲，欧洲南部，非洲北部。

29. 大芒锥翅飞虱 *Yanunka miscanehi* **Ishihara**

寄主： 大芒。

分布： 我国浙江（遂昌九龙山、凤阳山）；国外：日本。

四、象蜡蝉科 Dictyopharidae

本科昆虫体型小到中型。头宽广，通常明显延伸至锥形或圆柱形，存在或无脊突状，头顶宽短，常有中脊；复眼圆球形。触角小而不明显。前胸背板颈状，通常具有中脊线和亚中脊线。中胸盾片常三角形或菱形。前翅大，长三角形，端缘和后缘近等长，前缘多横脉，不具翅痣或不明显，翅端宽；后翅小，翅脉简单。

在九龙山保护区发现该科 2 属 2 种。

30. 中华象蜡蝉 *Dictyophara sinica* **Walker**

寄主： 水稻、甘蔗、柑橘、桑。

分布： 我国浙江（遂昌九龙山、龙王山、古田山、临安、百山祖、临海、丽水、青田、龙泉）、陕西、台湾、四川、广东；国外：朝鲜，日本，印度，泰国，印度尼西亚。

31. 丽象蜡蝉 *Orthopagus splendens*（**Germar**）

寄主： 水稻、甘蔗、柑橘、桑。

分布： 我国浙江（遂昌九龙山、莫干山、古田山、百山祖）、黑龙江、吉林、辽宁、江苏、江西、台湾、广东、贵州；国外：朝鲜，日本，印度，斯里兰卡，缅甸，马来西亚，印度尼西亚，菲律宾。

五、扁蜡蝉科 Tropiduchidae

本科昆虫体型中或小型，头比前胸背板狭，常突出，三角形或钝圆形，有侧缘及中脊线。复眼近圆球形。触角不明显，柄节小，梗节较大。单眼 1 对。前胸背板短，有 3 条脊线；侧缘有明显的双脊线。中胸盾片大，四方形，有 3 条脊线，后角有 1 缝或细线，肩板大。后足胫节有 2~7 个侧刺；第 1 跗节很长，第 2 跗节小，每侧有 1 刺。前翅大，透明或半透明，主脉简单。后翅脉纹简单，主脉在端缘前两分叉；臀区大。腹部相当大，略扁。

在九龙山保护区发现该科 1 属 1 种。

32. 阿氏蜡蝉 *Padanda atkinsoni* **Distant**

分布： 我国浙江（遂昌九龙山、百山祖）、四川、西藏；国外：印度。

六、蝉科 Cicadidae

本科昆虫体大中型，是同翅目中体最大的一类。触角短，刚毛状或鬃状，自头前方伸出；具3个单眼，呈三角形排列；前后翅均为膜质，常透明，后翅小，翅全拢时呈屋脊状，翅脉发达；前足腿节发达，常具齿或刺；跗节3节，雄蝉一般在腹部腹面基部有发达的发音器官；在腹部末端有发达的生殖器，蝉的阳茎多为阳茎鞘所代替，阳茎本身退化，少数种类的阳茎仍很发达；雌蝉的产卵器发达。

在九龙山保护区发现该科4属6种。

33. 蒙古寒蝉 *Meimuna mongolica*（Distant）

寄主：五角枫、悬铃木、桑、槐、杨、柳、枫、合欢、楝、竹、榆。

分布：我国浙江（遂昌九龙山、天目山、百山祖、长兴、杭州、桐庐、定海、义乌、兰溪、常山、江山）、河北、陕西、江苏、安徽、江西、湖南、福建；国外：朝鲜，蒙古。

34. 松寒蝉（昭蝉）*Meimuna opalifera*（Walker）

寄主：松、柳、杨。

分布：我国浙江（遂昌九龙山、龙王山、莫干山、天目山、百山祖、松阳）、河北、陕西、江苏、山东、江西、湖南、福建、台湾、广东、广西、贵州、四川；国外：日本，朝鲜。

35. 兰草蝉（兰卓春蝉）*Mogannia cyanea* Walker

寄主：禾本科、榉、栎。

分布：我国浙江（遂昌九龙山、天目山、百山祖）、江苏、安徽、湖北、江西、湖南、福建、台湾、广东、广西、四川、贵州、云南；国外：日本，缅甸，印度。

36. 绿草蝉（草春蝉）*Mogannia hebes*（Walker）

寄主：樟、檫、桑、柿、竹。

分布：我国浙江（遂昌九龙山、龙王山、古田山、天目山、百山祖、长兴、嘉兴、杭州、淳安、诸暨、奉化、定海、岱山、浦江、义乌、东阳、兰溪、天台、临海、开化、常山、遂昌、松阳、景宁、庆元、泰顺）、江苏、安徽、湖北、江西、湖南、福建、广东、广西；国外：朝鲜，日本。

37. 鸣蝉（斑蝉）*Oncotympana maculaticollis*（Motschulsky）（彩图63）

寄主：李、桃、柑橘、梨、梧桐、柳、榆、桑、栎、刺槐。

分布：我国浙江（遂昌九龙山、长兴、龙王山、莫干山、杭州、天目山、定海、兰溪、古田山、遂昌、松阳、百山祖、温州）、辽宁、河北、山西、陕西、山东、河南、江苏、安徽、湖北、江西、湖南、福建、台湾、广东、海南、广西、四川、贵州、云南；国外：朝鲜，日本。

38. 蟪蛄蛄蝉 *Platypleura kaempferi*（Fabricius）

寄主：梨、梅、桃、李、胡桃、柿、柑橘、桑、玉米、高粱、山楂、樱桃、茶、杉、油桐。

分布：我国浙江（遂昌九龙山、全省分布）、辽宁、河北、山西、陕西、山东、河南、江苏、安徽、湖北、江西、湖南、福建、台湾、广东、广西、四川、贵州、云南；国外：朝鲜，日本，俄罗斯，马来西亚。

七、沫蝉科 Cercopidae

本科昆虫体型小至中型，色泽艳丽。单眼2枚，喙2节。前胸背板大，常呈六边形，前缘平直，前侧缘与后侧缘近等长；前翅革质，Sc脉消失，后翅膜质，缘脉正常，常在前缘基半部有三角形突出；后足胫节有1~2个侧刺。

在九龙山保护区发现该科5属8种。

39. 四斑长头沫蝉 *Abidama contigua*（Walker）

寄主：水稻。

分布：我国浙江（遂昌九龙山、百山祖）、湖北、江西、湖南、福建、广东、广西、贵州；国外：越南，老挝，柬埔寨，泰国，印度，尼泊尔。

40. 斑带丽沫蝉 *Cosmoscarta bispecularis*（White）

寄主：桑、桃、茶、板栗、泡桐、油茶。

分布：我国浙江（遂昌九龙山、龙王山、上虞、诸暨、永康、武义、开化、古田山、江山、丽水、遂昌、松阳、云和、龙泉、庆元、百山祖、温州）、江苏、安徽、江西、福建、台湾、广东、海南、广西、四川、贵州、云南；国外：越南，老挝，柬埔寨，泰国，缅甸，印度，马来西亚。

41. 紫胸丽沫蝉 *Cosmoscarta exultans*（Walker）

分布：浙江（遂昌九龙山、遂昌、松阳、百山祖）、江西、福建、广东、广西、贵州、云南。

42. 东方丽沫蝉 *Cosmoscarta heros*（Fabricius）

分布：我国浙江（遂昌九龙山、百山祖）、江西、福建、广东、海南、广西、四川、贵州、云南；国外：越南。

43. 尤氏曙沫蝉 *Eoscarta assimilis*（Uhler）

寄主：白杨、柳。

分布：我国浙江（遂昌九龙山、百山祖）、黑龙江、吉林、河北、江苏、安徽、湖北、江西、福建、台湾、广东、广西、四川、贵州；国外：俄罗斯（滨海地区），日本。

44. 北部湾曙沫蝉 *Eoscarta tonkinensis* Lallemand

分布：浙江（遂昌九龙山、百山祖）、湖北、福建。

45. 施氏凤沫蝉 *Paphnutius schmidti* **Haupt**

分布：浙江（遂昌九龙山、松阳、百山祖）、江西、福建。

46. 土黄斑沫蝉 *Phymatostetha delsustta* **Walker**

寄主：茶。

分布：浙江（遂昌九龙山、奉化、宁海、金华、遂昌、云和、龙泉、庆元）。

八、尖胸沫蝉科 Aphrophoridae

本科昆虫体型小至中型，褐色或灰色。单眼 2 枚复眼长卵圆形，长大于宽。前胸背板前缘向前突出，小盾片短于前胸背板；前翅有 Sc 脉；后足胫节有 2 粗刺。

在九龙山保护区发现该科 5 属 11 种。

47. 二点尖胸沫蝉 *Aphrophora bipunctata* **Melichar**

分布：我国浙江（遂昌九龙山、百山祖）、安徽、湖北、江西、湖南、福建、台湾、广东、广西、四川、贵州、云南；国外：日本。

48. 宽带尖胸沫蝉 *Aphrophora horizontalis* **Kato**

分布：我国浙江（遂昌九龙山、龙王山、百山祖）、安徽、湖北、江西、湖南、福建、台湾、广东、广西、四川、贵州、云南；国外：日本。

49. 滨尖胸沫蝉 *Aphrophora maritima* **Matsumura**

分布：我国浙江（遂昌九龙山、百山祖）、陕西、江苏、安徽、湖北、江西、湖南、福建、广东、海南、广西、四川、贵州；国外：日本。

50. 毋忘尖胸沫蝉 *Aphrophora memorabilis* **Walker**

分布：我国浙江（遂昌九龙山、百山祖）、陕西、江苏、安徽、湖北、江西、湖南、福建、台湾、广东、广西、四川、贵州、云南；国外：日本。

51. 小白带尖胸沫蝉 *Aphrophora obliqua* **Uhler**

分布：我国浙江（遂昌九龙山、百山祖）、甘肃、陕西、河南、安徽、湖北、江西、福建、广西、四川、贵州；国外：日本。

52. 黑点尖胸沫蝉 *Aphrophora tsuratua* **Matsumura**

分布：我国浙江（遂昌九龙山、百山祖）、安徽、湖北、江西、湖南、福建、台湾、广东、广西、四川、贵州、云南；国外：日本。

53. 淡白三脊沫蝉 *Jembra pallida* **Metcalf et Horton**

寄主：茶、柑橘、马尾松。

分布：浙江（遂昌九龙山、百山祖）、陕西、江苏、安徽、湖北、江西、湖南、福建、广东、广西、四川、贵州。

54. 岗田圆沫蝉 *Lepyronia okadae*（**Matsumura**）

寄主：水稻。

分布：我国浙江（遂昌九龙山、百山祖）、黑龙江、河北、山东、安徽、湖北、福建、四川、贵州；国外：朝鲜，日本。

55. 卵沫蝉 *Peuceptyelus lacteisparsus* Jacobi

寄主：松。

分布：浙江（遂昌九龙山、百山祖）、江西、福建、广东、广西。

56. 白纹象沫蝉 *Philagra albinotata* Uhler

分布：我国浙江（遂昌九龙山、百山祖）、陕西、江苏、安徽、湖北、福建、广西、四川、贵州、云南；国外：日本。

57. 雅氏象沫蝉 *Philagra subrecta* Jacobi

分布：我国浙江（遂昌九龙山、百山祖）、江西、福建、台湾、广东、海南、广西、四川、云南、西藏；国外：越南。

九、叶蝉科 Iassidae

本科昆虫体长 3~15mm，形态变化很大。头部颊宽大，单眼 2 枚，少数种类无单眼；触角刚毛状。前翅革质，后翅膜质，翅脉不同程度退化；后足胫节有棱脊，棱脊上生 3~4 列刺状毛，后足胫节刺毛列是叶蝉科最显著的鉴别特征。

在九龙山发现该科 33 属 46 种。

58. 三角辜小叶蝉 *Aguriahana triangularis*（Matsumura）

寄主：蔷薇、草莓、柿、梨。

分布：我国浙江（遂昌九龙山、龙王山、天目山、百山祖）、陕西、河南、湖南、贵州；国外：日本。

59. 黑色斑大叶蝉 *Anatkina candidipes*（Walker）

分布：浙江（遂昌九龙山、天目山、百山祖）、江西、福建、广西、贵州。

60. 点翅大叶蝉 *Anatkina illustris*（Distant）

分布：我国浙江（遂昌九龙山、百山祖）、四川、云南；国外：泰国，印度，马来西亚。

61. 黄色条大叶蝉 *Atkinsoniella sulphurata*（Distant）

分布：我国浙江（遂昌九龙山、龙王山、天目山、百山祖）、福建、广西、贵州、云南；国外：缅甸，印度，印度尼西亚。

62. 隐纹条大叶蝉 *Atkinsoniella thalia*（Distant）

寄主：禾本科。

分布：我国浙江（遂昌九龙山、龙王山、天目山、百山祖）、河北、河南、陕西、湖北、湖南、福建、海南、广西、四川、贵州、云南；国外：泰国，缅甸，印度。

63. 赵凹大叶蝉 *Bothrogonia chaoi* **Yang**

分布：浙江（遂昌九龙山、古田山、开化、龙泉）。

64. 湄凹大叶蝉 *Bothrogonia meitana* **Yang**

分布：浙江（遂昌九龙山、龙泉、庆元）。

65. 闽凹大叶蝉 *Bothrogonia minana* **Yang**

分布：浙江（遂昌九龙山、龙泉、庆元）。

66. 华凹大叶蝉 *Bothrogonia sinica* **Yang et Li**（彩图 64）

寄主：葛藤、玉米、盐肤木、花椒、杜仲、高粱、甘薯、甘蔗、向日葵、大麻、豆类、油茶、桑、柑橘、枇杷、葡萄、梧桐、竹、油桐。

分布：浙江（遂昌九龙山、龙王山、莫干山、天目山、百山祖、开化、江山、遂昌、松阳、云和）、陕西、河南、安徽、湖北、江西、湖南、福建、贵州、云南。

67. 条翅斜脊叶蝉 *Bundera taeniata* **Cai et He**

分布：浙江（遂昌九龙山、龙王山、天目山、百山祖）、四川。

68. 黄绿短头叶蝉 *Bythoscopus chlorophana*（Melichar）

寄主：茶。

分布：浙江（遂昌九龙山、丽水、缙云、遂昌、云和、龙泉、庆元）。

69. *Bythoscopus dorsalis*（Matsumura）

寄主：槲、柳、榆。

分布：浙江（遂昌九龙山、江山、龙泉）。

70. 黑顶室叶蝉 *Chudania delecta* **Distant**

分布：浙江（遂昌九龙山、龙泉、庆元）。

71. 大青叶蝉 *Cicadella viridis*（Linnaeus）

寄主：梨、李、桃、茶、杨、水稻、小麦、草莓、豆类、桑、玉米、高粱、苎麻、花生。

分布：浙江（遂昌九龙山、全省广布）；世界广布。

72. 背枝阔茎叶蝉 *Cladolidia biungulata*（Nielson）

形态特征：体连前翅长，雄虫 9.0~9.2mm，雌虫 9.5~10.0mm。雄虫尾节侧瓣宽大，端缘近平截，端部腹缘内折，有许多细长刚毛，端部背缘有 1 枚小叶突；第 10 节长，无突起；雄虫下生殖板狭长，端部有数根小刚毛；背连锁棒状，长度微超过阳茎干的中部；阳茎狭长，不对称，端部侧扁，背面有小齿，近中部背面有 1 枚发达突起，其上还有长短不一的刺状突，阳茎孔小，位于阳茎近端部约 1/3 处背侧面；连索宽"Y"形；阳基侧突较发达，端部分叉，叉臂长短不等。

分布：浙江（遂昌九龙山）。

73. 苦楝斑叶蝉 *Erythroneura melia* Kuoh

寄主：楝。

分布：浙江（遂昌九龙山、杭州、临安、宁波、三门、天台、临海、黄岩、温岭、开化、庆元）。

74. 黑角顶带叶蝉 *Exitianus atkinsoni* Distant

寄主：木芙蓉。

分布：浙江（遂昌九龙山、开化、丽水、云和、龙泉）。

75. 中黑顶带叶蝉 *Exitianus fusconervosus* Motschlsky

分布：浙江（遂昌九龙山、丽水、云和、龙泉、庆元）。

76. 褐脊铲头叶蝉 *Hecalus prasinus*（Matsumura）

寄主：柑橘、棉。

分布：我国浙江（遂昌九龙山、丽水、百山祖）、陕西、河北、广东、贵州、云南；国外：日本，泰国，老挝，菲律宾。

77. 直缘菱纹叶蝉 *Hishimonus rectus* Kuoh

分布：浙江（遂昌九龙山、丽水、庆元）。

78. 侧刺菱纹叶蝉 *Hishimonus spiniferus* Kuoh

分布：浙江（遂昌九龙山、开化、古田山、龙泉）。

79. 杨梅扁喙叶蝉 *Idioscopus myrica* Wang & Dai

体长（包括前翅）：♂，4.40~4.60 mm，♀，4.50~4.70 mm。雄性生殖器：雄虫尾节侧瓣较宽大；下生殖板细长，伸过尾节末端，端部具有浓密的白色毛丛。连索杯状，上端宽大、微凹。阳基侧突细长，中部轻微膨大，端半部向外略弯曲，内缘具有小齿列排成锯齿状，外缘端部生有许多细长刚毛。阳茎基主干较短，成"Z"形，在末端腹面逆生有 1 对细长的突起，亚端部腹面逆生 1 枚较粗的突起，均成长刺状。第 10 节有 1 对角状突起。

分布：浙江（遂昌九龙山）

80. 四纹顶角叶蝉 *Jassargus btusivalivis* Kirschbaum

分布：浙江（遂昌九龙山、龙泉、庆元）。

81. 白缘大叶蝉 *Kolla atramentaria*（Motschulsky）

分布：浙江（遂昌九龙山、云和、龙泉、庆元）。

82. 白边大叶蝉 *Kolla paulula*（Walker）

寄主：葛藤、花椒、大麻、大豆、萝卜、水稻、玉米、棉、桑、麻、甘蔗、柑橘、葡萄、樱桃、桃、栎、蔷薇、紫藤。

分布：我国浙江（遂昌九龙山、龙王山、天目山、丽水、云和、龙泉、百山祖）、陕西、河北、河南、安徽、福建、台湾、广东、海南、广西、四川、贵州、云南、香港；国外：越南，泰国，缅甸，印度，斯里兰卡，马来西亚，印度尼西亚。

83. 长突宽冠叶蝉 *Laticorona longa* **Cai**

分布：浙江（遂昌九龙山、天目山、龙泉、凤阳山）、福建。

84. 东方耳叶蝉 *Ledra orientalis* **Ouchi**

分布：浙江（遂昌九龙山、古田山、百山祖、安吉、龙王山、天目山、庆元）、河南。

85. 枝单突叶蝉 *Lodiana cladopenis* **Zhang**

分布：浙江（遂昌九龙山、天目山、百山祖）、福建。

86. 二点叶蝉 *Macrosteles fasciifrons*（**Stal**）

寄主：水稻、大麦、小麦、黑麦、高粱、玉米、大豆、棉、大麻、甘蔗、葡萄、茶、胡萝卜。

分布：我国浙江（遂昌九龙山、湖州、长兴、安吉、嘉兴、嘉善、杭州、临安、淳安、衢县、龙游、常山、江山、开化、丽水、遂昌、云和、庆元）、黑龙江、吉林、辽宁、内蒙古、河北、陕西、江苏、福建、贵州；国外：日本，朝鲜，苏联，欧洲，北美洲。

87. 黑尾叶蝉 *Nephotettix cincticeps*（**Uhler**）

寄主：水稻、白菜、油菜、玉米、小麦、稗、茭白、芥菜、萝卜、甘蔗、棉、大豆、胡萝卜、茶、甜菜、紫云英、楝、竹。

分布：我国浙江（遂昌九龙山、全省广布）、全国广布；国外：朝鲜，日本，菲律宾，欧洲，非洲。

88. 翼状单突叶蝉 *Olidiana alata*（**Nielson**）

形态特征：体连前翅长，雄虫 7.0~7.8mm，雌虫 8.8~9.7mm。雄虫尾节侧瓣近似三角形，端背缘有小叶突，端区腹缘内卷，有刚毛；雄虫下生殖板狭长，外缘中部内凹，端缘斜切，端区有数根长刚毛；背连锁长棒状，长达阳茎干中部；阳茎细长，管状，不对称，端部片状突起 2 分叉，各分叉均有小刺列，阳茎孔位于阳茎干端部背侧；连索宽"Y"形，主干特短，近乎球形；阳基侧突长棒状，端部密布纵皱褶。雌虫腹部第 7 节腹板宽大，中央长度是第 6 腹板中长的 2.5 倍，后缘波状凹入。

分布：浙江（遂昌九龙山）。

89. 黄斑锥头叶蝉 *Onukia flavopunctata* **Li et Wang**

分布：浙江（遂昌九龙山、天目山、百山祖）、贵州。

90. 肩叶蝉 *Paraconfucius deplavata*（**Jacobi**）

分布：浙江（遂昌九龙山、天目山、龙泉）、河南、安徽、湖南，福建。

91. 红边片头叶蝉 *Petalocephala manchurica* **Kato**

分布：浙江（遂昌九龙山、遂昌、龙泉）。

92. 一点木叶蝉（一点炎叶蝉） *Phlogotettix cyclops*（**Mulsant et Rey**）

寄主：竹、水稻、苎麻、绞股蓝、茶、榆。

分布：我国浙江（遂昌九龙山、龙王山、天目山、百山祖）、河南、安徽、湖北、福建、台湾、四川、贵州；国外：朝鲜，日本，欧洲，西伯利亚，澳大利亚。

93. 庐山拟隐脉叶蝉 *Pseudonirvana lushana* Kuoh

分布：浙江（遂昌九龙山、开化、古田山、龙泉）、江西。

94. 长条拟隐脉叶蝉 *Pseudonirvana orientalis* Matsumura

寄主：桑。

分布：浙江（遂昌九龙山、云和、龙泉）。

95. 赤条拟隐脉叶蝉 *Pseudonirvana rufofascia* Kuoh

寄主：茶、水稻。

分布：浙江（遂昌九龙山、临安、龙泉）。

96. 红线拟隐脉叶蝉（红缘拟隐脉叶蝉）*Pseudonirvana rufolineata* Kuoh

分布：浙江（遂昌九龙山、开化、古田山、云和、龙泉）、江西、陕西、湖北、湖南、广西。

97. 黑环角顶叶蝉（黑环纹叶蝉）*Recilia schmidtgeni*（Wagner）

分布：我国浙江（遂昌九龙山、天目山、百山祖）、河北、湖北、广东；国外：欧洲，印度，斯里兰卡。

98. 横带叶蝉 *Scaphoideus festivus* Matsumura

寄主：水稻、柑橘、茶。

分布：我国浙江（遂昌九龙山、龙王山、天目山、百山祖）、陕西、河南、湖南、福建、台湾、广东、海南、四川、贵州、云南；国外：朝鲜，日本，印度，斯里兰卡。

99. 绿斑大叶蝉 *Tettigoniella differentilis* Baker

寄主：小麦、水稻、玉米、高粱、大狗尾草。

分布：浙江（遂昌九龙山、江山、庆元）。

100. 黑尾大叶蝉 *Tettigoniella ferruginea*（Fabgricius）

寄主：桑、甘蔗、大豆、玉米、茶、油茶、柑橘、梨、桃、葡萄、枇杷、月季、油桐、竹。

分布：我国浙江（遂昌九龙山、湖州、长兴、安吉、嘉兴、杭州、临安、建德、淳安、诸暨、新昌、镇海、三门、金华、天台、仙居、临海、黄岩、温岭、玉环、开化、丽水、缙云、遂昌、龙泉、庆元）、黑龙江、吉林、辽宁、山东、河南、江苏、安徽、湖北、湖南、台湾、广东、四川；国外：朝鲜，日本，缅甸，菲律宾，印度尼西亚，印度，非洲南部。

101. 凹片叶蝉 *Thagria fossa* Nielson

分布：我国浙江（遂昌九龙山、百山祖）、江西、湖南、河南、福建、四川、贵州、广东、云南；国外：缅甸。

102. 白边宽额叶蝉 *Usuiranus limbifer*（Matsumura）

寄主：禾本科。

分布：我国浙江（遂昌九龙山、龙王山、天目山、百山祖）、陕西、河南、贵州；国外：朝鲜，日本。

103. 纵带尖头叶蝉 *Yanocephalus yanonis*（Matsumura）

寄主：葛藤、大豆、水稻。

分布：我国浙江（遂昌九龙山、天目山、百山祖）、山东、河南、安徽、四川、重庆、福建、贵州；国外：朝鲜，日本。

十、角蝉科 Membracidae

角蝉科昆虫体型小至中型。多数褐色或黑色。前胸背极度发达，有各种畸形和突起，常盖住中胸或腹部。触角刚毛状，着生在头前部；单眼2个，位于复眼间。翅2对，静息时贴于体侧。

在九龙山发现该科1属1种。

104. 油桐三刺角蝉 *Tricentrus aleuritis* Chou

寄主：油桐。

分布：浙江（遂昌九龙山、莫干山、瑞安、庆元）。

十一、木虱科 Psyllidae

本科为小型昆虫，活泼能跳；触角10节；复眼发达，单眼3个；喙3节，自前足基节间生出；两性均有翅，前翅皮革质或膜质，R脉、M脉和Cu脉基部愈合，形成主干，至近中部分开成3支近端部每支再再分为2支，后翅膜质，翅简单；跗节2节；后足基节有疣状突起，胫节端部有刺；雌虫有3对产卵瓣，包在背腹两生殖板内；背生殖板上有肛门及肛环。

若虫多有蜡腺，能分泌蜡质保护物；若虫群居；有的形成虫瘿，若虫生活于虫瘿内；有些产生蜜露，常有蚂蚁伴随。木虱的成、若虫均能刺吸植物组织引起变形、扭曲、致瘿等，有些能传毒致病，导致植物生长不良甚至死亡，为林木、果树的重要害虫之一。木虱的寄主植物比较专一，但成虫常分散栖息。

在九龙山保护区发现该科4属4种。

105. 带斑木虱 *Aphalara fasciata* Kuwayama

寄主：蓼、马尾松。

分布：我国浙江（遂昌九龙山、百山祖）、辽宁、安徽、湖北、湖南、福建、广东、广西；国外：韩国，日本。

106. 木通红喀木虱 *Cacopsylla akebirubra* Li

寄主：木通。

分布：浙江（遂昌九龙山、莫干山、天目山）、湖南。

107．柑橘木虱 *Diaphorina citri* Kuwayama

寄主：芸香。

分布：浙江（遂昌九龙山、温岭、丽水、缙云、松阳、青田、云和、庆元、温州、乐清、永嘉、瑞安、文成、平阳、苍南、泰顺），广布于我国柑橘栽培地区。

108．桂皮个木虱 *Trioza circularis* Li

寄主：华南桂。

分布：浙江（遂昌九龙山、莫干山、杭州）、湖南。

十二、瘿绵蚜科 Pemphigidae

本科昆虫常有发达蜡腺，体表多有粉或蜡丝；触角 5~6 节，末节端部甚短，有原生感觉孔，其附近有副感觉孔 3~4 个，触角次生感觉孔呈条状环绕触角或片状。无翅蚜及幼蚜复眼只有 3 小眼面。有翅蚜前翅具 4 斜脉，中脉减少，至多分叉 1 次，后翅肘脉 1~2 支，静止时翅合拢于体背呈屋脊状。中胸前盾片三角形，盾片分为 2 片。腹管退化呈小孔状，短圆锥状或缺如，尾片宽半月形。性蚜体很小，无翅，喙退化，只产 1 粒卵。产卵器缩小为被毛的隆起。

在九龙山保护区发现该科 1 属 1 种。

109．角倍蚜（五倍子蚜）*Schlectendalia chinensis*（Bell）

寄主：盐肤木、葡灯藓、提灯藓。

分布：我国浙江（遂昌九龙山、天目山、桐乡、临安、建德、淳安、仙居、庆元）、河南、陕西、江苏、安徽、湖北、江西、湖南、福建、台湾、广东、广西、四川、贵州、云南；国外：日本，朝鲜。

十三、群蚜科 Thelaxeridae

本科昆虫无翅蚜和若蚜头部与前胸愈合，复眼仅 3 小眼面。无翅蚜体表有明显刚毛。触角 5 节。腹管孔状或圆筒状，周围有数根毛。尾片瘤状或半月形；尾板末端圆。有翅蚜触角 3~6 节，次生感觉孔圆形或条形。前翅中脉分叉 1 次，后翅正常，有 2 条脉或退化。营同寄主全周期或不全周期生活。

在九龙山保护区发现该科 1 属 2 种。

110．枫杨刻蚜 *Kurisakia onigurumi*（Shinji）

寄主：枫杨。

分布：我国浙江（遂昌九龙山、百山祖、安吉、海宁、杭州、余杭、临安、富阳、建德、淳安）、河北、山东、河南、北京、江苏、湖北、湖南；国外：朝鲜，日本。

111. 化香刻蚜 *Kurisakia sinoplatycaryae* Zhang

寄主：化香。

分布：浙江（遂昌九龙山、天目山、百山、杭州）。

十四、毛管蚜科 Greenideidae

本科昆虫触角 5~6 节，次生感觉孔卵圆形或圆形；喙末节分为 2 节；腹管密被长毛，长管状稍膨大，不短于体长之半，甚至与身体等长，尾片宽半月形至三角形。雄蚜有翅。

在九龙山保护区发现该科 3 属 4 种。

112. 松大蚜 *Cinara pinea* Mordwiko

寄主：马尾松、黑松。

分布：浙江（遂昌九龙山、三门、浦江、永康、天台、仙居、临海、黄岩、温岭、玉环、缙云、龙泉、温州）。

113. 柏大蚜 *Cinara tujafilina*（Del Guercio）

寄主：侧柏、金钟柏、铅笔柏。

分布：我国浙江（遂昌九龙山、天目山、百山祖、杭州）、北京、吉林、辽宁、宁夏、河北、河南、陕西、山东、江苏、湖北、江西、福建、台湾、广东、广西、海南、云南、四川、贵州；国外：马来西亚，朝鲜，日本，尼泊尔，巴基斯坦，土耳其，欧洲，大洋洲，非洲，北美洲。

114. 板栗大蚜 *Lachnus tropicalis*（van der Goot）

寄主：板栗、白栎、麻栎。

分布：我国浙江（遂昌九龙山、百山祖、临安）、吉林、辽宁、河北、江苏、江西、台湾；国外：朝鲜，日本，马来西亚。

115. 柳瘤大蚜 *Tuberolachnus salignus*（Gmelin）

寄主：柳。

分布：我国浙江（遂昌九龙山、天目山、百山祖、杭州、富阳、桐庐、建德、绍兴）、吉林、辽宁、内蒙古、北京、河北、山东、河南、宁夏、陕西、江苏、上海、福建、台湾、云南、西藏；国外：朝鲜，日本，印度，伊拉克，黎巴嫩，以色列，土耳其，埃及，欧洲，非洲，美洲。

十五、斑蚜科 Callaphididae

本科昆虫大多数种类为有翅孤雌蚜，少数为无翅孤雌蚜。部分种类分泌蜡丝粉，有蜡片。头与前胸分离；触角多为 6 节，细长，次生感觉孔圆形、卵圆形或长椭圆形，第 6 节原生感觉孔常有睫；体背瘤和缘瘤多发达；翅脉大都正常，前翅 Rs 有时不显或缺，M 常分为 3 支，后翅常有 2 斜脉，翅脉常有黑边；跗节有或无小刺；爪间毛大都叶状；腹管短截状，有些杯状至环状，无网纹；尾片瘤状或半月形；尾板分为二裂，有时为宽半月形。性蚜与孤雌蚜相似，有喙，可取食，雄蚜大都有翅，少数无翅，雌性蚜大都有翅，可产卵数个。营同寄主全周期型生活，大都种类前足基节或连同腿节膨大，能跳动。

在九龙山保护区发现该科 2 属 2 种。

116. 厚朴新丽斑蚜 *Neocalaphis magnolicolens* Takahashi

分布：浙江（遂昌九龙山、丽水、遂昌、松阳、云和、景宁、龙泉）。

117. 痣侧棘斑蚜 *Tuberculatus stimatus*（Matsumura）

寄主：栎。

分布：我国浙江（遂昌九龙山、江山、庆元）、江西、台湾；国外：朝鲜，日本。

十六、蚜科 Aphididae

本科昆虫触角 6 节，少有 5 节或 4 节，感觉孔圆形，罕见椭圆形；复眼多小眼面；前胸及腹部常有缘瘤；翅脉正常，前翅中脉分叉 1~2 次；爪间毛毛状；腹管长管状，有的膨大，少见球状或缺如；尾片形状多样，但不呈瘤状，尾板末端圆。营同寄主全周期或异寄主全周期生活，有的为不全周期。1 年 10~30 代。寄主包括乔木、灌木、草本植物、少数蕨类和苔藓类。大多生活在叶、嫩枝、花序或幼枝上，少数在根部。是最重要的经济植物害虫。

在九龙山保护区发现该科 8 属 16 种。

118. 豆蚜 *Aphis craccivora* Koch

寄主：蚕豆、苕子、苜蓿。

分布：我国浙江（遂昌九龙山、龙王山、嘉兴、杭州、临安、慈溪、定海、金华、天台、丽水、百山祖、温州）；国外：世界广布种。

119. 柳蚜 *Aphis farinosa* Gmelin

寄主：柳。

分布：我国浙江（遂昌九龙山、百山祖）、辽宁、河北、山东、河南、江西、台湾；国外：朝鲜，日本，印度尼西亚，亚洲中部，欧洲，北美洲。

120. 大豆蚜 *Aphis glycines* Matsumura

寄主：鼠李、大豆、黑豆。

分布：我国浙江（遂昌九龙山、天目山、百山祖）、黑龙江、吉林、辽宁、内蒙古、北京、宁夏、河北、山西、山东、河南、台湾、广东；国外：朝鲜，日本，泰国，马来西亚。

121. 棉蚜 *Aphis gossypii* Glover

寄主：石榴、花椒、木槿、棉、瓜类。

分布：我国浙江（遂昌九龙山、莫干山、百山祖、杭州）；国外：世界广布种。

122. 麦长管蚜 *Macrosiphum avenae*（Fabricius）

寄主：稻、麦、玉米牛繁缕、荠菜。

分布：浙江（遂昌九龙山、全省广布）。

123. 菝葜黑长管蚜 *Macrosiphum smlacifoliae* Takahashi

寄主：菝葜。

分布：我国浙江（遂昌九龙山、湖州、长兴、金华、开化、庆元、丽水、江山）、江苏、福建、台湾、广东；国外：日本。

124. 菊小长管蚜 *Macrosiphoniella sanborni*（Gillette）

寄主：菊、野菊。

分布：我国浙江（遂昌九龙山、百山祖、嘉兴、平湖、杭州、天目山、建德、淳安、宁波、绍兴、定海、临海、丽水、云和、温州）、北京、辽宁、河北、山东、河南、江苏、湖南、福建、台湾、广东；国外：世界广布。

125. 山楂圆瘤蚜 *Ovatus crataegarius*（Walker）

寄主：山楂、苹果、海棠、木瓜、薄荷。

分布：我国浙江（遂昌九龙山、临安、兰溪、庆元）、辽宁、北京、河北、江苏、台湾；国外：朝鲜，日本，印度，欧洲，北美。

126. 玉米蚜 *Rhopalosiphum maidis*（Fitch）

寄主：玉米、高粱、粟、稗、小麦、大麦、燕麦、狗尾草。

分布：我国浙江（遂昌九龙山、百山祖、嘉兴、嘉善、杭州、临安、富阳、定海、普陀）；国外：世界广布种。

127. 莲缢管蚜 *Rhopalosiphum nymphaeae*（Linnaeus）

寄主：桃、李、梅、莲、川泽泻。

分布：我国浙江（遂昌九龙山、天目山）、百山祖）、吉林、辽宁、宁夏、河北、山东、江苏、湖北、江西、湖南、福建、台湾、广东；国外：朝鲜，日本，印度，印度尼西亚，新西兰，欧洲，美洲，非洲。

128. 禾谷缢管蚜 *Rhopalosiphum padi*（Linnaeus）

寄主：稠李、桃、李、榆叶梅、玉米、高粱、小麦、大麦、水稻。

分布：我国浙江（遂昌九龙山、百山祖）、黑龙江、吉林、辽宁、内蒙古、北京、天津、河北、山西、山东、河南、华东、华南、西南、西北；国外：朝鲜，日本，约旦，新西兰，欧洲，北美洲，埃及。

129. 胡萝卜微管蚜 *Semiaphis heraclei*（Takahashi）

寄主：黄花忍冬、金银花、金银木、芹菜、茴香、香菜、胡萝卜、当归。

分布：我国浙江（遂昌九龙山、百山祖）、吉林、辽宁、北京、河北、山东、河南、湖北、湖南、福建、台湾、云南；国外：朝鲜，日本，印度，印度尼西亚，夏威夷。

130. 桔二叉蚜 *Toxoptera aurautii*（Boyer de Fonscolombe）

寄主：柑橘、柚、构骨、茶、山茶。

分布：我国浙江（遂昌九龙山、天目山、百山祖）、山东、江苏、湖南、台湾、广东、广西、云南等；国外：亚洲南部，欧洲南部，大洋洲，北美洲，拉丁美洲，非洲中北部。

131. 桔蚜 *Toxoptera citricidus*（Kirkaldy）

寄主：柑橘、构橘、柚、枳、花椒、柘、檫、梨、黄杨。

分布：我国浙江（遂昌九龙山、百山祖）、山东、江苏、江西、湖南、台湾、广东、广西、云南；国外：日本，印度尼西亚，欧洲南部，非洲中北部，大洋洲，美洲。

132. 芒果声蚜（芒果蚜） *Toxoptera odinae*（van der Goot）

寄主：梨、柑橘、无花果、漆树、乌桕、海桐、何首乌、五加、橄榄、重阳木。

分布：我国浙江（遂昌九龙山、百山祖）、河北、山东、江苏、湖北、江西、湖南、福建、台湾、广东、云南；国外：朝鲜，日本，印度，印度尼西亚。

133. 莴苣指管蚜 *Uroleucon formosanum*（Takahashi）

寄主：莴苣、苦菜。

分布：我国浙江（遂昌九龙山、百山祖）、吉林、河北、山东、江苏、江西、福建、台湾、广东、广西；国外：朝鲜，日本。

十七、珠蚧科 Margarodidae

本科昆虫雌成虫触角基节很大，两触角基部相互接近，甚至相连接，否则前足膨大变为开掘式；腹气门2~8对，如缺，常缺后数对；足发达，跗节1~2节。雄成虫触角非瘤式，有的为栉齿状。翅色浅。腹末背面有管群板，由此分泌出一束长蜡丝。第2龄若虫体近圆球形，无足，触角仅存遗迹，口针发达，不动，固着寄生，称为珠体。珠体阶段的存在是本科昆虫生活史中的一大特点。

在九龙山保护区发现该科1属1种。

134. 吹绵蚧（澳洲吹绵蚧） *Icerya purchasi* Maskell

寄主：山茶科、木犀科、天南星科、松科、杉科、相思树、木豆、柿、柑橘、合欢、油桐、油茶、重阳木、檫、马尾松、葡萄、梨。

分布：我国浙江（遂昌九龙山、全省广布）、全国广布；国外：世界广布。

十八、蚧科 Coccidae

蚧科昆虫雌虫分节不明显，腹部无气门；足和触角退化；腹末有深的臀裂，肛门上有2个三角形肛板，盖于肛门之上。雄虫无复眼，触角10节；交配器短；腹部末端有2长蜡丝。

在九龙山保护区发现该科3属7种。

135. 角蜡蚧 *Ceroplastes ceriferus*（Anderson）

寄主：油杉、木槿、山茶、茶、油茶、女贞、马尾松、樟、板栗、桑、松、柳、柿。

分布：浙江（遂昌九龙山、龙王山、嘉兴、杭州、临安、富阳、宁波、临海、黄岩、百山祖）、山东、河南、江苏、安徽、湖北、江西、湖南、广东、广西、四川、贵州、云南。

136. 龟蜡蚧 *Ceroplastes floridensis* Comstock

寄主：山茶、油茶、茶、枫香、樟、柿、冬青、月桂、柑橘。

分布：我国浙江（遂昌九龙山、百山祖、临海、黄岩、丽水）、河北、山东、江苏、安徽、湖北、江西、湖南、福建、台湾、广东、广西、四川、云南；国外：印度，马来西亚，斯里兰卡，巴基斯坦，伊朗，土尔其，澳大利亚，埃及，法国，美国等。

137. 日本蜡蚧（日本龟蜡蚧） *Ceroplastes japonicus* Green

寄主：木莲、木兰、白兰、李、梅、山茶、悬铃木、黄杨、柑橘、桑、柿、茶、油茶、杉、乌柏。

分布：我国浙江（遂昌九龙山、龙王山、莫干山、杭州、奉化、金华、仙居、临海、衢县、丽水、百山祖）、甘肃、河北、山西、山东、河南、陕西、江苏、安徽、湖北、江西、湖南、福建、广东、广西、四川、贵州；国外：俄罗斯，日本。

138. 伪角蜡蚧 *Ceroplastes pseudoceriferus* Green

寄主：油茶、月桂、杉、冬青、木兰、苏铁、松、茶、山茶、枇杷、柿、柑橘、柠檬、金橘、石榴。

分布：浙江（遂昌九龙山、丽水、青田、庆元）。

139. 松红蜡蚧 *Ceroplastes rubens minor* Maskell

寄主：马尾松、杉。

分布：浙江（遂昌九龙山、丽水、缙云、龙泉）。

140. 白蜡蚧（白蜡虫） *Ericerus pela*（Chavannes）

寄主：冬青、漆树、木槿、白蜡树、女贞。

分布：我国浙江（遂昌九龙山、莫干山、天龙王山、天目山、杭州、金华）、辽宁、山东、陕西、江苏、湖北、江西、湖南、福建、广东、广西、四川、贵州、云南；国外：朝鲜，日本，欧洲。

141. 日本卷毛蜡蚧 *Metaceronema japonica*（Maskell）

寄主：茶、油茶、枰木、蔷薇、柑橘、冬青、山矾、猫儿刺。

分布：我国浙江（遂昌九龙山、百山祖、宁海、金华、永康、常山、丽水、缙云、遂昌、青田、云和、龙泉）、江西、湖南、台湾、四川、贵州、云南；国外：日本。

十九、盾蚧科 Diaspididae

本科昆虫雌虫一生和雄虫幼期有介壳，介壳上有早龄若虫所脱的皮，呈盾状。雌虫通常圆形或长形；腹部无气门，最后几节愈合成臀板，肛门位于背面，无肛板、肛环和肛环刺毛；喙和触角退化，仅一节，气门2对；足退化或消失。雄成虫具翅，足发达，触角10节；腹末无蜡质丝；交配器狭长。

在九龙山保护区发现该科7属11种。

142. 柳杉圆盾蚧 *Aspidiotus cryptomeriae* Kuwana

寄主：马尾松、杉、柳杉、松、刺柏。

分布：浙江（遂昌九龙山、丽水、庆元）。

143. 椰圆盾蚧 *Aspidiotus destructor* Signoret

寄主：柑橘、茶、木瓜、棕榈、山茶、朴、葡萄、枇杷、大叶黄杨。

分布：我国浙江（遂昌九龙山、杭州、临海、百山祖）、辽宁、河北、山西、陕西、山东、河南、湖北、江西、湖南、福建、台湾、广东、广西、四川、贵州、云南；国外：日本，印度，斯里兰卡，菲律宾，印度尼西亚，澳大利亚，欧洲，非洲，美洲。

144. 山茶蛎盾蚧 *Insulaspis camelliae* Hoke

寄主：茶、山茶、丁香、杨、椴。

分布：浙江（遂昌九龙山、丽水、庆元）。

145. 长蛎盾蚧 *Insulaspis gloverii*（Packard）

寄主：木兰、桉、柳、茶、棕榈、黄杨、玉兰、珠兰、石榴。

分布：我国浙江（遂昌九龙山、百山祖、杭州、临安、萧山、金华、临海、衢县、开化、常山）、辽宁、河北、山东、江苏、湖北、江西、湖南、福建、台湾、四川、云南；国外：俄罗斯，日本，缅甸，印度，斯里兰卡，伊朗，以色列，土耳其，澳大利亚，欧洲，非洲，美洲。

146. 长白盾蚧 *Lopholecaspis japonica* Cockerell

寄主：茶、槭、油茶、黄杨。

分布：我国浙江（遂昌九龙山、龙王山、杭州、余杭、慈溪、金华、临海、常山、丽水、龙泉）、辽宁、河北、山西、山东、河南、江苏、湖北、江西、福建、台湾、广东、广西、四川；国外：日本。

147. 糠片盾蚧 *Parlatoria pergandii* Comstock

寄主：柑橘、墨兰、枪木、珍珠莲、榕、桂花、山茶。

分布：我国浙江（遂昌九龙山、全省广布）、辽宁、河北、山西、山东、河南、陕西、青海、江苏、安徽、湖北、湖南、福建、台湾、广东、广西、四川、云南；国外：日本，印度，菲律宾，叙利亚，澳大利亚，新西兰，欧洲，非洲，美洲。

148. 黑片盾蚧 *Parlatoria ziziphus*（Lucas）

寄主：柑橘、代代花、枣、柠檬、茶、女贞。

分布：浙江（遂昌九龙山、百山祖、杭州、余杭、余姚、临海、黄岩、丽水）、江苏、福建、广东。

149. 蛇眼臀网盾蚧（蛇目网圆蚧）*Pseudaonidia duplex*（Cockerell）

寄主：樟、含笑、茶、桂花、紫楠、柿。

分布：我国浙江（遂昌九龙山、百山祖、黄岩、丽水）、河南、河北、陕西、山东、江苏、湖北、江西、湖南、福建、台湾、广东、广西、四川、贵州、云南；国外：苏联，日本，印度，斯里兰卡，美国，阿根廷。

150. 考氏白盾蚧（广菲盾蚧）*Pseudaulacaspis cockerelli*（Cooley）

寄主：山茶、油茶、夜合欢。

分布：我国浙江（遂昌九龙山、百山祖、遂昌、松阳、景宁、龙泉）；国外：苏联，朝鲜，日本，亚洲东部，印度，旧金山，夏威夷，大洋洲，南非，马达加斯加。

151. 桑盾蚧（桑白盾蚧）*Pseudaulacaspis pentagona*（Targioni-Tozzetti）

寄主：苏铁、银杏、棕榈、柳、李、杏、朴、榆、桑、茶、山茶、柑橘、桃、梅、梨、白蜡树、胡桃、葡萄、乌桕、胡桃、泡桐、酸橙、醋栗。

分布：我国浙江（遂昌九龙山、嘉兴、平湖、桐乡、海盐、杭州、临安、天目山、宁波、临海、松阳、庆元、百山祖）、黑龙江、吉林、辽宁、内蒙古、新疆、河北、山西、陕西、山东、河南、江苏、安徽、湖北、江西、宁夏、甘肃、湖南、福建、台湾、广东、广西、四川、云南、西藏、香港；国外：日本，印度，新加坡，意大利，荷兰，英国，巴西，巴拿马，斯里兰卡，叙利亚，以色列，澳大利亚，新西兰，欧洲，美洲，非洲。

152. 矢尖盾蚧 *Unaspis yanonensis*（Kuwana）

寄主：松、杉、油茶。

分布：我国浙江（遂昌九龙山、龙王山、杭州、临海、衢县、常山、丽水、百山祖、温州）、河北、山西、山东、河南、甘肃、陕西、江苏、湖北、江西、湖南、福建、广东、广西、四川、贵州、云南；国外：日本，印度，大洋洲，北美洲。

半翅目 Hemiptera

在九龙山保护区发现该目 19 科 107 属 154 种。

一、尺蝽科 Hydrometridae

尺蝽科昆虫大小差别很大，体长由 2.7~22mm 不等。头部多伸长。复眼相对较小，位于头的中段，远离前胸背板；眼刚毛多消失。少有单眼，喙常十分细长，第 1、第 2 节短小，第 3 节最长。触角细长，第 4 节末端凹陷。足多较细长而且向两侧伸展。前翅脉相对简单。M 脉贯全长，在翅的端半以 2 横脉与前缘区纵脉相连，形成一个近方形的端翅室，Cu 脉及 A 脉极不发达。

在九龙山保护区发现该科 1 属 1 种

1. 丝尺蝽 *Hydrometra albolineata* Scott

寄主： 稻飞虱、蚜、叶蝉。

分布： 浙江（遂昌九龙山、龙泉）。

二、划蝽科 Corixidae

划蝽科昆虫体型多狭长，成两侧平行的流线型。具典型的斑马式的黑色横走斑纹。头部宽短，垂直，下口式。触角短小 3 或 4 节。前胸背板横列。中胸小盾片常被前翅遮盖而不外露。前足粗短；中足很长；后足特化成宽扁的浆状游泳足，具缘毛，跗节 2 节。

在九龙山保护区发现该科 1 属 1 种。

2. 江崎烁划蝽 *Sigara esakii* Lundblad

分布： 浙江（遂昌九龙山、百山祖）、山西、陕西、江西、湖南、福建、四川、贵州、云南。

三、猎蝽科 Reduviidae

本科昆虫体型小到大型，体型多样。多数种类体壁较坚硬，黄、褐或黑色。头部在眼后变细，伸长。多有单眼。触角常有很多环节状痕迹，外观看好像节数很多。喙多 3 节，粗壮，弯曲或直，喙端多放在前胸腹面的纵沟（发音沟）内。前翅无前缘裂，膜区常有 2 个大的翅室，可有短脉从翅室发出，端室亦可开放，成少数平行纵脉状。跗节 3 或 2 节。腹部中段常膨大。

在九龙山保护区发现该科 12 属 18 种。

3. 艳腹壮猎蝽 *Biasticus confusus* Hsiao

分布： 浙江（遂昌九龙山、临安、天目山、建德、遂昌、庆元）。

4. 天目螳瘤蝽 *Cnizocoris dimorphus* Maa

分布： 浙江（遂昌九龙山、天目山、庆元）。

5. 黑哎猎蝽 *Ectomocoris atrox* Stal

寄主： 多种昆虫。

分布： 浙江（遂昌九龙山、嵊州、义乌、天台、龙泉）。

6. 黑光猎蝽 *Ectrychotes andreae*（Thunberg）

寄主： 多种昆虫。

分布： 我国浙江（遂昌九龙山、全省分布）、辽宁、河北、甘肃、江苏、湖北、湖南、福建、广东、四川、海南、广西、云南；国外：朝鲜，日本。

7. 脊猎蝽 *Epidaucus carizatus* **Hsiao**

分布：浙江（遂昌九龙山、莫干山、天目山、庆元）。

8. 长刺素猎蝽 *Epidaucus longispinus* **Hsiao**

分布：浙江（遂昌九龙山、天目山、雁荡山、天台、龙泉、庆元）。

9. 彩纹猎蝽 *Euagoras plagiatus* **Burmeiter**

寄主：蚜等小型昆虫。

分布：我国浙江（遂昌九龙山、天目山、开化、庆元、遂昌）、江苏、江西、福建、广东、广西、云南；国外：朝鲜，越南，印度尼西亚，斯里兰卡，菲律宾，缅甸，印度。

10. 福建赤猎蝽 *Haematoloecha fokiensis* **Distant**

分布：浙江（遂昌九龙山、天目山、开化、丽水、百山祖）、福建。

11. 红彩真猎蝽 *Harpactor fuscipes*（**Fabricius**）

寄主：同翅目、鳞翅目、稻蛛缘蝽、稻大蛛缘蝽。

分布：我国浙江（遂昌九龙山、全省广布）、江苏、江西、湖南、福建、台湾、广东、四川、海南、广西、云南、西藏；国外：日本，越南，老挝，泰国，印度尼西亚，缅甸，印度，斯里兰卡。

12. 云斑真猎蝽 *Harpactor incertus*（**Distant**）

寄主：蛾、蝶。

分布：我国浙江（遂昌九龙山、莫干山、古田山、百山祖）、陕西、江苏、安徽、湖北、四川、江西、福建、湖南；国外：日本。

13. 环足普猎蝽 *Oncocephalus annulipes* **Stal**

分布：浙江（遂昌九龙山、临安、建德、余姚、四明山、庆元）。

14. 短斑普猎蝽 *Oncocephalus confusus* **Hsiao**

分布：浙江（遂昌九龙山、天目山、龙泉）。

15. 粗股普猎蝽 *Oncocephalus impudicus* **Reuter**

分布：我国浙江（遂昌九龙山、天目山、古田山、龙泉）、江西、福建、广东、海南、云南、贵州；国外：越南，缅甸，印度，斯里兰卡，印度尼西亚。

16. 日月盗猎蝽（日月猎蝽、穹纹盗猎蝽）*Pirates arcuatus*（**Stal**）

寄主：多种昆虫。

分布：我国浙江（遂昌九龙山、全省广布）、江苏、福建、湖北、江西、湖南、台湾、广东、广西、四川、云南、台湾；国外：日本，越南，缅甸，印度尼西亚，印度，巴基斯坦，斯里兰卡，菲律宾。

17. 半黄足猎蝽 *Sirthenea dimidiata* **Horvath**

寄主：鳞翅目。

分布：浙江（遂昌九龙山、长兴、德清、莫干山、余杭、天目山、新昌、宁波、四明山、普陀、天台、缙云、云和、龙泉）。

18. 黄足猎蝽 *Sirthenea flavipes*（Stal）

寄主：蚜、叶蝉、叶甲、象甲、蝽、卷叶虫。

分布：我国浙江（遂昌九龙山、全省广布）、江苏、安徽、福建、湖北、江西、湖南、广东、广西、四川、云南、台湾；国外：日本，越南，马来西亚，印度尼西亚，菲律宾，斯里兰卡，印度。

19. 环斑猛猎蝽 *Sphedanolestes impressicollis*（Stal）

寄主：竹织叶野螟、同翅目。

分布：我国浙江（遂昌九龙山、全省广布）、河北、安徽、陕西、山东、河南、江苏、湖北、江西、湖南、福建、台湾、广东、广西、四川、贵州、云南；国外：朝鲜，日本，印度，越南。

20. 赤腹猛猎蝽 *Sphedanolestes pubinotum* Reuter

分布：我国浙江（遂昌九龙山、莫干山、古田山、遂昌、庆元）、福建、广东、广西、四川、贵州、云南、西藏；国外：缅甸，印度，马来西亚，印度尼西亚。

四、盲蝽科 Miridae

盲蝽科昆虫体型小至中型，多样，体相对脆弱。触角4节，细长。无单眼。喙4节。前胸背板近前缘被横沟分出狭长的领片，其后具2个低的突起（胝）。前翅有楔片，缘片不明显，膜片仅有1或2个翅室，纵脉消失。雄虫常为长翅型，雌虫为短翅型或无翅型。附节3或2节。

在九龙山保护区发现该科10属10种。

21. 狭领纹唇盲蝽 *Charagochilus angusticollis* Linnavuori

寄主：狼把草、枣、蓼、茴香。

分布：我国浙江（遂昌九龙山、龙王山、天目山、百山祖、杭州）、河北、山西、河南、陕西、安徽、江西、福建、广东、海南、广西、四川、贵州、云南；国外：俄罗斯，朝鲜，日本。

22. 黑肩绿盔盲蝽（黑肩绿盲蝽）*Cyrtorrhinus lividipennis* Reuter

寄主：叶蝉、飞虱。

分布：我国浙江（遂昌九龙山、龙王山、百山祖）、河北、河南、江苏、安徽、湖北、江西、湖南、福建、台湾、广东、海南、广西、四川、贵州、云南；国外：日本，越南，东洋界广布。

23. 大长盲蝽 *Dolichomiris antennatis*（Distant）

分布：我国浙江（遂昌九龙山、百山祖）、宁夏、陕西、湖北、江西、湖南、福建、广东、四川、云南；国外：印度。

24. 灰黄厚盲蝽 *Eurystulus luteus* Hsiao

分布：我国浙江（遂昌九龙山、龙王山、百山祖）、安徽、江西、福建、广东、海南、四川、云南；国外：朝鲜。

25. 原丽盲蝽 *Lygocoris pabulinus*（Linnaeus）

分布：我国浙江（遂昌九龙山、百山祖）、河北、河南、甘肃、陕西、湖北、台湾、四川、云南、西藏；国外：俄罗斯，朝鲜，日本，印度，斯里兰卡，菲律宾，欧洲，北美洲。

26. 蕨薇盲蝽 *Monalocoris filicis*（Linnaeus）

分布：我国浙江（遂昌九龙山、百山祖）、安徽、四川、黑龙江、陕西、江西、广东、福建、四川、贵州、云南；国外：西伯利亚，日本，朝鲜，马来西亚纳群岛，瑞典，丹麦，德国，意大利，法国，英国，亚速尔群岛，古巴，俄罗斯，欧洲，亚速尔群岛。

27. 烟草盲蝽 *Nesidiocoris tenuis* Reuter

寄主：烟草、芝麻、棉、大豆、水茄、泡桐、辣椒、番茄。

分布：浙江（遂昌九龙山、平湖、杭州、临安、萧山、绍兴、宁波、慈溪、余姚、定海、金华、开化、百山祖）、内蒙古、河北、天津、山西、山东、河南、甘肃、陕西、江苏、湖北、江西、湖南、福建、广东、海南、广西、四川、云南。

28. 乌毛盲蝽 *Parapantilius thibetanus* Reuter

分布：浙江（遂昌九龙山、百山祖）、宁夏、甘肃、陕西、湖北、湖南、四川、福建。

29. 马来喙盲蝽 *Proboscidocoris malayus*（Reuter）

分布：我国浙江（遂昌九龙山、龙王山、百山祖）、安徽、湖北、江西、湖南、福建、台湾、广东、海南、广西、四川、云南；国外：菲律宾，印度尼西亚，太平洋岛屿。

30. 淡色泰盲蝽 *Taylorilygus pallidulus*（Blanchard）

分布：我国浙江（遂昌九龙山、百山祖）、江西、湖南、福建、广东、海南、广西、云南；国外：日本，印度，斯里兰卡，爪哇，菲律宾，欧洲，大洋洲，非洲，北美洲，南美洲。

五、网蝽科 Tingidae

网蝽科昆虫体型小至中型，体色暗淡，身体比较扁平；前胸背板及前翅遍布网格状组成的花纹。头小，背面常具棘状刺；复眼发达，无单眼；触角4节，着生于眼前方，第1、第2节短，第3节长，第4节纺锤形；喙4节，直，不用时隐藏于喙沟之中，小颊发达。前胸背板多呈奇异形状，具许多网状小室，前部常具一个高起而向前伸的头兜，头兜后方多具1条或3~5条纵脊，后部常成三角突，多盖住小盾片；两侧多扩展成侧背板；前翅全部为革质，具由翅脉形成的网状小室；足细长，跗节2节，无爪垫。

在九龙山保护区发现该科3属4种。

31. 膜肩网蝽 *Hegesidemus habrus* Drake

分布：浙江（遂昌九龙山、百山祖）、甘肃、河北、山西、河南、陕西、湖北、江西、广东、四川。

32. 斑脊冠网蝽 *Stephanitis aperta* Horvath

寄主：樟。

分布：我国浙江（遂昌九龙山、云和、龙泉、庆元）、江西、台湾。

33. 梨冠网蝽（梨网蝽）*Stephanitis nashi* Esaki et Takeya

寄主：梨、苹果、李、樱桃、山楂、桃、海棠、枣。

分布：我国浙江（遂昌九龙山、湖州、安吉、德清、嘉兴、嘉善、桐乡、杭州、余杭、临安、富阳、建德、余姚、奉化、常山、温州、丽水、龙泉）、吉林、辽宁、北京、河北、山西、甘肃、陕西、江苏、安徽、福建、江西、山东、河南、湖北、湖南、广东、广西、贵州、云南、四川；国外：日本，朝鲜。

34. 硕裸菊网蝽 *Tingis veteris* Drake

寄主：飞帘、蓟。

分布：我国浙江（遂昌九龙山、龙王山、天目山、百山祖）、内蒙古、陕西、江苏、湖北、福建、台湾、四川；国外：日本，俄罗斯。

六、姬蝽科 Nabidae

本科昆虫体型小至中型，灰黄色或黑色，有时具红、黄色斑点，被绒毛。头平伸，头背面有 2 对或 3 对大型刚毛。触角 4 节，具梗前节 prepedicellite，有时此节大，致使触角呈 5 节状。复眼大，单眼有或无。喙 4 节。前胸背板狭长，前翅膜片常有纵脉组成的 2 个或 3 个小室，并有少数横脉。常有长翅型和短翅型，或翅退化。前足适于捕捉，跗节 3 节，无爪垫。雄虫生殖节发达，抱器显著、对称。雌虫产卵器显著。

在九龙山保护区发现该科 2 属 2 种。

35. 小翅姬蝽 *Nabis apicalis*（Matsumura）

分布：我国浙江（遂昌九龙山、天目山、百山祖）、湖北、江西、福建、广东、广西、四川、贵州；国外：朝鲜半岛，日本。

36. 福建狭姬蝽 *Stenonabis fujianus* Hisao

分布：浙江（遂昌九龙山、百山祖）、湖北、福建、广西。

七、花蝽科 Anthocoridae

花蝽科昆虫身体小型。多为椭圆形。黄褐、褐色或黑褐色，幼期有时具有红色色泽。头多平伸，向前渐狭。有单眼。触角 4 节。前胸背板梯形。前翅有明显的楔片缝（或称前缘裂）和楔片，膜片脉序由 4 条相互平行的纵脉组成，脉多较短，不伸达膜片端缘，或较弱，直至几乎不可见；无翅室。各足跗节 3 节。生活于花间、叶鞘内、树皮缝间、枯枝落叶层内。捕食小形软体昆虫，常辅以花粉等植物性食物。

在九龙山保护区发现该科 1 属 1 种。

37. 黑头叉胸花蝽 *Amphiareus obscuriceps*（Poppius）

分布：我国浙江（遂昌九龙山、百山祖）、辽宁、河北、山东、河南、陕西、江苏、福建、台湾、广东、海南、四川、云南；国外：俄罗斯远东地区，朝鲜，日本。

八、长蝽科 Lygaeidae

本科昆虫头部平伸，体壁不特别坚厚。具单眼，触角 4 节，着生于眼的中线下方。前翅膜片有 4~5 根纵脉。足跗节 3 节。喙 4 节。腹部腹面无侧接缘缝。腹部腹面具毛点。腹部气门全部位于侧接缘背面，腹节几乎等长，腹节缝直，并直达侧缘。腹部第 5~7 节侧缘正常，无任何叶状突的痕迹。若虫臭腺孔位于 4~5，5~6 节（Kleidocerys Stephens 除外，其 3~4 节也具臭腺孔）。长蝽亚科体型较大，常红、黑相间，前翅无刻点。

在九龙山保护区发现该科 13 属 16 种。

38. 黑褐微长蝽 *Botocudo flavicornis*（Signoret）

分布：我国浙江（遂昌九龙山、龙王山、百山祖）、湖北、福建、四川、云南；国外：菲律宾，印度尼西亚，太平洋岛屿。

39. 高粱狭长蝽 *Dimorphopterus japonicus*（Hidaka）

分布：我国浙江（遂昌九龙山、百山祖）、吉林、辽宁、内蒙古、山东、江西、湖南、福建、广东、四川；国外：日本，欧洲。

40. 白边刺胫长蝽 *Horridipamera lateralis*（Scott）

分布：我国浙江（遂昌九龙山、龙王山、百山祖）、河北、湖北、江西、广西；国外：日本。

41. 嘉氏叶颊长蝽 *Iphicrates gressitti* Slater

分布：我国浙江（遂昌九龙山、百山祖）、台湾。

42. 东亚毛肩长蝽 *Neolethaeus dallasi*（Scott）

分布：我国浙江（遂昌九龙山、龙王山、天目山、鄞县、四明山、定海、天台、百山祖）、河北、山西、山东、江苏、湖北、江西、福建、台湾、广东、广西、四川；国外：日本。

43. 黄足蔺长蝽 *Ninomimus flavipes*（Matsumura）

分布：我国浙江（遂昌九龙山、天目山、百山祖）、湖北、江西、四川、广西；国外：俄罗斯远东地区，日本。

44. 长须梭长蝽 *Pachygrontha autennata antennata*（Uhler）

寄主：大豆、油菜、狗尾草、稗。

分布：我国浙江（遂昌九龙山、莫干山、天目山、百山祖、金华、龙泉）、河北、山东、江苏、安徽、湖北、江西、湖南、福建、广西；国外：日本。

45. 短须梭长蝽 *Pachygrontha autennata nigriventris* **Reuter**

分布：我国浙江（遂昌九龙山、杭州、百山祖）、江苏、湖北、四川；国外：西伯利亚，日本。

46. 拟黄纹梭长蝽 *Pachygrontha similis* **Uhler**

分布：我国浙江（遂昌九龙山、龙王山、百山祖）、湖北、福建、广西、四川；国外：日本。

47. 斑翅细长蝽 *Paromius excelsus* **Bergroth**

分布：我国浙江（遂昌九龙山、百山祖）、福建、广东、四川、海南、广西、云南；国外：菲律宾。

48. 锥股棘胸长蝽 *Primierus tuberculatus* **Zheng**

分布：浙江（遂昌九龙山、百山祖）、广东、广西、四川。

49. 中国斑长蝽 *Scolopstethus chinensis* **Zheng**

分布：浙江（遂昌九龙山、百山祖）、河北、湖北、江西、四川、云南。

50. 杉木扁长蝽 *Sinorsillus piliferus* **Usinger**

寄主：杉。

分布：浙江（遂昌九龙山、莫干山、百山祖）、湖北、福建、广东、广西、四川。

51. 小浅缢长蝽 *Stigmatonotum geniculatum*（**Motschulsky**）

分布：我国浙江（遂昌九龙山、百山祖）、湖北、湖南、福建、广东、云南；国外：日本。

52. 山地浅缢长蝽 *Stigmatonotum rufipes*（**Motschulsky**）

分布：我国浙江（遂昌九龙山、百山祖）、黑龙江、湖北、四川；国外：俄罗斯远东地区。

53. 红脊长蝽 *Tropidothorax elegans*（**Distant**）

寄主：萝藦、牛皮消、长叶冻绿、黄檀、垂柳、刺槐、花椒、小麦、油菜、千金藤、加拿大蓬。

分布：我国浙江（遂昌九龙山、百山祖）、北京、天津、河北、河南、江苏、江西、台湾、广东、海南、广西、四川、云南；国外：日本。

九、束长蝽科 Malcidae

本科昆虫体型中小型，体壁坚实，具深刻点。头垂直。翅束腰状。腹部第2~7节气门全部位于背面。束长蝽亚科复眼着生于头的前侧角，两枚单眼靠近，共同着生在一隆起上。头前方在触角基部有一骨片，为触角基的变形。触角长，第1节圆柱形，第2、第3

节细杆状，第4节短，纺锤形。后翅无钩脉。腹部第5~7节背面侧缘各具向外平伸的叶状突起，边缘具齿。腹气门全部位于背面。臭腺沟缘成小突起状明显伸出于体表之外。若虫体具刺毛状突起。突眼长蝽亚科眼具柄。触角基大，常伸出成刺突状。革片顶角圆钝至十分宽圆，端缘基部凹弯。第5~7腹节侧缘各具上翘的叶状突。股节下方常有一刺。若虫体无棘刺。

在九龙山保护区发现该科2属2种。

54.平伸突眼长蝽 *Chauliops horizontalis* Zheng

寄主：豆科。

分布：浙江（遂昌九龙山、天目山、百山祖、临安）、福建、广东、广西。

55.狭长束长蝽 *Malcus elongatus* Stys

寄主：葛藤。

分布：我国浙江（遂昌九龙山、天目山、百山祖、遂昌）、江西、福建、广东、广西、云南；国外：缅甸。

十、红蝽科 Pyrrhocoridae

红蝽科昆虫体型中至大型。椭圆形，多为鲜红色而有黑斑。头部平伸，无单眼。唇基多伸出于下颚片末端之前。触角4节，着生处位于头侧面中线之上。前胸背板具扁薄而且上卷的侧边。前翅膜片具有多余纵脉，可具分支，或成不甚规则的网状，基部形成2~3个翅室。后胸侧板上的臭腺孔几不可辨认。雌虫的产卵器退化，产卵瓣片状，第7腹板完整，不纵裂为两半。植食性，多以锦葵科及其临近类群的植物为寄主。

在九龙山保护区发现该科1属1种。

56.地红蝽 *Pyrrhocoris tibialis* Stal

寄主：十字花科、禾本科、冬葵。

分布：我国浙江（遂昌九龙山、莫干山、百山祖、杭州、临安、宁波、嵊泗）、辽宁、内蒙古、河北、山东、江苏、西藏；国外：朝鲜。

十一、蛛缘蝽科 Alydinae

本科昆虫体型中小至中型。身体多下场而束腰状。多为褐或黑褐色。头平伸，多向前渐尖。触角常较细长。小颊很短，不伸过触角着生处。单眼不着生在小突起上。后胸侧板臭腺沟缘明显。雌虫第7腹板完整，不纵裂为两半。产卵器片状。受精囊端段不膨大成球部。多生活于植物上，行动活泼，善飞翔。植食性。寄主以豆科和禾本科为主。喜食未成熟的种子，少数种类有时在地表活动，觅食落地的种子。

在九龙山发现该科1属1种。

57. 中稻缘蝽（华稻缘蝽）*Leptocorisa chinensis* Dallas

寄主：玉米、水稻、粟、小麦、大麦、高粱。

分布：我国浙江（遂昌九龙山、全省广布）、天津、江苏、安徽、湖北、江西、福建、广东、广西、云南；国外：日本。

十二、缘蝽科 Coreidae

本科昆虫体型中至大型。体型多样，多为椭圆形。大型种类身体坚实。黄、褐、黑褐或鲜绿色，个别种类有鲜艳花斑。常分泌强烈的臭味。头常短小，唇基下倾，或与头部背面垂直。触角节与足可有扩展的叶状突起，前胸背板侧方可有各式的叶状突起。后足腿节有时膨大，或具齿列。后足胫节有时弯曲。后胸侧板臭腺沟缘显著。雌虫第7腹节为两半，或不完全，或完全不纵裂。产卵器片状。受精囊末端具膨大的球部。全部为植食性，栖于植物上。除吸食寄主的营养器官外，尤喜吸食繁殖器官。大型种类在吸食植物的嫩梢后，可很快造成萎蔫。许多种类可对作物造成为害。

在九龙山保护区发现该科10属21种。

58. 点伊缘蝽 *Aeschyntelus notatus* Hsiao

寄主：小麦、粟、油菜、大豆、花生、蚕豆、茄子、野燕麦、狗尾草、稗、荠菜、高粱。

分布：浙江（遂昌九龙山、杭州、鄞县、普陀、龙泉）、山西、甘肃、江西、四川、云南、西藏。

59. 红背安缘蝽 *Anoplocnemis phasiana* Fabricius

寄主：栎、合欢、胡枝子、紫穗槐、豆。

分布：浙江（遂昌九龙山、全省广布）、江西、福建、广东、广西、云南、西藏。

60. 稻棘缘蝽 *Cletus punctiger*（Dallas）

寄主：水稻、稗、麦。

分布：我国浙江（遂昌九龙山、天目山、龙王山、莫干山、百山祖、湖州、杭州、临安、绍兴、诸暨、嵊州、鄞县、慈溪、余姚、奉化、宁海、象山、定海、岱山、普陀、义乌、东阳、临海、衢县、江山、常山、丽水、缙云、遂昌、庆元）、河北、山西、山东、陕西、河南、江苏、安徽、上海、湖北、江西、湖南、福建、广东、海南、广西、四川、云南、西藏；国外：日本，印度。

61. 黑须棘缘蝽 *Cletus punctulatus*（Westwood）

寄主：蓼科、禾本科。

分布：我国浙江（遂昌九龙山、龙王山、天目山、古田山、百山祖、丽水、龙泉）、甘肃、江西、福建、广东、广西、四川、云南、西藏；国外：印度。

62. 宽棘缘蝽 *Cletus rusticus* Stal

寄主：栎、稻、麦、玉米。

分布：我国浙江（遂昌九龙山、龙王山、天目山、四明山、古田山、开化、丽水、云和、庆元）、陕西、安徽、江西、湖南、台湾、贵州、云南；国外：日本。

63. 长肩棘缘蝽 *Cletus trigonus* Thunberg

寄主：柑橘、甘蔗、刺苋、莲子草、土荆芥、油茶。

分布：浙江（遂昌九龙山、宁波、兰溪、遂昌、松阳、庆元）。

64. 褐奇缘蝽 *Derepteryx fulininosa*（Uhler）

寄主：蜂斗菜、悬钩子、莓叶萎陵菜、水稻、麻栎、枫香、枫杨、盐肤木。

分布：我国浙江（遂昌九龙山、天目山、余姚、天台、黄岩、庆元）、黑龙江、江苏、福建、江西、河南、四川、甘肃；国外：朝鲜，日本，苏联。

65. 月肩奇缘蝽 *Derepteryx lunata*（Distant）

寄主：山核桃、西南杭子梢、悬钩子、栎、柏、毛栗、苦莓、油菜。

分布：浙江（遂昌九龙山、龙王山、天目山、四明山、百山祖、天台、丽水、遂昌）、河南、湖北、江西、四川、云南、福建。

66. 扁角岗缘蝽 *Gonocerus lictor* Horvath

分布：浙江（遂昌九龙山、古田山、新昌、东阳、庆元）、江西、贵州。

67. 广腹同缘蝽 *Homoeocerus dilatatus* Horvath

寄主：胡枝子、大豆。

分布：我国浙江（遂昌九龙山、龙王山、莫干山、四明山、天目山、古田山、百山祖、嵊州、鄞县、镇海、宁海、象山、天台、缙云、龙泉）、北京、辽宁、黑龙江、吉林、河北、河南、陕西、江苏、湖北、江西、湖南、福建、广东、四川、贵州；国外：西伯利亚，朝鲜，日本。

68. 小点同缘蝽 *Homoeocerus marginellus* Herrich-Schaeffer

寄主：大豆、水稻、甘薯。

分布：浙江（遂昌九龙山、莫干山、天目山、古田山、百山祖、雁荡山、鄞县、缙云）、湖北、江西、广东、四川、贵州、云南。

69. 纹须同缘蝽 *Homoeocerus striicornis* Scott

寄主：柑橘、茶、油茶、合欢、茄。

分布：我国浙江（遂昌九龙山、莫干山、百山祖、雁荡山、杭州、绍兴、鄞县、慈溪、三门、金华、浦江、东阳、兰溪、仙居、衢县、遂昌、松阳）、河北、甘肃、湖北、江西、台湾、广东、海南、四川、云南；国外：日本，印度，斯里兰卡。

70. 一点同缘蝽 *Homoeocerus unipunctatus* Thunberg

寄主：柑橘、合欢、紫径花、水稻、高粱、棉、茄科、豆科。

分布：我国浙江（遂昌九龙山、龙王山、百山祖、杭州、遂昌、龙泉、庆元）、北京、河北、福建、江苏、江西、湖北、湖南、台湾、广东、四川、甘肃、云南、西藏；国外：印度，斯里兰卡，日本。

71. 暗黑缘蝽 *Hygia opaca* **Uhler**

寄主：柑橘、蚕豆、马尾松、南瓜、蚕豆、花椒、山莓、黄荆。

分布：我国浙江（遂昌九龙山、天目山、四明山、百山祖、杭州、宁波、鄞县、奉化、岱山、普陀、天台、丽水、缙云、云和）、江苏、江西、湖南、福建、广东、四川、广西；国外：日本。

72. 环胫黑缘蝽 *Hygia touchei* **Distant**

寄主：辣椒、茄。

分布：我国浙江（遂昌九龙山、龙王山、松阳、龙泉）、河北、云南、湖北、江西、湖南、福建、广西、四川、贵州、西藏；国外：印度。

73. 闽曼缘蝽 *Manocoreus vulgaris* **Hsiao**

寄主：竹。

分布：浙江（遂昌九龙山、龙王山、天目山、百山祖、鄞县、奉化）、江西、福建、广东。

74. 黑胫侏缘蝽 *Mictis fuscipes* **Hsiao**

寄主：蚕豆。

分布：浙江（遂昌九龙山、天目山、庆元）、福建、江西、广东、广西、四川、云南。

75. 黄胫侏缘蝽 *Mictis serina* **Dallas**

寄主：闽粤石楠、蚕豆、马尾松、多花木姜子。

分布：浙江（遂昌九龙山、天目山、百山祖、余姚、镇海、奉化、象山、仙居、丽水、遂昌、松阳）、福建、江西、广东、广西、四川。

76. 曲胫侏缘蝽 *Mictis tenebrosa* **Fabricius**

寄主：柿、栗、黑荆树、松、算盘子、栎、苦槠、油茶、花生、拔葜、紫穗槐。

分布：浙江（遂昌九龙山、新昌、鄞县、慈溪、镇海、宁海、象山、舟山、浦江、兰溪、缙云、遂昌、松阳、庆元、温州）、福建、江西、云南、西藏。

77. 茶色赭缘蝽 *Ochrochira camelina* **Kiritshenko**

寄主：油茶。

分布：浙江（遂昌九龙山、遂昌、青田、龙泉）。

78. 波赭缘蝽 *Ochrochira potanini* **Kiritshenko**

分布：浙江（遂昌九龙山、衢县、开化、庆元）。

十三、姬缘蝽科 Rhopalidae

姬缘蝽科除少数外均系小型种类，一般体长 6~8mm，颜色暗淡。头三角形，前部伸出于触角基的前方。触角第 1 节粗，短于头的长度，第 4 节粗于第 2 及第 3 节，常呈纺锤形。革片顶缘平直。第 5 腹节背板前缘及后缘中央或至少后缘中央向内弯曲。无后胸臭腺孔。

在九龙山保护区发现该科 2 属 2 种。

79. 褐伊缘蝽 *Rhopalus sapporensis*（Matsumura）

分布：我国浙江（遂昌九龙山、龙王山、莫干山、百山祖）、黑龙江、内蒙古、河北、山西、陕西、江苏、湖北、江西、福建、广东、广西、四川、贵州、云南、西藏；国外：朝鲜，日本，俄罗斯。

80. 开环缘蝽 *Stictopleurus minutus* Blote

寄主：栗。

分布：我国浙江（遂昌九龙山、龙王山、莫干山、天目山、百山祖、杭州、建德）、黑龙江、吉林、辽宁、内蒙古、河北、山西、山东、河南、宁夏、甘肃、陕西、新疆、江苏、湖北、江西、福建、台湾、广东、四川、云南、西藏；国外：朝鲜，日本。

十四、异蝽科 Urostylidae

异蝽科昆虫体型小至中型；长椭圆形，背面较平，腹面多少凸出。头小，似三角形，中叶与侧叶等长或中叶略长于侧叶；触角细长，等于体长或稍长于体长，4~5 节，第 1 节较长，明显超过头的前端；喙短，4 节，通常达中胸腹板。前胸背板梯形，不宽于腹部；小盾片呈三角形，达腹部中域，端部尖锐并被前翅爪片包围。前翅膜片大，达腹部末端或明显超过腹部末端，具 6~8 条纵脉。后胸臭腺沟缘刺状，或片状。雄性生殖节构造复杂，其形态各异，是种间分类的重要特征依据。

在九龙山保护区发现该科 2 属 3 种。

81. 亮壮异蝽 *Urochela distincta* Distant

寄主：苎麻、乌桕。

分布：浙江（遂昌九龙山、龙王山、天目山、百山祖）、山西、陕西、江西、湖南、福建、四川、贵州、云南。

82. 花壮异蝽 *Urochela luteovaria* Distant

寄主：梨。

分布：浙江（遂昌九龙山、龙泉、庆元）。

83. 角突娇异蝽 *Urostylis chinai* Maa

分布：我国浙江（遂昌九龙山、遂昌、云和、龙泉、庆元）、湖北、福建、台湾、四川。

十五、同蝽科 Acanthosomatidae

同蝽科昆虫体型小至中大型，椭圆形，绿色或褐色，常有红色等鲜艳的花斑。头部平伸，向前变狭，略呈三角形。触角 5 节。单眼明显。前胸背板侧角常伸长成尖刺状。中胸小盾片三角形，不长于前翅长度之半。跗节 2 节。中胸腹板有 1 显著的脊状隆起。腹部腹面基部中央有 1 刺状突，常前伸与中胸隆脊局部重叠。雄虫生殖节发达，有时极扩展或延伸呈铗钳状。

在九龙山保护区发现该科 4 属 12 种。

84. 显同蝽 *Acanthosoma distinclum* Dallas

分布：浙江（遂昌九龙山、开化、庆元）。

85. 铗同蝽（颊同蝽）*Acanthosoma forcipatum* Reuter

寄主：杜鹃。

分布：我国浙江（遂昌九龙山、天目山、百山祖）、新疆；国外：西伯利亚。

86. 纽铗同蝽（细铗同蝽）*Acanthosoma forficula* Jakovlev

寄主：枸骨。

分布：我国浙江（遂昌九龙山、天目山、庆元）、福建；国外：日本。

87. 宽铗同蝽 *Acanthosoma labiduroides* Jakovlev

寄主：玉米、桧柏、油杉。

分布：我国浙江（遂昌九龙山、天目山、庆元）、黑龙江、河北、北京、山西、甘肃、陕西、湖北、江西、四川、云南；国外：日本，西伯利亚。

88. 钝肩直同蝽 *Elasmostethus nubilum*（Dallas）

寄主：榆、槭。

分布：我国浙江（遂昌九龙山、莫干山、百山祖）、吉林、北京、河北、山西、安徽、湖北、福建、海南、广西、四川；国外：苏联，日本。

89. 宽肩直同蝽（钝肩直同蝽）*Elasmostethus scotti* Reuter

寄主：榆、向日葵、菊芋、牛蒡、悬钩子。

分布：我国浙江（遂昌九龙山、天目山、凤阳山、嘉兴、杭州、衢县、龙泉）、湖北、福建、广东、广西；国外：日本。

90. 糙匙同蝽 *Elasmucha aspera*（Walker）

分布：浙江（遂昌九龙山、杭州、庆元）。

91. 背匙同蝽 *Elasmucha dorsalis* Jakovlev

寄主：圆锥绣球。

分布：我国浙江（遂昌九龙山、龙王山、天目山、百山祖）、辽宁、内蒙古、甘肃、河北、山西、陕西、安徽、江西、湖南、福建、广西、贵州；国外：西伯利亚，朝鲜，日本，俄罗斯，蒙古。

92. 匙同蝽 *Elasmucha ferrugata* Fabricius

分布：浙江（遂昌九龙山、丽水、遂昌、庆元）。

93. 息匙同蝽 *Elasmucha signoreti* Scott

寄主：猕猴桃。

分布：浙江（遂昌九龙山、天目山、庆元）。

94. 锡金匙同蝽 *Elasmucha tauricornis* Jensen-Haarup

分布：我国浙江（遂昌九龙山、天目山、百山祖）、安徽、湖北、四川；国外：印度。

95. 伊锥同蝽 *Sastragala esakii* Hasegawa（彩图 65）

寄主：山毛榉、白栎、栗。

分布：我国浙江（遂昌九龙山、龙王山、莫干山、古田山、百山祖）、河南、河北、陕西、安徽、湖北、江西、湖南、福建、台湾、广西、四川、贵州、云南；国外：日本。

十六、土蝽科 Cydnidae

本科昆虫体型小至中型，长圆形或卵圆形，褐、黑褐或黑色，个别种有白色或蓝白色花斑，体表常具刚毛或硬短刺。头部宽短。触角 5 或 4 节，第 2 节很短，第 3、第 4、第 5 节之间常具 1 个小白环。喙 4 节。小盾片长过爪片，但不伸达到腹末。后翅脉纹特化。前足胫节扁平，两侧具强刺，适宜掘地，中、后足顶端具刷状毛，跗节 3 节。

在九龙山保护区发现该科 3 属 3 种。

96. 大鳖土蝽 *Adrisa magna* Uhler

寄主：狗牙根、双穗雀稗、禾本科。

分布：我国浙江（遂昌九龙山、天目山、德清、杭州、余杭、余姚、普陀、龙泉）、北京、江西、广东、四川、云南；国外：越南，缅甸，印度。

97. 侏地土蝽 *Geotomns pygmaeus*（Fabricius）

寄主：麦、豆类、花生、禾本科。

分布：浙江（遂昌九龙山、莫干山、临安、嵊州、宁波、天台、仙居、临海、衢县、庆元）。

98. 日本朱蝽（大红蝽）*Parastrachia japonica*（Scott）

寄主：鳞翅目。

分布：我国浙江（遂昌九龙山、天目山、庆元）、四川、贵州；国外：朝鲜，日本。

十七、龟蝽科 Plataspidae

龟蝽科昆虫体型小至中型，圆形或卵圆形，背面隆起，黑色有黄斑或黄色具黑斑，略具光泽。触角 5 节。前胸背板中部前方有横缢，小盾片将腹部完全覆盖或腹部仅微露边缘。前翅大部分膜质，可折叠在小盾片下。足较短，附节 2 节。腹部腹面两侧具黄色纹，第 6 腹板后缘中央向前凹成角状或弧形。

在九龙山保护区发现该科 2 属 8 种。

99. 双痣圆龟蝽 *Coptosoma biguttula* Motschulsky

寄主：大豆、刺槐、葛藤、赤豆、豇豆、刀豆、胡枝子。

分布：我国浙江（遂昌九龙山、天目山、杭州、建德、淳安、鄞县、镇海、宁海、义乌、天台、开化、遂昌、龙泉、庆元、永嘉）、黑龙江、北京、山西、福建、江西、四川、西藏；国外：朝鲜，日本。

100. 达圆龟蝽 *Coptosoma davidi* Montandon

分布：浙江（遂昌九龙山、奉化、庆元、泰顺）、河南、江西、福建。

101. 高山圆龟蝽 *Coptosoma montana* Hsiao et Jen

寄主：大豆。

分布：浙江（遂昌九龙山、龙王山、天目山、临安、庆元、温州）、江西。

102. 小黑圆龟蝽 *Coptosoma nigrella* Hsiao et Jen

分布：浙江（遂昌九龙山、百山祖、天目山、临安）、福建、江西。

103. 显著圆龟蝽 *Copiosoma notabilis* Montandon

寄主：甘薯、小旋花、月光花。

分布：浙江（遂昌九龙山、天目山、四明山、鄞县、东阳、常山、庆元）、湖北、江西、湖南、福建、广东、贵州、西藏、四川。

104. 多变圆龟蝽 *Coptosoma variegata* Herrich-schaeffer

寄主：算盘子、花椒、白栎。

分布：我国浙江（遂昌九龙山、天目山、松阳、云和、庆元、温州）、山西、山东、河南、陕西、江苏、安徽、江西、湖南、福建、台湾、海南、广西、四川、贵州、云南、西藏；国外：越南，缅甸，印度，斯里兰卡，马来西亚，印度尼西亚，泰国，东帝汶，澳大利亚，新几内亚。

105. 双峰豆龟蝽 *Megacopta bituminata*（Montandon）

分布：浙江（遂昌九龙山、龙王山、天目山、百山祖）、湖北、江西、贵州、福建、广东、广西、四川、云南。

106. 和豆龟蝽 *Megacopta horvathi*（Montandon）

寄主：豇豆、云南鸡血藤、刺槐。

分布：我国浙江（遂昌九龙山、天目山、百山祖、临安、丽水、庆元）、北京、河北、江西、甘肃、陕西、河南、湖北、湖南、福建、台湾、广东、广西、四川、贵州、云南、西藏；国外：印度。

十八、盾蝽科 Scutelleridae

本科昆虫体型小至大型，背面强烈圆隆，腹面平坦，卵圆形。头多短宽。触角5或4节。前胸腹面的前胸侧板向前扩张成游离的叶状。中胸小盾片极度发达，遮盖整个腹部与前翅的绝大部分。前翅只有最基部的外侧露出，革片骨化弱，膜片上具多条纵脉。跗节3节。

在九龙山保护区发现该科3属3种。

107. 扁盾蝽 *Eurygaster maurus*（Linnaeus）

寄主：小麦、水稻。

分布：我国浙江（遂昌九龙山、莫干山、天目山、四明山、古田山、杭州、临安、桐庐、鄞县、定海、岱山、普陀、临海、龙泉）、黑龙江、吉林、辽宁、内蒙古、宁夏、甘肃、青海、新疆、河北、山西、陕西、山东、河南、江苏、湖北、江西、湖南、福建、四川、广东；国外：俄罗斯，日本，欧洲，叙利亚，北非。

108. 半球盾蝽（半球宽盾蝽）*Hyperoncus lateritius*（Westwood）

寄主：鸟不踏。

分布：我国浙江（遂昌九龙山、天目山、仙居、龙泉）、福建、广东、海南、广西、四川、贵州、云南、西藏；国外：印度。

109. 油茶宽盾蝽 *Poecilocoris latus* Dallas

寄主：茶、油茶。

分布：我国浙江（遂昌九龙山、杭州、青田、龙泉、温州、平阳、泰顺）、江西、湖南、福建、广东、云南、广西、贵州；国外：越南，缅甸，印度。

十九、兜蝽科 Dinidoridae

本科昆虫体型中至大型，外形与蝽科相似。椭圆形，褐色或黑色，多无光泽。触角多数5节，少数4节，有的触角节常抑扁，触角着生在头的腹面，从背面看不到。前胸背板表面多皱纹或凹凸不平。中胸小盾片长不超过前翅长度之半，末端比较宽钝。跗节2或3节。前翅膜片上的脉序因多横脉而成不规则的网状。第2腹节气门不被后胸侧板遮盖而露出。

在九龙山保护区发现该科5属6种。

110. 香虫（九香虫）*Aspongopus chinensis* Dallas

寄主：黄豆、四季豆、南瓜、丝瓜、冬瓜、柑橘、桃、竹、油桐、文旦。

分布：我国浙江（遂昌九龙山、四明山、百山祖、杭州、临安、玉环、云和、龙泉、温州、永嘉、平阳、泰顺）、江苏、河南、安徽、湖北、江西、湖南、福建、台湾、广东、广西、四川、贵州、云南、西藏；国外：越南，缅甸，印度。

111. 大皱蝽 *Cyclopelta obscura*（Lepeletier et Serville）

寄主：木荷、刺槐。

分布：我国浙江（遂昌九龙山、天目山、古田山、百山祖、东阳、常山）、甘肃、河南、江苏、江西、福建、台湾、湖南、海南、广东、广西、贵州、四川、云南；国外：越南，老挝，柬埔寨，缅甸，印度，马来西亚，菲律宾，印度尼西亚。

112. 小皱蝽（刺槐小皱蝽）*Cyclopelta parva* Distant

寄主：西瓜、南瓜、小槐花、扁豆、葛藤、刺槐、胡枝子、紫穗槐。

分布：我国浙江（遂昌九龙山、全省广布）、辽宁、内蒙古、河北、河南、甘肃、山东、江苏、安徽、湖北、江西、湖南、福建、台湾、广东、四川、海南、广西、贵州、云南；国外：缅甸，不丹。

113. 斑缘巨蝽 *Eusthenes femoralis* Zia

分布：浙江（遂昌九龙山、天目山、百山祖）、福建、海南、贵州、云南。

114. 硕蝽（大臭蝽）*Eurostus validus* Dallas

寄主：桑、茶、青杠、黄荆、栗、栎、苦槠、乌桕、梨、油桐、梧桐。

分布：我国浙江（遂昌九龙山、全省分布）、辽宁、河北、山西、山东、河南、甘肃、陕西、江苏、安徽、湖北、江西、湖南、福建、台湾、广东、海南、广西、四川、贵州、云南；国外：老挝。

115. 狭玛蝽 *Mattiphus minutus* Blöte

寄主：乌米饭树。

分布：浙江（遂昌九龙山、天目山、龙泉、庆元）、云南。

二十、蝽科 Pentatomidae

蝽科昆虫体型小至大型，多为椭圆型，背面一般较平，体色多样。触角 5 节极少数 4 节。单眼常为 2 个。前胸背板常为六角形。中胸小盾片发达，三角形，约为前翅长度之半，遮盖爪片端部。前翅为典型的半鞘翅，发达，长过体腹部，并分为革片、爪片和膜片 3 部分。爪片末端尖，无爪片接合缝，膜区的纵脉 5~12 条，多从一基横脉上发出。臭腺发达。

在九龙山保护区发现该科 29 属 39 种。

116. 华麦蝽 *Aelia fieberi* Scott

寄主：水稻、麦类、梨、玉米、芦苇、狗尾草、稗、牛筋草。

分布：浙江（遂昌九龙山、莫干山、天目山、安吉、杭州、临安、宁波、奉化、嵊泗、定海、岱山、庆元）、黑龙江、吉林、辽宁、北京、山西、山东、甘肃、陕西、江苏、河南、福建、湖北、湖南、江西、四川、云南。

117. 宽缘伊蝽（秉氏蝽） *Aenaria pinchii* **Yang**

寄主：水稻、竹。

分布：浙江（遂昌九龙山、龙王山、莫干山、古田山、天目山、长兴、德清、杭州、余杭、富阳、天台、庆元）、河南、江苏、安徽、湖北、江西、湖南、福建、广东、广西、四川、贵州。

118. 薄蝽（扁体蝽） *Brachymna tenuis* **Stål**

寄主：稻、竹。

分布：浙江（遂昌九龙山、龙王山、莫干山、天目山、古田山、百山祖、湖州、长兴、德清、杭州、余杭、绍兴、奉化、定海、龙泉、庆元、温州）、河南、江苏、安徽、江西、湖南、福建、广东、四川、贵州、云南。

119. 柑橘格蝽 *Cappaea taprobanensis*（**Dallas**）

寄主：柑橘。

分布：浙江（遂昌九龙山、长兴、龙泉、庆元）。

120. 胡枝子蝽（红角辉蝽） *Carbula crassiventris* **Dallas**

寄主：水稻、马铃薯、胡枝子。

分布：我国浙江（遂昌九龙山、天目山、杭州、绍兴、义乌、庆元）、黑龙江、江苏、安徽、江西、福建、广东、四川、贵州、云南；国外：日本，泰国，缅甸，不丹，印度。

121. 辉蝽 *Carbula obtusangula* **Reuter**

寄主：水稻、大豆、柳、胡枝子。

分布：浙江（遂昌九龙山、龙王山、百山祖、杭州、建德、鄞县、余姚、镇海、宁海、象山、东阳、天台、缙云、遂昌、云和、龙泉）、北京、河北、甘肃、青海、山西、陕西、河南、安徽、湖北、江西、湖南、福建、广东、广西、四川、贵州、云南。

122. 凹肩辉蝽 *Carbula sinica* **Hsiao et Cheng**

分布：浙江（遂昌九龙山、天目山、百山祖）、甘肃、陕西、四川。

123. 中华岱蝽 *Dalpada cinctipes* **Walker**

寄主：野蔷薇、楝、泡桐、油桐、栎。

分布：浙江（遂昌九龙山、莫干山、四明山、古田山、百山祖、杭州、桐庐、嵊州、余姚、象山、江山、遂昌、松阳）、河北、河南、甘肃、陕西、江苏、安徽、江西、湖南、福建、广东、海南、广西、四川、贵州、云南。

124. 绿岱蝽（绿背蝽） *Dalpada smaragdina*（**Walker**）

寄主：桑、大麻、大豆、梨、油桐、油茶、茶、柑橘、梧桐。

分布：我国浙江（遂昌九龙山、天目山、古田山、杭州、缙云、遂昌、龙泉）、黑龙江、甘肃、陕西、河南、江苏、安徽、湖北、江西、湖南、福建、台湾、广东、广西、四川、贵州、云南。

125. 斑须蝽（细毛蝽、斑角蝽）*Dolycoris baccarum*（Linnaeus）（彩图 66）

寄主：棉、烟草、亚麻、桃、梨、李、山楂、柑橘、梅、杨、梓、榛、柳、玉米、大麦、高粱、水稻、豆类、芝麻、胡麻、洋麻、甜菜、草莓、栗、黄花菜、洋葱、白菜、苜蓿、萝卜、胡萝卜、小麦、泡桐。

分布：我国浙江（遂昌九龙山、全省广布）、全国广布；国外：朝鲜，蒙古，越南，印度，克什米尔地区，阿拉伯，以色列，土耳其，叙利亚，伊拉克，欧洲，北非，北美。

126. 麻皮蝽 *Erthesina fullo*（Thunberg）

寄主：柳、梓、合欢、大豆、四季豆、棉、桑、蓖麻、甘蔗、柑橘、梨、桃、杏、樱桃、李、枣、柿、石榴、枫香、槐、悬铃木、松。

分布：我国浙江（遂昌九龙山、全省广布）、全国广布（除宁夏、新疆、青海、西藏外）；国外：日本，缅甸，印度，斯里兰卡，阿富汗，印度尼西亚。

127. 黄蝽（稻黄蝽）*Euryaspis flavescens* Distant

寄主：小麦、水稻、玉米、大豆、绿豆、芝麻。

分布：我国浙江（遂昌九龙山、长兴、莫干山、杭州、天目山、建德、绍兴、嵊州、新昌、义乌、东阳、兰溪、天台、临海、常山、丽水、庆元、平阳）、天津、河北、安徽、湖北、湖南、江苏、江西、贵州、福建；国外：印尼。

128. 拟二星蝽 *Eysarcoris annamita*（Breddin）

寄主：稻、大麦、小麦、高粱、玉米、甘薯、大豆、芝麻、棉、花生、苋菜、茄、桑、茶、无花果、泡桐、竹、茭白。

分布：我国浙江（遂昌九龙山、全省广布）、河北、山西、山东、陕西、江苏、湖北、江西、湖南、福建、台湾、广东、广西、四川、贵州、云南、西藏，除吉林、青海、新疆外全国广布；国外：朝鲜，日本，越南，缅甸，印度，斯里兰卡。

129. 广二星蝽 *Eysarcoris ventralis*（Westwood）

分布：我国浙江（遂昌九龙山、百山祖）、河北、山西、河南、陕西、湖北、江西、福建、广东、广西、贵州；国外：日本，越南，缅甸，印度，马来西亚，菲律宾，印度尼西亚。

130. 谷蝽（虾色蝽）*Gonopsis affinis*（Uhler）

寄主：水稻、甘蔗、马尾松、杉、茶。

分布：我国浙江（遂昌九龙山、莫干山、天目山、四明山、古田山、百山祖、杭州、桐庐、建德、鄞县、余姚、镇海、奉化、定海、天台、遂昌、云和、龙泉、温州）、辽宁、北京、河北、山东、河南、陕西、江苏、上海、安徽、湖北、江西、湖南、福建、广东、海南、广西、四川、贵州、云南；国外：朝鲜，日本。

131. 玉蝽（角刺花背蝽）*Hoplistodera fergussoni* Distant

分布：浙江（遂昌九龙山、龙王山、天目山、古田山、庆元）、陕西、湖北、湖南、福建、广西、四川、贵州、云南、西藏。

132. 红玉蝽（红花丽蝽）*Hoplistodera pulchra* Yang

分布：浙江（遂昌九龙山、龙王山、天目山、丽水、龙泉、庆元）、甘肃、陕西、安徽、湖北、江西、湖南、福建、广东、海南、广西、四川、贵州、云南。

133. 广蝽（茼蒿蝽）*Laprius varicornis*（Dallas）

寄主：茼蒿、蒲公英。

分布：我国浙江（遂昌九龙山、莫干山、百山祖、长兴、德清、杭州、定海、嵊泗、天台、常山、遂昌、龙泉、温州、永嘉、平阳）、陕西、江苏、湖北、江西、福建、四川、广西；国外：日本，越南，缅甸，印度，菲律宾。

134. 弯角蝽 *Lelia decempunctata* Motschulsky

寄主：大豆、糖槭、胡桃楸、榆、杨、板栗、梓、黄醋栗。

分布：我国浙江（遂昌九龙山、天目山、庆元）、黑龙江、吉林、辽宁、内蒙古、陕西、安徽、江西、四川、西藏；国外：苏联，日本，朝鲜，西伯利亚东部。

135. 平尾梭蝽 *Megarrhamphus truncatus*（Westwood）

寄主：水稻、甘蔗、玉米。

分布：我国浙江（遂昌九龙山、丽水、百山祖、平阳）、河北、江西、福建、广东、广西、云南；国外：越南，缅甸，印度，马来西亚，印度尼西亚。

136. 紫兰曼蝽（紫蓝蝽）*Menida violacea* Motschulsky

寄主：水稻、玉米、高粱、小麦、蚕豆、油菜、榆、梨、桃、杏、栎、马铃薯。

分布：我国浙江（遂昌九龙山、龙王山、天目山、百山祖、杭州、金华、丽水、缙云、遂昌、云和、龙泉、庆元、温州）、辽宁、内蒙古、河北、山东、陕西、江苏、湖北、江西、福建、广东、四川、贵州；国外：朝鲜，日本，西伯利亚东部。

寄主：桃、杏、梅、李。

137. 秀蝽（冬青蝽）*Neojurtina typica* Distant

寄主：冬青。

分布：浙江（遂昌九龙山、莫干山、遂昌、龙泉、庆元）。

138. 稻绿蝽 *Nezara viridula*（Linnaeus）

寄主：水稻、豆。

分布：我国浙江（遂昌九龙山、全省广布）、河北、山西、河南、甘肃、陕西、江苏、安徽、湖北、江西、湖南、福建、台湾、广东、海南、广西、四川、贵州、云南、西藏；国外：朝鲜，日本，越南，印度，缅甸，新西兰，南非，马达加斯加，委内瑞拉，圭亚那，斯里兰卡，马来西亚，菲律宾，印度尼西亚，欧洲，大洋洲。

139. 稻绿蝽全绿型 *Nezara viridula* forma *smaragdula*（Fabricius）

寄主：水稻、麦、玉米、豆类、马铃薯、棉、麻、花生、芝麻、烟草、甘蔗、甜菜、甘蓝、梨、柑橘。

分布： 我国浙江（遂昌九龙山、莫干山、天目山、百山祖、丽水、遂昌、云和、龙泉、庆元）、河北、山西、陕西、河南、江苏、安徽、湖北、江西、湖南、福建、台湾、广东、广西、贵州、云南、西藏；国外：朝鲜，日本，越南，缅甸，印度，斯里兰卡，马来西亚，菲律宾，印度尼西亚，欧洲，大洋洲，非洲，南美洲。

140. 稻绿蝽黄肩型 *Nezara viridula* forma *torquata*（Fabricius）

寄主： 水稻、芝麻、绿豆、菜豆、樟、华山松、梧桐、桉、楝、泡桐、茶、柑橘。

分布： 浙江（遂昌九龙山、莫干山、庆元、平阳）、江西、湖南、福建、广东、广西、四川、贵州、云南。

141. 稻褐蝽（白边蝽）*Niphe elongata*（Dallas）

寄主： 水稻、玉米、棉、麦、甘蔗、高粱、马唐。

分布： 我国浙江（遂昌九龙山、古田山、湖州、嘉兴、平湖、桐乡、海盐、海宁、杭州、余杭、临安、富阳、桐庐、建德、淳安、慈溪、金华、丽水、遂昌、庆元）、山东、陕西、江苏、河南、安徽、湖北、江西、湖南、福建、台湾、广东、海南、广西、四川、贵州、云南、西藏；国外：日本，越南，老挝，缅甸，印度，菲律宾。

142. 碧蝽（浓绿蝽）*Palomena angulosa* Motschulsky

寄主： 臭椿、山毛榉、麻栎、枫杨、水青冈、大麦。

分布： 我国浙江（遂昌九龙山、莫干山、天目山、鄞县、余姚、宁海、镇海、龙泉、庆元）、黑龙江、吉林、陕西、四川、江西；国外：日本，朝鲜。

143. 卷蝽（牯岭卷头蝽）*Paterculus elatus*（Yang）

寄主： 竹、栎。

分布： 浙江（遂昌九龙山、龙王山、莫干山、天目山、古田山、青田、庆元）、江苏、安徽、江西、湖南、福建、广东、广西、四川、贵州、云南。

144. 中纹真蝽 *Pentatoma distincta* Hsiao et Cheng

分布： 浙江（遂昌九龙山、庆元）。

145. 斑真蝽（短刺黑蝽）*Pentatoma mosaicus* Hsiao et Cheng

寄主： 牛膝、桃。

分布： 浙江（遂昌九龙山、龙王山、天目山、百山祖、遂昌）、青海、江苏、安徽、江西、湖南、福建。

146. 益蝽 *Picromerus lewisi* Scott

寄主： 鳞翅目。

分布： 我国浙江（遂昌九龙山、莫干山、天目山、古田山、百山祖、杭州、绍兴、舟山、丽水）、黑龙江、吉林、辽宁、内蒙古、北京、河北、山西、山东、河南、甘肃、陕西、新疆、江苏、安徽、湖北、江西、湖南、福建、广东、海南、广西、四川、贵州、云南；国外：朝鲜，日本。

147. 绿点益蝽 *Picromerus viridipunctatus* Yang

寄主：水稻、大豆、甘蔗、苎麻。

分布：浙江（遂昌九龙山、古田山、百山祖、杭州）、安徽、江西、湖南、广东、广西、四川、贵州。

148. 庐山珀蝽 *Plautia lushanica* Yang

寄主：野紫藤。

分布：浙江（遂昌九龙山、天目山、龙泉）、陕西、江西、四川、贵州。

149. 庐山润蝽 *Rhaphigaster genitalia* Yang

分布：我国浙江（遂昌九龙山、莫干山、天目山、百山祖、龙泉）、河南、江西、福建、广东、海南；国外：斯里兰卡。

150. 珠蝽（肩边蝽）*Rubiconia intermedia*（Wolff）

寄主：水稻、麦类、苹果、枣、柳叶菜、水芹、毛竹、狗尾草。

分布：我国浙江（遂昌九龙山、莫干山、天目山、杭州、龙泉）、黑龙江、吉林、辽宁、北京、天津、河北、山西、山东、甘肃、陕西、江苏、安徽、湖北、江西、湖南、广西、四川、贵州；国外：苏联、欧洲，西伯利亚，蒙古，日本。

151. 角胸蝽（四剑蝽）*Tetroda histeroides*（Fabricius）

寄主：稻、玉米、小麦、茭白、稗。

分布：我国浙江（遂昌九龙山、临海、遂昌、云和、龙泉、平阳、泰顺）、河南、江苏、湖南、江西、四川、贵州、河南、湖北、福建、台湾、广东、广西、云南；国外：缅甸，印度，马来西亚，印度尼西亚。

152. 横带点蝽（横带点星蝽）*Tolumnia basalis*（Dallas）

分布：我国浙江（遂昌九龙山、百山祖、衢县）、陕西、福建、广东、广西、云南；国外：越南。

153. 碎斑点蝽（点蝽碎斑型）*Tolumnia latipes* forma *contingens*（Walker）

寄主：油茶。

分布：我国浙江（遂昌九龙山、龙王山、天目山、龙泉）、陕西、河南、安徽、湖北、江西、湖南、福建、台湾、广东、海南、广西、四川、贵州、云南、西藏；国外：越南。

154. 纯兰蝽（蓝蝽）*Zicrona caerulea*（Linnaeus）

寄主：红茗、花生、大戟、甘草、稻、玉米、甘薯、豇豆、大豆。

分布：我国浙江（遂昌九龙山、百山祖、杭州、镇海、磐安、云和、庆元）、黑龙江、吉林、辽宁、内蒙古、河北、山西、山东、甘肃、新疆、陕西、江苏、湖北、江西、福建、台湾、广东、海南、广西、四川、贵州、云南；国外：日本，缅甸，印度，马来西亚，印度尼西亚，欧洲，北美洲。

广翅目 Megaloptera

在九龙山保护区发现该目 1 科 4 属 6 种。

齿蛉科 Corydalidae

齿蛉科昆虫体型中至大型，通常黄褐色至黑褐色，但体色为黄褐色的种类有时有黑斑。头前口式，后头宽大，方形或近三角形；复眼突出两侧，头顶有 3 个单眼，有的种类头顶侧缘有眼后齿突；触角丝状、念珠状、锯齿状或栉齿状，有些类群触角雌雄异形。口器咀嚼式，上颚发达，有的类群（巨齿蛉属 Acanthacorydalis）雄虫有很长的上颚，下颚须 4~5 节，下唇须 3~4 节。前胸背板发达，通常方形，有的近梯形，中后胸粗壮而相似；翅透明或半透明，有的具褐斑或透明斑，翅脉多分叉，脉序呈网状，但到翅缘不再分成小叉，后翅臀区宽广且能折叠；足发达，跗节 5 节。腹部长筒形，雄性外生殖器明显。

在九龙山保护区发现该科 4 属 6 种。

1. 越中巨齿蛉 *Acanthacorydalis fruhstorferi* Weele

分布：我国浙江（遂昌九龙山、古田山、百山祖）、湖南、贵州、云南；国外：越南。

2. 东方巨齿蛉 *Acanthacorydalis orientalis*（Machachlan）

寄主：蜉蝣、蝎蛉、水蚤。

分布：我国浙江（遂昌九龙山、龙王山、杭州、临安、天目山、天台、仙居、丽水、缙云、遂昌、青田、云和、龙泉）、河北、山西、甘肃、陕西、安徽、湖北、江西、福建、广西、四川、贵州、云南；国外：印度。

3. 污翅斑鱼蛉 *Neochauliodes bowringi*（Machachlan）

分布：我国浙江（遂昌九龙山、古田山、百山祖、龙王山）、江西、湖南、福建、广东、广西、贵州、香港；国外：越南。

4. 中华斑鱼蛉 *Neochauliodes sinnensis*（Walker）

寄主：蜉蝣、水蚤。

分布：浙江（遂昌九龙山、龙王山、莫干山、天目山、古田山、雁荡山、丽水、龙泉、庆元）、北京、湖北、湖南、福建、广东、广西、四川、贵州、海南。

5. 普通齿蛉 *Neoneuromus ignobilis* Navás

分布：我国浙江（遂昌九龙山、龙王山、莫干山、天目山、古田山、百山祖、丽水）、山西、陕西、江苏、安徽、湖北、江西、湖南、福建、台湾、广东、广西、四川、贵州、云南；国外：越南，印度，不丹。

6. 花边星齿蛉 *Protohermes costalis*（Walker）

寄主：水生昆虫。

分布：我国浙江（遂昌九龙山、龙王山、莫干山、天目山、古田山、百山祖、丽水、遂昌）、甘肃、河北、安徽、湖北、江西、湖南、福建、台湾、广东、广西、四川、贵州、云南、西藏；国外：越南，印度，不丹。

蛇蛉目 Raphidioptera

在九龙山保护区发现该目 1 科 1 属 1 种。

盲蛇蛉科 Inocelliidae

本科蛇蛉目昆虫体细长，中到大型。与脉翅目相近，但口器位于头的前方，前胸均呈筒状，头部也较长，抬起呈蛇状而得名。幼虫全为陆生，为全变态昆虫。在树皮下捕食蛀木害虫，成虫多在林间捕食小虫，对果林甚有益。蛇蛉目除去古生物化石属种外，现生者只有两个科：蛇蛉科 Raphidiidae 有 3 个单眼，复眼后方头部渐窄成三角形，翅痣内侧及痣内均有横脉。盲蛇蛉科 Inocelliidae 无单眼，复眼后方头呈方形，翅痣内无横脉。

在九龙山保护区发现该科 1 属 1 种。

中华盲蛇蛉 *Inocella sinensis* Navás

分布：浙江（遂昌九龙山、古田山、百山祖）、江苏。

脉翅目 Neuroptera

在九龙山保护区发现该目 6 科 15 属 21 种。

一、粉蛉科 Coniopterygidae

粉蛉是脉翅目中最特殊的类群，体小，仅 2~3mm，身体及翅覆盖灰白色蜡粉，翅脉减少且无缘脉。成虫及幼虫在林木上生活，捕食蚜虫、介壳虫、螨类等，是农林生态系中诸多害虫的天敌。

在九龙山保护区发现该科 2 属 2 种。

1. 阿氏粉蛉 *Coniopteryx aspocki* Kis

分布：我国浙江（遂昌九龙山、全省广布）、全国广布；国外：亚洲、欧洲均广布。

2. 广重粉蛉 *Semidalis aleyrodiformis*（Stephens）

分布：我国浙江（遂昌九龙山、全省广布）、全国广布；国外：亚洲、欧洲均广布。

二、溪蛉科 Osmylidae

本科昆虫体中至大型。头部有 3 个单眼。触角线状 / 前后翅相似，有翅疤与缘饰。幼虫体长而色暗，或具色斑，上颚与下颚长而直伸。

在九龙山保护区发现该科 1 属 1 种。

3. 三斑窗溪蛉 *Thyridosmylus trimaculatus* Wang et al.（彩图 72）

主要特征：前翅长 20.3 mm，宽 6.5 mm，后翅长 19.0 mm，宽 5.8 mm。触角黄色。柄节膨大褐色，刚毛黄色；复眼灰褐色，单眼黄白色，三角形排列；头顶中央具 1 条褐色条带，两侧各具一圆形褐斑。前额两侧各具深褐色圆斑；上唇中央有一黑色圆斑，下唇须深裸色。

前胸北板黄褐色，生有暗裸色刚毛，背板分布 5 个褐色斑，呈 "X" 形排列；中胸背板暗褐色，具刚毛，背板前缘具 1 条深色条带。足黄色，刚毛及爪褐色。

前翅翅斑丰富，膜区透明无色，翅脉褐色。翅痣褐色，中间黄色，翅疤褐色，近基部翅疤被深褐色翅疤覆盖；外阶脉具深褐色晕斑纹，两侧形成 3 个透明窗斑；自顶点至翅疤形成 1 条褐色长带；翅外缘覆有褐色翅斑，MP 与 Cu 之间布多个深褐色翅斑。前缘横脉列简单，RP 分支 13 条；MP 分支们于 MA 与 RP 分支内侧，Cu 分支平行，Cup 形成大量栉状分支；A_1 短于 CuP 的一半，A_2 超过 A_1 一半。后翅透明无斑，翅痣浅黄色，翅疤褐色小，外缘具褐色晕斑。RP 基部完整，MP 分支略扩展；Cu 基部分支，Cu_1 形成大量栉状分支，Cu_2 单支；A_1、A_2、A_3 倾斜不与后缘平行。雌虫第八背板宽大，腹板退化；第九背板狭长，基部扩大；臀板近五边形，臀脂圆形近中位；第九生殖基节与产卵瓣相连，细长；产卵瓣指状，刺突较长，近锥形。受精囊具两个相连的大小不等球形腺体组成，两者直接相连。

观察标本：1♂，浙江省遂昌县九龙山九龙居，海拔 470 m，2019-5-22，卢秀梅（灯诱）；1♀，浙江省遂昌县九龙居 - 罗汉源，海拔 470~960 m，2019-5-23，卢秀梅（网扫）。

分布：浙江（遂昌九龙山）（新记录）、广西。

三、褐蛉科 Hemerobiidae

褐蛉科是属种众多的脉翅目昆虫，多为中小型种，少数较大，色多为黄褐色或具显著褐斑，触角念珠状故曾名为珠角蛉，主要特点是前翅的径分脉 Rs 至少有 2 条直接与径脉 R 相连，多的可达 10 余条，阶脉 1~3 组不等，前缘横脉列简单或分岔，少数有短脉相连，肩横脉（h）常向翅基弯迴且多分支而有肩迴之称。雄蛉腹部的外生殖器结构复杂，臀板多具突起物。褐蛉杂食性，常捕食蚜虫、介壳虫等害虫，是重要天敌昆虫，世界已知600多种，我国报道120余种。

在九龙山保护区发现该科3属8种。

4. 全北褐蛉 *Hemerobius humulinus* Linnaeus

分布：我国浙江（遂昌九龙山、百山祖）、辽宁、河北、山西、陕西、江苏、湖北、湖南、四川、南、西藏；国外：全北区。

5. 平湖褐蛉 *Hemerobius lacunaris* Navás

分布：浙江（遂昌九龙山、天目山、百山祖）、湖北、江西、福建、云南。

6. 角纹脉褐蛉 *Micromus angulatus*（Stephens）

分布：我国浙江（遂昌九龙山、天目山、百山祖）、内蒙古、河北、陕西、湖北、台湾；国外：日本，欧洲。

7. 密斑脉褐蛉 *Micromus densimaculosus* Yang & Liu（彩图 67）

主要特征：体长 5.0~6.5 mm，前翅长 6.8~7.6 mm，宽 2.8~3.2 mm，后翅长 5.7~6.4 mm，宽 2.0~3.1 mm。头部黄褐色。头顶沿触角窝后缘为 1 对大黑斑，头后缘具一对斜黑斑，2 对黑斑之间有 1 对褐色横斑，头后方两侧具细黑边，前幕骨陷黑色，向下沿额唇基沟具褐线；触角超过 50 节，柄、梗节褐色，鞭节土黄色，每一节端部深于基部；复眼黑褐色。胸部褐色。前胸背板前部具 1 对褐点，侧缘呈褐色角突，其后下方具大褐斑；中胸前缘中央具 1 对褐色横斑，盾片两侧从内向外各具一小一大褐斑，小盾片前缘具一对毗连的小褐点，后缘两侧角各具一近似方形大褐斑；后胸斑纹相似但多愈合。足黄褐色。斑点较多尤其前足。前足基节端部具一褐斑；腿节基部、中部及端部各具一褐斑；胫节基部、中部及端部各具一褐斑。中足腿节中部具有一褐色斑点，端部具一浅褐色斑点；胫节基部、中部及端部各具一褐斑。后足斑点色浅不明显。前翅长椭圆形。翅面色深呈褐色，密布大小的褐斑和波状纹，沿阶脉组具不连续褐带，M 脉自基部至主脉分叉点与 Cu 脉之间形成不规则深褐色大斑点；翅脉，纵脉呈褐色，中间不规则间断呈无色透明状，横脉褐色加深。后翅长椭圆形，翅面黄褐色，仅前缘翅痣处具有单个小褐点；翅脉褐色，仅中阶脉组与外阶脉组之间色浅透明，因此形成斜状亮带，Cu 脉褐色深于周围翅脉。腹部浅褐色，颜色均一。雄虫第 9 背板侧缘前角圆钝突出，深入第 8 背板中；臀板背部前缘微隆起，侧视形状不规则，后缘微凸，侧后角呈渐细的斜向上弯曲的长臂，渐细但末端圆钝，上表面边缘非光滑微凹凸不平，臀胝较明显，毛簇数为 18~20；第 9 腹板宽大，超出臀板后缘。殖弧中突侧视细长，且端部向下弯曲呈钩状，中突基部背脊处突出长的粗刺，且表面密布小刺，殖弧后突 1 对，背视细长且末端尖细。雌虫第 8 背板侧视呈长方形；亚生殖板宽大且色暗呈褐色，后缘平直，前缘圆钝，端部中央具微微的"V"形缺口。

观察标本：2♀，浙江省遂昌县西坑里-黄基坪，海拔 680~1 200m，2019-5-21，卢秀梅（网扫）；1♀，浙江省遂昌县九龙居 - 罗汉源，海拔 470~960 m，2019-5-23，卢秀梅（网扫）。

分布：浙江（遂昌九龙山）。

8. 点线脉褐蛉 *Micromus linearis* Hagen（彩图 68）

主要特征： 体长 6.1~6.5 mm，前翅长 6.1~7.1 mm，宽 2.1~2.5 mm，后翅长 5.5~6.2 mm，宽 1.7~2.1 mm。头部黄褐色。头顶复眼后缘各具有 1 个三角形褐斑，触角窝前缘有一细的弧形黑纹，前幕骨陷黑色明显。触角黄褐色，鞭节末端色深，长度超过 55 节；上颚交叉呈褐色。复眼黑褐色。胸部呈黄褐色。前胸背板两侧缘具褐色纵纹，中部具向内尖突的褐色区域；中后胸背板盾片两侧各有一明显圆形褐斑。足呈浅黄褐色，跗节末节加深。前翅狭长。翅面透亮黄褐色，近后缘 Cu 脉至后缘区域形成烟褐色的条带，翅痣处具有 2~3 对成对的褐斑，M 脉第一个分叉点与 Cu 脉间具有 1 个褐色斑点。后翅狭长。翅面黄褐色透明，前缘近端部 Sc 与 R 脉之间有一段褐色区域；翅脉黄褐色，纵脉大部分透明无色，阶脉大部分呈黑褐色，其附近的纵脉也成黑色相连，因此，后翅中央部分色淡而透明，上下两部分呈褐色的枝状脉。腹部黄褐色，每一腹节腹板边缘褐色加深。雄虫第 9 背板与臀板愈合，前侧角前凸明显，深入第 8 背板中，近似三角形，末端渐细；侧后角伸长特化呈末端尖细的钩状，长度超出第九腹板，两侧钩状臂伸长向内弯曲交叉。臀板椭圆形，臀胝不明显，毛簇数为 5~7 个。殖弧叶中殖弧中突细长，基部宽阔且上表面具有密集的小刺，基部至端部渐细，顶端具有钩状突；无殖弧后突；新殖弧叶存在，并特化成向下的钩状结构；殖弧侧膜较发达，位于新殖弧叶及中突周围，与侧叶相连；内殖弧叶几乎全部透明无色。雌虫第 8 背板侧视正方形。无亚生殖板。

观察标本： 2♂ 浙江省遂昌县西坑里 - 黄基坪，海拔 680~1 200m，2019-5-21，卢秀梅（网扫）；2♂ 兵，浙江省遂昌县九龙山岩坪，海拔 700m，2019-5-22，卢秀梅（网扫）。

分布：我国浙江（遂昌九龙山）、内蒙古、甘肃、宁夏、陕西、河南、湖北、湖南、云南、贵州、四川、重庆、西藏、江西、福建、台湾、广西；国外：斯里兰卡，日本，俄罗斯。

9. 奇斑脉褐蛉 *Micromus mirimaculatus* Yang et Liu

分布： 浙江（遂昌九龙山、天目山、百山祖）。

10. 多支脉褐蛉（多翅脉褐蛉）*Micromus ramasus* Navás

分布： 浙江（遂昌九龙山、天目山、百山祖）、江苏、安徽、江西、福建、广西。

11. 黑点脉线蛉 *Neuronema unipunctum* Yang（彩图 69）

主要特征： 雄虫前翅长 9.0~10.0 mm，前翅宽 4.4~5.2 mm；后翅长 8.0~9.1 mm，后翅宽 3.7~4.8 mm，体长 9.3~12.0 mm。雌虫前翅长 10.0~11.1 mm，前翅宽 5.0~5.5 mm；后翅长 9.0~10.0 mm，后翅宽 4.0~4.6 mm，体长 9.5~12.0 mm。头部黄褐色。头顶具 2

个褐斑，密布褐毛；复眼黑褐色；触角窝黄褐，周围褐色，柄节黄褐色，内侧褐色，鞭节褐色，每节从基部到端部逐渐由宽大于长变为长大于宽，密布褐色长毛；上唇褐色；下颚须和下唇须末端一节基部褐色。胸部黄褐色，背板中央具 1 褐色纵条带。前胸背板与头顶连接处，具 2~3 个褐斑，两侧缘各具 1 瘤状突起，密布长短不一的褐色毛。中胸和后胸侧板褐色。足黄色，前足和中足胫节基部和端部背面各具 1 浅褐斑。密布长短不一的黄色毛。前翅黄褐色，翅脉密布黑褐斑，R 脉上的斑点较深；外阶脉组和中阶脉组仅端半呈褐色，其余阶脉色淡而不明显，4r-m 横脉为褐色；后缘具 1 个三角形透明斑。后翅透明，前缘端半和外阶脉组端半周围褐色，内阶脉组内侧褐带较浅。腹部黄褐色。雄虫臀板三角形，背侧视下角突宽，末端具 5 个小齿。殖弧中突较长，端部具向下的突起；殖弧后突内侧弧形，外侧缘基部内凹，端部稍尖。阳基侧突端叶长方形而端部弧形；背叶细长，向内弯曲。下生殖板三角形。雌虫腹端卵形，亚生殖板腹视，端部具宽的缺口，基部较细。

观察标本：1♀，浙江省遂昌县九龙山岩坪，海拔 700 m，2019-5-22，卢秀梅（网扫）；2♂，浙江省遂昌县西坑里 - 黄基坪，海拔 680~1 200 m，2019- 5-21，卢秀梅（网扫）。

分布：浙江（遂昌九龙山）、福建、广西、湖北、江西。

四、草蛉科 Chrysopidae

草蛉科昆虫体型小至中型，细长而柔弱，草绿色、黄色或灰白色。触角丝状；复眼相距较远，具金属光泽。成虫杂食性，卵多产在植物的叶片、枝梢、树皮上，单粒散产或集聚成束。有些种类的幼虫有背负枝叶碎片或猎物残骸的习性。

在九龙山保护区发现该科 4 属 5 种。

12. 丽草蛉 *Chrysopa formosa* Brauer

寄主：桃蚜、莴苣指管蚜、麦蚜、菜蚜。

分布：我国浙江（遂昌九龙山、古田山、宁波、慈溪、奉化、丽水、缙云）、全国广布；国外：苏联，朝鲜，日本，欧洲。

13. 叉通草蛉 *Chrysoperla furcifera*（Okamoto）

寄主：松蚜。

分布：浙江（遂昌九龙山、古田山、衢县、江山、丽水、龙泉、庆元）、内蒙古、北京、天津、河北、山西、山东、河南、华东、中南。

14. 松村网草蛉 *Apochrysa matsumurae* Okamoto

分布：浙江（遂昌九龙山、古田山、百山祖）、河北、山西、陕西、湖北、江西、湖南、广东、广西。

15. 松村娜草蛉 *Nacaura matsumurae*（Okamoto）

分布：我国浙江（遂昌九龙山、百山祖）、台湾；国外：日本。

16. 广西饰草蛉 *Semachrysa guangxiensis* Yang & Yang（彩图 70）

主要特征：体长 4.5~5.6 mm，前翅长 7~13 mm，后翅长 6.7~7.7 mm。头顶黄色，稍隆起，有中斑，角下斑从触角和复眼间向头顶延伸；颊斑很大，与唇基斑相连，而且沿额唇基沟向中部延伸；上唇黑褐色；下唇须 1~3 节黑色，4~5 节背面黑色；下唇须第 3 节背面黑色；触角第 1~2 节淡黄褐色，外侧有黑褐色带，鞭节黄褐色。前胸背板黄褐色，有灰色长毛；中胸前盾片及盾片皆黑褐色，小盾片近盾片基部褐色，其他部分黄色；后胸背板中部黄色，两边黄绿色。足淡黄绿色，爪基部弯曲。前翅基部黑褐色，前缘横脉列 14 条，第 1 条黑色，余皆两端黑色，中间绿色；翅痣淡黄绿色，内无脉；亚前缘区间的横脉黑色；径横脉 8 条，近 R_1 端黑色，6~8 条褐色；径分脉分支 8 条，多数近径分脉端褐色；伪中、肘脉间脉 7 条，2 条、7 条黑色，余绿色，中间稍有褐色；第 2 肘横脉 Cu2 黑色，Cu3 近伪中脉 Psc 半端黑色；内中室三角形，径中横脉位于其上；阶脉黑色，内 / 外 =4/5。在前翅后缘中部，Psc 第 4 分横脉上有一大褐斑，各横脉上皆有小褐斑。后翅前缘横脉列 12 条，1~6 条绿色，7~12 条黑色；径横脉 6 条，仅 6 为黑色；阶脉黑色，内 / 外 =4/4。腹部背板黄色，余褐色，披灰色长毛。殖弧叶两端向下弯曲，末端稍膨大，伪阳茎底部成角状，顶端分两叉，分叉处不到中部；内突上端细、下端粗，末端细尖向内弯曲；在伪阳茎与内突之间以膜质相连，其上有 4 根很粗长刚毛。雄虫前翅前缘横脉列 16 条，径横脉 8 条，阶脉黑色，内 / 外 =5/5。后翅前缘横脉列 14 条，阶脉（内 / 外）=4/4。腹部第 7 背板大于第 8 背板，亚生殖板两端外突，侧边内凹；贮精囊膜突顶尖，斜切，导卵管较短粗。

观察标本：1♀，浙江省遂昌县九龙居 - 罗汉源，海拔 470~960 m，2019-5-23，卢秀梅（网扫）。

分布：浙江（遂昌九龙山）（新记录）、广西、四川。

五、蝶角蛉科 Ascalaphidae

蝶角蛉科昆虫形似蜻蜓，但触角长棒状，长度超过前翅的一半。因其触角如蝶类，故得名蝶角蛉。蝶角蛉成虫白日在林间栖息或飞翔捕食，动作敏捷，幼虫生境多样，捕食性。

在九龙山保护区发现该科 1 属 1 种。

17. 锯角蝶角蛉 *Acheron trux*（Walker）

分布：我国浙江（遂昌九龙山、天目山、古田山、百山祖）、陕西、江苏、上海、江西、湖南、台湾、广东、云南；国外：印度，欧洲。

六、蚁蛉科 Myrmeleontidae

蚁蛉科昆虫体型较大，体翅均狭长，颇似蜻蜓。触角短，棒状或勺状；前后翅的形状、大小和脉序相似，静止时前后翅覆盖腹背，多呈明显的屋脊状；Sc 与 R_1 脉平行，在近端部约 1/4 处愈合。翅痣不明显，但有狭长形的翅痣下室。幼虫生境多样，捕食性。成虫栖居于林木、草丛，捕食鳞翅目、鞘翅目幼虫。

在九龙山保护区发现该科 4 属 4 种。

18. 长裳帛蚁蛉 *Bullanga florida*（Navás）

分布：我国浙江（遂昌九龙山、百山祖）、陕西、湖北、湖南、云南；国外：爪哇。

19. 褐纹树蚁蛉 *Dendroleon pantherius* Fabricius

分布：我国浙江（遂昌九龙山、古田山、百山祖）、河北、陕西、江苏、江西、福建；国外：欧洲。

20. 棋腹距蚁蛉 *Distoleon tesselatus* Yang（彩图 71）

主要特征：雄体长 29~38mm，前翅 34~39mm、后翅 32~37mm。雌体长 33~36mm，前翅 34~39mm、后翅 33~37mm。头顶黑色，具黄色条纹；触角各节黑黄相间，端部黄色。前胸背板梯形，深棕色至黑色，中线为 1 条黄色纵纹，其两边各有 1 条清晰的黄色条纹，在靠近前缘处向内弯曲。前足跗节黑黄相间，端部黑色；胫端距伸达第 4 跗节。翅透明而狭长；前翅纵脉黑色与浅黄色相间，横脉多数浅黄色，前缘域略宽于 R 与 Rs 间距离；中脉亚端斑深棕色，常与 Rs 区域散落的一系列小型斑点连接成线状斑，肘脉合斑小型，浅棕色，几近透明。后翅略短于前翅，Sc 与 R 脉黑色与浅黄色相间，其他大部分纵脉与横脉浅黄色；中脉亚端斑小型，点状，无肘脉合斑。腹部背板深棕色至黑色，2~7 节背板具黄色斑点，其中，3~4 节背板各具 5 黄色斑点，其余节上的斑点有不同程度的融合；腹板淡黄至深棕色无斑。雄肛上片具较长刚毛，生殖弧成 180° 强烈弯曲，阳基侧突基部合并端部分叉，呈弯钩状。雌生殖器：无 8- 内生殖突，8- 外生殖突纤细，锥状，9-内生殖突与肛上片具浓密粗大的刚毛。

观察标本：1♂，浙江省遂昌县九龙山九龙居，海拔 470 m, 2019-5-22，王瀚强（夜采）。

分布：浙江遂昌九龙山、福建、河南、湖南、广东、广西、海南、贵州、云南。

21. 白云蚁蛉 *Paraglenurus japonicus*（MacLachlan）

分布：我国浙江（遂昌九龙山、古田山、百山祖）、河北、江西、湖南、台湾；国外：朝鲜，日本。

鞘翅目 Coleoptera

在九龙山保护区发现该目 27 科 191 属 282 种。

一、虎甲科 Cicindelidae

虎甲科昆虫中型，具金属光泽和鲜艳斑纹。头比前胸宽，下口式；触角生于两复眼之间；下颚长，有一能动的齿；鞘翅上无沟或刻点行。后翅发达，能飞行。幼虫头和前胸大，第 5 腹节背面突起上着生 1~3 对倒钩，无尾突。

在九龙山保护区发现该科 2 属 6 种。

1. 金斑虎甲（八星虎甲）*Cicindela aurulenta* Fabricius（彩图 73）

寄主：蝗虫、棱蝗、蟋蟀。

分布：我国浙江（遂昌九龙山、莫干山、天目山、四明山、古田山、百山祖、雁荡山、德清、杭州、浦江、永康、武义、江山、开化、缙云、庆元）、江苏、湖南、福建、台湾、广东、海南、四川、贵州、云南、西藏；国外：泰国，缅甸，印度，尼泊尔，不丹，斯里兰卡，马来西亚，新加坡。

2. 中国虎甲（中华虎甲）*Cicindela chinensis* De Geer

寄主：中华负蝗、叶蝉、蟓类。

分布：浙江（遂昌九龙山、全省广布）、河北、山东、甘肃、江苏、湖北、江西、福建、广东、广西、四川、贵州、云南。

3. 云纹虎甲（绸纹虎甲、曲纹虎甲）*Cicindela elisae* Motschulsky

寄主：小型昆虫。

分布：我国浙江（遂昌九龙山、天目山、龙王山、长兴、德清、嘉兴、杭州、余杭、萧山、鄞县、余姚、镇海、奉化、定海、岱山、普陀、义乌、东阳、常山、庆元、温州、平阳）、内蒙古、河北、山西、山东、河南、甘肃、新疆、江苏、安徽、湖北、江西、湖南、台湾、四川；国外：日本，朝鲜。

4. 深山虎甲 *Cicindela sachalinensis* Morawitz

寄主：小型昆虫、小动物。

分布：浙江（遂昌九龙山、临安、桐庐、建德、开化、丽水、缙云、遂昌、青田、龙泉）。

5. 棒角树虎甲（黄足青虎甲）*Collyris crassicornis* Dejean

寄主：小型昆虫。

分布：浙江（遂昌九龙山、长兴、杭州、龙泉）。

6. 台湾树栖虎甲皱胸亚种 *Collyris formosana rugosior* Horn

分布：浙江（遂昌九龙山、龙王山、百山祖）、湖北、江西、湖南、福建、广东。

二、步甲科 Carabidae

步甲科昆虫体型中等大小，色泽幽暗，多为黑色、褐色，常带金属光泽，少数色鲜艳，有黄色花斑；体表光洁或被疏毛，有不同形状的微细刻纹。其成虫多在地表活动，行动敏捷，喜潮湿土壤或靠近水源的地方。白天一般隐藏于木下、落叶层、树皮下、苔藓下或洞穴中；有趋光性和假死现象。成虫、幼虫多以蚯蚓、钉螺、蜘蛛等小昆虫以及软体动物为食，有些种类只取食动物的排泄物和腐殖质。

在九龙山保护区发现该科 6 属 8 种。

7. 艳大步甲 *Carabus lafossei* Stew

寄主：鳞翅目幼虫。

分布：浙江（遂昌九龙山、百山祖、全省广布）、江苏、江西、福建。

8. 三齿婪步甲 *Harpalus tridens* Morawitz

分布：我国浙江（遂昌九龙山、天目山、百山祖）、辽宁、陕西、江苏、安徽、湖北、江西、湖南、福建、四川、贵州、云南；国外：朝鲜，日本，印度，中南半岛。

9. 壶速步甲 *Lebidromius hauseri* Jedlicka

分布：浙江（遂昌九龙山、遂昌、龙泉）。

10. 耶气步甲（短鞘步甲）*Pheropsophus jessoensis* Morawitz

寄主：蝼蛄、菜粉蝶。

分布：浙江（遂昌九龙山、长兴、安吉、鄞县、慈溪、余姚、奉化、三门、天台、仙居、临海、黄岩、温岭、玉环、丽水、缙云、龙泉、温州）。

11. 广屁步甲（夜行步甲）*Pheropsophus occipitalis*（MacLeay）

寄主：黏虫、蟓虫、叶蝉、蝼蛄。

分布：我国浙江（遂昌九龙山、龙王山、莫干山、百山祖、温州）、辽宁、内蒙古、河北、甘肃、江苏、安徽、江西、湖南、福建、台湾、广东、贵州、云南；国外：缅甸，印度，菲律宾，马来西亚，印度尼西亚。

12. 麻头步甲（二星步甲）*Planetes puncticeps* Andrewes

寄主：昆虫。

分布：我国浙江（遂昌九龙山、百山祖、常山、江山、开化、永嘉、文成、泰顺）、江西、福建、台湾、西藏；国外：朝鲜，日本。

13. 双齿蝼步甲（二齿蝼步甲）*Scarites acutidens* Chaudoir

分布：我国浙江（遂昌九龙山、天目山、金华、永康、缙云、青田、龙泉）、宁夏、江苏、湖北、江西、湖南、福建、台湾、广东、四川、西藏；国外：日本，越南，老挝，柬埔寨。

14. 黑蝼步甲（大蝼步甲）*Scarites sulcatus* Olivier

寄主：昆虫。

分布：浙江（遂昌九龙山、岱山、普陀、江山、开化、龙泉）。

三、豉甲科 Gyrinidae

本科昆虫体小至中型，豆豉状，黑色。触角位于复眼前下方，粗短，11节，第1节圆筒形，第2节耳状，端部尖突，有细丝，其余各节成棍棒状；复眼分裂为上、下两部分，似背、腹面各1对。后胸背板无横缝，前足长，中足扁阔，浆状。腹部7节，第1、第2节在侧方愈合。

幼虫形似龙虱，细长，两侧具透明的气管鳃。头长形或近圆形，上颚镰刀状并有沟，有或无臼突；额突无齿或具2~4齿，排成一横行。

在九龙山保护区发现该科1属1种。

15. 东方豉甲 *Dineutus orientalis*（Modeer）

分布：我国浙江（遂昌九龙山、龙王山、百山祖）、江苏、湖南；国外：日本，朝鲜，西伯利亚，东南亚。

四、龙虱科 Dytiscidae

龙虱科昆虫体小到大型，背、腹两面均隆起，流线型。触角11节，复眼发达。成虫足较短，后足为游泳足并远离中足，雄虫前足为抱握足。

在九龙山保护区发现该科2属2种。

16. 稻田龙虱 *Cybister ventralis* Sharp

寄主：水稻。

分布：浙江（遂昌九龙山、丽水、龙泉）。

17. 灰龙虱 *Eretes sticticus* Linnaeus

分布：我国浙江（遂昌九龙山、龙王山、百山祖、奉化、义乌、东阳、永康、兰溪、开化、丽水、龙泉）、湖南、福建、台湾、广东、广西；国外：世界广布。

五、埋葬甲科 Silphidae

本科昆虫体小至中型，宽短，体壁较软，黑或红色，常有淡色花纹。触角位于额前缘，棍棒状，10节；有或无复眼；下唇须可见；颏横长方形，前方具膜质颏下片。前足基节窝开式，基节大，圆锥形，左右相接，跗节5节；鞘翅端部截断状或圆形，常露出端部3个腹节，腹部4~7节。

幼虫为蜗型，两侧常具棘刺；头前口式并嵌入前胸内，每侧单眼6个，分为2群；触角 3 节；前胸约头宽 2 倍，胸足 4 节，转节小，腿节和爪大型。腹部 10 节，第 9 节端部有 1 对分节的尾突，气门位于第 1~8 节腹侧区。

在九龙山保护区发现该科 2 属 4 种。

18. 亚洲尸葬甲 *Necrodes asiaticus* **Portevin**

分布：我国浙江（遂昌九龙山、龙王山、东阳、龙泉）、四川；国外：蒙古，俄罗斯，日本，印度，伊朗，中亚，北亚。

19. 黑负葬甲 *Necrophorus concolor* **Kraatz**

分布：我国浙江（遂昌九龙山、龙王山、龙泉）、黑龙江、吉林、辽宁、内蒙古、宁夏、甘肃、河北、山西、山东、河南、江苏、安徽、湖北、江西、湖南、福建、台湾、广东、广西、四川、贵州、云南、西藏；国外：蒙古，朝鲜，日本。

20. 斑额负葬甲 *Necrophorus maculifrons* **Kraatz**

分布：浙江（遂昌九龙山、永康、丽水、遂昌、龙泉）。

21. 尼负葬甲 *Necrophorus nepalensis* **Hope**

分布：我国浙江（遂昌九龙山、龙王山、古田山、百山祖）、河北、山西、山东、江苏、湖北、江西、湖南、台湾、四川、贵州、云南；国外：日本，越南，尼泊尔，印度，孟加拉，印度尼西亚。

六、锹甲科 Lucanidae

本科昆虫体型中至大型，长椭圆形，黑、黄褐色，有光泽。头前口式，雌雄二型现象十分显著，雄虫上颚特别发达，雌虫上颚较小；触角 11 节，膝状，棒状部 3~6 节；鞘翅盖住腹部，表面无纵痕纹；第五跗节长；可见腹板 5 节。

在九龙山保护区发现该科 4 属 5 种。

22. 巴新锹甲 *Neolucanus baladeva* **Hope**

分布：我国浙江（遂昌九龙山、百山祖）、福建、台湾、云南；国外：不丹，印度。

23. 库光胫锹甲 *Odontolabis cuvera* **Hope**

寄主：柑橘、沙田柚、板栗、栎。

分布：我国浙江（遂昌九龙山、百山祖）、湖南、福建、台湾、广东、广西、海南、云南、西藏；国外：越南，缅甸，印度。

24. 西光胫锹甲 *Odontolabis siva*（**Hope et Westwood**）

寄主：柑橘、沙田柚、板栗、栎。

分布：我国浙江（遂昌九龙山、百山祖、浦江、义乌、东阳、常山、江山、开化）、湖南、福建、广东、海南、广西、云南、西藏；国外：老挝，缅甸，孟加拉，印度。

25. 污铜狭锹甲 *Prismognathus dauricus* **Motschulsky**

分布：我国浙江（遂昌九龙山、百山祖）、黑龙江、吉林、辽宁、湖南；国外：俄罗斯，朝鲜。

26. 巨锯锹甲 *Serrognathus titanus* **Boiscuval**（彩图 74）

寄主：柑橘、沙田柚、麻栎。

分布：我国浙江（遂昌九龙山、莫干山、天目山、百山祖、杭州、建德、鄞县、余姚、镇海、奉化、定海、天台、温州、乐清、永嘉、泰顺）、湖北、江西、湖南、福建、台湾、广东、广西、四川、贵州、云南；国外：日本，朝鲜，越南，缅甸，印度。

七、蜉金龟科 Aphodiidae

蜉金龟科昆虫体型小至中型，常略呈半圆筒形，体色较单调，多褐色到黑色，也有黄褐色或有斑纹的种类。头部唇基及眼脊片扩大似盖，口器位于其下，背面不可见。触角 9 节，鳃片部 3 节生。小盾片发达。鞘翅常有刻点沟或纵沟线，鞘翅盖住腹部，臀板不外露。腹部可见 6 腹板。足粗壮，前足胫节外缘多有 3 齿，中足、后足胫节均有端距 2 枚。

在九龙山保护区发现该科 1 属 1 种。

27. 骚蜉金龟 *Aphodius sorex* **Fabricius**

分布：我国浙江（遂昌九龙山、百山祖）、湖北、江西、台湾；国外：印度。

八、金龟甲科 Scarabaeidae

金龟甲科昆虫体型小至中型，粗壮。触角 8~9 节，棒状部 3 节，多毛。前足开掘式，中足左右远离，后足着生在体后部而远离中足，中、后足胫节端部膨大，胫节有 1 端距；常无小盾片，鞘翅盖住气门。腹部腹板 6 节。

在九龙山保护区发现该科 5 属 5 种。

28. 神农洁蜣螂（神农药蜣螂） *Catharsius molossus*（**Linnaeus**）

寄主：人、畜粪便。

分布：我国浙江（遂昌九龙山、莫干山、百山祖、遂昌、松阳、龙泉、庆元）、河北、山西、山东、河南、陕西、江苏、安徽、湖北、江西、湖南、福建、台湾、广东、海南、广西、四川、贵州、云南、西藏；国外：越南，老挝，缅甸，柬埔寨，泰国，尼泊尔，印度，印度尼西亚，斯里兰卡。

29. 福建蜣螂 *Copris fukiensis* **Balthasar**

分布：浙江（遂昌九龙山、龙王山、百山祖）、福建。

30. 疣侧裸蜣螂 *Gymnopleurus brahminus* **Waterhouse**

分布：我国浙江（遂昌九龙山、龙王山、百山祖、雁荡山、长兴、安吉、普陀）、江苏、江西、湖南、福建、台湾、四川、西藏。

31. 镰双凹蜣螂 *Onitis falcatus* **Wulfen**

分布：我国浙江（遂昌九龙山、四明山、古田山、安吉、杭州、遂昌）、河北、山西、山东、河南、江苏、安徽、湖北、江西、湖南、福建、台湾、广东、海南、广西、四川、贵州、云南；国外：越南，老挝，柬埔寨，菲律宾，印度，孟加拉，马来半岛。

32. 婪翁蜣螂 *Onthophagus lenzi* Harold

寄主：兽粪。

分布：我国浙江（遂昌九龙山、四明山、长兴、安吉、杭州、上虞、慈溪、嵊泗、普陀、义乌、永康、仙居、兰溪、常山、江山、缙云、龙泉、庆元、永嘉、瑞安、泰顺）、辽宁、河北、山西、河南、江苏、福建；国外：朝鲜，日本。

九、犀金龟科 Dynastidae

犀金龟科昆虫体型大至特大型种类，性二型现象明显，其雄虫头面、前胸背板有强大的角突或其他突起或凹坑，雌虫则简单或可见低矮突起。上唇藏于唇基之下，上颚外露，背面不可见。触角10节，鳃片部3节组成。前胸腹板垂突位于基节之间，柱形、三角形、舌形等。

在九龙山保护区发现该科2属2种。

33. 突背蔗龟 *Alissonotum impressicolle* Arrow

寄主：甘蔗。

分布：我国浙江（遂昌九龙山、庆元、平阳）、福建、台湾、广东。

34. 双叉犀金龟 *Allomyrina dichotoma*（Linnaeus）

寄主：桑、榆、无花果。

分布：我国浙江（遂昌九龙山、莫干山、天目山、百山祖、湖州、长兴、龙王山、德清、杭州、上虞、鄞县、镇海、衢县、遂昌、庆元）、吉林、辽宁、河北、山东、河南、江苏、安徽、湖北、江西、湖南、福建、台湾、广东、海南、广西、贵州、云南；国外：朝鲜，日本，老挝。

十、丽金龟科 Rutelidae

丽金龟科昆虫体型中等，多为蓝、绿等鲜艳美丽种。上唇骨化。鞘翅常具膜质边缘；后足胫节端距2枚，爪1对，但不等长，后足的尤其显著，各爪短而可动。腹部侧膜和腹板上各有气门3个。

在九龙山保护区发现该科7属18种。

35. 华长丽金龟 *Adoretosoma chinense* Redtenbacher

分布：我国浙江（遂昌九龙山、百山祖、遂昌、龙泉、庆元）、江苏、湖北、广东、香港；国外：越南，老挝，印度（阿萨姆）。

36. 脊绿异丽金龟 *Anomala aulax* Wiedemann

寄主：杉、松。

分布：我国浙江（遂昌九龙山、全省广布）、安徽、湖北、江西、湖南、福建、台湾、广东、海南、广西、四川、贵州、云南；国外：越南。

37. 桐黑异丽金龟 *Anomala antiqua* Gyllenhal

寄主：泡桐、樟、乌桕。

分布：我国浙江（遂昌九龙山、长兴、安吉、杭州、奉化、兰溪、温岭、缙云、遂昌、云和、文成、平阳、泰顺）、河南、江苏、江西、广东、海南、广西、四川、云南；国外：柬埔寨，老挝，泰国，缅甸，印度，印度尼西亚，马来西亚，澳大利亚。

38. 铜绿异丽金龟 *Anomala corpulenta* Motschulsky

寄主：玉米、高粱、甘薯、马铃薯、麻、豆、桃、海棠、梅、李、杏、梨、葡萄、柿、瓜、甜菜、洋槐、柏、榆、麦、花生、棉、胡桃、山楂、茶、松、杉、枫杨、樟、油桐、梓、栎、乌桕、草莓。

分布：我国浙江（遂昌九龙山、全省广布）、黑龙江、吉林、辽宁、内蒙古、河北、山西、山东、河南、宁夏、陕西、江苏、安徽、湖北、江西、四川；国外：朝鲜，蒙古。

39. 红脚异丽金龟 *Anomala cupripes* Hope

寄主：杉、松、杨、油桐、凤凰木、大叶桉、茶、油茶、栎、相思树、柞、柑橘、乌桕、楝、泡桐、檫、樟、桉、栗。

分布：我国浙江（遂昌九龙山、全省广布）、山东、河南、江苏、安徽、江西、广东、广西、四川、海南、云南；国外：越南，柬埔寨，老挝，泰国，缅甸，印度尼西亚，马来西亚。

40. 斑黑异丽金龟 *Anomala ebenina* Fairmaire

分布：我国浙江（遂昌九龙山、百山祖）、内蒙古、河北、陕西、湖北、江西、福建、广东、广西、四川、贵州、云南；国外：蒙古。

41. 深绿异丽金龟 *Anomala heydeni* Frivaldszky

寄主：乌桕、白杨、梧桐、榆、浙贝母。

分布：我国浙江（遂昌九龙山、莫干山、百山祖、杭州、上虞）、、江苏、江西、福建；国外：越南。

42. 毛褐异丽金龟 *Anomala hirsutula* Nonfried

寄主：马尾松、杉、板栗。

分布：我国浙江（遂昌九龙山、龙王山、天目山、四明山、百山祖、长兴、杭州、临安、鄞县、慈溪、镇海、象山、缙云、遂昌、龙泉）、江西、福建、广西；国外：越南。

43. 斑翅异丽金龟（横斑异丽金龟、点翅异丽金龟）*Anomala spiloptera* Burmeister

寄主：杉、油桐、松、板栗。

分布：我国浙江（遂昌九龙山、龙王山、天目山、莫干山、四明山、百山祖、长兴、德清、杭州、绍兴、上虞、诸暨、新昌、鄞县、慈溪、三门、普陀、黄岩、丽水、云和、庆元、平阳）、江西；国外：朝鲜。

44. 黑肩丽金龟 *Blitopertha conspurcata* Harold

分布： 我国浙江（遂昌九龙山、莫干山）、北京、河北；国外：朝鲜，日本，俄罗斯。

45. 蓝边矛丽金龟（斜矛丽金龟、斜斑矛丽金龟）*Callistethus plagiicollis* Fairmaire

寄主： 栎。

分布： 我国浙江（遂昌九龙山、龙王山、莫干山、百山祖、遂昌、云和、龙泉、庆元）、山西、陕西、河南、江苏、安徽、湖北、江西、湖南、福建、广东、香港、四川、贵州、云南、西藏；国外：俄罗斯，朝鲜，越南。

46. 中华彩丽金龟 *Mimela chinensis* Kirby

寄主： 箬竹。

分布： 我国浙江（遂昌九龙山、天目山、百山祖、安吉、德清、杭州、奉化、缙云、云和）、江西、湖南、福建、广东、海南、广西、四川、贵州、云南；国外：中南半岛。

47. 墨绿彩丽金龟（亮绿彩丽金龟）*Mimela splendens*（Gyllenhal）

寄主： 油桐、杨、柳、乌桕、栎、木麻黄、泡桐、檫、板栗、李。

分布： 我国浙江（遂昌九龙山、全省广布）、黑龙江、吉林、辽宁、河北、山东、陕西、安徽、湖北、江西、湖南、福建、台湾、广东、广西、四川、贵州、云南；国外：朝鲜，日本，越南。

48. 闽褐弧丽金龟 *Popillia fukiensis* Machatschke

分布： 浙江（遂昌九龙山、遂昌、百山祖）、江西、福建、广东、广西、贵州。

49. 弱斑弧丽金龟 *Popillia histeroidea* Gyllenhal

分布： 我国浙江（遂昌九龙山、义乌、东阳、兰溪、温岭、衢县、常山、丽水、缙云、遂昌、松阳、青田、云和、龙泉、庆元、百山祖、温州、雁荡山、永嘉、瑞安、文成、平阳、泰顺）、吉林、辽宁、内蒙古、宁夏、甘肃、河北、山西、陕西、山东、河南、江苏、安徽、湖北、江西、湖南、福建、四川、台湾；国外：朝鲜，日本，越南

50. 曲带弧丽金龟 *Popillia pustulata* Fairmaire

寄主： 栎、乌桕、葡萄。

分布： 我国浙江（遂昌九龙山、全省广布）、陕西、山东、河南、江苏、湖北、江西、湖南、福建、广东、广西、四川、贵州、云南；国外：越南。

51. 中华弧丽金龟 *Popillia quadriguttata* Fabricius

寄主： 榆、柳、棉、梨、葡萄、栗、杨、槐、山花椒、栎、乌桕、花生、大豆、玉米、高粱。

分布： 我国浙江（遂昌九龙山、全省分布）、黑龙江、吉林、辽宁、内蒙古、江苏、安徽、湖北、江西、福建、台湾、广东、广西、四川、贵州、云南；国外：朝鲜，越南。

52. 斑喙丽金龟 *Adoretus tenuimaculatus* Waterhouse

寄主：葡萄、梨、板栗、柿、樱桃、大豆、玉米、油桐、向日葵、菊、芋、棉、水稻、菜豆、芝麻、桃、枣、茶、油茶、乌桕、胡桃、桉、白杨、枫杨、重阳木、梧桐、杉、马尾松、木荷、刺槐、栎、柳、丝瓜、榆、杏、李。

分布：我国浙江（遂昌九龙山、全省分布）、辽宁、河北、山西、山东、河南、江苏、安徽、湖北、江西、湖南、福建、台湾、广西、四川、广东、云南；国外：日本，美国夏威夷。

十一、鳃金龟科 Melolonthidae

本科昆虫体型小至大型，椭圆形，色暗或美丽。触角 8~10 节，棒状部 3~5 节，少毛。小盾片显著；鞘翅常有 4 条纵肋；前足开掘式，后足接近中足而远离腹部末端；爪成对，大小相似，爪有齿，或中、后足爪仅 1 枚。腹板 5 节，腹末 2 节外露；鞘翅末端露出气门 1 个。

在九龙山保护区发现该科 10 属 20 种。

53. 筛阿鳃金龟 *Apigonia cribricollis* Burmeister

寄主：梨、柑橘、芭蕉、梅、无花果、乌桕、蓖麻、樟、泡桐、檫、重阳木、相思树、桉、玉桂、女贞、板栗、油桐、油茶。

分布：我国浙江（遂昌九龙山、天目山、四明山、长兴、安吉、杭州、缙云、庆元、永嘉）、江苏、湖北、江西、湖南、福建、广东、四川、云南；国外：越南。

54. 尾歪鳃金龟（粉白鳃金龟）*Cyphochilus apicalis* Waterhouse

寄主：栎、樟、板栗、油茶、桂花、刺槐、枫杨。

分布：浙江（遂昌九龙山、莫干山、德清、慈溪、定海、龙泉、云和、庆元）、江西、湖南、福建、广西。

55. 粉歪鳃金龟（粉歪唇鳃金龟）*Cyphochilus farinosus* Waterhouse

寄主：栎类、油茶。

分布：我国浙江（遂昌九龙山、龙王山、四明山、仙居、玉环、云和、庆元）、江苏、广西、云南；国外：朝鲜。

56. 大等鳃金龟（齿缘鳃金龟）*Exolontha serrulata* Gyllenhal

寄主：松、梧桐、油桐、板栗、乌桕、油茶、楝、泡桐、化香、盐肤木。

分布：我国浙江（遂昌九龙山、龙王山、莫干山、天目山、四明山、上虞、新昌、长兴、定海、岱山、普陀、金华、东阳、庆元、泰顺）、湖北、江西、湖南、福建、广东、贵州；国外：印度，菲律宾。

57. 拟毛黄鳃金龟（台脊鳃金龟、拟毛黄脊鳃金龟）*Holotrichia formosana* Moser

寄主：甜高粱、蔬菜、甘蔗、花生、小麦。

分布：我国浙江（遂昌九龙山、莫干山、鄞县、庆元）、福建、台湾。

58. 江南大黑鳃金龟 *Holotrichia gebleri*（Faldermann）

寄主：茉莉花、胡桃、乌桕、榆、杭菊。

分布：浙江（遂昌九龙山、龙王山、莫干山、天目山、四明山、长兴、德清、嘉兴、杭州、临安、宁波、鄞县、余姚、奉化、象山、嵊泗、定海、岱山、普陀、东阳、遂昌、龙泉、温州、瑞安、文成、泰顺）、内蒙古、山西、山东、江苏、安徽。

59. 宽齿爪鳃金龟（宽褐齿爪鳃金龟）*Holotrichia lata* Brenske

寄主：榆、杨、槭、刺槐、油桐、板栗、麻栎、楝、柳、乌桕、梨、紫藤、白杨、樱桃、沙果、梅。

分布：我国浙江（遂昌九龙山、龙王山、莫干山、天目山、百山祖、湖州、长兴、德清、杭州、建德、诸暨、鄞县、慈溪、余姚、奉化、宁海、象山、三门、定海、普陀、浦江、龙泉）、江苏、安徽、湖北、江西、湖南、福建、台湾、广东、广西、四川、贵州、云南；国外：越南。

60. 暗黑鳃金龟（暗黑齿爪鳃金龟）*Holotrichia parallela* Motschulsky

寄主：棉、麻、向日葵、蓖麻、大豆、花生、甘薯、玉米、桑、梨、柑橘、杨、榆、乌桕、胡桃、柳、槐、柞。

分布：我国浙江（遂昌九龙山、全省分布）、黑龙江、吉林、辽宁、甘肃、青海、河北、山西、山东、河南、陕西、江苏、安徽、湖北、江西、湖南、福建、四川、贵州；国外：俄罗斯远东地区，朝鲜，日本。

61. 铅灰齿爪鳃金龟 *Holotrichia plumbea* Hope

寄主：乌桕、榆。

分布：浙江（遂昌九龙山、龙王山、莫干山、天目山、百山祖、长兴、德清、海宁、杭州、绍兴、诸暨、新昌、鄞县、慈溪、余姚、奉化、象山、宁海、临海、丽水、庆元）、江苏、安徽、江西、福建、贵州。

62. 红褐大黑鳃金龟（棕红齿爪鳃金龟）*Holotrichia rubida* Chang

寄主：乌桕。

分布：浙江（遂昌九龙山、百山祖、海宁、杭州、宁波、舟山、嵊泗、普陀、天台、文成）。

63. 华脊鳃金龟（中华鳃金龟）*Holotrichia sinensis* Hope

寄主：柑橘、金橘、文旦、板栗、楝、桉、乌桕、枫、槭、盐肤木、化香。

分布：浙江（遂昌九龙山、全省广布）、江西、福建、广东。

64. 毛黄脊鳃金龟 *Holotrichia trichophora*（Fairmaire）

寄主：杨、柳、泡桐、水杉、乌桕、茶、梨、小麦、高粱、玉米、花生、豆类、薯类、蔬菜。

分布：浙江（遂昌九龙山、莫干山、安吉、德清、嘉兴、平湖、杭州、临安、绍兴、鄞县、余姚、浦江、东阳、兰溪、临海、丽水、龙泉、瑞安、平阳、泰顺）、内蒙古、河北、山西、山东、河南、陕西、江苏、安徽、湖北、江西、福建、四川。

65. 灰胸突鳃金龟（灰粉鳃金龟）*Hoplosternus incanus* Motschulsky

寄主：杨、柳、榆。

分布：我国浙江（遂昌九龙山、龙王山、德清、杭州、临安、普陀、金华、义乌、东阳、临海、庆元、平阳）、黑龙江、吉林、辽宁、内蒙古、宁夏、河北、山西、陕西、山东、河南、湖北、江西、四川、贵州；国外：朝鲜，俄罗斯远东地区。

66. 毛鳞鳃金龟 *Lepidiota hirsuta* Brenske

分布：浙江（遂昌九龙山、永康、缙云、青田、庆元）、山东、广东、广西。

67. 黑绒绢金龟（黑绒金龟）*Serica orientalis* Motschulsky

寄主：水稻、梨、梅、棉、豆类、花生、麦类、玉米、甘薯、栗、苜蓿、甜菜、麻、芝麻、茄、榆、槐、白杨、柳、桑、马铃薯、烟、白菜、胡萝卜、葱、西瓜、番茄、苎麻、葡萄、桃、李、樱桃、柿、山楂、草莓、乌桕。

分布：我国浙江（遂昌九龙山、全省广布）、黑龙江、吉林、辽宁、内蒙古、宁夏、甘肃、河北、山西、山东、河南、江苏、安徽；国外：蒙古，俄罗斯远东地区，朝鲜，日本。

68. 锈褐鳃金龟 *Melolontha rubiginosa* Fairmaire

寄主：乌桕。

分布：浙江（遂昌九龙山、长兴、湖州、余杭、临安、上虞、鄞县、慈溪、余姚、三门、嵊泗、定海、东阳、兰溪、庆元）。

69. 小黄鳃金龟 *Metabolus flavescens* Brenske

寄主：山楂、梨。

分布：浙江（遂昌九龙山、百山祖、杭州、慈溪、鄞县、庆元、云和）、河北、山西、山东、河南、陕西、江苏。

70. 鲜黄鳃金龟 *Metabolus tumidifrons* Fairmaire

寄主：乌桕、栎、榆、棉、麻。

分布：我国浙江（遂昌九龙山、莫干山、天目山、四明山、长兴、安吉、杭州、萧山、上虞、鄞县、奉化、嵊泗、定海、普陀、丽水、缙云、云和、庆元、平阳）、吉林、辽宁、河北、山西、山东、江西；国外：朝鲜。

71. 戴云鳃金龟 *Polyphylla davidis* Fairmaire

分布：浙江（遂昌九龙山、龙王山、天目山、四明山、长兴、东阳、缙云、庆元）、湖北、福建、四川。

72. 大云鳃金龟（云斑鳃金龟） *Polyphylla laticollis* **Lewis**

寄主：松、杉、刺槐、油桐、杨、柳、苹果。

分布：我国浙江（遂昌九龙山、安吉、莫干山、桐庐、上虞、新昌、余姚、宁海、三门、浦江、东阳、永康、龙泉、庆元、云和）、黑龙江、吉林、辽宁、内蒙古、河北、山西、陕西、山东、河南、江苏、安徽、四川、云南；国外：朝鲜，日本。

十二、花金龟科 Cetoniidae

花金龟多为中至大型甲虫，体表多花斑，色彩艳丽。唇基发达，且基部于复眼前略凹，致触角基部背面可见。触角10节，鳃片部3节。眼眦通常细长。前胸背板梯形或略近椭圆形，基部宽度窄于翅基。前胸背板与翅肩夹角处，可见中胸后侧片。鞘翅侧缘于翅肩后部略凹，致后胸后侧片和后足基节侧缘于背面可见，或无凹（斑金龟族 Trichiini、胖金龟族 Valgini）。臀板外露，短阔三角形。足常较短壮，或细长（斑金龟族），前足胫节外缘通常1~3齿，或3~5齿（胖金龟族），跗节通常5节，个别属4节（跗花金龟属 Clinterocera），爪成对简单。

在九龙山保护区发现该科3属5种。

73. 毛鳞花金龟（钝毛鳞花金龟） *Cosmiomorpha setulosa* **Westwood**

分布：浙江（遂昌九龙山、凤阳山、永康、龙泉）、江苏、江西、广东、广西。

74. 斑青花金龟 *Oxycetonia bealiae*（**Gory et Percheron**）

寄主：梨、栗、乌桕、柳、柑橘、栎、女贞。

分布：我国浙江（遂昌九龙山、全省分布）、江苏、安徽、湖北、江西、湖南、福建、广东、四川、海南、广西、云南、西藏；国外：越南，印度。

75. 小青花金龟 *Oxycetonia jucunda* **Faldermann**

寄主：栎、栗、杨、乌桕、油桐、湿地松、棉、梨、海棠、甜菜、锦葵、柑橘、杏、桃、梅、葡萄、樟、柏、松、竹、榆、桉、油茶、胡桃。

分布：我国浙江（遂昌九龙山、桐乡、杭州、天目山、桐庐、鄞县、慈溪、嵊泗、定海、普陀、金华、开化、常山、江山、丽水、缙云、庆元、文成、泰顺）、黑龙江、吉林、辽宁、北京、天津、山西、山东、甘肃、陕西、河南、上海、安徽、湖北、江西、湖南、福建、广东、四川、贵州、云南；国外：日本，朝鲜，印度，斯里兰卡，尼泊尔，北美洲。

76. 日铜罗花金龟 *Rhomborrhina japonica* **Hope**

寄主：茶、柑橘、文旦、金橘、松、玉米。

分布：我国浙江（遂昌九龙山、长兴、义乌、永康、兰溪、丽水、龙泉、温州、洞头、平阳）、河南、江苏、安徽、湖北、江西、福建、广东、广西、四川、贵州、云南；国外：朝鲜，日本。

77. 黑罗花金龟 *Rhomborrhina nigra* **Saunders**

寄主：柑橘、麻、青冈、松。

分布：浙江（遂昌九龙山、古田山、江山、庆元）、江西、福建。

十三、吉丁虫科 Buprestidae

吉丁虫科昆虫体长 1.0~60mm，小至大型，常有美丽的金属光泽。成虫头部较小，嵌入前胸。触角 11 节，多为短锯齿状。前胸大，与体后相接紧密，不能活动。前胸腹板后端突起，嵌入中胸腹板上。腹部可见 5 节，第 1、第 2 节一般愈合。鞘翅发达，到端部逐渐收狭。前、中足基节球形，转节显著。后足基节横阔。跗节 5-5-5 式，前 4 节下边有垫。幼虫体扁而细长，乳白色，分节明显。前胸膨大；头小，无单眼，触角 3 节；腹节 9 节，圆或扁；胸足退化。多数幼虫期蛀干为害，少数潜叶，如 Trachys 属。成虫取食植物叶片或访花取食花粉。

在九龙山保护区发现该科 2 属 2 种。

78. 日本脊吉丁 *Chalcophora japonica* **Schauffuss**

寄主：马尾松、杉、木荷。

分布：浙江（遂昌九龙山、桐庐、嵊州、东阳、天台、丽水、遂昌、龙泉、庆元、永嘉）。

79. 红缘绿吉丁（梨绿吉丁虫） *Lampra bellula* **Lewis**

寄主：梨、杏、桃、苹果。

分布：浙江（遂昌九龙山、临海、龙泉）。

十四、叩甲科 Elateridae

叩甲科昆虫通称叩头虫，其前胸腹板向后突出而形成前胸腹后突，中胸腹板向内凹陷而形成中胸腹窝，由此构成"叩头"的关节；另外，前胸背板后部和鞘翅基部相向向内倾斜，便于"叩头"有更大幅度，而且，前胸后侧角尖锐。

在九龙山发现该科 7 属 8 种。

80. 斑鞘灿叩甲 *Actenicerus maculipennis* **Schwarz**

分布：我国浙江（遂昌九龙山、天目山、百山祖）、安徽、湖北、江西、湖南、福建、台湾、广西、四川、云南；国外：越南，柬埔寨。

81. 松丽叩甲（大绿叩甲、大青叩甲、丽叩甲） *Campsosternus auratus* （**Drury**）（彩图 75）

寄主：松。

分布：我国浙江（遂昌九龙山、莫干山、天目山、杭州、桐庐、建德、上虞、象山、三门、定海、金华、永康、武义、开化、丽水、缙云、遂昌、龙泉、庆元、永嘉）、湖北、江西、湖南、福建、台湾、广东、广西、海南、四川、云南、贵州；国外：越南，老挝，柬埔寨，日本。

82. 暗足重脊叩甲 *Chiagosnius obscuripes*（Gyllenhal）

寄主：甘蔗。

分布：我国浙江（遂昌九龙山、龙王山、古田山、天台、庆元）、内蒙古、河北、江苏、安徽、湖北、江西、湖南、福建、台湾、广东、广西、四川、云南、西藏；国外：俄罗斯（高加索），朝鲜，越南，印度，日本。

83. 眼纹斑叩甲 *Crytalaus larvatus*（Candeze）（彩图 76）

分布：我国浙江（遂昌九龙山、古田山、百山祖）、江苏、江西、湖南、福建、台湾、广东、海南、广西、四川；国外：越南，老挝。

84. 筛头梳爪叩甲 *Melanotus legatus* Candeze

寄主：大麦、花生。

分布：我国浙江（遂昌九龙山、天目山、百山祖）、黑龙江、吉林、辽宁、江苏、江西、福建、台湾、广东、广西；国外：日本，朝鲜。

85. 脉鞘梳爪叩甲 *Melanotus venalis* Candeze

分布：浙江（遂昌九龙山、龙王山、古田山、百山祖）、内蒙古、江西。

86. 巨四叶叩甲 *Tetralobus perroti* Fleutiaux

分布：我国浙江（遂昌九龙山、古田山、百山祖）、湖北、江西、福建、四川、广西；国外：越南。

87. 粗体土叩甲 *Xanthopenthes robustus*（Miwa）

分布：我国浙江（遂昌九龙山、龙王山、古田山、百山祖）、湖北、湖南、台湾、贵州。

十五、瓢虫科 Coccinellidae

瓢虫科区别于鞘翅目其他各科的主要特征是：一是跗节隐四节式；二是可见第 1 腹板上有后基线；三是下颚须末节斧状，两侧向末端扩大，或两侧相互平行，如两侧向末端收窄，则前端减薄而平截。大多数种类同时具备上述的 3 个特征，仅少数只有其中的 2 个特征。因此，上述特征可作为鉴别瓢虫科的依据。

在九龙山保护区发现该科 22 属 30 种。

88. 细纹裸瓢虫 *Calvia albolineata* Schoenherr

寄主：松蚜、棉蚜、麦长管蚜、禾谷缢管蚜、桃蚜、萝卜蚜、菜蚜。

分布：浙江（遂昌九龙山、百山祖、庆元、永嘉、瑞安、平阳）、福建、广东、广西、云南。

89. 十五星裸瓢虫 *Calvia quinquedecimguttata*（Fabricius）

寄主：蚜。

分布：我国浙江（遂昌九龙山、百山祖、杭州、桐庐、淳安、上虞、诸暨、新昌、定海、岱山、东阳、丽水、庆元、温州）、河南、甘肃、陕西、江西、湖南、福建、广东、广西、贵州、四川、云南；国外：蒙古，俄罗斯至欧洲，苏联，日本，印度。

90. 黑缘红瓢虫 *Chilocorus rubidus* Hope

寄主：蚧。

分布：我国浙江（遂昌九龙山、全省广布）、黑龙江、吉林、辽宁、内蒙古、北京、河北、山东、河南、宁夏、甘肃、陕西、江苏、福建、海南、四川、贵州、云南、西藏；国外：日本，俄罗斯，蒙古，印度，朝鲜，尼泊尔，印度尼西亚，澳大利亚，大洋洲。

91. 宽缘唇瓢虫 *Chilocorus rufitarsus* Motschulsky

寄主：刺绵蚧、蚜、茶绵蚧、杏球蚧、堆蜡粉蚧。

分布：浙江（遂昌九龙山、杭州、临安、余姚、丽水、遂昌、龙泉、庆元）、福建、广东、云南。

92. 七星瓢虫 *Coccinella septempunctata* Linnaeus（彩图 77）

寄主：麦二叉蚜、槐蚜、桃蚜、松蚜、桑木虱、棉蚜、豆蚜、菜缢管蚜、麦蚜、杨蚜、大麻黄毒蛾。

分布：我国浙江（遂昌九龙山、全省广布）、黑龙江、吉林、辽宁、新疆、河北、山西、陕西、山东、河南、江苏、湖北、江西、湖南、福建、广东、四川、云南、西藏；国外：苏联，蒙古，朝鲜，日本，印度，欧洲。

93. 双带盘瓢虫 *Coelophora biplagiata*（Swartz）

寄主：松干蚧、柏蚜、鬼针蚜、萝卜蚜、甘蔗角粉蚧、橘蚜、竹蚜、麦蚜、菜蚜、桃蚜。

分布：我国浙江（遂昌九龙山、龙王山、古田山、百山祖、常山）、江西、台湾、西藏、福建、广东、云南、西藏；国外：朝鲜，日本，菲律宾，印度，印度尼西亚。

94. 瓜茄瓢虫 *Epilachna admirabilis* Crotch

寄主：茄、酸浆、瓜、绞股蓝、木通。

分布：我国浙江（遂昌九龙山、龙王山、莫干山、天目山、百山祖、杭州）、陕西、江苏、安徽、湖北、江西、福建、台湾、广西、广东、四川、云南；国外：越南北部，日本，缅甸，尼泊尔，印度，孟加拉，泰国。

95. 酸浆瓢虫 *Epilachna sparsa* Diere

寄主：马铃薯、茄子、大豆、辣椒、丝瓜。

分布：我国浙江（遂昌九龙山、百山祖）、内蒙古、北京、天津、河北、山西、陕西、江苏、安徽、江西、福建、广西、四川、云南；国外：日本。

96. 黑缘光瓢虫 *Exochomus nigromarginatus* Miyatake

寄主：蚧。

分布：浙江（遂昌九龙山、莫干山、丽水、龙泉）、江西、福建。

97. 异色瓢虫 *Harmonia axyridis*（Pallas）

寄主：木虱、螨、榆紫叶甲、蚜、叶螨、木虱、三化螟、棉铃虫、松干蚧、粉蚧。

分布：我国浙江（遂昌九龙山、全省广布）、全国广布；国外：亚洲东部，西伯利亚，苏联，朝鲜，日本，印度，蒙古。

98. 红肩瓢虫豹纹类型 *Harmonia dimidata absicadi* Mader

寄主：粉虱、蚜。

分布：我国浙江（遂昌九龙山、龙王山、百山祖、淳安、龙泉）、福建、台湾、广西、四川、云南；国外：日本，尼泊尔。

99. 八斑和瓢虫 *Harmonia octomaculata*（Fabricius）

寄主：麦蚜、豆蚜、菜蚜。

分布：我国浙江（遂昌九龙山、百山祖）、湖北、江西、湖南、福建、台湾、广东、广西、云南；国外：日本，印度，菲律宾，印度尼西亚，大洋洲。

100. 梵文菌瓢虫 *Halyzia sanscrita* Mulsart

寄主：白粉菌、真菌。

分布：我国浙江（遂昌九龙山、天目山、百山祖）、河北、甘肃、陕西、湖北、福建、台湾、广西、四川、云南、贵州、西藏；国外：印度，也门，不丹。

101. 马铃薯瓢虫 *Henosepilachna vigitioctomaculata*（Motschulsky）

寄主：茄、番茄、黄瓜、大豆、葡萄、苹果、柑橘、马铃薯。

分布：我国浙江（遂昌九龙山、丽水、缙云、龙泉）、黑龙江、吉林、辽宁、北京、河北、山西、山东、甘肃、陕西、河南、江苏、福建、广西、四川、云南、西藏；国外：日本，朝鲜，西伯利亚，俄罗斯，越南，尼泊尔，印度。

102. 四星盾瓢虫 *Hyperaspis repensis*（Herbst）

寄主：棉蚜。

分布：浙江（遂昌九龙山、遂昌、龙泉）。

103. 中华显盾瓢虫 *Hyperaspis sinensis*（Crotch）

寄主：蚜、粉虱、叶甲、油茶刺绵蚧。

分布：我国浙江（遂昌九龙山、建德、常山、遂昌、青田、庆元、温州）、北京、河南、江苏、安徽、江西、福建、广东、广西、四川、贵州；国外：西伯利亚，韩国。

104. 素鞘瓢虫 *Illeis cincta*（Fabricius）

寄主：南瓜白粉病病菌、橡胶白粉病病菌。

分布：浙江（遂昌九龙山、杭州、东阳、丽水、缙云、龙泉）。

105. 黄斑盘瓢虫 *Lemnia saucia* Mulsant

寄主：蚜、蚧。

分布：我国浙江（遂昌九龙山、龙王山、天目山、古田山、百山祖）、山东、河南、上海、甘肃、陕西、湖北、湖南、福建、台湾、广东、广西、四川、贵州、云南；国外：日本，尼泊尔，泰国，印度，印度尼西亚，菲律宾。

106. 稻红瓢虫 *Micraspis discolor*（Fabricius）

寄主：飞虱、叶蝉、稻蚜、菜缢管蚜、蓟马。

分布：我国浙江（遂昌九龙山、龙王山、百山祖、嘉善、平湖、杭州、临安、富阳、桐庐、淳安、江山、遂昌）、江苏、湖北、江西、湖南、福建、台湾、广东、广西、四川、贵州、云南；国外：日本，印度，菲律宾，印度尼西亚。

107. 黄缘巧瓢虫 *Oenopia sauzeti* Mulsant

寄主：柳蚜、球蚜。

分布：浙江（遂昌九龙山、丽水、龙泉）。

108. 黄褐刻眼瓢虫（黄黑刻眼瓢虫）*Ortalia pectordlis* Weise

寄主：蚜。

分布：我国浙江（遂昌九龙山、百山祖、桐庐、丽水）、广西、云南；国外：印度。

109. 红星盘瓢虫 *Phrynocaria congerer*（Bilberg）

寄主：蚜。

分布：我国浙江（遂昌九龙山、三门、庆元、百山祖）、福建、广东、四川、云南；国外：印度。

110. 四斑广盾瓢虫 *Platynaspis maculosa* Weise

寄主：蚜、蚧。

分布：我国浙江（遂昌九龙山、百山祖、鄞县、奉化、象山、青田）、江苏、湖北、福建、广东、四川、广西；国外：日本。

111. 龟纹瓢虫 *Propylaea japonica*（Thunberg）

寄主：松干蚧、蚜、叶螨、木虱、棉铃虫。

分布：我国浙江（遂昌九龙山、全省广布）、黑龙江、吉林、辽宁、内蒙古、宁夏、甘肃、新疆、北京、河北、山东、河南、陕西、江苏、上海、湖北、江西、湖南、福建、台湾、广东、广西、四川、贵州、云南；国外：西伯利亚，日本，印度，朝鲜，越南，俄罗斯。

112. 方斑瓢虫 *Propylaea quatuordecimpunctata*（Linnaeus）

寄主：蚜、蚧、粉虱。

分布：我国浙江（遂昌九龙山、百山祖、遂昌）、黑龙江、辽宁、内蒙古、甘肃、陕西、新疆、江苏；国外：苏联，欧洲。

113. 黑方褐突瓢虫 *Pseudoscymnus kurohime*（Miyatake）

寄主：粉蚧。

分布：我国浙江（遂昌九龙山、百山祖、缙云）、湖北、福建、台湾、广东、云南；国外：日本，密克罗尼西亚。

114. 小红瓢虫 *Rodolia pumila* Weise

寄主：吹绵蚧。

分布：我国浙江（遂昌九龙山、百山祖、江山、云和、庆元、温州、平阳）、福建、广东、云南；国外：日本，密克罗尼西亚。

115. 大红瓢虫 *Rodolia rufopilosa* Mulsant

寄主：吹绵蚧、银毛吹绵蚧、螨、蚜。

分布：我国浙江（遂昌九龙山、龙王山、百山祖、宁海、温州）、陕西、江苏、湖北、湖南、福建、广东、四川、广西；国外：日本，缅甸，印度，菲律宾，印度尼西亚。

116. 弯突毛瓢虫（长突毛瓢虫）*Scymnus yamato* Kamiya

寄主：蚜。

分布：我国浙江（遂昌九龙山、百山祖、建德、温州）、河北、河南、湖北、四川、福建；国外：日本。

117. 八斑和瓢虫 *Synharmonia octomaculata*（Fabricius）

寄主：蚜。

分布：浙江（遂昌九龙山、淳安、宁海、遂昌、庆元）。

十六、芫菁科 Meloidae

芫菁科昆虫体型为中型，圆筒形或粗短甲虫，体壁和鞘翅较软，黑、灰或褐色头下口式，后头急缢如颈；复眼大；触角 11 节，丝状或锯齿状，雄虫中部几节栉齿状。前胸窄于鞘翅基部，无侧缘，左右鞘翅部分重叠，末端分离；前足基节窝开式，前、中足基节左右相接，后足基节横形，跗节 5-5-4 式，爪裂为 2 叉。可见腹板 6 节。

在九龙山保护区发现该科 4 属 7 种。

118. 短翅豆芫菁 *Epicauta aptera* Kaszab

寄主：槐花、桃花、豆类、水稻。

分布：浙江（遂昌九龙山、龙王山、杭州、浦江、丽水、缙云、遂昌、云和、龙泉）、福建、广西、四川。

119. 眼斑芫菁（黄黑小芫菁）*Mylabris cichorii* Linnaeus

寄主：刺槐、香椿、楝、豆类、花生、棉、南瓜、茄、番茄、泡桐、刺苋，幼虫捕食蝗卵。

分布：浙江（遂昌九龙山、杭州、桐庐、建德、上虞、新昌、鄞县、慈溪、余姚、镇海、奉化、宁海、象山、定海、普陀、临海、开化、丽水、遂昌、青田、龙泉、庆元、温州、乐清、永嘉、瑞安、洞头、文成、平阳、泰顺）。

120. 大斑芫菁（黄黑大芫菁）*Mylabris phalerata*（Pallas）

寄主：大豆、花生、茄、番茄、南瓜、芝麻、棉、油茶、桉、泡桐、甘棣、木麻黄、湿地松、竹、田菁。

分布：浙江（遂昌九龙山、杭州、桐庐、建德、诸暨、鄞县、慈溪、余姚、镇海、奉化、宁海、象山、三门、普陀、义乌、东阳、永康、武义、兰溪、天台、仙居、临海、黄岩、温岭、玉环、丽水、遂昌、青田、龙泉、庆元、温州、乐清、永嘉、瑞安、洞头、文成、平阳、泰顺）。

121. 短翅豆芫菁 *Epicauta aptera* Kaszab

分布：浙江（遂昌九龙山、天目山、安吉、杭州、余姚、浦江、丽水、缙云、遂昌、云和、龙泉、泰顺）、福建、江西、广西、海南、重庆、四川、贵州、云南、陕西、甘肃。

122. 西北豆芫菁 *Epicauta sibirica*（Pallas）

分布：我国浙江（遂昌九龙山、全省广布）、黑龙江、内蒙古、北京、河北、山西、河南、宁夏、甘肃、陕西、青海、新疆、四川；国外：蒙古，俄罗斯，日本，哈萨克斯坦。

123. 眼斑沟芫菁 *Hycleus cichorii*（Linnaeus）

分布：我国浙江（遂昌九龙山、全省广布）、江苏、安徽、河南、湖北、江西、湖南、福建、广东、海南、广西、四川、贵州、云南、西藏、台湾、香港；国外：日本，越南，老挝，泰国，尼泊尔，印度。

124. 大斑沟芫菁 *Hycleus phaleratus*（Pallas）

分布：我国浙江（遂昌九龙山、全省广布）、江苏、安徽、河南、湖北、江西、福建、广东、海南、广西、四川、贵州、云南、西藏、台湾；国外：泰国，尼泊尔，印度，巴基斯坦，斯里兰卡，印度尼西亚。

十七、天牛科 Cerambycida

天牛科体型小至大型种类。触角通常 11 节，着生于触角基瘤之上，可向后伸展，大多丝状，细长，常超过体长之半。复眼通常呈肾形围绕触角基部，有时圆形，或内缘深凹，或上、下两叶完全分离。前胸背板侧缘常具刺突或瘤突，或隆突，或完全无突。中胸背板常具发音器。鞘翅通常完整，少数种类短缩或向后收狭，后翅发达，部分种类退化成鳞片状甚至消失。足胫节具 2 个端距，跗节隐 5 节。腹部可见节数为 5 节或 6 节。

在九龙山保护区发现该科 34 属 60 种。

125. 栗灰锦天牛 *Acalolepta degener*（Bates）

分布：我国浙江（遂昌九龙山、天目山、古田山、凤阳山、百山祖）、黑龙江、吉林、山东、陕西、江苏、湖北、江西、湖南、福建、台湾、广东、四川、贵州、云南；国外：朝鲜，日本。

126. 无芒锦天牛 *Acalolepta floculata pansisetosus*（Gressitt）

寄主：松、花椒。

分布：浙江（遂昌九龙山、凤阳山、百山祖、定海）、贵州。

127. 金绒锦天牛（锦缎天牛） *Acalolepta permutans*（Pascoe）

寄主：大叶黄杨、桑、马尾松。

分布：我国浙江（遂昌九龙山、百山祖、奉化、宁海、天台、丽水、庆元）、内蒙古、北京、天津、河北、山西、陕西、安徽、河南、江苏、江西、湖南、福建、广东、香港、广西、四川、云南；国外：日本，越南。

128. 南方锦天牛（南方天牛） *Acalolepta speciosns* Gahan

寄主：柯。

分布：我国浙江（遂昌九龙山、百山祖、松阳、庆元）、安徽、江西、台湾、广东、海南；国外：越南。

129. 双斑锦天牛 *Acalolipta sublusca* Thomson

寄主：大叶黄杨、算盘子、丝绵木。

分布：我国浙江（遂昌九龙山、杭州、天目山、天台、古田山、丽水、龙泉、庆元、百山祖）、北京、上海、河北、山东、江苏、江西、四川、福建；国外：越南，老挝，柬埔寨，马来西亚。

130. 小长角灰天牛（小灰长角天牛） *Acanthocinus griseus* Fabrieius

寄主：云杉、栎、马尾松、华山松。

分布：我国浙江（遂昌九龙山、古田山、百山祖）、黑龙江、吉林、辽宁、河北、陕西、山东；国外：苏联，朝鲜，欧洲。

131. 大麻多节天牛 *Agaparthia danrica* Ganglbauer

分布：我国浙江（遂昌九龙山、百山祖）、黑龙江、吉林、辽宁、内蒙古；国外：日本。

132. 绿绒星天牛 *Anoplophora berynina* Hope

寄主：栎。

分布：我国浙江（遂昌九龙山、古田山、百山祖）、台湾、广西、云南；国外：越南，缅甸，印度。

133. 星天牛 *Anoplophora chinensis*（Forster）

寄主：柳、杏、李、桃、杉、茶、槭、乌桕、木麻黄、樟、板栗、无患子、槐、悬铃木、榆、梨、无花果、樱桃、柑橘、枇杷、白杨、桑、楝、木荷、桤木。

分布：我国浙江（遂昌九龙山、龙王山、莫干山、百山祖、平阳）、吉林、辽宁、北京、河北、山西、山东、河南、甘肃、陕西、江苏、湖北、江西、湖南、福建、台湾、广东、海南、广西、四川、贵州、云南；国外：朝鲜，缅甸，日本，北美。

134. 星天牛胸斑亚种 *Anoplophora chinensismacularia* Thoms

寄主：柑橘、梨、无花果、樱桃、枇杷、柳、白杨、桑、悬铃木。

分布：我国浙江（遂昌九龙山、百山祖）、河北、山西、山东、甘肃、陕西、江苏、湖北、湖南、福建、广东、海南、香港、广西、四川、贵州；国外：朝鲜，缅甸。

135. 光肩星天牛 *Anoplophora glabripennis* Motsch

寄主：梨、李、梅、柑橘、糖槭、杨、柳、榆、桑、木麻黄、楝、水杉、刺槐、乌桕。

分布：我国浙江（遂昌九龙山、百山祖）、辽宁、内蒙古、宁夏、甘肃、河北、山西、陕西、山东、江苏、安徽、湖北、江西、福建、四川、广西；国外：朝鲜，日本。

136. 拟星天牛 *Anoplophora imitatrix*（White）

寄主：板栗、柑橘、桃、冬瓜木、麻栎。

分布：浙江（遂昌九龙山、古田山、百山祖、黄岩、丽水、云和、龙泉、庆元）、江苏、福建、广东、海南、广西、四川、贵州。

137. 黑星天牛 *Anoplophora leechi*（Gahan）

寄主：板栗、桉、柳。

分布：浙江（遂昌九龙山、龙王山、古田山、百山祖、长兴、杭州、临安、桐庐、浦江、丽水、庆元、温州）、河北、河南、江苏、湖北、江西、广西。

138. 槐星天牛 *Anoplophora lurida*（Pascoe）

寄主：槐。

分布：我国浙江（遂昌九龙山、天目山、四明山、长兴、杭州、嵊州、宁波、鄞县、慈溪、镇海、奉化、宁海、三门、定海、天台、仙居、临海、黄岩、温岭、玉环、丽水、云和、庆元、永嘉）、甘肃、江苏、湖北、江西、台湾。

139. 赤缘花天牛 *Anoplodera rubra dichroa*（Blanchard）

寄主：松、杨、柏、栎、柳、柿。

分布：我国浙江（遂昌九龙山、百山祖、松阳、庆元）、辽宁、河北、河南、黑龙江、吉林、辽宁、陕西、湖北、江西、湖南、四川；国外：苏联，朝鲜，日本。

140. 斑角缘花天牛 *Anoplodera variicornis*（Dalman）

寄主：冷杉、松。

分布：浙江（遂昌九龙山、庆元）。

141. 粒肩天牛（桑天牛、刺肩天牛）*Apriona germari*（Hope）

寄主：桑、梨、杏、桃、樱桃、枇杷、无花果、海棠、乌桕、楝、樟、栎、柑橘、杨、柳、榆、青杠、油茶、枫杨、刺槐、花红、椿、油桐。

分布：我国浙江（遂昌九龙山、古田山、百山祖）、辽宁、河北、山西、山东、河南、陕西、江苏、安徽、湖北、江西、湖南、福建、台湾、广东、海南、广西、四川、云南；国外：越南，缅甸，印度，日本，朝鲜，老挝。

142. 褐短梗天牛 *Arhopalus rusticus*（Linnaeus）

寄主：冷杉、柳杉、日本赤松、日本扁柏、马尾松。

分布：我国浙江（遂昌九龙山、百山祖、丽水、龙泉、庆元）、黑龙江、吉林、辽宁、内蒙古、河南、陕西、湖北、江西、四川、云南；国外：俄罗斯，朝鲜，日本，欧洲。

143. 瘤胸簇天牛 *Aristobia hispida*（Saunders）

分布：我国浙江（遂昌九龙山、全省广布）、河北、江苏、安徽、湖北、江西、湖南、福建、台湾、广东、海南、广西、四川、西藏；国外：越南。

144. 桃红颈天牛 *Aromia bungli* Fald

寄主：桃、杏、樱桃、梅、柳、柿、梨、栎、胡桃、苦楝。

分布：我国浙江（遂昌九龙山、全省广布）、辽宁、内蒙古、甘肃、河北、山东、陕西、江苏、湖北、福建、广东、广西、四川；国外：朝鲜。

145. 杨红颈天牛 *Aromia moschata orientalis* Plavils

寄主：杨、柳、李。

分布：我国浙江（遂昌九龙山、百山祖、龙泉、庆元）、黑龙江、吉林、辽宁、内蒙古、河北、河南、甘肃、陕西、江西；国外：苏联，朝鲜，日本。

146. 黄荆重突天牛（黄荆眼天牛、黄荆蓝翅天牛） *Astathes episcopalis*（Chevrelat）

寄主：竹、油茶、泡桐、油桐、黄荆。

分布：我国浙江（遂昌九龙山、古田山、长兴、杭州、淳安、丽水、庆元、泰顺）、内蒙古、河北、山西、河南、陕西、新疆、江苏、安徽、湖北、江西、福建、台湾、广东、香港、广西、四川、贵州、云南；国外：朝鲜。

147. 梨眼天牛 *Bacchisa fortunei* Thomson

寄主：苹果、梨、梅、杏、桃、李、海棠、石楠、野山楂、石榴。

分布：我国浙江（遂昌九龙山、龙王山、百山祖、古田山、杭州、临安、上虞、奉化、义乌、东阳、临海、黄岩、丽水）、黑龙江、吉林、辽宁、山西、山东、陕西、江苏、安徽、江西、福建、台湾；国外：朝鲜，日本。

148. 云斑白条天牛（云斑天牛） *Batocera horsfieldi*（Hope）（彩图 78）

寄主：栗、胡桃、枇杷、梨、杨、柳、泡桐、无花果、山毛榉、桑、榆、油桐、乌桕、木麻黄、栎。

分布：我国浙江（遂昌九龙山、全省分布）、河北、山东、河南、陕西、江苏、安徽、湖北、江西、湖南、福建、台湾、广东、广西、四川、贵州、云南；国外：日本，越南，印度东北部，朝鲜。

149. 深斑灰天牛 *Blepephaeus succinctor*（Chevrelat）

寄主：柑橘、油桐、栎、合欢、槐、相思树、樟、杉、竹、红豆杉、泡桐、黄檀、桑。

分布：我国浙江（遂昌九龙山、杭州、嵊州、龙泉、平阳）、江苏、江西、湖南、广东、广西、四川、云南；国外：越南，印度，印度尼西亚。

150. 二斑黑绒天牛 *Embrik strandia bimaculata*（White）

寄主：花椒、吴茱萸、山胡椒。

分布：我国浙江（遂昌九龙山、杭州、天目山、龙泉）、陕西、江苏、湖南、福建、台湾、广东、广西、四川、贵州、云南。

151. 红天牛 *Erythrus championi* White

分布：我国浙江（遂昌九龙山、莫干山、天目山、古田山、百山祖、杭州、丽水）、湖北、江西、福建、广东、四川、云南；国外：老挝，柬埔寨。

152. 弧斑红天牛（弧斑天牛） *Erythrus forunei* Wheti

寄主：葡萄。

分布：我国浙江（遂昌九龙山、龙王山、百山祖、长兴、杭州、桐庐、余姚、象山）、江苏、福建、台湾、广东、广西、四川、香港。

153. 榆并脊天牛（榆棺天牛） *Glenea relicta* Poscoe

寄主：榆、油桐。

分布：浙江（遂昌九龙山、天目山、四明山、奉化、天台、松阳、云和、龙泉）。

154. 曲纹花天牛 *Leptura arcuata* Panzer

寄主：云杉、冷杉、雪松、油松、华山松。

分布：我国浙江（遂昌九龙山、百山祖、仙居、文成）、黑龙江、吉林、辽宁、陕西、山东；国外：俄罗斯，朝鲜。

155. 十二斑花天牛 *Leptura duodecimguttata* Fabricius

寄主：柳。

分布：我国浙江（遂昌九龙山、古田山、百山祖、丽水、龙泉）、黑龙江、吉林、辽宁；国外：朝鲜，苏联，蒙古，日本。

156. 黄纹花天牛 *Leptura ochraceofaceiata*（Motsch）

寄主：冷杉、松。

分布：浙江（遂昌九龙山、凤阳山、丽水、遂昌）。

157. 异色花天牛 *Leptura thoracica* Creutzer

寄主：白杨、桦、冷杉、松。

分布：我国浙江（遂昌九龙山、古田山、凤阳山、百山祖）、黑龙江、吉林、辽宁、内蒙古、河北、新疆、湖北；国外：俄罗斯，朝鲜，日本。

158. 黑角瘤筒天牛 *Linda atricornis* Pic

寄主：桃、梨、李、梅、海棠。

分布：浙江（遂昌九龙山、凤阳山、杭州、临海、丽水、庆元）。

159. 瘤筒天牛（瘤胸筒天牛）*Linda femorata*（Chevrolat）

寄主：梨、桃、悬钩子。

分布：我国浙江（遂昌九龙山、天目山、古田山、凤阳山、丽水、龙泉）、陕西、上海、江苏、湖北、江西、福建、台湾、广东、广西、四川、贵州、云南。

160. 顶斑瘤筒天牛（顶斑筒天牛）*Linda fraterna*（Chevrolat）

寄主：苹果、梨、桃、李、杏、梅、樱桃、板栗、海棠。

分布：我国浙江（遂昌九龙山、天目山、长兴、杭州、临安、建德、余姚、奉化、三门、舟山、岱山、东阳、天台、仙居、临海、黄岩、温岭、玉环、常山、江山、云和、龙泉、平阳）、黑龙江、吉林、辽宁、河北、河南、江苏、江西、福建、广西、广东、台湾、云南。

161. 密齿锯天牛 *Macrotoma fisheri* Waterh

寄主：栓皮栎、栗、柿、沙梨、杏、桃、黄连木。

分布：我国浙江（遂昌九龙山、古田山、百山祖，四川、云南、西藏；国外：缅甸，越南，亚洲中部。

162. 毛角薄翅天牛 *Megopis marginalis*（Fabricius）

分布：我国浙江（遂昌九龙山、百山祖）、福建、台湾、广东、广西、云南；国外：老挝，泰国，马来西亚。

163. 中华薄翅天牛（薄翅锯天牛）*Megopis sinica*（White）

寄主：油桐、楝、胡桃、榆、松、栎、白蜡、栗、桑、杨、柳、枫杨、泡桐、柿、枣、枫、梧桐。

分布：我国浙江（遂昌九龙山、湖州、长兴、德清、龙王山、海宁、淳安、三门、定海、义乌、东阳、永康、兰溪、天台、仙居、黄岩、温岭、玉环、龙泉、平阳、泰顺）、黑龙江、吉林、辽宁、内蒙古、甘肃、河北、山西、山东、河南、陕西、江苏、安徽、湖北、江西、湖南、福建、台湾、广西、四川、贵州、云南；国外：日本，朝鲜，越南，老挝，缅甸。

164. 麻斑墨天牛 *Monochamus sparsutus* Fairmaire

分布：我国浙江（遂昌九龙山、天目山、古田山、百山祖）、湖北、福建、台湾、四川、云南；国外：日本。

165. 云杉小墨天牛 *Monochamus sutor*（Linneaus）

寄主：云杉、落叶松。

分布：我国浙江（遂昌九龙山、天目山、古田山、百山祖、兰溪）、吉林、山东；国外：西伯利亚，库页岛，朝鲜，日本，欧洲。

166. 樱红天牛 *Neocerambyx oenochrous* Fairmaire

寄主：樱桃。

分布：我国浙江（遂昌九龙山、凤阳山、百山祖）、安徽、福建、台湾、四川、西藏。

167. 台湾筒天牛 *Oberea formosana* Pic

寄主：樱桃、川黄、樟。

分布：我国浙江（遂昌九龙山、龙王山、莫干山、四明山、古田山、宁海、定海、丽水、遂昌、松阳、庆元、百山祖、平阳）、吉林、辽宁、山东、河南、江西、台湾；国外：朝鲜，日本。

168. 日本筒天牛 *Oberea japonica*（Thunberg）

寄主：满院春、桃、梅、杉、杏、李、樱、梨、茶、桑、山楂。

分布：我国浙江（遂昌九龙山、龙王山、莫干山、古田山、百山祖、杭州、鄞县、慈溪、镇海、奉化、象山、定海、浦江、温岭、丽水、龙泉、庆元、永嘉）、吉林、辽宁、山东、河南、江西、台湾；国外：朝鲜，日本。

169. 黑头筒天牛（粗点筒天牛）*Oberea nigricep*（White）

分布：浙江（遂昌九龙山、天目山、百山祖、杭州、遂昌、松阳、庆元）、江苏、湖北、广东、海南、广西。

170. 蜡斑齿胫天牛 *Paraleprodera carolina*（Fairmaire）

寄主：悬钩子。

分布：浙江（遂昌九龙山、龙王山、百山祖、龙泉）、湖北、湖南、福建、四川、贵州、云南。

171. 眼斑齿胫天牛（眼斑栗天牛）*Paraleprodera diophthelma*（Pascoe）

寄主：栗、栎、胡桃、油桐、虎榛子、四照花、猕猴桃。

分布：浙江（遂昌九龙山、莫干山、天目山、百山祖、杭州、桐庐、淳安、嵊州、三门、天台、仙居、临海、黄岩、温岭、玉环、开化、丽水、文成、泰顺）、河北、陕西、江苏、福建、四川、贵州。

172. 苎麻双脊天牛（苎麻天牛）*Paraglenea fortunei*（Saunders）

寄主：苎麻、桑、木槿。

分布：我国浙江（遂昌九龙山、龙王山、百山祖）、河北、河南、陕西、江苏、安徽、湖北、江西、湖南、福建、广东、广西、四川、贵州、云南；国外：日本，越南。

173. 狭胸橘天牛（桔狭胸天牛）*Philus autennatus*（Gyllenhal）

寄主：柑橘、茶、乌桕、榆、桑、马尾松。

分布：我国浙江（遂昌九龙山、全省广布）、河北、江西、湖南、福建、海南、香港；国外：印度。

174. 蔗狭胸天牛 *Philus pallescens* Bates

寄主：甘蔗、油茶、板栗。

分布：浙江（遂昌九龙山、四明山、湖州、长兴、德清、杭州、建德、青田、龙泉、庆元、温州、瑞安、平阳）。

175. 多带天牛（黄带多天牛、黄带蓝天牛） *Polyzonus fasciatus* Fabricius

寄主：柳、竹、菊、伞形花科。

分布：我国浙江（遂昌九龙山、全省广布）、黑龙江、吉林、辽宁、内蒙古、河北、山西、山东、河南、陕西、江苏、江西、福建、广东、香港；国外：日本，西伯利亚，俄罗斯，朝鲜。

176. 葱绿天牛 *Polyzonus prasinus*（White）

分布：我国浙江（遂昌九龙山、百山祖）、福建、广东；国外：越南，印度，柬埔寨，泰国。

177. 黄星桑天牛（黄星天牛、黄点天牛） *Psacothea hilaris*（Pascoe）

寄主：杨、桑、油桐、枫、柳、枇杷。

分布：我国浙江（遂昌九龙山、湖州、长兴、龙王山、嘉兴、桐乡、杭州、临安、富阳、桐庐、建德、绍兴、上虞、诸暨、嵊州、天台、仙居、临海、黄岩、百山祖、平阳）、陕西、江苏、安徽、湖北、江西、湖南、台湾、广东、广西、四川、贵州、河南、黑龙江、吉林、辽宁、河北、云南；国外：日本，朝鲜，越南。

178. 暗红折天牛（樟暗红天牛） *Pyrestes naematica* Pascoe

寄主：樟、楠、乌药、肉桂。

分布：浙江（遂昌九龙山、天目山、龙泉、凤阳山）。

179. 肖双条杉天牛 *Semanotus bifasciatus sinoauster* Gressitt

寄主：杉、柳杉、柏、罗汉松。

分布：浙江（遂昌九龙山、全省广布）。

180. 鞘双条杉天牛 *Semanotus sinoauster*（Gressitt）

寄主：杉、柳杉。

分布：我国浙江（遂昌九龙山、龙王山、杭州、临安、富阳、桐庐、建德、淳安、仙居、开化、常山、江山、缙云、青田、云和、龙泉、庆元）、江苏、湖北、江西、湖南、福建、台湾、广东、广西、四川。

181. 椎天牛（短角幽天牛） *Spondylis buprestoides*（Linnaeus）

寄主：云杉、马尾松、柳杉、扁柏、无花果、泡桐、冷杉。

分布：我国浙江（遂昌九龙山、龙王山、百山祖、长兴、德清、莫干山、杭州、富阳、桐庐、建德、上虞、鄞县、宁海、三门、义乌、武义、天台、丽水、缙云、遂昌、龙泉、庆元、永嘉、文成、泰顺）、黑龙江、内蒙古、河北、陕西、江苏、安徽、福建、台湾、广东、云南；国外：日本，朝鲜，苏联，欧洲。

182. 拟蜡天牛（四星栗天牛） *Stenygrinum quadrinotatum* Bates

寄主：栗、栎、油松、冷杉、槐、枫杨、槲、榉、桃、茶、桑。

分布：我国浙江（遂昌九龙山、长兴、龙王山、莫干山、德清、海宁、杭州、临安、建德、淳安、绍兴、诸暨、慈溪、余姚、镇海、宁海、象山、三门、定海、岱山、天台、临海、丽水、缙云、龙泉、平阳）、黑龙江、吉林、河北、山东、河南、甘肃、陕西、上海、江苏、安徽、湖北、江西、湖南、台湾、广西、四川、贵州、云南；国外：日本，朝鲜，老挝，缅甸，印度。

183. 蚤瘦花天牛 *Strangalia fortunei* Pascoe

分布：浙江（遂昌九龙山、龙王山、天目山、古田山、百山祖、丽水）、北京、上海、辽宁、河北、江苏、安徽、江西、河南、内蒙古、北京、天津、河北、山西、山东、河南、湖北、湖南、福建、广东、四川、贵州。

184. 合欢双条天牛 *Xystrocera globosa*（Olivier）

寄主：槐、桑、柑橘、木棉、羊蹄甲、梅、云南松、合欢、李、杏、桃、樱桃。

分布：我国浙江（遂昌九龙山、龙王山、天目山、四明山、长兴、平湖、杭州、绍兴、定海、龙泉、平阳）、河北、山东、江苏、福建、台湾、广东、广西、四川、云南；国外：日本，朝鲜，老挝，缅甸，泰国，印度，斯里兰卡，马来西亚，印度尼西亚，菲律宾，埃及，夏威夷。

十八、负泥甲科 Crioceridae

负泥甲科体型为中型，圆柱形，背面光滑无毛，亮黄、褐色或具美丽斑纹。头前口式；复眼后变窄成颈状，复眼凹较深；触角基部常分离，丝状。前胸两侧无边缘；鞘翅具刻点行；后足腿节粗大，跗节隐4节。腹部第1、第2腹板常不愈合。

在九龙山保护区发现该科3属3种。

185. 十四点负泥虫 *Crioceris quatuordecimpunctata*（Scopoli）

寄主：小麦、龙须菜、天门冬。

分布：我国浙江（遂昌九龙山、庆元、平阳）、黑龙江、吉林、辽宁、内蒙古、北京、河北、山东、福建、广西；国外：西伯利亚，朝鲜，日本。

186. 红顶负泥虫 *Lema coronata* Baly

寄主：鸭跖草、竹叶草、菊。

分布：我国浙江（遂昌九龙山、嘉兴、杭州、庆元）、江苏、湖北、福建、广东、广西、四川；国外：日本。

187. 紫茎甲 *Sagra femoratapurpurea* Lichtenstein

寄主：豇豆、刀豆、薯蓣、决明、木蓝、葛、油麻藤、菜豆。

分布：我国浙江（遂昌九龙山、丽水、庆元）、江西、福建、广东、海南、广西、四川、云南；国外：越南。

十九、萤叶甲亚科 Galerucinae

萤叶甲亚科体型小至中型，各种颜色均有，触角位于两复眼之间，跗节伪 4 节，后足腿节不特别粗大，不跳跃。腹部背面不十分隆突。

在九龙山保护区发现该科 15 属 23 种。

188. 黄褐阿萤叶甲 *Arthrotus testaceus* Gressitt et Kimoto

寄主：野毛豆。

分布：浙江（遂昌九龙山、莫干山、百山祖）、湖北、福建、四川。

189. 印度黄守瓜 *Aulacophora indica*（Gmelin）

寄主：瓜类、桃、梨、柑橘、葫芦科。

分布：我国浙江（遂昌九龙山、莫干山、古田山、百山祖）、河北、陕西、山东、江苏、湖北、江西、湖南、福建、台湾、广东、广西、四川、贵州、云南、西藏；国外：俄罗斯，朝鲜，日本，越南，老挝，柬埔寨，泰国，缅甸，印度，尼泊尔，不丹，斯里兰卡，菲律宾，巴布亚新几内亚，斐济。

190. 柳氏黑守瓜（黄足黑守瓜）*Aulacophora lewisii* Baly

寄主：葫芦科。

分布：我国浙江（遂昌九龙山、莫干山、百山祖、嘉兴、杭州、余杭、临安、萧山、余姚、奉化、金华、兰溪、天台、缙云）、江苏、安徽、湖北、江西、湖南、福建、台湾、广东、海南、广西、四川、贵州、云南；国外：日本，越南，老挝，柬埔寨，泰国，缅甸，印度，尼泊尔，斯里兰卡。

191. 黑盾黄守瓜 *Aulacophora semifusca* Jacoby

寄主：葫芦科。

分布：我国浙江（遂昌九龙山、百山祖）、湖北、江西、湖南、福建、台湾、海南、广西、四川、贵州、云南、西藏；国外：印度，越南，老挝，泰国，尼泊尔，缅甸。

192. 端黄盔萤叶甲 *Cassena terminalis*（Gressitt et Kimoto）

分布：浙江（遂昌九龙山、百山祖）、湖北、湖南、福建、广东、贵州。

193. 胡枝子克萤叶甲 *Cneorane violaceipennis* Allard

寄主：胡枝子。

分布：我国浙江（遂昌九龙山、龙王山、百山祖）、黑龙江、吉林、辽宁、甘肃、河北、山西、陕西、江苏、安徽、湖北、江西、湖南、福建、台湾、广东、广西、四川；国外：俄罗斯，朝鲜。

194. 黄斑德萤叶甲 *Dercetina flavocincta*（Hope）

寄主：榆、千屈菜科、紫薇。

分布：我国浙江（遂昌九龙山、莫干山、百山祖）、河北、甘肃、安徽、湖北、江西、湖南、福建、台湾、广东、四川、贵州、云南；国外：越南，老挝，柬埔寨，泰国，印度，尼泊尔。

195. 黄腹埃萤叶甲 *Exosoma flaviventris*（Motschulsky）

分布： 我国浙江（遂昌九龙山、古田山、百山祖）、黑龙江、吉林、甘肃、陕西、安徽、湖北、江西、湖南、福建、台湾、广东；国外：俄罗斯，日本。

196. 桑窝额萤叶甲 *Fleutiauxia armata*（Baly）

寄主： 胡桃、楸、杨、桑、枣、构树。

分布： 我国浙江（遂昌九龙山、嘉兴、龙王山、杭州、余杭、天目山、宁波、龙泉）、吉林、甘肃、河南、黑龙江、湖南；国外：俄罗斯，朝鲜，日本。

197. 桑黄米萤叶甲 *Mimastra cyanura*（Hope）

寄主： 桃、李、梅、梨、苎麻、梧桐、茶、榆、朴、榉、柑橘、乌桕、豆类、桑、十字花科。

分布： 我国浙江（遂昌九龙山、百山祖、嘉兴、杭州、余杭、临安、宁波、奉化、宁海、象山、三门、天台、仙居、临海、黄岩、温岭、玉环、温州、平阳）、江苏、湖北、江西、湖南、福建、广东、广西、四川、贵州、云南；国外：印度，尼泊尔，巴基斯坦，缅甸。

198. 凹翅长跗萤叶甲 *Monolepta bicavipennis* Chen

寄主： 胡桃、水杉、栗、银杏、柳、枫杨。

分布： 浙江（遂昌九龙山、龙王山、百山祖）、山西、陕西、湖北、江西、湖南、贵州、云南。

199. 双斑长跗萤叶甲 *Monolepta hieroglyphica*（Motschulsky）

寄主： 禾本科、豆科、十字花科、杨柳科、杨、棉、马铃薯、大豆、向日葵、蓖麻、苍耳、玉米、高粱、桃、荞麦。

分布： 我国浙江（遂昌九龙山、古田山、百山祖、杭州）、全国绝大多省区均有分布；国外：俄罗斯，朝鲜，日本，菲律宾，越南，缅甸，印度，马来西亚，新加坡，印度尼西亚。

200. 竹长跗萤叶甲（茉莉长跗叶甲）*Monolepta pallidula*（Baly）

寄主： 安息香、野茉莉、松、杉、竹、枫杨。

分布： 我国浙江（遂昌九龙山、龙王山、莫干山、古田山、百山祖、长兴、德清、余杭、龙泉、庆元）、河南、安徽、湖北、江西、湖南、福建、台湾、广东、四川、海南、广西、贵州、云南；国外：朝鲜，日本。

201. 蓝翅瓢萤叶甲 *Oides bowringii*（Baly）

寄主： 泡桐、胡桃、枫、九节木、五味子。

分布： 我国浙江（遂昌九龙山、龙王山、莫干山、百山祖、东阳、缙云、遂昌、庆元）、湖北、江西、湖南、福建、广东、广西、四川、贵州、云南；国外：朝鲜，日本。

202. 十星瓢萤叶甲 *Oides decempunctata*（Billberg）

分布：我国浙江（遂昌九龙山、全省广布）、吉林、内蒙古、河北、山西、山东、河南、甘肃、陕西、江苏、安徽、湖北、江西、湖南、福建、台湾、广东、海南、广西、四川、贵州、云南；国外：朝鲜，越南，老挝，柬埔寨。

203. 八角瓢萤叶甲 *Oides duporti* Laboissiere

寄主：五味子、八角。

分布：我国浙江（遂昌九龙山、古田山、龙泉）、安徽、湖北、福建、广东、广西、云南；国外：越南。

204. 榆黄毛萤叶甲 *Pyrrhalta maculicollis*（Motschulsky）

分布：我国浙江（遂昌九龙山、杭州、武义、丽水、遂昌）、黑龙江、吉林、辽宁、河北、山西、山东、河南、甘肃、陕西、江苏、江西、湖南、福建、台湾、广东、广西；国外：俄罗斯（西伯利亚），朝鲜，日本。

205. 二带凹翅萤叶甲 *Paleosepharia excavata*（Chujo）

分布：我国浙江（遂昌九龙山、莫干山、凤阳山、百山祖、云和）、江苏、江西、湖南、福建、台湾、广东、云南。

206. 考氏凹翅萤叶甲 *Paleosepharia kolthoffi* Laboissiere

分布：浙江（遂昌九龙山、百山祖）、陕西、江苏、安徽、湖北、贵州。

207. 枫香凹翅萤叶甲 *Paleosepharia liquidambara* Gressitt et Kimoto

寄主：枫香、柳、水杉、桤木。

分布：浙江（遂昌九龙山、龙王山、莫干山、古田山、百山祖、江山、平阳）、甘肃、安徽、湖北、江西、湖南、福建、广东、广西、四川、云南。

208. 中华拟守瓜 *Paridea sinensis* Laboissiere

寄主：葫芦科。

分布：浙江（遂昌九龙山、百山祖）、湖北、江西、湖南、福建、四川、贵州、云南。

209. 凸胸萤叶甲 *Pseudoliroetis fulvipennis*（Jacoby）

寄主：枫香、忍冬。

分布：浙江（遂昌九龙山、丽水、龙泉）。

210. 褐翅拟隶萤叶甲 *Siemssenius fulvipennis*（Jacoby）

寄主：枫香、金银花、马桑、忍冬科。

分布：浙江（遂昌九龙山、龙王山、百山祖）、江苏、湖北、江西、湖南、福建、广西、四川、贵州。

二十、跳甲亚科 Alticinae

跳甲亚科触角基部相距较近，位于两复眼间；前胸背板两侧无锯齿；前足基节锥形；后足腿节膨大且具跳器。

在九龙山保护区发现该科 12 属 14 种。

211. 蓟跳甲 *Altica cirsicola* Ohno

寄主：蓟。

分布：我国浙江（遂昌九龙山、百山祖）、黑龙江、吉林、辽宁、内蒙古、河北、山东、甘肃、新疆、广西、安徽、湖北、湖南、福建、四川、贵州、云南；国外：日本。

212. 蓝跳甲 *Altica cyanea* Weber

寄主：水稻、荞麦、甘蔗、马兰、柳叶菜、丁香蓼。

分布：我国浙江（遂昌九龙山、龙王山、百山祖、金华、江山、丽水、遂昌、青田、龙泉）、陕西、安徽、湖北、湖南、福建、广东、广西、四川、云南、西藏；国外：日本，中南半岛，缅甸，印度，马来西亚，苏门答腊。

213. 细背侧刺跳甲 *Aphthona stuigosa* Baly

寄主：大戟科。

分布：我国浙江（遂昌九龙山、龙王山、百山祖）、湖北、江西、湖南、福建、广东、海南、广西、四川、贵州；国外：日本，越南，印度尼西亚。

214. 金绿沟胫跳甲（车前宽缘叶甲）*Hemipyxis plagioderoides*（Motschulsky）

寄主：海州常山、车前、牡荆、玄参、泡桐、沙参、糙苏、筋骨草、醉鱼草。

分布：我国浙江（遂昌九龙山、龙王山、百山祖）、黑龙江、辽宁、河北、山东、甘肃、陕西、江苏、湖北、江西、湖南、福建、台湾、广东、广西、四川、云南；国外：俄罗斯，西伯利亚，朝鲜，日本，越南，缅甸。

215. 裸顶丝跳甲 *Hespera sericea* Weise

寄主：豆科、蔷薇科、木蓝属。

分布：我国浙江（遂昌九龙山、龙王山、古田山、百山祖）、甘肃、湖北、福建、贵州、广西、四川、云南、西藏；国外：越南，印度，不丹，尼泊尔。

216. 黄胸寡毛跳甲 *Luperomorpha xanthodera*（Fairmaire）

寄主：猕猴桃、野蔷薇。

分布：浙江（遂昌九龙山、龙王山、百山祖、松阳、景宁）、河北、山东、湖北、江西、湖南、福建、广东、四川。

217. 异色九节跳甲（异色卵跳甲、绿卵跳甲）*Nonarthra variabilis* Baly

寄主：栗。

分布：我国浙江（遂昌九龙山、龙王山、莫干山、古田山、龙泉）、湖北、江西、福建、台湾、广东、海南、广西、四川；国外：中南半岛。

218. 黑凹胸跳甲 *Ogloblinia affinis*（Chen）

寄主：悬钩子。

分布：浙江（遂昌九龙山、百山祖）、广西。

219. 斑翅粗角跳甲 *Phygasia ornata* Baly

分布：我国浙江（遂昌九龙山、龙王山、百山祖、丽水、遂昌、文成）、湖北、江西、湖南、福建、台湾、海南、广西、四川、贵州、云南；国外：缅甸，印度。

220. 黄曲条菜跳甲 *Phyllotreta striolata* Fabricius

寄主：十字花科、葫芦科。

分布：我国浙江（遂昌九龙山、莫干山、百山祖）、全国广布；国外：朝鲜，日本，越南。

221. 黄色凹缘跳甲（黄色漆树跳甲、野沐浴宽胸跳甲） *Podontia lutea*（Olivier）

寄主：黄连木、油茶、檫、泡桐、黑漆树。

分布：我国浙江（遂昌九龙山、龙王山、莫干山、杭州、淳安、诸暨、余姚、奉化、象山、义乌、武义、开化、丽水、龙泉、庆元）、陕西、湖北、江西、湖南、福建、台湾、广东、广西、四川、贵州、云南；国外：东南亚地区。

222. 黄腹瘦跳甲 *Stenoluperus flaviventris* Chen

分布：浙江（遂昌九龙山、龙王山、莫干山、百山祖）、江苏、湖北、湖南、福建、四川、贵州、云南。

223. 日本瘦跳甲 *Stenoluperus nipponensis*（Laboissiera）

寄主：山柳、小檗、高山蓼、醉鱼草。

分布：我国浙江（遂昌九龙山、龙王山、百山祖）、黑龙江、吉林、辽宁、湖北、湖南、四川、云南；国外：朝鲜，日本，西伯利亚。

224. 暗棕长瘤跳甲 *Trachyaphthona obscura*（Jacoby）

寄主：忍冬。

分布：我国浙江（遂昌九龙山、龙王山、古田山、百山祖）、江西、福建、四川、云南；国外：日本，越南。

二十一、叶甲亚科 Chrysomelidae

叶甲科昆虫多有艳丽的金属光泽。头型为亚前口式，唇基不与额愈合，前部明显分出前唇基，其前缘平直。前足基节窝横形或锥形突出，基节窝关闭或开放；跗节为假4节型，实际5节，其第4节极小，隐藏于第3节的两叶中。

在九龙山保护区发现该科6属7种。

225.宽胸缺缘叶甲 *Ambrostoma fortunei*（Baly）

寄主：榆。

分布：浙江（遂昌九龙山、杭州、余杭、临安、萧山、桐庐、建德、上虞、诸暨、定海、丽水、庆元）、河南、湖南、安徽、江西、福建、贵州。

226.薄荷金叶甲 *Chrysolina exanthematica*（Wiedemann）

寄主：薄荷。

分布：我国浙江（遂昌九龙山、百山祖）、吉林、河北、河南、青海、江苏、安徽、湖北、湖南、福建、广东、海南、四川、云南；国外：西伯利亚，日本，俄罗斯，印度。

227.柳二十斑叶甲（廿斑叶甲） *Chrysomela vigintipunctata*（Scopoli）

寄主：柳、白杨。

分布：浙江（遂昌九龙山、开化、庆元）。

228.黑盾角胫叶甲（黑质角胫叶甲） *Gonioctena fulva*（Motschulsky）

寄主：胡枝子、鸡血藤。

分布：我国浙江（遂昌九龙山、莫干山、百山祖）、黑龙江、吉林、河北、山西、江苏、湖北、江西、湖南、福建、广东、四川；国外：西伯利亚，越南。

229.十三斑角胫叶甲 *Gonioctena tredecimmaculata*（Jacoby）

寄主：葛属。

分布：我国浙江（遂昌九龙山、龙王山、莫干山、九龙山、百山祖）、湖北、江西、湖南、福建、台湾、四川、贵州；国外：越南北部。

230.小猿叶甲（白菜猿叶甲） *Phaedon brassicae* Baly

寄主：油菜、雪里红、水芹、洋葱、酸模、白菜、萝卜、芥菜、胡萝卜、葱、甜菜、莴苣。

分布：我国浙江（遂昌九龙山、百山祖、杭州、临安、金华、兰溪、临海、衢县）、江苏、安徽、湖北、江西、湖南、福建、台湾、四川、贵州、云南；国外：越南。

231.柳圆叶甲（橙胸斜缘叶甲、柳斜缘叶甲） *Plagiodera versicolora*（Laicharting）

寄主：柳。

分布：我国浙江（遂昌九龙山、莫干山、百山祖）、黑龙江、吉林、辽宁、内蒙古、宁夏、甘肃、河北、山西、山东、陕西、河南、江苏、安徽、湖北、江西、湖南、福建、台湾、四川、贵州；国外：西伯利亚，日本，印度，欧洲，非洲北部。

二十二、肖叶甲科 Eumolpidae

肖叶甲科昆虫体型小至中型，圆柱形或卵形，背面常有瘤突。头下口式；复眼圆形或内缘凹；触角11节。鞘翅长过腹部或臀板外露，缘折发达并在肩胛下鼓出；跗节拟4节，爪简单或具齿，纵裂。腹部5节，一些种第2~4腹板中部缩短，呈环形。

在九龙山保护区发现该科 11 属 14 种。

232. 葡萄丽叶甲 *Acrothinium gaschkevitschii*（Motschulsky）

寄主：梨、甘薯、葡萄、野薄荷、鸭跖草、蜡瓣花。

分布：我国浙江（遂昌九龙山、淳安、镇海、宁海、普陀、丽水、云和、龙泉）、江西、福建、台湾；国外：日本。

233. 褐足角胸叶甲 *Basilepta fulvipes*（Motschulsky）

寄主：葡萄、银芽柳、樱桃、梨、梅、李、蒿、枫杨。

分布：我国浙江（遂昌九龙山、杭州、临安、鄞县、象山、金华、江山、开化、丽水、庆元、平阳）、黑龙江、吉林、辽宁、宁夏、内蒙古、北京、河北、山西、山东、陕西、江苏、湖北、江西、湖南、福建、台湾、广西、四川、贵州、云南；国外：朝鲜、日本。

234. 隆基角胸叶甲 *Basilepta leechi*（Jacoby）

寄主：悬钩子、栲、黄荆、油桐、茅莓、胡桃。

分布：我国浙江（遂昌九龙山、杭州、临安、镇海、余姚、奉化、鄞县、丽水、云和、龙泉、庆元、温州）、江苏、湖北、江西、福建、广东、广西、四川、贵州、云南；国外：越南。

235. 斑鞘角胸叶甲 *Basilepta martini*（Lefevre）

寄主：胡桃、桉。

分布：我国浙江（遂昌九龙山、庆元、温州、平阳）、江西、福建、台湾、广东、海南、广西；国外：越南，老挝，柬埔寨。

236. 中华萝叶甲 *Chrysochus chinensis* Baly

寄主：茄、芋、甘薯、蕹菜、棉、桑、梨、马尾松、黄芪。

分布：我国浙江（遂昌九龙山、开化、庆元）、黑龙江、吉林、辽宁、内蒙古、河北、山西、山东、河南、甘肃、陕西、青海、江苏；国外：朝鲜，日本，西伯利亚。

237. 甘薯叶甲（甘薯华叶甲、甘薯猿叶虫、红苕金花虫） *Colasposoma dauricum* **Motschulsky**

寄主：甘薯、蕹菜、乌蔹莓、小旋花。

分布：浙江（遂昌九龙山、德清、杭州、临安、鄞县、余姚、奉化、宁海、象山、三门、定海、东阳、兰溪、天台、仙居、临海、黄岩、温岭、玉环、丽水、遂昌、景宁、龙泉、苍南）。

238. 三带隐头叶甲 *Cryptocephalus trifasciatus* Fabricius

寄主：楝、板栗、油茶、木荷、落羽杉、算盘子、紫薇。

分布：我国浙江（遂昌九龙山、永康、开化、丽水、遂昌、庆元）、江西、湖南、福建、台湾、广东、海南、广西、云南；国外：越南，尼泊尔。

239. 中华球叶甲 *Nodina chinensis* Weise

寄主：板栗、算盘子、竹、马尾松。

分布：浙江（遂昌九龙山、建德、淳安、庆元、文成、平阳）、陕西、江苏、湖北、江西、福建、广东、广西。

240. 粗刻凹顶叶甲 *Parascela cribrata*（Schaufass）

寄主：杨、樱桃。

分布：浙江（遂昌九龙山、庆元、瑞安）、福建、广东、四川、云南。

241. 双带方额叶甲 *Physauchenia bifasciata*（Jacoby）

寄主：油茶、乌桕、胡枝子、算盘子、柑橘、黑荆树、南紫薇。

分布：我国浙江（遂昌九龙山、杭州、淳安、鄞县、慈溪、镇海、象山、定海、岱山、普陀、东阳、天台、仙居、临海、玉环、丽水、缙云、遂昌、龙泉、温州）、江苏、湖北、江西、湖南、福建、台湾、广东、海南、广西、四川、云南；国外：朝鲜，日本，越南，印度。

242. 茶扁角叶甲 *Platycorynus igneicollis*（Hope）

寄主：茶。

分布：浙江（遂昌九龙山、临安、诸暨、鄞县、余姚、镇海、宁海、定海、岱山、普陀、浦江、龙泉、庆元、温州）、江苏、江西、福建、广东、海南。

243. 黑额光叶甲 *Smaragdina nigrifrons*（Hope）

寄主：木荷、油茶、乌桕、楝、算盘子、白茅、蒿、栗、柳、榛、南紫薇。

分布：我国浙江（遂昌九龙山、桐庐、建德、诸暨、宁波、鄞县、余姚、奉化、义乌、永康、古田山、常山、江山、丽水、遂昌、松阳、青田、龙泉、温州）、辽宁、北京、河北、山西、陕西、山东、河南、江苏、安徽、湖北、江西、湖南、福建、台湾、广东、广西、四川、贵州；国外：朝鲜，日本。

244. 大毛叶甲 *Trichochrysea imperialis*（Baly）

寄主：黑荆树、栎、刺槐、马尾松、水稻、玉米、棉、山合欢、美丽胡枝子。

分布：我国浙江（遂昌九龙山、诸暨、鄞县、慈溪、镇海、宁海、象山、三门、天台、仙居、临海、温岭、玉环、丽水、遂昌、庆元、温州）、江苏、湖北、江西、湖南、广东、福建、海南、广西、四川、贵州、云南；国外：越南。

245. 合欢毛叶甲 *Trichochrysea nitidissima*（Jacoby）

寄主：山合欢、黄檀。

分布：浙江（遂昌九龙山、庆元、平阳）、江西、湖南、福建、海南、广西、四川、云南。

二十三、铁甲科 Hispidae

铁甲科昆虫体型长小至中型，椭圆形或长形；头后口式，口器在腹面可见，有时部分或全部隐藏于胸腔内；触角基部靠近，多为11节，少数有3节或9节者，一般丝状，亦有棒状或粗杆状；前胸背板多样，有方形、半圆形等，还有的两侧及背面具枝刺；鞘翅有长形、椭圆形，侧、后缘有各种锯齿，翅面有瘤突或枝刺；3对足基节远离，前、中足基节多为球形或圆锥形，后足基节横形；腹部背面可见8节，腹面可见5节。

在九龙山保护区发现该科3属5种。

246. 山楂肋龟甲（白蓑龟甲）*Alledoya vespertina*（Boheman）

寄主：山楂、悬钩子、铁线莲、白蓑、打碗花。

分布：我国浙江（遂昌九龙山、莫干山、百山祖）、黑龙江、内蒙古、河北、甘肃、陕西、江苏、湖北、湖南、福建、台湾、广东、广西、四川、贵州；国外：朝鲜，日本。

247. 北锯龟甲 *Basiprionota bisignata*（Boheman）

寄主：樟、梓树、泡桐、楸、柑橘、白杨。

分布：浙江（遂昌九龙山、百山祖、杭州、临安、绍兴、上虞、余姚、义乌、东阳、永康、兰溪、开化、丽水、缙云）、甘肃、河北、山西、陕西、山东、河南、江苏、湖北、江西、湖南、福建、广西、四川、贵州、云南。

248. 大锯龟甲 *Basiprionota chinensis*（Fabricins）

寄主：泡桐、油桐、梧桐。

分布：浙江（遂昌九龙山、莫干山、百山祖、开化、江山、丽水、缙云、遂昌、庆元）、陕西、江苏、湖北、江西、福建、广东、广西、四川。

249. 黑盘锯龟甲 *Basiprionota whitei*（Boheman）

寄主：泡桐、松。

分布：浙江（遂昌九龙山、莫干山、古田山、萧山、桐庐、宁波、鄞县、余姚、奉化、宁海、象山、三门、兰溪、遂昌）、江苏、安徽、江西、湖南、福建、广东、广西。

250. 苹果台龟甲 *Taiwania versicolor* Boheman

寄主：沙梨、桃、李、细花楸、石斑木、石楠、苹果、花楸。

分布：我国浙江（遂昌九龙山、开化、江山、庆元、泰顺）、黑龙江、湖北、江西、湖南、福建、台湾、广东、海南、广西、四川、云南；国外：日本，越南，缅甸。

二十四、三锥象科 Brenthidae

三锥象科昆虫体型为小型，窄长；触角呈膝状，10节，第1节不长，端部稍粗，末节很长，无明显的棒状部；喙长且直；鞘翅狭长，刻点行列明显。

在九龙山保护区发现该科2属2种。

251. 三锥象 *Baryrrhynchua poweri* Roelofs（彩图 79 ）

寄主：山楂、竹。

分布：浙江（遂昌九龙山、百山祖、东阳）。

252. 甘薯小象（甘薯象鼻虫） *Cylas formicarius*（Fabricius）

寄主：甘薯。

分布：浙江（遂昌九龙山、镇海、象山、定海、岱山、普陀、临海、黄岩、温岭、玉环、青田、龙泉、庆元、乐清、永嘉、瑞安、平阳、苍南）。

二十五、卷象科 Attelabidae

卷象科昆虫体壁通常光滑、发亮，不被覆鳞片。额向前延伸成喙，无上唇，下颚须 4 节，外咽片消失。触角不呈膝状，末端 3 节常呈疏松棒状。前胸背板不具侧隆线。足转节正常，跗节 5 节，第 4 节很小，藏于第 3 节之间。

在九龙山保护区发现该科 4 属 4 种。

253. 栎细胫卷象 *Apoderus jekeli* Roelofs

寄主：榆、栎、杨、乌桕、油桐。

分布：浙江（遂昌九龙山、浦江、丽水、缙云、遂昌、青田、云和、龙泉、庆元）。

254. 黑尾卷象 *Apoderus nigroapicatus* Jekel

寄主：乌桕、洋槐。

分布：我国浙江（遂昌九龙山、百山祖、建德、丽水、缙云、遂昌、青田、云和、龙泉、庆元、乐清、永嘉、瑞安、文成、平阳、泰顺）、山东、江苏、湖北、江西、湖南、福建、台湾、广东、广西、四川、贵州、云南。

255. 苎麻卷象（漆黑瘤卷象） *Phymatapoderus latipernnis* Jakel

寄主：荨麻、榆、苎麻。

分布：我国浙江（遂昌九龙山、龙王山、莫干山、天目山、古田山、百山祖、湖州、长兴、建德、淳安、金华、东阳、江山）、黑龙江、辽宁、江苏、湖北、江西、湖南、福建、广西、四川、贵州、云南；国外：日本，苏联，越南。

256. 梨虎（梨果象虫、梨实象虫、朝鲜梨虎） *Rhynchites foveipennis* Fairmaire

寄主：梨、沙果、杏、桃、梅、花红、山楂、苹果。

分布：我国浙江（遂昌九龙山、诸暨、浦江、义乌、东阳、仙居、黄岩、温岭、开化、丽水、缙云、百山祖）、黑龙江、吉林、辽宁、内蒙古、河北、山西、陕西、山东、福建、四川、贵州、云南；国外：朝鲜。

二十六、象甲科 Curculionidae

象甲科昆虫体型小至大型，卵形、长形或圆柱形，体表常粗糙，或具粉状分泌物，体色暗黑或鲜明。头前口式，额和颊向前延伸成喙；触角膝状，10~12节，末端3节膨大；复眼突出；口器位于喙的顶端，有口上片，无上唇；上颚扁平，铗状，口须短。前胸筒状，鞘翅盖住腹部，表面有刻点行列；前足基节窝闭式，跗节5节或拟4节。可见腹板5节，第1、第2腹板愈合。

在九龙山保护区发现该科20属23种。

257. 黑点尖尾象 *Aechmura subtuberculata* Voss

分布：浙江（遂昌九龙山、龙王山、庆元）、福建。

258. 乌桕长足象 *Alcidodes erro*（Pascoe）

寄主：乌桕、漆树。

分布：我国浙江（遂昌九龙山、龙王山、百山祖、杭州、建德、奉化、遂昌、龙泉）、安徽、湖北、江西、福建、广西、四川、云南；国外：日本。

259. 短胸长足象 *Alcidodes trifidus*（Pascoe）

寄主：葛藤、胡枝子、胡桃、栎、柑橘、松。

分布：我国浙江（遂昌九龙山、龙王山、莫干山、余姚、天台、黄岩、云和、庆元）、山东、陕西、江苏、安徽、江西、福建、广东、广西、四川；国外：日本。

260. 大豆洞腹象 *Atactogaster inducens*（Walker）

寄主：大豆、甘薯。

分布：浙江（遂昌九龙山、嘉兴、淳安、开化、云和、庆元）。

261. 栗实象甲（栗象）*Curculio davidi* Fairmaire

寄主：板栗、茅栗。

分布：浙江（遂昌九龙山、百山祖、三门、天台、仙居、临海、黄岩、温岭、玉环、金华、兰溪、遂昌、庆元、永嘉）、甘肃、陕西、河南、江苏、江西、福建、广东。

262. 竹大象（竹直锯象）*Cyrtotrachelus longimanus* Fabricius

寄主：毛竹、水竹。

分布：我国浙江（遂昌九龙山、百山祖、长兴、安吉、莫干山、余杭、平阳）、江苏、湖南、福建、台湾、广东、广西、四川、云南；国外：日本，越南，柬埔寨，印度，菲律宾，印度尼西亚。

263. 淡灰瘤象 *Dermatoxenus caesicollis*（Gyllenhyl）

分布：我国浙江（遂昌九龙山、龙王山、百山祖、长兴、安吉、淳安、江山、开化、平阳）、江苏、安徽、湖北、江西、湖南、福建、台湾、广西、四川、贵州、云南；国外：日本。

264. 稻象甲 *Echinocnemus squomeus* Billberg

寄主：油菜、稻、麦类、油茶、棉、稗、李氏禾。

分布：我国浙江（遂昌九龙山、百山祖、绍兴、诸暨、宁海、金华、浦江、义乌、东阳、永康、江山、瑞安）、黑龙江、吉林、辽宁、甘肃、河北、陕西、山东、河南、江苏、安徽、江西、湖南、福建、台湾、广东、广西、四川、贵州、云南、西藏；国外：日本，印度尼西亚。

265. 中国癞象 *Episomus chinensis* Faust

寄主：沙林、紫藤、槐、黄檀、杉、胡枝子、麻栎。

分布：浙江（遂昌九龙山、龙王山、莫干山、古田山、百山祖、杭州、萧山、余姚、镇海、奉化、三门、天台、仙居、临海、黄岩、温岭、玉环、丽水、龙泉、庆元、温州）、陕西、江苏、安徽、湖北、江西、湖南、福建、广东、广西、四川、贵州、云南。

266. 灌县癞象 *Episomus kwanbsiensis* Heller

分布：浙江（遂昌九龙山、临安、奉化、江山、庆元）。

267. 黑带长颚象 *Eugnathus nigrofaciatus* Voss

分布：浙江（遂昌九龙山、庆元、泰顺）。

268. 长尖光洼象 *Gasteroclisus klapperichi* Voss

分布：浙江（遂昌九龙山、庆元、瑞安、平阳）。

269. 福建树皮象 *Hylobius niitakensis fukienensis* Voss

分布：浙江（遂昌九龙山、庆元、平阳）。

270. 蓝绿象（绿鳞象）*Hypomeces squamosus* Fabricius

寄主：柑橘、桃、杏、梨、枣、李、梅、板栗、葡萄、樱桃、枇杷、石榴、柿、甘蔗、瓜类、松、枫杨、乌桕、油桐、樟、刺槐、苦楝、泡桐、榆、柳、枫香、杨、桑、油茶、棉、大豆、花生、绿豆、高粱、芝麻、小麦、蓖麻、烟草、马铃薯、甘薯、蕹菜、向日葵。

分布：我国浙江（遂昌九龙山、莫干山、安吉、德清、平湖、杭州、宁波、镇海、临海、开化、江山、庆元、乐清）、甘肃、河南、江苏、安徽、江西、湖南、福建、台湾、广东、广西、贵州、云南；国外：东南亚各国。

271. 卵形菊花象 *Larinus ovalis* Roelofs

寄主：蓟、牛蒡。

分布：浙江（遂昌九龙山、长兴、临安、庆元）。

272. 扁翅筒喙象 *Lixus depressipennis* Roelofs

寄主：蒲公英。

分布：我国浙江（遂昌九龙山、龙王山、古田山、百山祖、安吉、嘉善、海宁、余杭、建德、淳安、衢县、江山、云和）、黑龙江、内蒙古、江苏、安徽、湖南、广东、广西；国外：苏联，日本。

273. 圆筒筒喙象 *Lixus mandaranus* Voss

分布：浙江（遂昌九龙山、龙王山、庆元、平阳）、黑龙江、吉林、辽宁、北京、河北、山西、陕西、福建、江西、湖南、广西、四川。

274. 洼纹双沟象 *Peribleptus foveostriatus*（Voss）

分布：浙江（遂昌九龙山、莫干山、遂昌、龙泉、庆元）。

275. 小齿斜脊象 *Platymycteropsis excisangulus*（Reitter）

寄主：竹。

分布：浙江（遂昌九龙山、安吉、德清、余杭、江山、庆元、平阳）。

276. 红黄毛棒象 *Rhadinopus confinis* Voss

分布：浙江（遂昌九龙山、龙王山、庆元、平阳）、湖南、福建、广西、贵州。

277. 短带长颚象（斑粉象） *Eugnathus distinctus* Roelofs

寄主：大豆、棉、甘草、小豆、葛藤。

分布：我国浙江（遂昌九龙山、长兴、安吉、龙王山、莫干山、临安、遂昌、青田、瑞安、平阳）、江苏、安徽、福建、台湾；国外：朝鲜，日本。

278. 马尾松角胫象 *Shirahvshizo flavonotatus*（Voss）

寄主：马尾松、黄山松。

分布：浙江（遂昌九龙山、临安、衢县、古田山、百山祖）、江苏、湖北、江西、湖南、福建、广西、四川、辽宁、安徽、贵州、云南。

279. 金光根瘤象（二带根瘤象） *Sitona tibialis* Herbst

寄主：苕子、紫云英、紫苜蓿、四籽野豌豆。

分布：我国浙江（遂昌九龙山、百山祖、长兴、海宁、温岭、衢县、丽水、庆元）、陕西、河南、江苏、安徽、湖北、四川、福建；国外：苏联，北美洲。

二十七、小蠹科 Scolytidae

小蠹科昆虫体型长小至中型，长椭圆形，有毛鳞；褐色至黑色；头半露于外，窄于前胸，无喙，上颚强大；下颚内具颚叶，下唇无唇舌分化；触角膝状，端部 3~4 节成锤状；前胸背板多为基部宽，端部窄，有侧缘或无侧缘；鞘翅稍长于前胸背板，短宽，两侧接近平行，翅面具刻点行，端部多具翅坡，翅坡周缘多有齿状突或瘤突；足短粗，胫节强大，外侧具齿列，个别类群光滑，端部具弯距；跗节 5-5-5 式；腹部可见腹板 5 节。

在九龙山保护区发现该科 1 属 3 种。

280. 柏肤小蠹 *Phloeosinus aubei* Perris

寄主：侧柏、杉。

分布：浙江（遂昌九龙山、遂昌）。

281. 罗汉肤小蠹 *Phloeosinus perlatus* Chapuis

寄主：杉、圆柏。

分布：浙江（遂昌九龙山、余杭、临安、遂昌）。

282. 杉肤小蠹 *Phloeosinus sinensis* Schedl

寄主：杉。

分布：浙江（遂昌九龙山、余杭、开化、遂昌）。

长翅目 Mecoptera

在九龙山保护区发现该目 2 科 3 属 16 种。

一、蝎蛉科 Panorpidae

蝎蛉科昆虫单眼存在，雄性腹部圆筒形，6~8 节狭，外生殖器扩大呈球状。雌性腹部圆锥形。跗节 2 爪。翅狭长，具原始脉序。

在九龙山保护区发现该科 2 属 14 种。

1. 暗新蝎蛉 *Neopanorpa abstrusa* Zhou et Wu

分布：浙江（遂昌九龙山、莫干山、凤阳山、百山祖）。

2. 网翅新蝎蛉 *Neopanorpa caveata* Cheng

分布：浙江（遂昌九龙山、古田山、百山祖）、福建。

3. 突新蝎蛉 *Neopanorpa circularis* Ju & Zhou

主要特征： 喙和触角窝黄褐色，触角柄节和梗节褐色，鞭节黑褐色。前胸背板黑色，中后胸背板黑褐色，胸部侧板污黄色。翅淡灰色，具烟褐色斑纹；端带阔，内部具 1 个大型透明窗；痣带完整，在翅前缘与端带相连，基枝和端枝向下方逐渐变阔；基带仅存后半段；缘斑分成 2 个斑点；无基斑。腹部第 2~5 节背板黑色，第 6 节黑色，7~9 节黄褐色；腹部第 3 节背中突圆形。雄性外生殖器卵圆形，生殖刺突内缘中齿小，三角形，基齿小，朝向腹方，并长有长毛；第 9 节腹板基柄阔长，下瓣基部窄，逐渐变阔，中部外缘向外呈弧形弯曲；阳茎厚，端部稍分开，阳基侧突短。

未检视标本，描述根据 Ju & Zhou（2003）。

分布：浙江（遂昌九龙山）。

4. 何氏新蝎蛉 *Neopanorpa hei* Zhou & Fan（彩图 80）

主要特征： 头顶黑色，喙黄褐色。前胸背板黑色，中后胸背板前缘黑色，后缘黄褐色，侧板和腹板黄褐色。翅无色透明，具黑色斑纹；端带内缘呈波状弯曲，外缘处具一长条形透明窗，后缘处具一方形透明窗；痣带完整，具宽的基枝和稍狭的端枝；基带中间缢缩；缘斑存在，无基斑。腹部 1~5 节背板黑色，6~9 节黄褐色；腹部第 3 节背中突不超过第 4 节背板后缘。雄性外生殖器长卵形，生殖刺突内缘中齿小，基齿大；第 9 节腹板基柄阔长，下瓣阔长，外侧折向背中向，互相重叠。雌性下生殖板阔卵圆形，末端具"V"

形缺刻；生殖板主板不发达；后臂长；中轴短，不超出主板。

未检视标本，描述根据 Zhou & Fan（1998）

分布：浙江（遂昌九龙山）。

5. 黄山新蝎蛉 *Neopanorpa huangshana* Cheng

分布：浙江（遂昌九龙山、莫干山、百山祖）、安徽。

6. 九龙新蝎蛉 *Neopanorpa jiulongensis* Zhou in Zhou et al.（彩图 81）

主要特征：头顶褐色，喙黄褐色。前胸背板褐色，前胸小盾片前缘两侧各具 4 根刚毛，中胸和后胸背板深褐色，侧板和腹板黄褐色。翅淡黄色，具黑色斑纹；端带宽，沿着前缘与痣带相连接，连接处具 1 个小的圆形透明窗；痣带完整；基带不规则；缘斑延长，与基带中部相连；基斑存在，明显。腹部 1~5 节背板黑色，第 6 节黑色，第 7 节以后黄褐色；第 3 节背中突不超过第 4 节背板后缘。雄性外生殖器长卵形，生殖刺突基部宽，长有浓密的毛，端部尖细，内缘中齿钝三角形，基齿呈乳状突起；第 9 节腹板基柄阔，下瓣宽。雌性下生殖板末端具浅缺刻；生殖板短而宽；后臂长；中轴极短。

观察标本：1♂3♀，2017-Ⅷ-30，仙霞岭，高凯、高小彤。

分布：浙江（遂昌九龙山）。

7. 莫干山新蝎蛉 *Neopanorpa moganshanensis* Zhou et Wu

分布：浙江（遂昌九龙山、龙王山、莫干山、天目山、凤阳山、百山祖）。

8. 圆翅新蝎蛉（卵翅新蝎蛉）*Neopanorpa ovata* Cheng

分布：浙江（遂昌九龙山、莫干山、古田山、百山祖）、福建。

9. 弯杆蝎蛉 *Panorpa anfracta* Ju & Zhou

主要特征：头部黑色，喙中央黑色，两侧缘黄褐色。胸部背板黑色，侧板黄褐色；前胸背板前缘两侧各具 2 根黑色刚毛。翅无色透明，无明显斑纹，翅痣明显。腹部 2~6 节背板深黑色，7~8 节背板黄褐色，雄性腹部第 6 节背板末端具 1 个指形臀角。雄性外生殖器卵圆形，生殖刺突纤细，外缘弯曲，内缘中部具尖齿，基部具缺刻区；第 9 节腹板基柄短，下瓣内缘近中部具尖突出，末端钝圆，到达生殖刺突基部；背板较细，末端具深"U"形缺刻；阳基侧突分 2 叉。雌性下生殖板宽，卵圆形，末端无缺刻；生殖板长，主板圆阔；后臂稍短于主板；中轴不伸出主板。

未检视标本，描述据 Ju & Zhou（2003）。

分布：浙江（遂昌九龙山）。

10. 金身蝎蛉 *Panorpa aurea* Cheng

分布：浙江（遂昌九龙山、古田山、百山祖）、福建。

11. 周氏蝎蛉 *Panorpa choui* Zhou et Wu

分布：浙江（遂昌九龙山、龙王山、莫干山、凤阳山）、福建。

12. 尤氏蝎蛉 *Panorpa kiautai* **Zhou & Wu in Zhou et al.**

主要特征：头顶深黄褐色，喙黄褐色，两侧色稍浅。胸部背板黑色，前胸背板中央具一黄褐色横条带，中后胸背板的后方有一黄褐色斑，侧板和腹板黄色。翅无色透明，具褐色斑纹；端带中央有 2~3 个淡色窗；痣带斜，中部稍狭，端枝缺；基带断成 2 斑；无缘斑；基斑无或为很小的圆点；翅痣明显。腹部第 6 节背板末端具 1 个指状臀角。雄性外生殖器长卵形；生殖刺突短于生殖肢基节，内缘中部有一个三角形突起，基部有 1 个大的缺刻区；第 9 节腹板基柄短，下瓣细长，向后渐阔，末端超过生殖肢基节中部；背板末端具深"U"形缺刻；阳基侧突粗长，弧形弯曲，相互交叉，内缘着生 1 列密集短毛。雌性未知。

未检视标本，描述据 Zhou et al.（1993）。

分布：浙江（遂昌九龙山）、福建、广东。

13. 黄翅蝎蛉 *Panorpa lutea* **Carpenter**

分布：浙江（遂昌九龙山、龙王山、莫干山、天目山、古田山、百山祖）、安徽。

14. 四带蝎蛉 *Panorpa tetrazonia* **Navás**

分布：浙江（遂昌九龙山、龙王山、天目山、古田山、百山祖）、江西。

二、蚊蝎蛉科 Bittacidae

蚊蝎蛉科昆虫单眼存在，腹部圆筒形，雄性外生殖稍膨大；足细长，具单一跗爪，成捕食器；翅狭长，具亚翅柄。

在九龙山保护区发现该科 1 属 2 种。

15. 中华蚊蝎蛉 *Bittacus sinensis* **Walker（彩图 82）**

主要特征：头顶浅褐色。前胸背板黄褐色，前、后缘未见明显的刚毛；中、后胸背板隆起部位黑褐色，小盾片颜色浅，黄褐色。前翅阔，深黄色，翅端圆；翅痣明显；在 OM、ORs、FRs 和 Scv 处有黑褐色小斑，翅端的横脉具有暗褐色雾状斑，FM 处有一无色透明斑，Cuv 和 Av 存在，Pcv 1 条或 2 条。雄性上生殖瓣侧面观近梯形，背缘突出，后缘深分裂成两叶，下叶比上叶阔，向内弯曲，两叶具有圆形的末端，内面具有一列短黑刺毛；生殖肢基节末端缺刻，生殖刺突短，具内突；阳茎叶阔长，末端稍尖；载肛突上瓣较长，从上生殖瓣之间伸出。雌性下生殖板基部稍窄，而后逐渐向腹面延伸，几乎愈合，端部钝圆，具暗褐色刚毛。

未检视标本，描述据 Cheng（1957）。

分布：浙江（遂昌九龙山）、上海、江苏、黑龙江、辽宁。

16. 天目山蚊蝎蛉 *Bittacus tienmushana* **Cheng（彩图 83）**

主要特征：体黑褐色。前胸背板不均匀的暗褐色，侧板黄褐色；中胸背板前部两侧隆起部分暗褐色，后部包括小盾片，及后胸背板颜色变浅，呈黄褐色。前翅阔，浅褐色；翅痣不明显；在 OM、ORs、FRs 处具有 3 个黑褐色小斑，横脉处具有褐色雾状斑，FM 处有一无色明斑，无 Av 脉，Pcv 2 条。雄性上生殖瓣侧面观近三角形，腹缘末端具浅缺刻，下方内侧具短黑毛；生殖肢基节略延伸，生殖刺突短，倒靴状；阳茎叶长，末端稍尖；载肛突背面具一对指形突起，中央顶部具 1 簇刚毛，下瓣强烈向下钩曲。雌性下生殖板侧面近三角形，背缘与第 9 节背板侧缘愈合，第 8 节气门着生在膜质凹陷区内，第 10 节背板浅黄褐色，两侧向腹部延伸很少。

未检视标本，描述据 Cheng（1957）。

分布： 浙江（遂昌九龙山）

双翅目 Diptera

在九龙山保护区发现该目 20 科 92 属 186 种。

一、沼大蚊科 Limoniidae

大蚊科昆虫体型小至大型，似蚊，体和足细长，脆弱。头大，额可延长成喙状；触角 11~13 节，雌虫丝状，雄虫梳状或锯齿状；无单眼；下唇须 4 节或 5 节。中胸盾沟常呈 "V" 形，无翅种 "V" 形沟不明显；翅狭长长，Sc 端部与 R_1 连接，Rs 脉 3 支，A 脉 2 支达后缘，中室小。雄虫腹部末端常膨大，有 2 对生殖突起，雌虫产卵器瓣状或角状。

在九龙山保护区发现该科 1 属 8 种。

1. 九龙山长唇大蚊 Geranomyia jiulongensis Qian et Zhang, 2020（彩图 84A，彩图 84B）

鉴别特征：前盾片黄色，具 3 条棕黄色纵条纹。侧板黄色，有 1 条深棕色纵条纹从颈部延伸到中背片。翅前缘具 7 个斑，部分斑沿翅弦。内生殖刺突肥大；喙突上具 2 瘤突，瘤突上具 1 根喙刺。

雌虫长 5.5~6.4mm，翅长 5.0~5.8mm，喙长 2.0~2.5mm。与雄虫相似，但第 9 背板棕色。尾瓣棕黄色，基部 1/2 棕色。下瓣棕黄色，尖端颜色稍深，尖端对应尾瓣 2/3 处。

观察标本：正模♂（QAU），浙江遂昌九龙山罗汉源（28°23′24″N，118°51′00″E，517m），2019.7.26，钱星仰。副模：10 雄 1 雌（QAU），浙江遂昌九龙山罗汉源（28°23′24″N，118°51′00″E，517m），2019.7.26，钱星仰。1 雌（QAU），浙江遂昌九龙山龙口村（28°18′11″N，118°56′42″E，305m），2019.7.24，钱星仰。1 雄 5 雌（QAU），浙江遂昌九龙山西坑里（28°20′10″N，118°55′00″E，732m），2019.7.25，钱星仰。1 雄（QAU），浙江遂昌九龙山岩平（28°22′23″N，118°53′48″E，667m），2019.7.26，钱星仰。1 雌（QAU），浙江遂昌九龙山左别源（28°17′10″N，118°46′42″E，640m），2019.7.28，钱星仰。

分布：浙江。

2. 亚离长唇大蚊 *Geranomyia subablusa* Qian et Zhang（彩图 85A，彩图 85B）

鉴别特征：前盾片黄色，具 3 条棕黄色纵条纹。侧板黄色，有 1 条深棕色纵条纹。翅前缘具 7 个斑，第 2 和第 3 个斑在 C 和 Sc1 合并；Sc1 位于 Rs 2/5 处；CuA1 基部距 M 分叉超过自身 2/3。内生殖刺突肥大；具 2 长喙刺，一个着生于瘤突，一个着生于喙突。

雌虫长 6.0~7.0mm，翅长 6.0~6.5mm，喙长 2.3~2.5mm。与雄虫相似，但第 9 背板棕色，尖端黄色。尾瓣棕黄色，基部 1/2 棕色，长。下瓣棕黄色，较细长，尖端对应尾瓣 2/3 处。

观察标本：正模 ♂（QAU），浙江遂昌九龙山罗汉源（28° 23′ 24″ N，118° 51′ 00″ E，517m），2019.7.26，钱星仰。副模：4 雄 10 雌（QAU），浙江遂昌九龙山罗汉源（28° 23′ 24″ N，118° 51′ 00″ E，517m），2019.7.26，钱星仰。2 雄 2 雌（QAU），浙江遂昌九龙山龙口村（28° 18′ 11″ N，118° 56′ 42″ E，305m），2019.7.24，钱星仰。

分布：浙江。

3. 尖突短柄大蚊 *Nephrotoma impigra* Alexander

分布：浙江（遂昌九龙山、百山祖）、湖北、江西、四川、福建。

4. 多突短柄大蚊 *Nephrotoma virgata*（Coquillett）

分布：我国浙江（遂昌九龙山、百山祖）、河北、安徽、湖北、四川；国外：朝鲜、日本，俄罗斯。

5. 黑体长唇大蚊 *Geranomyia nigra* Zhang, Zhang et Yang（彩图 86）

主要特征：雄虫体长 6.8~7.0 mm，翅长 6.6~7.0 mm，喙长 2.2 mm。

头部黑色。毛黑色。触角长 1.0 mm，黑色。柄节长柱状；梗节卵圆形；鞭节长卵圆形，末节顶端尖。喙棕和下颚须黑色。胸部棕黑色至黑色。前胸背板和前盾片黑色。盾片黑色，中间区域色浅，两侧叶各有一浅色斑。小盾片和中背片黑色。侧板棕黑色。毛白色。前、中足基节棕黑色，后足基节黄色；转节棕黄色；腿节棕黑色，基部黄色；胫节和跗节棕黑色。毛棕黑色。翅棕色，翅痣处棕黑色。翅脉棕黑色。Sc 较长，Sc1 端部约位于 Rs 的 2/3 处，Sc2 靠近 Sc1 端部，CuA1 基部略超过 M 分叉处。平衡棒长 1.0 mm，略带棕色，球部色深。腹部背板棕黑色。腹板棕色，基部几节色浅。毛白色。第 9 背板后缘中间凹。生殖基节腹面具 1 较小的叶突。外生殖刺突在其长度的 1/2 处明显弯曲，顶端尖。内生殖刺突肥大；喙突小，中部具 1 小瘤突，瘤突上具 2 根较短喙刺，内侧喙刺略短。阳基侧突顶部较短，顶端尖。

观察标本：1 雄 2 雌，浙江省丽水市遂昌县九龙山九龙口村，2019.7.24，钱星仰（灯诱）。2 雄 2 雌，浙江省丽水市遂昌县九龙山保护区宾馆，2019.7.26，钱星仰（灯诱）。

分布：我国浙江（遂昌九龙山）、甘肃、四川、广西、云南、台湾。

6. 休式长唇大蚊 *Geranomyia suensoniana* Alexander（彩图 87）

主要特征：雄虫体长 5.2 mm，翅长 5.3 mm，喙长 1.7 mm。头部棕黑色。毛黑色。触角长 1.2 mm，棕黑色。柄节长柱状；梗节卵圆形；鞭节卵圆形至长卵圆形，末节顶端尖。喙棕黑色，端部色略浅。下颚须棕黑色。胸部浅黄色至黄色。前胸背板黄色，中间具 1 棕色窄纵条纹，两侧略带棕色。前盾片黄色，具 3 条棕色纵条纹：中间的纵条纹后半部突然变窄；两侧条纹长度约为中间条纹的 2/3。盾片黄色，两侧叶各有 1 棕色大斑。小盾片黄色，中间基部具 1 棕色斑。中背片棕色。侧板浅黄色，有一条棕色纵条纹从颈部延伸到中背片。毛棕黑色。足基节和转节浅黄色；腿节和胫节浅黄色至黄色；跗节黄色，末端两节棕色。毛棕色。翅透明，具深棕色斑：前缘域具 6 个分离的斑，第 6 个翅斑覆盖大部分翅尖，在 R3 室内具 1 圆形透明区域；部分斑断断续续沿翅弦，沿 M3 基部和 m-m。翅脉浅棕色，斑点覆盖处颜色加深。Sc 长，Sc1 端部位于 Rs 分叉处前一点，Sc2 靠近 Sc1 端部，CuA1 基部远未达 M 分叉处，距离接近其自身长度。平衡棒长 0.7 mm，棕黄色，球部颜色略深，棒部近基部棕色。腹部浅黄色至黄色。背板黄色，各节尾部 1/4 棕色。腹板浅黄色。背板毛棕色，腹板毛白色。第 9 背板后缘中间凹。生殖基节腹面具 1 较小的叶突。外生殖刺突在其长度的 2/3 处明显弯曲，顶端尖。内生殖刺突肥大；喙突小，中部具 1 小瘤突，瘤突上具 2 根较短喙刺，内侧喙刺略短。阳基侧突顶部细长，顶端尖，略向阳茎方向弯曲。

观察标本：1 雌，浙江省丽水市遂昌县九龙山九龙口村，2019.7.24，钱星仰。3 雌，浙江省丽水市遂昌县九龙山西坑里保护站，2019.7.25，钱星仰。1 雄 6 雌，浙江省丽水市遂昌县九龙山保护区宾馆，2019.7.26，钱星仰（灯诱）。1 雌，浙江省丽水市遂昌县九龙山左别源水电站，2019.7.28，钱星仰。

分布：浙江（遂昌九龙山、宁波）。

7. 广亮大蚊 *Libnotes*（*libnotes*）*aptata* Alexander（彩图 88）

主要特征：雄虫体长 9.0 mm，翅长 10.0 mm。头部黄色，头顶区域色深。毛棕黄色。触角 2.2 mm，棕黄色。柄节长柱状；梗节卵圆形；鞭节卵圆形，逐节变长，末节长。喙和下颚须黄色，均具棕黄色毛。胸部黄色至棕黄色。前胸背板棕黄色，两侧具深棕色纵条纹。前盾片棕黄色，侧缘色深，后部具 4 棕色纵条纹。盾片黄色，两侧叶各具 1 棕色长斑。小盾片浅黄色。中背片黄色，两侧深棕色。侧板浅黄色，具 2 深棕色条纹。毛棕色。基节和转节浅黄色；腿节黄色，基部色浅，亚端部具棕色环；胫节黄色，端部棕色；跗节黄色，末几节棕色。毛棕黄色。翅透明，带棕黄色，散布深棕色斑，前缘域具 3 个颜色较深的斑。翅脉浅棕黄色，斑点覆盖处颜色加深。Sc1 端部远超过 Rs 分叉处，腹部黄色。背板黄色，两侧深棕色，中间具深色斑。腹板浅黄色，两侧深棕色。毛棕黄色。第 9 背板后缘中间凹陷。生殖基节具 1 简单叶突。外生殖刺突弯曲，顶端突然变细呈刺状。内生殖刺突小；喙突细长。靠近喙突基部具较大突起，突起端部细长，具多根喙刺。阳基侧突细长，顶端向阳茎弯曲。

观察标本： 1雄，浙江省丽水市遂昌县九龙山九龙口村，2019.7.24，钱星仰（灯诱）。

分布： 浙江（遂昌九龙山）、四川、重庆、福建。

8. 长突栉形大蚊 *Rhipidia（Rhipidia）longa* Zhang, Li et Yang（彩图 89）

主要特征： 雄虫体长 5.0~6.5 mm，翅长 6.0~6.5 mm。头部棕色，被灰白色粉。毛棕色。触角长 1.6 mm。柄节和梗节棕黄色，第 1~9 节鞭节浅黄色，各节基部和栉枝棕黄色，其余各节鞭节棕黄色。第 1 节鞭节短而肥大；第 2~9 节鞭节各有 2 个栉枝，最长的栉枝位于第 5 节鞭节，约为对应鞭节长度的 1.5 倍；第 10 节和第 11 节鞭节加大；最后 1 节鞭节加长，超过倒数第 2 节鞭节。喙和下颚须棕色，均具棕色毛。胸部棕色，被灰白色粉。前胸背板棕色。前盾片棕色到棕黄色。盾片、小盾片和中背片棕黄色。侧板棕黄色，有 1 条明显的棕色纵条纹从颈部延伸到腹部基部。毛白色。基节棕色；转节浅黄色；腿节黄色，端部棕黄色；胫节棕黄色，端部颜色加深；跗节棕黄色。毛棕色。翅灰白色，所有翅室均分布有浅灰色斑，翅前端具 5 个或 6 个颜色较深较大的斑，这些斑一般位于 Sc 室基部、Sc 室中部、Rs 起始处、Sc 分叉处、Rs 分叉处、R1 端部。翅脉浅黄色，斑覆盖处颜色加深。Sc1 端部约位于 Rs 中间处，Sc2 靠近 Sc1 端部，CuA1 基部未达 M 分叉处。平衡棒长 0.7 mm，白色，球部颜色略微加深。腹部棕色到棕黄色。毛白色。第 9 背板后缘中间凹陷。生殖基节有一简单的叶突。外生殖刺突在长度的 2/3 处弯曲，顶端突然变细呈刺状。内生殖刺突中等大小；喙突长，近顶端 1/3 位置具 4 根长喙刺。阳基侧突顶部加黑，顶端尖。

观察标本： 1雄，浙江省丽水市遂昌县九龙山九龙口村，2019.7.25，钱星仰（灯诱）。1雄，浙江省丽水市遂昌县九龙山保护区宾馆，2019.7.26，钱星仰（灯诱）。

分布： 我国浙江（遂昌九龙山、乌岩岭、天目山）、陕西、四川、重庆、云南、福建、台湾。

三、细蚊科 Dixidae

细蚊科为小型细弱昆虫。触角 16 节，梗节呈球形，下颚须细长分 5 节，复眼远离，无单眼，喙短小。翅透明或有斑，翅脉与蚊相似但绝无鳞片，R_{2+3} 向上拱弯，R_{4+5} 直伸介于 R_2 与 R_3 分叉和 M_1 与 M_2 分叉之间。足细长，腿节和胫节末端常膨大，跗节长于胫节，分 5 节。幼虫水生，体狭长呈"U"形弯曲而易识别。

在九龙山保护区发现该科 1 属 1 种。

9. 冷杉细蚊 *Dixa abiettica* Yang et Yang

分布： 浙江（遂昌九龙山、百山祖）。

四、摇蚊科 Chironomidae

摇蚊科昆虫隶属于双翅目长角亚目，广布于全球各大生物地理分布区（包括南极洲），已记述的种类超过 6 300 余种，与蠓、蚋、奇蚋三科昆虫近缘，共同构成摇蚊总科。摇蚊又称"不咬人的蠓虫"，其成虫静止时前足向前伸出并且不停摇摆。幼虫期生活在各种淡水水体，少数种类陆生或海生，是种类最多、分布最广、密度和生物量最大的淡水底栖动物类群之一，常作为重要的水生态健康评估的指示生物。

在九龙山保护区发现该科 18 属 29 种。

10. 爪哇摇蚊 *Chironomus javanus* Kieffer

分布：我国浙江（遂昌九龙山、百山祖）；国外：日本，泰国，印度尼西亚，密克罗尼西亚。

11. 萨摩亚摇蚊 *Chironomus samoensis* Edwards

分布：我国浙江（遂昌九龙山、天目山、百山祖）、河北、福建、广东；国外：日本，朝鲜，泰国，萨摩亚，汤加。

12. 平铗枝角摇蚊 *Cladopelma edwards*（Kruseman）

分布：我国浙江（遂昌九龙山、百山祖）、内蒙古、河北、山东、湖北、海南；国外：欧洲，北美洲。

13. 十斑菱跗摇蚊 *Clinotanypus decempuctatus* Tokunaga

分布：我国浙江（遂昌九龙山、百山祖）；国外：日本。

14. 内里毛施密摇蚊 *Compterosmittia nerius*（Curran）（彩图 90）

主要特征：触角 13 鞭节。翅上鬃存在，臀角弱化，Cu1 脉强烈弯曲，下附器圆、中度叶状突起，肛尖弱化具少量刚毛，抱器端棘齿状。

观察标本：1 雄，浙江遂昌九龙山，2009-4-9，梁香媚采。

分布：我国浙江（遂昌九龙山）、福建、海南；国外：小笠原群岛，帕劳，密克罗尼西亚，美国。

15. 双线环足摇蚊 *Cricotopus bicinctus*（Meigen）

分布：我国浙江（遂昌九龙山、杭州、天目山、百山祖）、内蒙古、辽宁、河北、山东、河南、宁夏、甘肃、陕西、青海、江苏、湖北、福建、台湾、广东、海南、广西、四川、贵州、云南；国外：世界性分布。

16. 山环足摇蚊 *Cricotopus montanus* Tokunaga

分布：我国浙江（遂昌九龙山、天目山、百山祖）、四川、甘肃；国外：日本。

17. 近似环足摇蚊 *Cricotopus similis* Goetghbuer

分布：我国浙江（遂昌九龙山、百山祖）；国外：俄罗斯，黎巴嫩，欧洲，加那利群岛。

18. 林间环足摇蚊 *Cricotopus sylvestris*（Fabricius）

分布：我国浙江（遂昌九龙山、杭州、天目山、百山祖）、吉林、辽宁、内蒙古、河北、山西、山东、江苏、湖北、福建、台湾、广西、四川、云南、西藏；国外：北半球广布。

19. 三带环足摇蚊 *Cricotopus trifasciatus*（Panzer）

分布：我国浙江（遂昌九龙山、杭州、天目山、百山祖）、福建、河北、内蒙古、吉林、辽宁、宁夏、湖北、江苏、广西、四川、云南、西藏；国外：印度尼西亚，北半球广布。

20. 喙隐摇蚊 *Cryptochironomus rostratus* Kieffer

分布：我国浙江（遂昌九龙山、天目山、百山祖）、福建、云南；国外：日本、朝鲜、黎巴嫩、欧洲广布。

21. 艾瑞穴粗腹摇蚊 *Denopelopia irioquerea*（Sasa et Suzuki）

分布：我国浙江（遂昌九龙山、磐安、遂昌）、广东、广西、西藏、甘肃；国外：日本。

22. 亮铗真凯氏摇蚊 *Eukiefferilla claripennis*（Lundback）

分布：我国浙江（遂昌九龙山、百山祖）、辽宁、宁夏；国外：俄罗斯，黎巴嫩，欧洲，北美洲，夏威夷。

23. 天目真开氏摇蚊 *Eukiefferiella tianmuensis* Qi, Liu, Lin et Wang（彩图 91）

主要特征：体长 1.98~2.10 mm，翅长 1.13~1.16 mm，体长／翅长 1.75~1.82。眼无毛；触角 13 鞭节，触角比 0.79~0.83。内、外顶鬃均退化。前胸背板无侧缘毛，中鬃 3~5 根，极弱，背中鬃 7~9 根，翅前鬃缺失根，小盾鬃 1~2 根。臀角正常；翅脉比：1.25~1.30；R_{2+3} 脉终点靠近 R_1 脉；无 C 脉延伸；翅脉无毛；腋瓣具刚毛 11~13 根。中足具 2 根胫距，后足具 1 长 1 短 2 根胫距；后足胫栉具 7~10 根棘刺；中、后足第 1~3 跗节分别着生 1 对伪距。前足比 0.44~0.59。第 IX 背板具 0~3 根粗壮刚毛；阳茎内生殖突长 63μm，横幅内生殖突长 50~70μm，拱形，生有 1 对骨化突起；抱器基节长 290~320μm，抱器端节略弯，勺状，长 110~130μm；下附器呈梯形，端部膨胀，被覆 7~12 根长刚毛；抱器端节无背脊，抱器端棘长 7~9μm。

观察标本：1 雄成虫，浙江遂昌九龙山，2011-8-4，林晓龙采。

分布：浙江（遂昌九龙山、天目山）。

24. 微小沼摇蚊 *Limnophyes minimus* Meigen（彩图 92）

主要特征：头部和胸部均为深棕色。触角 9~13 鞭节，触角比 0.88~1.00。背中鬃 8~18 根，中鬃 4~7 根；翅前鬃 4~6 根；翅上鬃 1 根。前侧片鬃 3 根；前上前侧片鬃 2~4 根刚毛，后上前侧片鬃 1~2 根。后侧片鬃 1~3 根。小盾片鬃 4~6 根。腋瓣缘毛 1~4 根。"肛尖"成三角形或较圆钝，具有 8~12 根较弱刚毛。阳茎刺突由 2~3 根逐渐变细的刺构成。下附器略成三角形。抱器端节具有长而低的亚端背脊。

观察标本：5 雄成虫，浙江遂昌九龙山，2019-7-27，余海军采。

分布：我国浙江（遂昌九龙山、全省广布）、河北、辽宁、江苏、安徽、河南、湖北、广西、四川、云南、陕西、宁夏；国外：北半球广布。

25. 梁氏利突摇蚊 *Litocladius liangae* Lin, Qi et Wang（彩图 93）

主要特征：体长 3.08 mm。翅长 2.00 mm。体棕色。触角缺失。颠毛 15 根，包括 8 根内顶鬃，5 根外顶鬃和 2 根后眶鬃。唇基毛 13 根。下唇须 5th/3rd 1.33。翅脉比 1.05。臀角发达。臂脉有 1 根刚毛；R 脉 5 根小刚毛；其余翅脉无小刚毛。腋瓣缘毛 20 根。C 脉延伸长 25μm。前胸背板有 6 侧刚毛，背中鬃，11 根，中鬃包括位于前端的 4 根强壮弯曲刚毛，中部的 2 根小刚毛，4 根披针形小刚毛位于中后端；翅前鬃 3 根，小盾片鬃 10 根。后足胫栉 11 根。中足第 1、第 2 跗节具伪胫距。后足跗节缺失。前足比 0.80。第 9 背板密布微毛，无刚毛，第 9 侧板有 7 根刚毛。肛尖粗壮，三角形，顶端尖，两侧边缘着生 6 根粗壮的刚毛。阳茎内突长 65μm。横腹内生殖突具角状突，长 105μm。阳茎刺突发达，具 7 根中间长刺及侧叶。抱器基节长 233μm，下附器椭两分叶，背叶宽，具 7 根短毛及部分微毛；腹叶瘦长，具 6 根长刚毛及大量微毛。抱器端节长 110μm，亚端背脊发达，椭圆形，抱器端棘长 10μm。

观察标本：1 雄成虫，浙江遂昌九龙山，2009-4-9，梁香媚采。

分布：浙江（遂昌九龙山）。

26. 软铗小摇蚊 *Microchironomus trner*（Kieffer）

分布：我国浙江（遂昌九龙山、百山祖）、宁夏、河北、山西、湖北、广东、海南；国外：俄罗斯，朝鲜，印度，以色列，欧洲，澳大利亚，加纳，埃及，南非，刚果（金）。

27. 软铗小摇蚊 *Microchironomus tener*（Kieffer）（彩图 94）

主要特征：体长 2.15~3.90 mm；翅长 1.05~2.08 mm。头浅黄色；胸部颜色变异幅度大，具深色斑；前足腿节、胫节远端 1/3 处棕黄色，足其余部分棕色；中、后足棕黄色；腹部第 I~VI 背板黄绿色或棕色，具色斑带；第 VII~IX 背板棕色。触角比 1.35~2.00。翅脉比 1.15~1.30。前足比 1.53~2.18，中足比为 0.45~0.68，后足比为 0.55~0.70。第 9 背板端部后缘具 10~20 根长刚毛；第 IX 侧板具 1~4 根刚毛；肛尖细长，基部宽大，中部略变窄收缩，部分标本基部具瘤状凸起，凸起密布微毛，并具 6~15 根刚毛。第 9 背板端部后缘凸起密布微毛，并具 4~12 根刚毛。上附器具 3~4 根刚毛。抱器端节中部加宽膨大，内缘具 19~31 根刚毛；抱器基节内缘具 3~5 根长刚毛。

观察标本：3 雄；2019-7-27，浙江遂昌九龙山，余海军采。

分布：我国浙江（遂昌九龙山、全省广布）、中国广布；国外：日本，俄罗斯远东地区，泰国，印度，非洲，大洋洲。

28. 双齿小突摇蚊 *Micropsectra bidentata*（Goetghebuer）

分布：我国浙江（遂昌九龙山、天目山）、辽宁、河北；国外：欧洲广布。

29. 灯蕊小突摇蚊 *Micropsectra junci*（Meigen）

分布：我国浙江（遂昌九龙山、百山祖）；国外：黎巴嫩，欧洲。

30. 具瘤倒毛摇蚊 *Microtendipes tuberosus* Qi et Wang（彩图 95）

主要特征：前足腿节具一小瘤，上具倒生刚毛。肛尖中部膨大，具 3 根小刚毛，端部平截；上附器钩状，具一侧瘤，上具 4 根刚毛，上附器基部具 3 根刚毛。

分布：浙江（九龙山）、浙江、贵州、广东、海南。

31. 花柱拟麦锤摇蚊 *Parametrioremns stylatus*（Kieffer）

分布：我国浙江（遂昌九龙山、天目山、百山祖）、辽宁、内蒙古、河北、河南、福建；国外：俄罗斯，日本，黎巴嫩，葡萄牙，马德拉群岛，欧洲广布。

32. 白间摇蚊 *Paratendipes albimanus*（Meigen）

分布：我国浙江（遂昌九龙山、天目山、百山祖）、辽宁、山东、宁夏、福建、台湾、四川、云南；国外：泰国。

33. 拱尖多足摇蚊 *Polypedilum convexum*（Johansen）

分布：我国浙江（遂昌九龙山、百山祖）；国外：日本，印度尼西亚，密克罗尼西亚。

34. 斑带多足摇蚊 *Polypedilum medivittatum*（Tokunaga）

分布：我国浙江（遂昌九龙山、百山祖）；国外：日本，密克罗尼西亚。

35. 云集多足摇蚊 *Polypedilum nubifer*（Skuse）（彩图 96）

主要特征：体长 3.55~5.05 mm，翅长 1.69~2.62 mm。头褐色。胸部深褐色或黑色。第 IV~V 腿节和跗节褐色，第 I~III 胫节和跗节黄色。腹部褐色。翅具浅斑纹。额瘤呈纺锤状。触角比 2.09~2.82。翅脉比 1.04~1.18。前足比 1.40~1.57，中足比 0.59~0.68，后足比 0.64~0.80。肛节背板带发达，基部愈合。第 9 背板中部具 8~17 根刚毛；第 9 侧板具 2~4 根刚毛。肛尖从基部逐渐变细，边缘平行。上附器中间直，近端部稍膨大，基部覆有微毛，具 2~3 根内刚毛，无侧刚毛。下附器端部近 1/3 处向外侧弯曲，具 18~24 根刚毛，端刚毛 1 根。抱器端节相对短且膨大，内缘具 5~8 根长刚毛，端部具 1 根刚毛。生殖节比 1.48~1.80，生殖节值 2.91~3.53。

观察标本：10 雄；2019-7-28，浙江遂昌九龙山，余海军采。

分布：我国浙江（遂昌九龙山，全省广布）、中国广布；国外：世界广布。

36. 花翅前突摇蚊 *Procladius choreus*（Meigen）（彩图 97）

主要特征：翅具大片色斑；腹部第 1 至第 3 背板有宽的条状色斑，第 4 至第 8 背板棕色；抱器端节基部突起较大，且圆钝。

观察标本：5 雄，浙江遂昌九龙山，2019-7-28，余海军采。

分布：我国浙江（遂昌九龙山、全省分布）、河北、内蒙古、辽宁、福建、山东、湖北、广东、青海、宁夏；国外：亚洲，欧洲，非洲。

37. 刺铗长足摇蚊 *Tanypus punctipennis*（Fabricius）

分布：我国浙江（遂昌九龙山、百山祖）、吉林、辽宁、内蒙古、河北、山东、宁夏、甘肃、陕西、青海、江苏、安徽、湖北、福建、台湾、广东、广西、四川；国外：俄罗斯，朝鲜，日本，黎巴嫩，欧洲，北美洲。

38. 台湾长跗摇蚊 *Tanytarsus formosanus* Kieffer（彩图 98）

主要特征：腹部背板具"W"形色斑。头部具大额瘤。翅仅远端 1/3 处生小刚毛。Cu脉无刚毛。触角比常大于 1。第 9 背板常具两根粗壮刚毛；肛脊明显，中间具有单排小棘刺；上附器顶端形成鸟喙状突起。

观察标本：10 雄；2019-7-28，浙江遂昌九龙山，余海军采。

分布：我国浙江（遂昌九龙山、全省广布）；中国广布；国外：东洋区，古北区。

五、眼蕈蚊科 Sciaridae Billberg

眼蕈蚊为小型暗淡蚊类，头部复眼背面尖突，左右相连形成眼桥，仅极少数种分离。单眼 3 个，触角 16 节，鞭节多样，口器短，下颚须 1~3 节。胸部粗大，足细长，胫节有端距，3 对足的端距多为 1：2：2，前足胫节端部有胫梳排列成一横排或弧形扇状。翅脉较简单，翅脉有大毛，或仅前边几条有毛，Rs 不分支，基部弯折与 R_1 垂直如短横脉，径中横脉（r-m）则似纵脉与 Rs 相连成直角，中脉 2 条呈叉状，其柄常弱。腹部筒形，雄性外生殖器粗壮，生殖突基节宽大而左右联合，生殖刺突多呈钳状，雌性腹多膨大而端渐尖细。

在九龙山保护区发现该科 8 属 19 种。

39. 曲尾迟眼蕈蚊 *Bradysia introflexa* Yang, Zhang et Yang

分布：浙江（遂昌九龙山、龙王山、古田山、百山祖）、贵州。

40. 开化迟眼蕈蚊 *Bradysia kaihuana* Yang, Zhang et Yang

分布：浙江（遂昌九龙山、龙王山、古田山、百山祖）。

41. 节刺迟眼蕈蚊 *Bradysia noduspina* Yang, Zhang et Yang

分布：浙江（遂昌九龙山、龙王山、古田山、百山祖）、贵州。

42. 淡刺迟眼蕈蚊 *Bradysia pallespina* Yang, Zhang et Yang

分布：浙江（遂昌九龙山、古田山、百山祖）。

43. 方尾迟眼蕈蚊 *Bradysia quadrata* Yang, Zhang et Yang

分布：浙江（遂昌九龙山、龙王山、百山祖）。

44. 膨尾迟眼蕈蚊 *Bradysia tumidicauda* Yang, Zhang et Yang

分布：浙江（遂昌九龙山、古田山、百山祖）。

45. 钩菇迟眼蕈蚊 *Bradysia uncipleuroti* Yang, Zhang et Yang

分布：浙江（遂昌九龙山、百山祖）、江苏。

46. 导宽尾厉眼蕈蚊 *Lycoriella abrevicaudata* Yang, Zhang et Yang

分布：浙江（遂昌九龙山、龙王山、古田山、百山祖）、贵州。

47. 百山祖厉眼蕈蚊 *Lycoriella baishanzuna* Yang, Zhang et Yang

分布：浙江（遂昌九龙山、龙王山、百山祖）。

48. 下刺厉眼蕈蚊 *Lycoriella hypacantha* Yang, Zhang et Yang

分布：浙江（遂昌九龙山、龙王山、古田山、百山祖）。

49. 长喙厉眼蕈蚊 *Lycoriella longirostris* Yang, Zhang et Yang

分布：浙江（遂昌九龙山、古田山、龙王山、百山祖）。

50. 硕厉眼蕈蚊 *Lycoriella maxima* Yang et Zhang

分布：浙江（遂昌九龙山、莫干山、百山祖）。

51. 吴鸿厉眼蕈蚊 *Lycoriella wuhongi* Yang, Zhang et Yang

分布：浙江（遂昌九龙山、龙王山、古田山、百山祖）。

52. 长节植眼蕈蚊 *Phytosciara dolichotoma* Yang, Zhang et Yang

分布：浙江（遂昌九龙山、古田山、百山祖）。

53. 细屈眼蕈蚊 *Camptochaeta tenuipalpalis*（Mohrig et Antonova）

分布：我国浙江（遂昌九龙山、临安、遂昌、泰顺）、内蒙古、陕西、福建、台湾、四川、云南、西藏；国外：日本，俄罗斯，法国，芬兰，瑞典。

54. 拟疏毛栉眼蕈蚊 *Ctenosciara pseudoinsolita* Wu et Zhang

分布：浙江（遂昌九龙山、龙泉、遂昌、泰顺）。

55. 长钩凯眼蕈蚊 *Keilbachia acumina* Vilkamaa, Menzel et Hippa

分布：我国浙江（遂昌九龙山、临安、遂昌）、云南；国外：日本。

56. 长钩厉眼蕈蚊 *Lycoriella longihamata* Yang, Zhang et Yang

分布：浙江（遂昌九龙山、安吉、临安、遂昌）、云南。

57. 钩臂眼蕈蚊 *Sciara humeralis* Zetterstedt

分布：我国浙江（遂昌九龙山、安吉、开化、临安、庆元、遂昌）、北京、湖北、江西、四川、贵州、云南、台湾；国外：欧洲，美国。

六、菌蚊科 Mycetophilidae

菌蚊科昆虫体型为小型，狭长或较粗壮而常侧扁；头部复眼大但左右远离而无眼桥，单眼3个或缺中单眼；触角16节（或11~15节），多样化，短的稍长于头高，而长的则数倍于体长，鞭节的亚节狭长或扁宽，甚至稀有侧支呈栉状的。胸部粗壮，膨隆或侧扁；足多细长，基节长而大，胫节长而端距发达，爪简单或具齿。翅发达，仅个别雌虫有退化者；脉上有毛，翅膜常密生微毛或具大毛，分亚科多用脉的变化。腹部大多中部最粗，腹端雄外生殖器显著，分类特征较精细。

在九龙山保护区发现该科 9 属 33 种。

58. 草菇折翅菌蚊 *Allactoneura volvoceae* Yang et Wang

寄主：草菇。

分布：浙江（遂昌九龙山、莫干山、古田山、百山祖）、北京、河北、陕西、湖北。

59. 科氏亚菌蚊 *Anatella coheri* Wu et Yang

分布：浙江（遂昌九龙山、古田山、百山祖）。

60. 安吉埃菌蚊 *Epicypta anjiensis* Wu et Yang

分布：浙江（遂昌九龙山、龙王山、古田山、百山祖）。

61. 白云埃菌蚊 *Epicypta baiyunshana* Wu et Yang

分布：浙江（遂昌九龙山、龙王山、古田山、百山祖）、河南、福建。

62. 基枝埃菌蚊 *Epicypta basiramifera* Wu et Yang

分布：浙江（遂昌九龙山、龙王山、古田山、百山祖）。

63. 陈氏埃菌蚊 *Epicypta cheni* Wu et Yang

分布：浙江（遂昌九龙山、龙王山、百山祖）、福建。

64. 斧状埃菌蚊 *Epicypta dolabriforma* Wu et Yang

分布：浙江（遂昌九龙山、龙王山、古田山、百山祖）、福建。

65. 刀状埃菌蚊 *Epicypta gladiiforma* Wu et Yang

分布：浙江（遂昌九龙山、龙王山、古田山、百山祖）、福建、云南。

66. 龙栖埃菌蚊 *Epicypta longqishana* Wu et Yang

分布：浙江（遂昌九龙山、龙王山、百山祖）、福建、广西。

67. 居山埃菌蚊 *Epicypta monticola* Wu

分布：浙江（遂昌九龙山、龙王山、古田山、百山祖）。

68. 暗色埃菌蚊 *Epicypta obscura* Wu et Yang

分布：浙江（遂昌九龙山、古田山、百山祖）、福建。

69. 细小埃菌蚊 *Epicypta pusilla* Wu

分布：浙江（遂昌九龙山、龙王山、古田山、百山祖）、福建。

70. 密毛埃菌蚊 *Epicypta scopata* Wu

分布：浙江（遂昌九龙山、龙王山、天目山、古田山、百山祖）。

71. 林茂埃菌蚊 *Epicypta silviabunda* Wu

分布：浙江（遂昌九龙山、古田山、百山祖）。

72. 简单埃菌蚊 *Epicypta simplex* Wu

分布：浙江（遂昌九龙山、龙王山、百山祖）。

73. 中华埃菌蚊 *Epicypta sinica* Wu et Yang

分布：浙江（遂昌九龙山、龙王山、莫干山、古田山、百山祖）、福建。

74. 剑刺埃菌蚊 *Epicypta xiphothorna* Wu et Yang

分布：浙江（遂昌九龙山、龙王山、古田山、百山祖）。

75. 伞菌伊菌蚊 *Exechia arisaemae* Sasakawa

寄主：伞菌。

分布：我国浙江（遂昌九龙山、龙王山、莫干山、天目山、古田山、百山祖、定海）、吉林、山西、广西、山东、湖北、福建、贵州；国外：日本。

76. 非显长角菌蚊 *Macrocera incospicua* Brunetti

分布：我国浙江（遂昌九龙山、百山祖）；国外：印度。

77. 辛汉长角菌蚊 *Macrocera simbhanjangana* Coher

分布：我国浙江（遂昌九龙山、百山祖）；国外：尼泊尔。

78. 普通菌蚊 *Mycetophila coenosa* Wu

分布：浙江（遂昌九龙山、莫干山、普陀、古田山、百山祖）、湖北。

79. 多刺菌蚊 *Mycetophila senticosa* Wu et Yang

分布：浙江（遂昌九龙山、龙王山、古田山、百山祖）、福建。

80. 葫形菌蚊 *Mycetophila sicyoideusa* Wu et Yang

分布：浙江（遂昌九龙山、龙王山、古田山、百山祖）、福建。

81. 贵州真菌蚊 *Mycomya guizhouana* Yang et Wu

分布：浙江（遂昌九龙山、百山祖）、福建、贵州、广西。

82. 隐真菌蚊 *Mycomya occultans*（Winnertz）

寄主：平菇、香菇。

分布：我国浙江（遂昌九龙山、龙王山、莫干山、古田山、百山祖）、山西、贵州；国外：千岛群岛、西伯利亚西部，日本，印度，希腊，法国，瑞士，德国，奥地利，匈牙利，捷克，芬兰，荷兰，波兰，白俄罗斯。

83. 沃氏真菌蚊 *Mycomya wuorentausi* Vaisanen

分布：浙江（遂昌九龙山、古田山、百山祖）、福建、黑龙江流域。

84. 北京新菌蚊 *Neoempheria beijingana* Wu et Yang

分布：浙江（遂昌九龙山、古田山、百山祖）、北京、河北。

85. 中华新菌蚊 *Neoempheria sinica* Wu et Yang

寄主：双苞蘑、平菇。

分布：浙江（遂昌九龙山、龙王山、古田山、百山祖）、北京、河北、上海、山西、河南、广西、贵州。

86. 湖北巧菌蚊 *Phronia hubeiana* Yang et Wu

分布：浙江（遂昌九龙山、古田山、百山祖）、湖北。

87. 莫干巧菌蚊 *Phronia moganshanana* Wu et Yang

分布：浙江（遂昌九龙山、龙王山、莫干山、古田山、百山祖）、广西。

88. 塔氏巧菌蚊 *Phronia taczanowskyi* Dziedzicki

分布：我国浙江（遂昌九龙山、古田山、百山祖）；国外：匈牙利，波兰，英国，芬兰，拉脱维亚，爱沙尼亚，阿拉斯加，加拿大，美国。

89. 威氏巧菌蚊 *Phronia willistoni* Dziedzicki

分布：我国浙江（遂昌九龙山、古田山、百山祖）、云南；国外：捷克，立陶宛，爱沙尼亚，拉脱维亚，波兰，奥地利，芬兰，西班牙，法国，加拿大，美国。

90. 武当巧菌蚊 *Phronia wudangana* Yang et Wu

分布：浙江（遂昌九龙山、龙王山、古田山、百山祖）、湖北。

七、毛蚊科 Bibionidae

毛蚊科昆虫体粗壮多毛。触角短粗，10节左右；体翅多为黑褐色，或带橙红色、黄褐色，翅有的透明，翅痣明显；足细长，或部分膨大；腹部粗长，明显可见8节；雄第9节后形成外生殖器（尾器），雌腹端较细且具1对分2节的尾须。

在九龙山保护区发现该科3属4种。

91. 环凹毛蚊 *Bibio subrotundus* Yang

分布：浙江（遂昌九龙山、古田山、百山祖）。

92. 泛叉毛蚊 *Penthetria japonica* Wiedemann

分布：我国浙江（遂昌九龙山、龙王山、天目山、古田山、百山祖、杭州、舟山）；国外：日本，尼泊尔，印度。

93. 浙叉毛蚊 *Penthetria zheana* Yang et Chen

分布：浙江（遂昌九龙山、龙王山、百山祖）。

94. 斜襀毛蚊（余襀毛蚊）*Plecia clina* Yang et Chen

分布：浙江（遂昌九龙山、龙王山、天目山、百山祖）。

八、水虻科 Stratiomyiidae

水虻科隶属于双翅目短角亚目，是双翅目短角亚目中形态变化较大的一类。体长2~25mm，体色有黄色、黑色等，常有黄色或黑色斑纹，有些种类为金属绿色、蓝色或紫色，色彩艳丽。体型变化也较大，通常背腹扁平，但是也有强烈隆突的种类，部分种类有拟蜂形态。水虻科体毛较少，无鬃。头部复眼通常雄虫接眼式，雌虫离眼式，有些种类复眼被毛。触角形状多样，有丝状、纺锤状、盘状等，有时端部或亚端部具触角芒。小盾片后缘光滑无刺，或具 2~8 根刺，有些种类小盾片后缘为一系列小齿突。水虻科翅脉总体向翅前缘移动，盘室为较小的五边形，通常具 2~3 条 M 脉。

在九龙山保护区发现该科 3 属 4 种。

95. 尖突星水虻 *Actina acutula* Yang et Nagatomi

分布：浙江（遂昌九龙山、百山祖）、四川。

96. 日本小丽水虻 *Microchrysa japonica* Nagatomi（彩图 99A、彩图 99B）

主要特征：体长 3.2~4.8 mm，翅长 3.5~5.0 mm。头部金绿色。复眼裸，红褐色。单眼瘤明显，单眼红褐色。雄虫触角鞭节 3 节，雌虫鞭节 4 节，端部具毛区域小；触角褐色，但梗节黄褐色。胸部椭圆形，小盾片钝三角形，无刺。胸部金绿色，肩胛和翅后胛褐色，中侧片上缘具窄的浅黄色下背侧带，从肩胛一直延伸到翅基前。足黄褐色，但基节、后足股节除最基部和端部外、后足胫节端部 1/3~1/2 除最端部外和第 4~5 跗节褐色。翅透明；翅痣浅黄色；翅脉黄色至黄褐色。平衡棒浅黄色。腹部椭圆形，宽于胸部，长稍大于宽，较扁平。雄虫腹部黄色，有时第 5 腹节黑色；雌虫腹部金紫色或金绿色。

观察标本：1 雌，浙江省丽水市遂昌县龙洋乡九龙口村，2019-7-24，刘士宜采。

分布：我国浙江（遂昌九龙山）、北京、山东；国外：日本。

97. 金黄指突水虻 *Ptecticus aurifer*（Walker）（彩图 100A、彩图 100B）

主要特征：体长 11.3~21.4 mm，翅长 11.5~20.9 mm。头部橘黄色，后头黑色。单眼瘤黑褐色，小而明显，不达复眼缘，侧单眼不达头后缘，单眼橘黄色。后头强烈内凹。头部被黄色直立长毛，后头外圈被倒伏毛和一圈向后直立的缘毛。触角橘黄色，鞭节颜色稍浅；触角芒黑色，但基部橘黄色；触角芒裸，基部具 2~3 根褐毛。胸部橘黄色。胸部被短黄毛，背板还被短黑毛。足橘黄色，有时后足股节端部、后足胫节和跗节颜色较深。翅橘黄色，但端半部黑色，臀叶除基部外和翅瓣后部浅黑色。平衡棒橘黄色，球部稍带黑色。腹部纺锤形，橘黄色，但第 4~6 节除侧边外褐色，有时第 2~3 背板中部和第 3 腹板中部也具褐斑。

观察标本：1 雄，浙江省丽水市遂昌县九龙山保护区西坑里保护站，2019-7-25，刘士宜采。

分布：我国浙江（遂昌九龙山、安吉、天目山、凤阳山、溪口、莫干山）、全国广布；国外：俄罗斯、日本、印度、越南、马来西亚、印度尼西亚。

98. 南方指突水虻 *Ptecticus australis* Schiner

分布：我国浙江（遂昌九龙山、天目山、百山祖）、陕西、河北、台湾、广西、云南；国外：日本，印度。

九、臭虻科 Coenomyiidae

臭虻科昆虫体型粗壮，中至大型。头部雄眼相接或窄的分开，雌眼则宽的分开；唇基凹入、平板状且近三角形；触角鞭节分为 8 个亚节，但有时为锥状且有 1 根细长的芒；须 1 节。胸部后侧片被毛；足胫节距式为 1-2-2 式；翅腋瓣发达而缘凸，前缘脉环绕整个翅缘。

在九龙山保护区发现该科 1 属 1 种。

99. 黄背芒角臭虻 *Dialysis flava* Yang et Yang

分布：浙江（遂昌九龙山、百山祖）。

十、蜂虻科 Bombyliidae

蜂虻科昆虫体长 1~300mm，大多数种类具毛或鳞片，有的种类外观类似蜜蜂、熊蜂或姬蜂。头部半球形或近球性，与胸部等宽或稍比胸部窄；后头平，隆突，或凹陷。复眼光裸无毛，雄性复眼一般接近或相接，雌性复眼分开。触角鞭节有 1~4 亚节，基部 1 节较粗大，其余各节形成端刺。喙长短不一，须 1~2 节。胸部背面扁平或突起，鬃有或无。足细长，一般有鬃；前足通常较短细；爪间突有或无。Rs 柄短或长，R_{4+5} 通常分叉，R_{2+3} 与 R_4 多明显弯曲，其间有时有一横脉，R_5 多终止于翅端后，有或无 M_2；臀室在翅后缘附近关闭或窄的开放。腹部细长或卵圆形。雄虫腹端有或无下生殖板，生殖基节腹面多有一中沟；生殖基节前突粗短、侧生。

在九龙山保护区发现该科 1 属 2 种。

100. 长刺姬蜂虻 *Systropus dolichochaetaus* Yang et Du

分布：浙江（遂昌九龙山、百山祖）、河北、湖北、江西。

101. 古田山姬蜂虻 *Systropus gutianshanus* Yang

分布：浙江（遂昌九龙山、古田山、百山祖）。

十一、食虫虻科 Asilidae

食虫虻科昆虫体型多中型种类。体粗壮多毛和鬃，有时则细长而光裸。雌雄复眼分开较宽，中部小眼面扩大；头顶明显凹陷；唇基退化，较凹或平。触角柄节和梗节多有毛；雌雄口器类似，较长而坚硬，适于捕食刺吸猎物。须 1~2 节。足较粗壮，有发达的鬃。爪间突刚毛状，有时缺如。翅脉 R_{2+3} 不分支，末端多接近 R_1，甚至终止于 R_1 上（此时前缘室则关闭）；腋瓣发达，但有时退化。雌性尾须 1 节，有 3 个精囊。

在九龙山保护区发现该科 9 属 15 种。

102. 残低颜食虫虻 *Cerdistus debilis* Becker

分布：我国浙江（遂昌九龙山、古田山、百山祖）、陕西、湖南、四川；国外：土耳其，希腊，南斯拉夫。

103. 黄毛切突食虫虻 *Eutolmus rufibarbis*（Meigen）

分布：我国浙江（遂昌九龙山、百山祖）、河北、四川、云南；国外：日本，土耳其，欧洲。

104. 武鬃腿食虫虻 *Hoplopheromerus armatipes*（Macquart）

分布：浙江（遂昌九龙山、莫干山）。

105. 毛腹鬃腿食虫虻 *Hoplopheromerus hirtiventris* Becker

分布：我国浙江（遂昌九龙山、龙王山、莫干山、百山祖）、江苏、湖北、河南、江西、湖南、台湾、广东、广西、四川、贵州、云南；国外：印度。

106. 盾圆突食虫虻 *Machimus scutellaris* Coquiller

分布：我国浙江（遂昌九龙山、莫干山、古田山、百山祖）、陕西、台湾、四川、云南；国外：日本。

107. 微芒食虫虻 *Microstylum dux*（Wiedemann）

分布：我国浙江（遂昌九龙山、龙王山、古田山、百山祖）、河北、江苏、湖南、福建、广东；国外：菲律宾，印度尼西亚。

108. 粉微芒食虫虻 *Microstylum trimelas*（Walker）

分布：我国浙江（遂昌九龙山、古田山、百山祖）、福建、四川、广东；国外：印度。

109. 蛛弯顶毛食虫虻（蓝弯顶毛食虫虻）*Neoitamus cyanurus* Loew

寄主：蝗、螽斯、蝶、蛾、蝉等。

分布：我国浙江（遂昌九龙山、龙王山、莫干山、百山祖）、内蒙古、河南、甘肃、陕西、湖北、湖南、福建、台湾；国外：欧洲。

110. 红腿弯毛食虫虻 *Neoitamus rubrofemoratus* Ricardo

分布：我国浙江（遂昌九龙山、龙王山、古田山、百山祖）、湖南、台湾、广东、四川。

111. 灿弯顶毛食虫虻 *Neoitamus splendidus* Oldenberg

寄主：其他昆虫。

分布：我国浙江（遂昌九龙山、龙王山、莫干山、百山祖）、湖北、湖南、四川、贵州、云南；国外：瑞士，意大利。

112. 坎邦羽角食虫虻 *Ommatius kambangensis* Meijere

分布：我国浙江（遂昌九龙山、龙王山、莫干山、古田山、百山祖）、湖南、福建、四川、台湾；国外：印度尼西亚。

113. 中华基径食虫虻 *Philodius chinensis* Schiner

分布：我国浙江（遂昌九龙山、百山祖）、台湾、广东；国外：泰国，缅甸，斯里兰卡，马来西亚。

114. 白毛叉径食虫虻 *Promachus albopilosus*（Macquarts）

分布：浙江（遂昌九龙山、莫干山、百山祖）、河北、江苏、湖南、四川。

115. 中华叉径食虫虻 *Promachus chinensis* Ricardo

分布：我国浙江（遂昌九龙山、百山祖、龙王山）、湖南、台湾、广东；国外：泰国，缅甸，马来西亚，斯里兰卡。

116. 斑叉径食虫虻 *Promachus maculatus*（Fabricius）

分布：我国浙江（遂昌九龙山、莫干山、百山祖）、陕西、湖南、四川；国外：阿富汗，东洋区。

十二、长足虻科 Dolichopodidae

长足虻科昆虫体小至中型（0.8~9.0mm），通常具金绿色。胸背较平，足极细长；翅第2基室与盘室愈合。腹部端较窄，雄则向腹面钩弯。

在九龙山保护区发现该科4属5种。

117. 雾斑瘤长足虻 *Condlostylus nebulosus* Matstumura

分布：我国浙江（遂昌九龙山、百山祖）、江西、湖南、台湾；国外：日本，泰国，印度，尼泊尔，斯里兰卡，印度尼西亚，菲律宾。

118. 百山祖寡长足虻 *Hercostomus baishanzuensis* Yang et Yang

分布：浙江（遂昌九龙山、天目山）、广西、四川。

119. 毛盾寡长足虻 *Hercostomus congruens* Becker

分布：我国浙江（遂昌九龙山、龙王山、天目山、百山祖）、河南、福建、贵州、台湾。

120. 浙江聚脉长足虻 *Medetera zhejiangensis* Yang et Yang

分布：浙江（遂昌九龙山、百山祖）。

121. 跗梳锥长足虻 *Rhaphium clispar* Coquillett

分布：我国浙江（遂昌九龙山、龙王山、百山祖）、台湾、贵州；国外：日本，俄罗斯。

十三、尖翅蝇科 Lonchopteridae

尖翅蝇科昆虫为最原始的蝇类，成虫头和胸的鬃均发达，触角芒顶生；翅披针形，脉多直伸而两性常异型，足狭长除密生微毛外有发达的鬃；腹部可见7节左右，雄尾器发达、折在腹面。

在九龙山保护区发现该科1属2种。

122. 尾翼尖翅蝇 *Lonchoptera caudala* Yang

分布：浙江（遂昌九龙山、古田山、百山祖）。

123. 古田山尖翅蝇 *Lonchoptera gutianshana* Yang

分布：浙江（遂昌九龙山、古田山、百山祖）。

十四、蚜蝇科 Syrphidae

蚜蝇科昆虫小型到大型，体宽或纤细。通常黑色，头部、胸部特别是腹部通常具有黄、橙、褐、灰白等色斑或由这些颜色组成的图案，有些种类具蓝、绿、铜等金属色彩。头部半球形，一般与胸部等宽。触角位于头中部之上，3节，第3节圆形、卵形或多少呈长卵形，有时近方形；或长或分叉；触角芒位于第3节背侧基部或末端，裸或具短毛，或呈羽状。前、后胸退化，中胸发达，具柔软细毛，部分种类在肩胛、中胸背板边缘、侧板、小盾片后缘具鬃状毛或鬃。前翅 R_{4+5} 与 M_{1+2} 脉间具伪脉。足简单，跗节5节。腹部一般5~6节。雄性露尾节突出，隐于腹端下方，不对称。

蚜蝇科全世界已知3亚科16族230余属，6 000余种，中国已知3亚科15族110余属900余种。本次记述28种。

124. 东方棒腹蚜蝇 *Sphegina*（*Asiosphegina*）*orientalis* Kertész, 1914[①]

主要特征：头顶和额黑色。颜上半部黑色，下半部黄色。颊黄色。触角橘黄色，第3节长2倍于宽；芒裸。中胸背板黑色，肩胛、翅后胛及有时盾片后缘黄褐色。小盾片小，褐黑色。前、中足黄色，端跗节背面色暗；后足基节黑褐色；腿节黄褐色，近基部和端部具宽的褐黑色环，有时基部环不明显，后足腿节下侧具两排黑长刺，其间具黑色短刺；胫节大部分黑褐色，基部和中部具黄环；跗节背面色暗。腹部黑色，第1~4背板前缘各具宽的红黄色横带；第1背板长略大于宽；第2背板细长，中部最狭，基部两侧被棕黄色长毛。

检查标本：1♀，2019-7-25，浙江九龙山，霍科科。

分布：我国浙江、福建、湖北、广西、四川、台湾；国外：菲律宾。

125. 灰带管蚜蝇 *Eristalis cerealis* Fabricius（彩图101）

主要特征：复眼密被棕色长密毛。头顶黑色，被暗棕色毛，并混以黄毛。额黑色，具棕黑或黑毛。颜黑色，覆金黄色粉被和黄白毛；颊覆灰白色粉被。触角黑色，芒基部羽状。中胸背板黑褐色，前部正中具灰白粉被纵条，沿横沟处具淡粉被横带，前缘及后缘各具较狭及较宽横带，肩胛灰色。小盾片黄色，密被黄白或棕黄色长毛，中间混以黑毛。足黑色，腿节末端、胫节基半部及前足跗节基部黄至棕黄色。腹部棕黄至红黄色；第1背板覆青灰色粉被；第2、第3背板中部各具"I"字形黑斑；第2~4背板后缘黄色；第5背板黑色。雌性第3背板大部黑色；背板被毛与底色一致。

检查标本：1♀，2019-7-23，浙江九龙山，周振杰；1♀，2019-7-25，浙江九龙山，周振杰。

分布：我国河北、内蒙古、辽宁、黑龙江、山西、江苏、浙江、安徽、福建、江西、山东、河南、湖北、湖南、广东、四川、云南、西藏、陕西、甘肃、青海、新疆、台湾；国外：苏联，朝鲜，日本，东洋区。

---

① 浙江省新记录种

126. 棕腿斑目蚜蝇 *Lathyrophthalmus arvorum*（Fabricius, 1787）（彩图 102）

主要特征：复眼具暗色小斑点，上部具较密的深褐色短毛，下部近乎裸。颜密覆黄色粉被和黄毛；中突小而圆。触角橘黄色，第 3 节长大于高；芒基部具短而稀的黄毛。中胸背板亮黑色，被黄毛，具 5 条黄灰色粉被纵条，中间 1 条较细狭。小盾片具短黑毛，两侧及端部具较长黄毛。翅后毛簇黄色。后胸腹板黄色，被黄毛。足通常棕黄或棕红色，前、中足胫节端半部及后足胫节除最基外均为黑色，各足跗节末端稍带褐色，或仅后足端部 2 节色暗。翅 R₁ 室封闭具柄。腹部第 2 背板红黄或橘黄色大形方斑几乎占整个背板，仅背板前、后缘褐色；第 3 背板具 1 对桔黄斑；第 4 背板具略呈弓形的黄粉被横带，该横带正中断裂。雌性胸部背板纵条较雄性狭；腹部第 2~4 背板各具黄横带，第 5 背板具 1 对黄侧斑。

检查标本：1♀，2019-7-27，浙江九龙山，霍科科。

分布：我国江苏、浙江、福建、江西、湖南、广东、广西、海南、四川、云南、西藏、甘肃、香港、台湾；国外：日本，印度，澳大利亚，北美。

127. 黄跗斑目蚜蝇 *Lathyrophthalmus quinquestriatus*（Fabricius, 1794）

主要特征：复眼上半部被棕色毛及黑斑。额密覆暗黄色粉被和黑毛；颜黑色，覆黄粉被及绒毛，中突狭小，裸。触角红黄色。中胸背板具 5 条黄粉被纵条纹，被淡棕色至棕色较长毛。小盾片亮红黄色，具黑毛，边缘毛黄色。翅后毛簇淡棕色。足黑褐色至黑色；前、中足腿节端部、后足腿节末端、前足胫节基半部、中足胫节几乎全部、后足胫节基部黄白或淡黄色；各足跗节黄色，端部 2 节或 3 节暗棕色。腹部第 2 背板黄色，后缘黑色较宽，正中向前扩展呈三角形；第 3 背板黄色，黑色后缘与前节相同或更宽，近背板前缘中部具不规则黑斑，黑斑与黑色后缘之间具 1 白或灰黄色粉被小横斑，有时呈狭带延伸至两侧；第 4 背板亮黑色，中部具微曲的黄灰色粉被横带，有时横带略呈倒"V"字形，背板后缘至少中部亮黑色。背板被淡黄色毛。雌性额宽，粉被灰黄色，后部具暗褐色横带；腹部圆锥形，具光泽。

检查标本：1♂，2019-7-27，浙江九龙山，霍科科。

分布：我国江苏、浙江、安徽、福建、江西、湖北、湖南、广西、海南、云南、西藏、甘肃、台湾；国外：日本，整个东洋区。

128. 羽芒宽盾蚜蝇 *Phytomia zonata*（Fabricius, 1787）（彩图 103）

主要特征：复眼裸，复眼接缝具一列黑毛。额黑色，被红棕色粉，前部被毛黄色，后部被毛黑色，端部中央具小的褶皱区。颜黑色，覆灰色粉被及黄白色毛，在触角突之下横向深凹，颜中突小，裸。触角短，触角芒基部 2/3 具羽毛。中胸背板黑色，具刻点，前缘及两侧自肩胛至翅后胛之前具暗红棕色粉，密具红棕色毛，后部中央混生黑毛，翅后胛具黑毛。小盾片横宽，具边，黑褐色，密具黑色短毛，周缘具红棕色长毛。后胸腹板具黑毛。足黑色，前、后足胫节基部、中足胫节基半部黄褐色，中、后足跗节暗红色。翅基部黑棕色，中部具黑斑。R_1室封闭具柄。腹部短卵形，第2背板大部分红黄色，端部1/4~1/3棕黑色，有时正中具暗中条纹。第3、第4背板黑色，近前缘各具1对棕黄色狭斑，第5背板及尾端黑褐色。

检查标本：1♀，2019-7-27，浙江九龙山，周振杰。

分布：我国河北、内蒙古、辽宁、吉林、黑龙江、江苏、浙江、福建、江西、山东、河南、湖北、湖南、广东、广西、海南、四川、云南、陕西、甘肃、台湾；国外：苏联，朝鲜，日本，巴基斯坦，印度，菲律宾，美国（夏威夷）。

129. 库峪平颜蚜蝇 *Eumerus kuyuensis* Huo, Ren et Zheng（彩图104）

主要特征：复眼被黄褐色稀疏毛。颜两侧平行，被银白色棉毛及稀疏白毛。触角橘红色，第3节端部具暗色狭边。中胸背板前部中央具1对白色粉条纹，被稀疏黄褐色毛。小盾片后缘具边。后胸腹板被白毛。前、中足黑色，膝部、胫节及跗节黄褐色；后足黑色，腿节端部黄褐色，端部腹侧具2列黑色刺，胫节黄褐色，顶端黄褐色，跗节扩宽，被雪白色毛。翅具微毛，基部裸，R_{4+5}直，M_1脉在r_{4+5}室上角明显呈角状反射。腹部两侧近平行，第2背板具1对近四边形黄白色侧斑，第3背板具三角状黄褐色狭长斑，第4背板近似第3背板，但斑较细。第4腹板后缘中央具浅凹口，两侧具黑色齿状突出，后缘具黄褐色长鬃。雌性额中部具1条白粉横带。触角第3节圆三角形。后足胫节主要被白毛，跗节不扩宽。腹部较粗壮，第2节斑小，第3、第4背板具由白粉及毛组成的呈倒"V"形斑。

检查标本：1♂，2019-7-25，浙江九龙山，周振杰；1♂1♀，2019-7-26，浙江九龙山，周振杰；1♀，2019-7-26，浙江九龙山，霍科科。

分布：浙江、陕西。

130. 东方粗股蚜蝇 *Syritta orientalis* Macquart

主要特征：头部球形。额及颜两侧被黄毛，颜正中具纵脊，下半部纵脊明显。中胸背板前、后缘具黄白色粉被横条纹，中部具1对黄白色短纵条；背板被黄色平伏短毛鬃。小盾片黑色，具边，被黄色平伏短毛，后缘具鬃状长毛。前、中足黄褐色；后足腿节极粗大，亮黑色，端部前侧腹缘1/3呈脊状，具2列黑色短刺，后面腹缘具5~6根黑色长刺；胫节黑棕色，中部具橘黄色环，跗节黑褐色。腹部第2背板基部具宽黄带，前侧角与第1背板相接处具扇状浅黄色长毛簇；第3背板具有与第2背板相似的黄带，第3、第4背板后缘具黄边。雌性额被浅黄色长毛，亮黑色，基半部中间具黄粉斑；腹部第2背板具1对黄斑，中央宽的分离，第3背板基部黄带，第4背板基部两侧角具小的黄粉斑。

检查标本：2♂，2019-7-24，浙江九龙山，霍科科；1♂1♀，2019-7-26，浙江九龙山，周振杰；1♂，2019-7-27，浙江九龙山，周振杰；3♂，2019-7-29，浙江九龙山，周振杰。

分布：我国陕西、安徽、江苏、湖北、湖南、广东、福建、台湾、四川、贵州；国外：印度、斯里兰卡。

131. 黄环粗股蚜蝇 *Syritta pipiens*（Linnaeus, 1758）（彩图 105）

主要特征：头顶三角长，毛淡色，前半部覆黄粉被，后半部黑色。额小，不突出，覆黄白粉被，额亮黑色。颜具中脊，覆白粉被。触角橘黄色，有时黄褐色，芒黑色。中胸黑色，背板两侧自肩胛至横沟、翅后胛上方及中胸侧板密覆黄或灰白色粉被，背板前部具 1 对白粉被短中条。后足腿节极粗大，亮黑色，基部橘黄色斑狭，中部具宽度不等或不完整的斑或环，端部腹面前侧 1/3 呈脊状，其上刺密，胫节黑棕色，基部淡黄色，中部具橘黄色环，跗节褐色。腹部黑色，具 3 对黄斑；第 1 背板具灰黄色侧斑；第 2 背板具 1 对大的黄侧斑，斑外缘向前延伸与第 1 背板侧斑相连；第 3 背板黄斑位于背板前部，较小，两斑分离；第 4 背板亮黑色，基部两侧具 1 对小形灰粉斑，并向后延伸，后缘橘黄色；第 2、3 背板基部两侧各具灰粉被斑。雌性头顶亮黑色，腹部背板侧斑较雄性小，后足上斑较雄性大。

检查标本：1♂1♀，2019-7-24，浙江九龙山，霍科科；1♀，2019-7-25，浙江九龙山，霍科科；1♂，2019-7-26，浙江九龙山，周振杰；2♂，2019-7-29，浙江九龙山，霍科科；1♂，2019-7-29，浙江九龙山，周振杰。

分布：我国北京、河北、黑龙江、山西、福建、湖北、湖南、四川、云南、甘肃、新疆；国外：全北区，尼泊尔。

132. 铜鬃胸蚜蝇 *Ferdinandea cuprea*（Scopoli, 1763）（彩图 106）

主要特征：复眼密被黄白色长毛。头顶黑色，被黑色长毛及黄粉。额橘黄色，被黑毛。颜橘黄色，中突大而圆，眼眶被黄粉及短毛。触角红黄色，第 3 节近圆形，芒黑色，裸。中胸背板黑色，肩胛，侧缘及翅后胛黄褐色，中部及两侧各具 1 对等宽的灰白色纵条纹；背板主要被黑毛，前缘及两侧被黄毛；沿背板侧缘、翅后胛及近后缘具黑色长鬃。小盾片黄亮，被黑毛，后缘约具 6 对黑色长鬃。中胸上前侧片后背缘具 3~4 根黑色粗鬃。后胸腹板裸。足棕红或棕黄色，有时前、中足跗节端部 3 节及后足跗节端部 2 节黑色。翅面具微毛，中部具暗色纵斑。腹部黑绿色，密被直立黄毛；第 2 背板前缘及第 2、第 3 背板后部略呈古铜色，中央向前延伸，使前部黑绿色部分成为 1 对方形斑。雌性头顶及额橘黄色，基部色深，单眼三角黑褐色，头顶及额被黑毛，额中部具黄粉横带，触角红黄色。

检查标本：1♀，2019-7-23，浙江九龙山，周振杰。

分布：我国陕西、甘肃、吉林、浙江、湖南、四川、贵州、云南；国外：苏联，日本，欧洲。

133. 弦斑缺伪蚜蝇 *Graptomyza semicircularia* Huo, Ren et Zheng

主要特征：头顶及额黄色，头顶后缘黑色，额中部具近梯形黑斑。颜下半部向前向下逐渐突出；颜具黑褐色中条纹和棕褐色侧条纹。触角第 3 节延长，芒被微毛。肩胛、翅后胛黄色，横沟前两侧具黄斑，后缘具黄边，肩胛内侧与翅后胛之间有黄色狭纵条纹相连；

中胸背板侧缘及后缘具黑色长鬃。小盾片盘面毛灰白色，后缘具黑毛及长鬃。中胸上前侧片后缘具 1 根黑色和黄色长鬃。翅 Sc 脉端部、M_1 脉及 Dm-Cu 脉中部、cup 室端部具暗褐色斑。腹部第 2 背板后部具近半月形黑斑，前缘形成不明显的三个拱形峰；第 3 背板前部中部及中后部近两侧处具明显黑褐色斑，两侧近侧缘处具黑纵带；第 4 背板两侧近前角处具三角状黑斑。雌性沿 M_1 与 Dm-Cu 脉到翅前缘形成暗色条纹；腹部第 3 背板具倒"T"形黑色斑，后缘中央向前呈三角状凹入，近侧缘处具黑色纵条纹。第 4 背板侧缘黑色，中部具 3 条黑色纵条纹。

检查标本：2♀，2019-7-25，浙江九龙山，霍科科。

分布：浙江、陕西。

134. 三带蜂蚜蝇 *Volucella trifasciata* Wiedemann（彩图 107）

主要特征：复眼被黄毛。额红棕色，被同色毛。颜中突大而圆，中突之下垂直，延伸成锥形；颜红棕色，覆黄粉，颜中突密布黑色短鬃，两侧被红棕色长毛。触角红棕色，芒羽毛短。中胸背板红棕色，两侧横沟之后具 3 根、翅后胛具 4 根粗大长鬃，后缘具 1 列长鬃；背侧片具 3 根长鬃。小盾片红棕色，被毛红棕色，后缘具鬃状长毛。上前侧片后背缘具 2 根黑色粗大长鬃，上后侧片前部后背角具鬃状长毛，后气门前腹侧具红棕色毛。足红棕色，胫节和跗节色较深。翅透明，前中部具黑褐云斑。腹部宽卵形，黑亮。第 2 背板基部具黄带，两侧向后呈三角状延伸接近背板后缘，背板后缘具黄边。第 3 背板基部具狭黄带，两侧沿侧缘略向后延伸，后缘具黄边。第 4 背板仅前缘具黄边。雌性额两侧具纵沟。

检查标本：15♂2♀，2019-7-29，浙江九龙山，霍科科。

分布：我国浙江、福建、湖北、湖南、广西、海南、四川、贵州、云南、陕西、甘肃、台湾；国外：印度尼西亚、马来西亚。

135. 纤细巴蚜蝇 *Baccha maculata* Walker（彩图 108）

主要特征：头顶三角较狭长，黑色具蓝色光泽。额亮黑色，具蓝色金属光泽，被黄褐色短毛，两侧覆灰色粉被。颜密覆灰黄色粉被，中突小而明显，黑亮。口缘具黄斑。触角橘红色，第 3 节宽大于长，芒纤细，被微毛。中胸背板亮黑色，肩胛黄白色，翅后胛略呈暗黄褐色，被浅黄褐色稀疏短毛。小盾片亮黑色，被浅黄褐色短毛。足橙黄色，后足腿节近端具棕褐色环，有时端半部黑色，后足胫节中部具暗色宽带，或端部 2/3 甚至全部黑褐色。翅透明，Sc 室末端深棕色，在径分脉分叉处及 r-m 处有棕褐色暗斑。腹部亮黑色，狭长，柄状，第 2 节最长；第 2 背板极基部、第 3、第 4 背板基部具橘黄色横斑。雌性额突蓝黑色，两侧具白色薄粉斑。后足腿节、胫节及跗节棕褐色。腹部柄长，第 4 节末端处最宽。第 2 背板极基部、第 3、第 4 背板基部具橘黄色横斑，第 5 背板两侧前角具 1 对黄斑。

检查标本：1♂，2019-7-25，浙江九龙山，霍科科；2♀，2019-7-25，浙江九龙山，周振杰；1♀，2019-7-26，浙江九龙山，周振杰；1♂1♀，2019-7-28，浙江九龙山，周振杰；1♂1♀，2019-7-29，浙江九龙山，周振杰。

分布：我国北京、陕西、河北、山西、安徽、江西、浙江、广西、湖北、湖南、福建、台湾、四川、云南、西藏；国外：朝鲜，日本，东南亚。

136. 东方墨蚜蝇 *Melanostoma mellinum*（Linnaeus, 1758）（彩图 109）

主要特征： 头顶三角及额黑亮，被黑毛。颜黑色，被灰白色细毛。触角第3节背面黑褐色，芒被短毛。中胸背板和小盾片亮黑色，覆黄至褐灰色毛，盾下缨褐色，完整。足棕黄色。腹部两侧平行，长度与宽之比至多为4:1，黑色。第2背板有1对半圆形大黄斑，第3、第4背板各有1对紧接背板前缘的矩形黄斑。雌性头顶黑亮，被黑毛。额两侧有粉斑，粉斑内端间距有变化。触角芒在低倍镜下观察至多可见中部被短毛。腹部形态变化很大，有时第2节末最宽，有时第4节最宽。背板黑色，第2背板中部有1对卵圆形斜置黄斑，其大小不定甚至消失。第3、第4背板基部1/3~1/2各有1对长三角形黄斑，其内缘直，外呈弧形或略凹。第5背板基半部1对短宽黄斑。

检查标本： 1♂，2019-7-25，浙江九龙山，霍科科。

分布： 我国北京、河北、内蒙古、辽宁、吉林、黑龙江、上海、浙江、福建、江西、湖北、湖南、广西、海南、四川、贵州、云南、西藏、甘肃、青海、新疆；国外：苏联，蒙古，日本，伊朗，阿富汗，瑞典，英国，法国，德国，匈牙利，北非，美国，加拿大。

137. 暗红小蚜蝇 *Paragus haemorrhous* Meigen（彩图 110）

主要特征： 复眼被毛均匀。头顶黑亮。额和颜黄色，被毛黄色；颜黑色中条纹伸达或不达触角基部；口缘黑色带较宽。触角第3节长为宽的2倍。中胸背板黑亮，被黄色直立长毛，小盾片全黑色。中胸下前侧片后部背、腹毛斑全长宽地分开。后胸腹板裸。前足腿节基部2/5黑色、中部2/5黄褐色、端部1/5淡黄色，胫节基部淡黄色、端部及附节黄褐色；中足腿节基部2/3黑色、端部1/3黄褐色至淡黄色，胫节基部2/5淡黄色，端部3/5及附节黄褐色；后足腿节基部4/5黑色、端部1/5及胫节、跗节均为黄褐色。腹部第2~4背板成等腰梯形底顶相接；腹部黑色，或第3背板之后暗红褐色。第4腹板约等于第3腹板，后缘直。雌性额黑色。

检查标本： 1♂，2019-7-23，浙江九龙山，霍科科；1♂，2019-7-23，浙江九龙山，周振杰；1♂，2019-7-24，浙江九龙山，周振杰；1♂2♀，2019-7-25，浙江九龙山，霍科科；1♀，2019-7-26，浙江九龙山，周振杰。

分布： 我国浙江、西藏、河北、陕西、甘肃、青海、新疆；国外：蒙古，朝鲜，日本，阿富汗，奥地利，英国，瑞典，美国，加拿大，非洲。

138. 长翅寡节蚜蝇 *Triglyphus primus* Loew

主要特征： 复眼密被黄色毛。额和头顶被直立的黑长毛。颜被白长毛，两侧近平行，侧沿眼缘密被白色微毛。中胸背板被淡色毛或浅色和黑色毛；小盾片半圆形，宽为长的2倍，具边。中胸上前侧片前平坦部后背角具直立长毛，后隆起部、上后侧片前部及下前侧片后部毛长，下前侧片后部毛斑全长宽地分离。后胸腹板裸。足黑色，前、中足腿节极端部、胫节基部及基跗节，有时中足第 2 跗节黄色。足毛黑色，前、中足腿节腹面基部及后足腿节腹面长毛白色。翅 M_1 脉下端 1/3 处弯曲，上半部陡斜，R_{4+5} 室端角为锐角。腹部窄于胸部。腹黑亮，被黑色短毛，侧缘长毛灰白色，第 1、第 2 背板侧缘浅色毛长。雌性额宽为头宽的 1/3；触角第 3 节下侧黄色；后、中足基跗节略膨大，中足基部 2 节黄色。

检查标本：1♀，2019-7-26，浙江九龙山，霍科科。

分布：我国北京、河北、浙江、山东、四川、西藏、甘肃；国外：波兰，苏联，朝鲜，日本。

139. 爪哇异蚜蝇 *Allograpta javana*（Wiedemann）（彩图 111）

主要特征：头顶及单眼三角区黑色，主要被黑色或黄色长毛。额黄色，被黑色和黄色长毛，前端有三角形亮黑斑。新月片中央黑亮。颜黄色，被黄毛；中突大而钝圆，口缘略突出。触角橘黄色，第 3 节背侧黑色；芒裸。中胸背板亮黑色，两侧有界限明显的黄色纵条纹，被黄毛。小盾片被黑色长毛，盾下缘缨长，黑色。胸部侧板被浅黄色毛，下前侧片后部上、下毛斑宽地分离。后胸腹板被黄色毛。足黄色，后足腿节端部、后足胫节及跗节背面黑色，胫节近端部具黄环。腹部第 2 背板具 1 对三角形黄斑；第 3、第 4 背板两侧前角有小黄斑，中部有弓形横带；第 5 背板具 1 对倒 "Y" 形黄色侧斑，后缘具狭黄边。第 2~4 背板前、后缘具黑褐色边。雌性头顶被黑色长毛。额被黑毛；腹部第 2~4 背板前侧角黄色，中部有弓形横带，第 4 背板后缘黄色，第 5 背板黄色，近两侧前角处有小黑斑，中部具倒 "T" 形黑斑。

检查标本：3♂6♀，2019-7-25，浙江九龙山，周振杰；1♀，2019-7-27，浙江九龙山，霍科科。

分布：我国浙江、北京、吉林、辽宁、黑龙江、甘肃、广西、四川、云南、陕西；国外：苏联，蒙古，朝鲜，日本，泰国，印度，印度尼西亚，加里曼丹，马来西亚，菲律宾，苏门答腊，澳洲区。

140. 黑胫异蚜蝇 *Allograpta nigritibia* Huo, Ren et Zheng

主要特征：头顶及单眼三角区被黑色长毛。额及颜黄色，额被黑色长毛，前端具三角形小黑斑。新月片黄色，中央黑色。颜覆浅色毛，中突大而钝圆。触角橘黄色，触角芒裸。中胸背板亮黑色，两侧从肩胛至翅后胛具黄色宽纵条纹，背板被浅黄色毛。小盾片黄色，被黑色长毛，盾下缨黑色。中胸胸部下前侧片后部上、下毛斑宽地分离，后胸腹板黄色，被黄毛。足黄色，后足腿节端部、后足胫节及跗节背面黑色。腹部黑褐色，第 2 背板具 1 对黄色侧斑，两侧前角及侧缘黄色，第 3、第 4 背板两侧前角有小黄斑，中部有弓形宽横带，第 5 背板黄色，两侧前角处有黑色斑，后端有倒 "T" 形黑斑。雌性头顶被黑色长毛。额有黑斑。腹部第 2、第 3、第 4 背板前侧角黄色，近中部有黄色横带，第 5 背板黑色，具 "八" 形黄斑，后缘黄色。

检查标本：3♂，2019-7-25，浙江九龙山，霍科科。

分布：浙江、海南、陕西、四川。

141. 黄腹狭口蚜蝇 *Asarkina porcina*（Coquillett, 1898）（彩图 112）

主要特征：复眼裸或被稀疏的毛。头顶及额黑色，被黑色毛；额覆黄褐色粉，额突端部亮黑色。颜棕黄色，覆黄至黄白色粉，被黄毛。中胸背板黑色，两侧棕黄色，覆黄色粉被，被棕黄色毛。小盾片棕黄色，被黑毛和黄毛；盾下缘缨黄色密。中胸下前侧片后端背、腹毛斑分离，后气门下方具细毛簇。后胸腹板被黄毛。足棕黄色，后足跗节黑褐色。翅 R_{4+5} 脉宽而浅地凹入 R_5 室。腹部宽卵形，扁平，明显具边，棕黄色，第 1~5 背板后缘黑色，第 2 背板后缘黑带伸达侧缘，第 3~5 背板后缘黑带到达腹侧缘并沿腹侧缘向前伸展，第 3~5 背板前缘具细的带。雌性头顶黑色，被黑短毛。额黑色，被黑毛，覆棕黄色粉，两侧近复眼处粉被浓密，盖住底色。腹部第 2 背板两侧端半部被黑毛，第 6 背板后端具长椭圆形黑斑。

检查标本：1♂，2019-7-25，浙江九龙山，霍科科；2♀，2019-7-23，浙江九龙山，周振杰；1♀，2019-7-26，浙江九龙山，霍科科；1♂，2019-7-28，浙江九龙山，周振杰；2♂3♀，2019-7-29，浙江九龙山，霍科科；6♀，2019-7-29，浙江九龙山，周振杰。

分布：我国北京、河北、山西、内蒙古、辽宁、黑龙江、江苏、浙江、福建、湖北、湖南、广西、四川、贵州、云南、西藏、陕西、甘肃；国外：苏联，日本，印度，斯里兰卡。

142. 银白狭口蚜蝇 *Asarkina salviae*（Fabricius, 1794）

主要特征：头顶黑色。额黄色，两侧覆黄白色粉被和毛，额前方裸。颜黄色，中突裸，中等大小，两侧覆银白色粉被和毛。中胸背板黑色具光泽，被黄色毛，两侧缘密被黄色粉被和毛。小盾片黄色，被同色粉被和毛。侧板大部黄色，仅前胸侧板和中胸腹侧片下部黑色，覆黄色粉被和毛。足黄色，后足跗节褐色。翅透明，翅痣黄褐色。腹部黄色，第 1 背板具黑中条，有时后缘具极狭的黑色横带，第 2 背板具狭的黑中条，第 2~4 背板后缘具较窄的黑色横带；腹背大部分毛黑色，短。雌性头顶具强的紫色光泽；额前端 1/5 黄色，其余黑色

检查标本：1♂1♀，2019-7-23，浙江九龙山，霍科科；1♀，2019-7-25，浙江九龙山，霍科科。

分布：我国北京、江苏、浙江、福建、山东、广东、广西、海南、四川、云南；国外：加里曼丹岛，印度，马来西亚。

143. 斑翅蚜蝇 *Dideopsis aegrota*（Fabricius, 1805）（彩图 113）

主要特征：头顶黑色，毛黑色。额黑色，覆黄色粉被和黑毛。颜黄色，覆白色或灰色粉被和灰黄或黄色毛，正中自触角基部下方至中突具宽的亮黑色纵条，口缘黑色。触角黑色。中胸背板亮黑色，具暗棕色或黑色短毛，前缘具 1 列鲜黄色长竖毛，肩胛及翅后胛暗黄色或暗棕色，具黄毛。小盾片黄色，毛黑色。侧板灰色，毛白色。前、中足大部棕黄

色，中足腿节基部及前、中足跗节大部黑色，跗节基部常带棕色；后足全黑色。翅透明，中部约 1/3 自前缘至后缘具宽的暗褐色斑。腹部暗黑色，第 2 背板具 1 对不规则的卵形大斜斑，第 3、第 4 背板基部各具 1 橘黄色宽横带；第 5 背板中部或多或少黑色，有时几乎全黑色，第 4、第 5 节后缘黄色狭。雌性额亮黑色，具稀疏黑毛，两侧沿眼缘具 1 灰黄色粉被。

检查标本：1♂，2019-7-25，浙江九龙山，周振杰；1♀，2019-7-26，浙江九龙山，周振杰；1♀，2019-7-27，浙江九龙山，霍科科。

分布：我国浙江、福建、江西、湖北、湖南、广西、海南、四川、云南、台湾；国外：尼泊尔，印度，东南亚，澳大利亚。

144. 巴山垂边蚜蝇 *Epistrophe bashanensis* Huo, Ren et Zheng

主要特征：复眼上半部被稀疏白色短毛。头顶黑色，被黑毛。额在新月片上方黑亮，基部及两侧密被黄粉，被黑毛。颜橙黄色，两侧被橙黄色粉和毛，中突宽而钝圆。触角黄褐色，芒黑色。胸部背板黑色，两侧暗黄色，被黄粉，被暗褐色毛。小盾片黄褐色，被黑毛，盾下缘缨棕黄色。中胸侧板黑色，下前侧片后部上、下毛斑后端狭地相连，后胸腹板黄色，裸，后足基节后腹端角缺毛簇。足橘黄色，后足胫节及跗节黑褐色，后足腿节端部1/3暗褐色。腹部侧缘具弱边，棕黄色。第 2 背板后缘具黑带；第 3 背板前缘具狭长三角形黑斑，中央狭地分开，后缘黑带两端向前略延伸；第 4、第 5 背板后部具黑带。雌性复眼裸。头顶和额黑亮，具紫色光泽，额两侧具金黄色粉被，被黑毛；触角芒被短毛，暗黄色。

检查标本：1♂，2019-7-25，浙江九龙山，周振杰。

分布：四川。

145. 宽带垂边蚜蝇 *Epistrophe horishana*（Matsumura, 1917）（彩图 114）

主要特征：复眼裸。额覆黄粉被，触角基部上方亮黑色，具长而密的黑毛。颜淡黄色，覆黄灰色粉被和淡黄色毛，中突大，至口缘亮黑色。触角和芒黑色。中胸背板黑色，具铜色光泽，5 条不很明显的铜色纵条自背板前缘到小盾片基部，两侧自肩胛至翅后胛黄色，背板毛淡黄色，侧缘毛黄色。小盾片褐黄色，被长黑毛。侧板灰色，毛白黄色。足橘黄色，后足腿节端半部及其后各节黑色，前跗节褐色。腹部亮黄色；第 1 背板黑色；第 2~4 背板具狭的黑色后缘，第 2 背板黄色正中具狭的黑色纵条；第 4 背板后缘狭黄色；第 5 背板亮黑色。雌性头顶宽，亮黑色，额中部向下至触角基部黑色，其余部分覆黄灰色粉被和黑毛。腹部第 2~4 背板具宽的黑色后缘，第 2 背板黄色正中具狭的黑色纵条；第 4 背板后缘宽褐色。

检查标本：1♂，2019-7-25，浙江九龙山，霍科科。

分布：我国浙江、福建、湖南、台湾；国外：日本，菲律宾，印度。

146. 黑带蚜蝇 *Episyrphus balteatus*（De Geer, 1776）（彩图 115）

主要特征：头顶具棕黄毛。额部灰黑色，复黄粉，额前端触角基部之上有小黑斑。额部及触角两侧部分被黑毛。颜橘黄色，被黄粉及黄色细长毛，中突上下不对称。触角橘红色，触角芒裸。胸部黑绿色。胸部背板中央有灰色狭长中条，其两侧灰条纹较宽，两侧自肩胛向后被黄粉宽条纹，背板被黄毛。小盾片暗黄色，大部分被黑长毛，仅两侧及基部被黄毛，盾下缘缨长而密。中胸上前侧片前低平处有若干直立黄色长毛，下前侧片上、下毛斑全长宽地分开，后胸腹板具浅色长毛。足橘黄色，基节、转节暗黑色。后足胫节及跗节色深。翅后缘密集排列骨化的小黑点。腹部大部分黄色，2~3 背板沿后缘有 1 黑色横带，横带前缘直；第 2 背板基部中央有倒置的"箭头"状黑斑；第 3~4 背板亚基部有黑色细横带；第 5 背板中部有小黑斑。雌性头顶、额黑绿色，复黄粉。腹部第 5 背板具 1 弧形的黑色狭带，狭带中部向前呈箭头状突出。

检查标本：2♂2♀，2019-7-23，浙江九龙山，霍科科；1♂8♀，2019-7-23，浙江九龙山，周振杰；2♂2♀，2019-7-25，浙江九龙山，霍科科；1♂7♀，2019-7-25，浙江九龙山，周振杰；2♂1♀，2019-7-26，浙江九龙山，周振杰；2♂6♀，2019-7-27，浙江九龙山，周振杰；2♀，2019-7-28，浙江九龙山，周振杰；4♂5♀，2019-7-29，浙江九龙山，霍科科；5♂8♀，2019-7-29，浙江九龙山，周振杰。

分布：我国陕西、黑龙江、吉林、辽宁、甘肃、河北、湖北、湖南、浙江、江苏、江西、福建、广东、广西、四川、云南、西藏；国外：日本，蒙古，马来西亚，苏联，阿富汗，东洋区，澳大利亚，瑞典，斯洛文尼亚，丹麦，英国，奥地利，法国，西班牙。

147. 印度细腹蚜蝇 *Sphaerophoria indiana* Bigot（彩图 116）

主要特征：头顶黑色，被黑毛。额黄色，被黄毛。颜黄色，下端明显向前突出，颜中突狭，部分个体略带褐色。触角橙黄色，芒裸。中胸背板黑亮，两侧具鲜黄色侧条，伸达小盾片基部，前部中央具 1 对灰色条纹，伸达背板中后部，背板被黄毛。小盾片亮黄色，被黄毛，后缘有少数黑毛。中胸下前侧片上、下毛斑分离。后胸腹板具少许毛。足黄色，跗节橙黄色。腹部两侧平行，第 1 背板黑色，两侧黄色，第 2 背板前缘及后缘具黑带，第 3 背板前缘具暗褐色或黑色横带，后缘带纹不明显，第 4 背板前缘暗带弱或消失，第 5 背板近前缘及后缘处具 3 个暗褐色斑或此斑不明显。雌性头顶"T"黑斑不达触角基部上方，头顶被黑毛。腹部狭卵形，黑色，第 2~4 背板具黄带，第 5 背板黄色，前缘近两侧具细条状黑斑，后缘具倒"T"形黑斑；第 6 背板黄色，前缘中央及后缘近两侧各有 1 小黑斑。

检查标本 1♂1♀，2019-7-25，浙江九龙山，周振杰。

分布：我国陕西、黑龙江、甘肃、河北、江苏、浙江、湖北、湖南、广东、四川、贵州、云南、西藏；国外：苏联，蒙古，朝鲜，日本，印度，阿富汗。

148. 远东细腹蚜蝇 *Sphaerophoria macrogaster*（Thomson, 1869）

主要特征：头顶黑色，被黑毛。额及颜黄色，额被黄毛，颜下端向前向下突出，中突狭。触角橙黄色，芒裸。中胸背板黑亮，两侧具鲜黄色侧条，伸达小盾片基部，中央具1对灰黑色条纹，伸达背板中后部，背板被黄毛。小盾片亮黄色，被黄毛，后缘有少数黑毛。中胸下前侧片上、下毛斑分离，后胸腹板具毛。足黄色。腹部第1背板黑色，两侧黄色，第2背板前缘具黑带，前缘两侧黄色，后端黑带狭，近背板后缘处黄褐色，第3背板前缘具黄褐色弱带，其余部分黄色或橙黄色，部分个体第2、第3背板后缘带较明显，第6背板中部有不明显褐色纵条纹。雌性头顶"T"形黑斑向前伸达新月片之上，头顶被黑毛；腹部黑色，第2背板中后部具黄带，第3、第4背板近前部具黄带，第3背板后缘两侧角黄色，第4背板前缘两侧角及后缘黄色，第5背板黑色，两侧具黄斑，第6背板黄色，具倒"T"形黑斑。

检查标本：1♀，2019-7-25，浙江九龙山，霍科科；1♂1♀，2019-7-26，浙江九龙山，周振杰；1♂，2019-7-27，浙江九龙山，周振杰。

分布：我国浙江、陕西、内蒙古、江苏、江西、四川；国外：苏联，蒙古，朝鲜，日本，印度，尼泊尔，斯里兰卡，新几内亚，澳大利亚。

149. 秦岭细腹蚜蝇 *Sphaerophoria qinlinensis* Huo et Ren

主要特征：头顶黑色，被黑毛。额黄色，被黄毛。颜黄色，下端明显向前突出，中突狭。触角黄色，芒裸，暗褐色。中胸背板黑亮，两侧鲜黄色侧条伸达小盾片基部，前部中央具1对灰黑色条纹，伸达背板中后部，背板被黄毛。小盾片黄色，主要被黑毛，基部及两侧分布有少数黄毛，盾下缨缺。中胸下前侧片上、下毛斑宽地分离，后胸腹板黄色，被黄毛。缺后足基节后腹端角毛簇。足黄色。腹部两侧平行，第2背板黑色，中后部具宽黄带，后缘黑带两侧不达背板侧缘。第3、第4背板前缘黑带狭，后缘黑带不达侧缘，第4背板后缘黑带弱，呈褐色，第5背板前缘具极弱的褐色带，后部具倒"T"形暗褐斑。

检查标本：1♂1♀，2019-7-25，浙江九龙山，周振杰。

分布：浙江、陕西、四川、福建。

150. 金黄斑蚜蝇 *Syrphus fulvifacies* Brunetti（彩图117）

主要特征：复眼裸。头顶黑色，覆黄粉被，被黑毛。额暗黄色，前端黑色，覆黄色粉被和黑色毛；新月片黄色，两端黑色。颜黄色，被黄色粉被和毛，中央具狭长裸区，中突大。触角黑褐色。中胸背板黑色，密覆灰黄色粉被，被黄色长毛，横沟前两侧毛长而密。小盾片黄色，黑色毛长，基部被毛黄色。中胸下前侧片后端上、下毛斑全长宽地分离。后胸腹板裸。前足和中足基节、转节以及腿节基部1/3黑色，腿节顶端2/3、胫节和附节黄褐色；后足黑色，仅腿节末端、胫节基部1/3黄褐色。腹部黑色，第2背板具1对棕黄色或黄色斑，前侧角通常不达背板侧缘；第3、第4背板具到达边缘的棕黄或黄色横带，第4背板后缘黄色；第5背板前缘两角可见黄斑，后缘黄色。雌性头顶和额黑色，被黑毛，中部具倒"U"形黄色粉斑并沿复眼延伸，腹部黄斑和带较雄性狭。

检查标本：1♀，2019-7-22，浙江九龙山，周振杰。

分布：我国浙江、西藏、陕西、云南；国外：印度，印度尼西亚，老挝，尼泊尔。

十五、果蝇科 Drosophilidae

果蝇科昆虫体型为小型，黄色。复眼闪虹色；触角第 3 节椭圆形或圆形，触角芒羽状，后顶鬃会合，具向前和向后弯的额框鬃，有髭。C 脉分别在 h 和 R₁ 脉处 2 次断折，Sc 退化，第 2 基室 bm 与中室 dm 合并或分开，臀室小而完整。腹部短。

在九龙山保护区发现该科 1 属 4 种。

151. 双条果蝇 *Drosophila bifasciata* Pomini

分布：我国浙江（遂昌九龙山、凤阳山）、黑龙江、吉林、新疆、江苏、四川；国外：朝鲜，日本，乌兹别克，欧洲。

152. 弯头果蝇 *Drosophila curviceps* Okade et Kurokawa

分布：我国浙江（遂昌九龙山、凤阳山）、山东、广东、云南；国外：朝鲜，日本，印度。

153. 甘氏果蝇 *Drosophila gani* Liang et Zhang

分布：我国浙江（遂昌九龙山、凤阳山）、安徽、福建、广东、云南；国外：日本。

154. 刘氏果蝇 *Drosophila lini* Chen

分布：浙江（遂昌九龙山、四明山、凤阳山）、广西。

十六、突眼蝇科 Diopsidae

突眼蝇科隶属双翅目短角亚目。目前全世界已知约 13 属 150 余种。该科昆虫体小到中型，黑褐色或红褐色。头部两侧突出成长柄状，复眼位于柄端。触角着生于眼柄内侧前缘。胸部粗壮，中胸背板常有 2~3 对粗大的刺突，小盾端部具 2 刺，刺顶端常有 1 端鬃，侧背刺位于中胸的侧背片上，翅上刺如存在则位于翅基部的上方。翅狭长，端部圆钝，前后缘略平行，C 脉完整无缺刻且伸达 M 脉端部，Sc 脉止于 C 脉，A 脉与翅瓣或有或无，翅多具褐斑。足细长。前足股节粗大，腹缘多具小刺。腹部细长且后端膨大如棒状或球状。

在九龙山保护区发现该科 2 属 2 种。

155. 中国华突眼蝇 *Eosiopsis sinensis* Yang & Chen（彩图 118A、彩图 118B）

主要特征：体长 6.8~7.5 mm，翅长 4.8~5.3 mm。头部黑色，光亮，球形，无颜齿。额呈半球形突出。复眼深红褐色；眼柄粗短，红褐色，端部扩大部呈黑褐色，有 2 对顶鬃，内顶鬃着生在眼柄中部，外顶鬃位于复眼内侧。触角黄褐色，触角芒黑色。胸部黑色，光亮，被稀薄的灰白粉。中胸具 2 对刺突，无翅上刺，侧背刺短小且钝，红褐色；小盾片黑色，小盾刺浅黄褐色，端鬃与刺约等长。前足基节浅黄色，中后足基节浅黄褐色；前足股节粗大，红褐色，腹面具 2 排黑色小刺，前排具有 20~22 小刺，后排具有 19~21 小刺，中后足股节红褐色但基部浅黄色，端部黄褐色；胫节红褐色；跗节浅黄褐色，但前足跗节褐色。翅褐带显著，褐斑均匀，亚端带与中带褐斑在中部相连，端带褐斑较淡；基带模糊且不规则。平衡棒短小，灰白色。腹部狭长，红褐色，两端黑褐色。基部短小，逐渐膨大成棒状。

观察标本：1 雌，浙江省丽水市遂昌县九龙山保护区罗汉源，2019-7-29，刘士宜采；1 雌，浙江省丽水市遂昌县九龙山保护区西坑里保护站，2019-7-25，刘士宜采；1 雄，浙江省丽水市遂昌县九龙山保护区陈坑保护站，2019-7-27，刘士宜采。

分布：浙江（遂昌九龙山、天目山）、福建、广西。

156. 四斑泰突眼蝇 *Teleopsis quadriguttata*（Walker）

分布：我国浙江（遂昌九龙山、百山祖）、福建、台湾、广东、海南、广西、贵州；国外：马来西亚，印度尼西亚。

十七、禾蝇科 Opomyzidae

禾蝇科昆虫体小型狭长，头高于长，无髭及下眶鬃，触角芒具毛；胸长甚大于宽，沟后背鬃 2~3 对，足缺胫端前鬃，翅狭长多具褐斑，前缘具一缺刻，R_1 短、上弯成角与缺刻相对，翅基有肘室常靠近后缘。

在九龙山保护区发现该科 1 属 1 种。

157. 林地禾蝇 *Geomyza silvatica* Yang

分布：浙江（遂昌九龙山、天目山、百山祖）。

十八、秆蝇科 Chloropidae

秆蝇科昆虫体型微小至小型，暗色或黄、绿色，具斑纹，活泼。头部突出，呈三角形，单眼三角区很大，触角芒着生在基部背面，光裸或有绒毛，羽状；鬃退化或消失，C 脉在 Sc 末端折断，Sc 退化或短，末端不折转，R 脉 3 支，并直达翅缘，M 脉 2 支，第 2 基室与中室愈合（B+D），无臀室。

在九龙山保护区发现该科 7 属 8 种。

158. 猬秆蝇 *Anatrichus pygmaeus* Lamb

分布：我国浙江（遂昌九龙山、百山祖）、台湾、云南；国外：日本，泰国，缅甸，尼泊尔，孟加拉，印度，斯里兰卡，巴基斯坦，菲律宾，马来西亚，印度尼西亚。

159. 中华粉秆蝇 *Anthracophagella sinensis* Yang et Yang

分布：浙江（遂昌九龙山、百山祖，贵州）。

160. 浙江黑鬃秆蝇 *Melanschaeta zhejiangensis* Yang et Yang

分布：浙江（遂昌九龙山、浙江）。

161. 长芒平胸秆蝇 *Mepachymerus elongatus* Yang et Yang

分布：浙江（遂昌九龙山、百山祖）。

162. 浙江宽头秆蝇 *Platycephala zhejiangensis* Yang et Yang

分布：浙江（遂昌九龙山、百山祖）。

163. 角突剑芒秆蝇 *Steleocerellus cornifer*（Becker）

分布：我国浙江（遂昌九龙山、百山祖）、台湾、贵州、云南；国外：日本，东洋区。

164. 中黄剑芒秆蝇 *Steleocerellus ensifer*（Thomson）

分布：我国浙江（遂昌九龙山、百山祖）、台湾、广东、海南、四川、云南；国外：俄罗斯，日本，越南，泰国，斯里兰卡，印度，尼泊尔，菲律宾，印度尼西亚，马来西亚。

165. 棘鬃秆蝇 *Togeciphus katoi*（Nishijima）

分布：我国浙江（遂昌九龙山、百山祖）、贵州、台湾、云南；国外：日本。

十九、蝇科 Muscidae

蝇科昆虫成蝇体长为 2~10mm，胸部的后小盾片不突出，下侧片无鬃，夜蝇亚科有鬃则绝不成行排列，还有少数种具极细的短毛；Cu1+A1 脉不达翅缘，A2 脉的延长线同 Cu1+A1 脉延长线的相交点在翅缘的外方；后胫亚中位无真正的背鬃，有时有刚毛状鬃也偏于后背方，后足第 1 跗节无基腹鬃；雌性后腹部各节均无气门，只有毛脉蝇亚科的毛脉蝇属保留有第 6 气门。

在九龙山保护区发现该科 5 属 11 种。

166. 短阳秽蝇 *Coenosia breviedeagus* Wu et Xue

分布：浙江（遂昌九龙山、龙王山、百山祖）、四川。

167. 黑角秽蝇 *Coenosia nigricornis* Wu et Xue

分布：浙江（遂昌九龙山、百山祖、龙王山）。

168. 锡兰孟蝇 *Bengalia bezzii* Senior-White

分布：我国浙江（遂昌九龙山、天目山、舟山、庆元）、福建、台湾、广东、海南、四川；国外：日本，越南，老挝，泰国，菲律宾，马来西亚，新加坡，印度尼西亚，印度，斯里兰卡。

169. 浙江孟蝇 *Bengalia chekiangensis* Fan

分布：浙江（遂昌九龙山、天目山、百山祖）、安徽、江西。

170. 台湾等彩蝇 *Isomyia electa*（Villeneuve）

分布：我国浙江（遂昌九龙山、天目山、杭州、庆元、乐清、泰顺）、湖北、福建、台湾、海南、四川；国外：日本，缅甸，马来西亚，柬埔寨，尼泊尔，印度。

171. 牯岭等彩蝇 *Isomyia oestracea*（Séguy）

分布：我国浙江（遂昌九龙山、莫干山、天目山、庆元、泰顺）、安徽、江西、福建、四川、云南、西藏；国外：老挝，马来西亚，印度尼西亚，孟加拉，印度，柬埔寨。

172. 杭州等彩蝇 *Isomyia pichoni*（Séguy）

分布：浙江（遂昌九龙山、杭州、庆元、乐清、泰顺）、福建。

173. 伪绿等彩蝇 *Isomyia pseudolucilia*（Malloch）

分布：我国浙江（遂昌九龙山、龙王山、莫干山、天目山、庆元、乐清、泰顺）、安徽、湖南、福建、四川、云南；国外：越南，老挝，东洋区。

174. 拟黄胫等彩蝇 *Isomyia pseudoviridana*（Peris）

分布：我国浙江（遂昌九龙山、天目山、龙泉、庆元）、安徽、福建、广东、海南、四川；国外：缅甸，印度，尼泊尔，斯里兰卡。

175. 福建拟粉蝇 *Polleniopsis fukienensis* Kurahashi

分布：浙江（遂昌九龙山、天目山、百山祖）、上海、江苏、福建。

176. 鬃尾鼻彩蝇 *Rhyncomya setipyga* Villeneuve

分布：我国浙江（遂昌九龙山、龙王山、天目山、雁荡山、龙泉）、福建、台湾、广东；国外：日本，菲律宾，尼泊尔。

二十、寄蝇科 Tachinidae

寄蝇科体型中型或小型蝇类，体粗壮，多毛和鬃。触角芒光裸或具微毛。中胸翅侧片及下侧片具鬃。胸部后小盾片发达，突出。腹部尤其腹末多刚毛。成虫活跃，多在白天活动，有时聚集到花上。雌产卵在寄生的体表、体内或生活地。幼虫与家蝇的蛆相似，圆柱形，末端截形，分节明显，前气门小，后气门显著。寄生性。

在九龙山保护区发现该科 8 属 10 种。

177. 雅科饰腹寄蝇 *Blepharipa jacobsoni* Townsend

分布：我国浙江（遂昌九龙山、百山祖）、辽宁、河北、江苏、四川、云南；国外：俄罗斯远东地区，日本。

178. 梳胫饰腹寄蝇 *Blepharipa schineri* Mesnil

寄主：落叶松毛虫、舞毒蛾。

分布：浙江（遂昌九龙山、龙王山、百山祖）、黑龙江、吉林、辽宁、江苏、湖南、四川。

179. 蚕饰腹寄蝇 *Blepharipa zebina*（Walker）

寄主：西伯利亚松毛虫、思茅松毛虫、蝙蝠蛾、板栗天蛾、马尾松毛虫、赤松毛虫、落叶松毛虫、松茸毒蛾、家蚕、柞蚕、榆毒蛾、二点茶蚕、透翅蛾。

分布：我国浙江（遂昌九龙山、莫干山、天目山、百山祖）、黑龙江、吉林、辽宁、河北、山西、山东、河南、北京、宁夏、青海、陕西、江苏、湖北、江西、湖南、福建、广东、海南、广西、四川、贵州、云南、西藏；国外：俄罗斯远东地区，日本，泰国，缅甸，斯里兰卡，印度，尼泊尔。

180. 刺腹短须寄蝇 *Linnaemya microchaeta* Zimin

分布：我国浙江（遂昌九龙山、天目山、百山祖）、内蒙古、北京、天津、河北、山西、山东、河南、安徽、江西、福建；国外：塔吉克斯坦。

181. 萨毛瓣寄蝇 *Nemoraea sapporensis* Kocha

寄主：苹蚁舟蛾、天蚕蛾。

分布：我国浙江（遂昌九龙山、天目山、百山祖）、黑龙江、辽宁、北京、河北、陕西、福建、湖北、湖南、四川、云南；国外：日本。

182. 毒蛾蜉寄蝇 *Phorocera agilis* Robneau-Desvoidy

寄主：舞毒蛾。

分布：我国浙江（遂昌九龙山、百山祖）、黑龙江、辽宁；国外：日本，欧洲中南部。

183. 榆毒蛾嗜寄蝇 *Schineria tergesina* Rondani

分布：我国浙江（遂昌九龙山、百山祖）、内蒙古、河北、甘肃、广西；国外：苏联，亚洲东部。

184. 冠毛长唇寄蝇 *Siphona cristata* Fabricius

寄主：黏虫、小麦夜蛾、甘蓝夜蛾、玛瑙夜蛾、蓝目天蛾、暗点赭尺蛾、大蚊。

分布：我国浙江（遂昌九龙山、天目山、百山祖）、黑龙江、吉林、内蒙古、北京、甘肃、青海、河北、福建、台湾、四川、云南、贵州、西藏；国外：欧洲。

185. 艳斑寄蝇 *Tachina lateromaculata* Chao

分布：我国浙江（遂昌九龙山、天目山、百山祖、杭州）、山西、陕西、湖北、江西、湖南、福建、四川、贵州、云南；国外：越南，阿富汗。

186. 长角髭寄蝇 *Vibrissina turrita* Meigen

寄主：玫瑰叶蜂。

分布：我国浙江（遂昌九龙山、天目山、百山祖）、吉林、辽宁、北京、山西、陕西、江苏、安徽、福建、湖南、广西、四川、云南、西藏；国外：朝鲜，日本，俄罗斯，圣彼得堡，外高加索，欧洲北部至德国北部和波兰北部，法国。

蚤目 Siphonaptera

在九龙山保护区发现该目 2 科 2 属 2 种。

一、蚤科 pulicidae

蚤科昆虫后胸背板无端小刺。中足外侧无骨化内脊。后足胫节外侧无端齿。第 2~4 腹节背板最多 1 列鬃，其后缘无端小刺或栉。第一腹节气门远高于后胸前侧片上缘。臀板每侧具 8 个或 14 个杯限。

在九龙山保护区发现该科 1 属 1 种。

1. 猫栉首蚤指名亚种 *Ctenocephalides felis felis*（Bouché）

寄主： 家猫、家犬、野猫、黄胸鼠、家兔、人等。

分布： 我国浙江（遂昌九龙山、全省广布）；国外：世界广布。

二、角叶蚤科 Ceratophyllidae

角叶蚤科触角窝开放，触角棒节达前胸腹侧板，两触角窝间由中央梁或共同区相连。眼发达，其前通常无幕骨拱；眼鬃位于眼前，多低于眼的上缘，并远离触角窝的前缘；前胸背板下缘分为 2 叶，通常具前胸栉；中胸背板颈片下有假鬃，后胸背板后缘通常具端小刺或栉。中足基节具外侧内脊；后足外侧有端齿。

在九龙山保护区发现该科 1 属 1 种。

2. 同高大锥蚤指名亚种 *Macrostylophora cuii cuii* Liu, Wu et Yu

寄主： 黑白飞鼠、隐纹花松鼠、黄胸鼠。

分布： 浙江（遂昌九龙山、庆元）、福建。

毛翅目 Trichoptera

在九龙山保护区发现该目 14 科 29 属 56 种。

一、螯石蛾科 Hydrobiosidae

螯石蛾科成虫具单眼；下颚须 5 节，第 1~2 节短，第 2 节圆柱形；胫距 1~2-4-4 式；前翅常具几个透明斑区。幼虫不筑巢，捕食性，前足腿节与胫、跗节之间形成钳爪；喜生活于清洁流水中。主要分布于澳洲及新热带区，少数种类发生于东洋区及古北区东部。

在九龙山保护区发现该科 1 属 2 种。

1. 黄氏竖脉螯石蛾 *Apsilochorema hwangi* Fischer

主要特征： 体连翅长 8.5mm。体黑褐色，翅灰褐色。

雄外生殖器： 第 9 节背面骨化，侧面观四边形。载肛突背面观基部宽，约在近基部

1/3 处向端部渐趋平行，由基部至全长 1/2 处具 1 个三角形骨化区；端部具 1 对卵圆形突起，具毛。肛上附肢背面观卵圆形，侧面观多少棱形，具毛。丝状突与载肛突约等长，背面观矛形，端部 1/2 突然膨大；下附肢第 1 节椭圆形，长大于高，内侧凹陷；第 2 节小，钩状，着生于第 1 节内侧中间的凹陷内，基部宽，端部变细，最端部 2 刺状。阳基鞘粗大，由基部向端部渐粗，最端部具 1 个角状突起。

观察标本：1♂，6♀，浙江省丽水市景宁县望东垟高山湿地自然保护区渔际坑管理保护站，27.691355° N，119.581195° E，海拔 964.12m，2016-8-8，徐继华、孙长海采。

分布：浙江（遂昌九龙山、丽水景宁、天目山）、湖北、福建、广西。

2. 具钩竖毛螯石蛾 *Apsilochorema unculatum* Schmid

分布：浙江（遂昌九龙山、百山祖）、福建。

二、原石蛾科 Rhyacophilidae

原石蛾科成虫具单眼。下颚须第 1~2 节粗短，第 2 节圆球形。胫距 3-4-4 式。前后翅脉序完整，前翅 5 个叉脉齐全，后翅缺第 4 叉脉；前后翅分径室与中室均开放；前翅 R_1 在翅端分裂为 R_{1a} 与 R_{1b}。雄外生殖器种类间变异较大：第 9 节环形，第 10 节具肛上附肢，中附肢在该科中演变为臀板。下附肢 2 节，大而长。阳具典型的三叉结构，但种类间变化大，是区分种类的重要特征。

在九龙山保护区发现该科 2 属 7 种。

3. 那氏喜原石蛾 *Himalopsyche navasi* Banks

主要特征：雄虫体长 13mm，前翅长 17mm。头部黄色，触角、下颚须、下唇须黄色。下颚须端节基部粗，端部变细。前胸黄色，中胸背板黑褐色，后胸黄白色。足黄色，前翅黄色，散布不规则黄褐色斑点，后翅黄白色。

雄外生殖器：第 9 节侧面观长方形，粗大，第 10 节膜质。臀板骨化，圆柱形，端部向内弯曲成钩状。肛上附肢 1 对，细长，基部愈合。下附肢 2 节，第 1 节粗大，多毛，距端部 1/3 处具一深的缺刻；第 2 节三角形，较小，端部具刺。阳具完整，阳茎背面观三叉状，其中突至多是阳基侧突的 1/3 长。阳基侧突强烈骨化，由基部向端部逐渐变细，背向弯曲，使基部与端部的夹角约 120°，基部不愈合。

观察标本：1♂，浙江省丽水市景宁县草鱼塘森林公园，27.909613° N，119.665525° E，1 150.92m，2016-8-9，徐继华、孙长海采。

分布：浙江（遂昌九龙山、天目山）、安徽、福建、江西、四川。

4. 弯镰原石蛾 *Rhyacophila falcifera* Schmid

分布：浙江（遂昌九龙山、百山祖）、福建。

5. 钩肢原石蛾 *Rhyacophila hamosa* Sun

分布：浙江（遂昌九龙山、龙王山、百山祖）。

6. 长刺原石蛾 *Rhyacophila longicuspis* Sun

分布： 浙江（遂昌九龙山、百山祖）。

7. 围茎原石蛾 *Rhyacophila peripenis* Sun & Yang

主要特征： 雄虫体长 6mm，前翅长 7mm。体黑褐色。触角鞭节基部数节淡黄色，余为黄褐色。下颚须、下唇须黄褐色。胸部黄褐色至黑褐色，足黄色。前后翅黄褐色。腹部背面褐色，腹面黄色。

雄外生殖器： 第 9 节腹面强烈缩短，端背叶背面观两侧缘相互平行，端部凹入。凹入深约为端背叶的 1/2。肛上附肢侧面观三角形，在基部端背叶下方愈合。第 10 节侧面观简单，垂直，端部与臂板和端带相连接。臂板侧面观条形，腹面观两裂，肾形。端带侧面观条形，腹面观两臂在基部不愈合。背带膜质。阳茎基强烈骨化，圆柱形；阳茎背突粗壮，覆盖于阳茎基部，端部圆突，背面观两侧缘近平行。内鞘发达，包埋住阳茎基部的1/2。阳茎管状。阳基侧突向端部略加粗，端部具上指的粗刚毛。

观察标本： 1♂，浙江省丽水市景宁县草鱼塘森林公园，27.909613° N，119.665525° E，海拔 1 150.92m，2016-8-9，徐继华、孙长海采；2♂，浙江省丽水市景宁县望东垟高山湿地自然保护区渔际坑管理保护站，27.691355° N，119.581195° E，海拔 964.12m，2016-8-8，徐继华、孙长海采。

分布： 浙江（遂昌九龙山、江山、天目山）、安徽、江西、湖北。

8. 裂臀原石蛾 *Rhyacophila rima* Sun et Yang

分布： 浙江（遂昌九龙山、百山祖）、江西。

9. 原石蛾 *Rhyacophila* sp.

观察标本： 1♀，浙江省丽水市景宁县草鱼塘森林公园，27.909613° N，119.665525° E，海拔 1 150.92m，2016-8-9，徐继华、孙长海采。

分布： 浙江（遂昌九龙山）。

三、舌石蛾科 Glossosomatidae

舌石蛾科成虫具单眼；下颚须第 1~2 节粗短，第 2 节呈圆球形，第 5 节末端具针刺突。头顶及前胸背板毛瘤彼此远离；雄虫中胸背板毛瘤狭长，位于盾片前缘中央，呈倒"八"字形。胫距 0~2-3~4-4 式。雌虫中足的胫节和跗节宽扁；腹部末端具可伸缩的套叠式产卵管。广布各动物地理区。

在九龙山保护区发现该科 2 属 2 种。

10. 中华小舌石蛾 *Agapetus chinensis* Mosely

分布： 浙江（遂昌九龙山、天目山、古田山、百山祖）、福建、江西。

11. 舌石蛾 *Glossosoma* sp.

观察标本： 2♀，浙江省丽水市景宁县望东垟高山湿地自然保护区渔际坑管理保护站 3

号路标旁，27.69° N，119.58° E，海拔 961m，2016-8-7，徐继华、孙长海采；4♀，浙江省丽水市景宁县草鱼塘森林公园，27.909613° N，119.665525° E，海拔 1 150.92m，2016-8-9 徐继华、孙长海采。

分布：浙江（遂昌九龙山）。

四、斑石蛾科 Arctopsychidae

斑石蛾科成虫缺单眼；下颚须 5 节，第 5 节长，有环状斑纹；前翅一般有 1 根附加的前缘横脉，5 个叉脉齐全，后翅有第 1、第 2、第 3、第 5 叉脉。

在九龙山保护区发现该科 1 属 1 种。

12. 裂片斑石蛾 *Arctopsyche lobata* Martynov

分布：我国浙江（遂昌九龙山、百山祖）、云南、西藏；国外：缅甸。

五、纹石蛾科 Hydropsychidae

纹石蛾科成虫缺单眼。下颚须末节长，环状纹明显。中胸盾片缺毛瘤，胫距 2-2~4-2~4 式。前翅具 5 个叉脉，后翅第 1 叉脉有或无。幼虫各胸节背板均骨化，中、后胸及腹部各节两侧具成簇的丝状鳃。幼虫生活于清洁水体中，部分种具有较强的耐污能力，取食聚集在蔽居室网上的藻类、有机颗粒或微小型无脊椎动物。广布于各动物地理区。

在九龙山保护区发现该科 6 属 15 种。

13. 尾短脉纹石蛾 *Cheumatopsyche infascia* Martynov

主要特征：体长 4.5~6.0 mm。体深褐色。雄外生殖器：第 9 节侧面观前缘向前方呈弧形凸出，后缘中部平直，上方 1/3 及下方 1/3 均收窄。第 10 节侧面观基部稍窄，向端部稍放宽，中叶直角状，侧叶呈圆弧状，侧毛瘤着生在中叶基部；背面观基部最宽，中叶钝齿状，侧叶钝圆，侧缘具一较深的凹切。下附肢第 1 节细长，侧面观平直，向端部渐加粗，背面观两侧稍向外方呈弧形凸出；端节呈细指状，基节长约为端节的 3 倍。阳茎基基部粗壮，阳茎基鞘侧面观向上方呈弧形拱起，内茎鞘突侧面观圆形，双叶状，相向弯曲。

分布：我国浙江（遂昌九龙山）、陕西、四川；国外：日本，朝鲜，俄罗斯。

14. 三带短脉纹石蛾 *Cheumatopsyche trifascia* Li

主要特征：前翅长 5.5~6.5mm。体深褐色，头部背面深褐色，其余部分为黄色。触角、下颚须、下唇须黄色。前胸苈，中、后胸背面深褐色，侧腹面大多为黄色；足黄色，翅黄色，前翅基部、中部及亚端部分别具自前缘伸向后缘的白色条带，但这 3 个条带不同个体间表现出一定的差异性。腹部黄白色，具烟色的细条纹。雄外生殖器：第 9 节侧后突短，不尖；第 10 节背板在尾突处较宽，下降，尾突近方形，眩举且内倾，背面中央纵向隆起成脊，瘤突着生在脊的两侧凹陷内，卵圆形；下附肢基节细长，端部略内弯，端节短，约为基节的 1/5，端部尖；阳具基部粗，弯曲成 90°，端部直。

分布：浙江（遂昌九龙山、江山）、福建、广东、江西。

15. 短脉纹石蛾 *Cheumatopsyche* sp.

分布：浙江（遂昌九龙山）。

16. 中庸离脉石蛾 *Hydromanicus intermedius* Martynov

分布：浙江（遂昌九龙山、百山祖）、陕西、福建、四川、西藏。

17. 梅氏离脉纹石蛾 *Hydromanicus melli*（Ulmer）

主要特征：前翅长 14.0~15mm。头部背面黄褐色，毛瘤黄色，后毛瘤外侧与复眼内缘之间具黄色的圆括号状斑纹。触角梗节前面黄褐色，后面部分呈黄色；触角其余部分黄色。前胸黄色，毛瘤黄色。中后胸黄褐色，但中胸肩部呈黑色，小盾片白色。翅淡褐色，前翅 R 脉基部胀大，后翅基部 R 亦胀大，但程度不如前翅强烈。足褐淡色，后足胫节密被毛。腹部淡褐色，腹面色更淡。雄外生殖器：第 9 节后侧缘"S"形，第 10 节背板基部宽，向后端渐窄；尾突细长，端尖，相向弯曲并交叉；尾突基部背面具 1 对短毛瘤，背面中央具 1 对短突起。上附肢细长，基部附着一粗短多毛突。下附肢基节长为端节长的 2 倍，基部具一长指形突，端部背面凹槽内着生许多刚毛。端节匀称而长，向前弯。阳具端部腹面向后延伸扩大成方盆状。内茎鞘突纵折，其下方着生 3 对骨片，最下方、侧方的 2 对长骨片分别向后方和侧方伸出，中间 1 对较短小，现下弯曲，尖锐。

18. 离脉纹石蛾 *Hydromanicus* sp.

分布：浙江（遂昌九龙山）。

19. 福建侧枝纹石蛾 *Hydropsyche fukiensis* Schmid

分布：浙江（遂昌九龙山、古田山、凤阳山）、福建。

20. 格氏高原纹石蛾 *Hydropsyche grahami* Banks

主要特征：前翅长 6~11mm。体黄至黄褐色。头部背面黄褐色，其余部分黄色。毛瘤黄色；触角、下颚须及下唇须黄色。复眼黑色。胸部背面黄褐色，但中胸小盾片及其余部分黄色。翅及足黄色。腹部黑褐色。雄外生殖器：第 9 节侧后突三角形。第 10 节背板侧缘略呈弧形，少数个体较直。背中突隆起较高；尾突扁，端部钝，向内下方弯曲。下附肢基节长，侧面观棒状，端部附近稍膨大，腹面观直；端节长约为基节的 1/2，侧面观短棒状，基部粗，向端部渐细，端部钝，腹面观略向内侧弯曲。阳具基部粗壮，阳茎孔片刺状，内茎鞘突分叉。

分布：浙江（遂昌九龙山、天目山）、福建（武夷山）、安徽（祁门）、湖南、四川、云南、广东、江西。

21. 鳝茎纹石蛾 *Hydropsyche pellucidula* Curtis

分布：我国浙江（遂昌九龙山、百山祖）、陕西、上海、贵州、云南；国外：欧洲，中东，美国。

22. 裂茎纹石蛾 *Hydropsyche simulata* Mosely

主要特征：前翅长 8 mm。体褐色，头部褐色，下颚须及下唇须色稍淡，胸部褐色，翅褐色，足褐色，腹部深褐色。雄外生殖器：第 9 节侧后突较长；前缘中下部向前方呈弧形拱凸。第 10 节尾突侧面观基部缢缩，端部略放宽。下附肢侧面观第 1 节长，基半部窄，端半部稍放宽，第 2 节中央略收窄；腹面观第 1 节基部稍膨大，端半部两侧缘近平行，第 2 节基部窄，端部宽大。阳具基部强烈向上拱起呈框形，后端分裂呈二叉状，叉突顶端膜质，具小刺；内茎鞘突细小，端部具一小刺。

分布：我国浙江（遂昌九龙山、江山、安吉龙王山）、广西、广东、福建、江西、安徽；国外：朝鲜，越南。

23. 蛇尾短脉纹石蛾 *Hydropsyches pinosa* Schmid

分布：浙江（遂昌九龙山、百山祖）、贵州、云南。

24. 三带短脉纹石蛾 *Hydropsyche trifascia* Tian et Li

分布：浙江（遂昌九龙山、古田山、百山祖）、湖南、福建、贵州。

25. 角纹石蛾 *Macrostemum fostosum*（Walker）

分布：我国浙江（遂昌九龙山、龙王山、古田山、百山祖）、福建、台湾、广东、海南、香港、广西、云南、西藏；国外：印度，菲律宾，泰国，爪哇，马来西亚，斯里兰卡。

26. 多型纹石蛾 *Polymorphanisus astictus* Navas

分布：浙江（遂昌九龙山、百山祖）、江苏、广东、海南、贵州、云南。

27. 小室残径长角纹石蛾 *Pseudoleptonema ciliatum*（Ulmer）

前翅长 14~16mm。体黑褐色，触角、足颜色略浅。前翅外缘中部凹入，前翅黑色，有数条浅色斑，3 个并列于翅中部前缘，外方一个较大，三角形，内方 2 个较小，横条形。第 1 肘脉基室为一长条形斑所占据。径室有一横条形斑。中室外方有一肾形纹。分径室极小，不到中室的 1/5，后翅褐色，有 1 叉、2 叉、3 叉、5 叉，第 2 叉无柄。雄外生殖器：第 10 节背板背面观后端较窄，侧面观后侧角三角形，向上突出。阳具端部膨大呈圆形。下附肢第 2 节为第 1 节的 2/3。

分布：浙江（遂昌九龙山）、福建、广东、江西。

六、等翅石蛾科 Philopotamidae

等翅石蛾科头在眼后的部分较长。具单眼。下颚须及下唇须长。下颚须 5 节，第 2 节约为第 1 节的 2 倍长，第 5 节约为第 4 节的 2 倍长。胫距 1-4-4 式或 2-4-4 式。雌虫中足不扁平扩展。翅脉完整，前翅 5 个叉脉齐全，或缺第 IV 叉，但后翅仅具第 I、第 II、第 III 及第 V 叉；前后翅分径室均闭锁；前翅中室闭锁，具 C-Sc 及 R-R_{2+3} 横脉；后翅具 2~3 个臀室。前翅翅脉稍向前缘集中。

雄外生殖器简单，第9节环形，但背面较为退化。具上附肢，较长或粗短。第10节屋脊状，膜质或仅略骨化，结构简单或呈双叶状。具或缺中附肢。下附肢1节或2节。阳具仅具仅具阳基鞘与内茎鞘。

在九龙山保护区发现该科5属7种。

28. 缺叉等翅石蛾 _Chimarra_ sp.

分布：浙江（遂昌九龙山）。

29. 具刺等翅石蛾 _Doloclanes spinosa_ Ross

分布：浙江（遂昌九龙山、百山祖）、江西。

30. 印度等翅石蛾 _Dolophilodes indicus_ Martynov

分布：我国浙江（遂昌九龙山、百山祖）、西藏；国外：孟加拉，印度。

31. 长梳等翅石蛾 _Dolophilodes pectinata_（Ross）

分布：浙江（遂昌九龙山、龙王山、古田山，百山祖）、广东。

32. 短室等翅石蛾 _Dolophilodes_ sp.

分布：浙江（遂昌九龙山）。

33. 栉梳等翅石蛾 _Kisaura pectinata_ Ross

主要特征：体长约5 mm；前翅长约4.5 mm；体茶褐色。触角每节基部深褐色，端部黄褐色；下唇须、下颚须浅黄褐色，密生褐色细毛，但端部稍少。胸部背面褐色，腹面及侧面颜色稍浅，翅褐色，稍具毛。足浅褐色，胫距2-4-4式。腹部背板褐色，其余部分浅褐色。雄外生殖器：第9节侧面观近五边形，前缘中部略向前凸出，后缘于下附肢着生下方略凹入；腹面观前缘呈底圆钝的"V"形凹入，后缘波状；背面膜质。第10节膜质，背面观花瓶状，端部分裂为双叶状，侧面观为三角形。刺突细长，略长于第10节，略向上呈弧形弯曲，由基部向端部逐渐变细，尖端强烈骨化。上附肢棒状，侧面观下缘平直，上缘向上弯曲呈弧形；背面观细长棒状。阳具膜质，呈管状。下附肢侧面观生于第9节后缘凹陷处；每下附肢基节侧面观上缘较平直，下缘略向下弯曲呈弧形，端部圆；以一针突关节与第9节相连接；端节细长，略长于基节，侧面观上下缘近平行，端部圆，背面观略向外弯为弧形，内侧的栉齿列长度与端节近等长。

分布：浙江（遂昌九龙山）。

34. 中华等翅石蛾 _Wormadalia chinensis_（Ulmer）

分布：浙江（遂昌九龙山、古田山、百山祖）、北京。

35. 刺茎蠕等翅石蛾 _Wormaldia unispina_ Sun

主要特征：前翅长3 mm。体褐色，头背面深褐色，颜面浅褐近于白色；触角灰褐色，第1、第2节浅褐色；下颚须灰褐色，关节处有浅褐色环；下唇须浅褐色。胸部灰褐色，足褐色，胫距2-4-4式；翅褐色。腹部灰褐色。雄外生殖器：第8节背板后缘向后稍突出，中央凹切。第7、第8节腹板后缘中央均具舌状突。第9节侧面观前缘向前强烈突出。第 10 节侧面观中央向上隆起，背面观舌状，仅略骨化。上附肢片状。阳具简单，中央附近具 1 刺。下附肢基节稍粗壮，端节细长，并略向上方拱起。仅端部内侧具刺状毛。

分布：浙江（遂昌九龙山、天目山、龙王山）。

七、多距石蛾科 Polycentropodidae

多距石蛾科成虫缺单眼；下颚须第 5 节环状纹不明显。中胸盾片具 1 对圆形毛瘤，胫距 2~3-4-4 式；雌虫中足胫节常宽扁；前翅分径室和中室闭锁。幼虫在静水或流水中均能生活，筑多种类型的固定居室，捕食性或取食有机颗粒。部分种类具有较强的耐污能力。广布于各动物地理区。

在九龙山保护区发现该科 2 属 3 种。

36. 吴氏多距石蛾 *Plectrocnemia wui* Ulmer

分布：浙江（遂昌九龙山、百山祖）、河北。

37. 缘脉多距石蛾 *Plectrocnemia* sp.

分布：浙江（遂昌九龙山）。

38. 缺叉多距石蛾 *Polyplectropus* sp.

分布：浙江（遂昌九龙山）。

八、角石蛾科 Stenopsychidae

角石蛾科体大型。成虫具单眼，下颚须第 5 节有不清晰环纹；触角长于前翅，中胸盾片无毛瘤。胫距 3-4- 式 4 或 0-4-4 式；雌虫 2-4-4 式。前后翅的分径室闭锁，前翅 5 个叉脉齐全。

在九龙山保护区发现该科 1 属 3 种。

39. 狭窄角石蛾 *Stenopsyche angustata* Martynov

主要特征：头长 1.5~2mm，翅长 20.5~21mm。前翅臀前区基部至中部个翅脉之间具纵向排列的深色短条纹，中后部密布网状斑纹，顶角处具一块状斑纹，臀区网纹色淡，但可见。雄性生殖器：第 9 节侧突起细长，端部钝圆，长度约为上附肢 1/3；上附肢细长；第 10 节中央背板似矩形，仅为上附肢长度的 1/3，端部中央深凹呈双叶状，每侧顶部具一浅凹，背板基部具 1 对指状突起；抱握器亚端背叶长于第 10 节背板，末端向外弯曲，呈弯钩状，端部尖锐；下附肢弧状弯曲。

分布：浙江（遂昌九龙山、天目山）、陕西、四川、江西、福建、广东。

40. 贝氏角石蛾 *Stenopsyche banksi* Mosely

分布：我国浙江（遂昌九龙山、百山祖）、江西、福建、台湾。

41. 天目山角石蛾 *Stenopsyche tienmushanensis* Huang

分布：浙江（遂昌九龙山、龙王山、天目山、百山祖）、陕西、安徽、湖北、湖南、海南、广西、贵州。

九、瘤石蛾科 Goeridae

瘤石蛾科成虫常缺单眼；下颚须雄虫 2~3 节，常带有直立的叶状结构，雌虫 5 节，简单；触角基节长于头；中胸盾片具 1 对毛瘤；胫距 1~2-4-4 式。

在九龙山保护区发现该科 1 属 1 种。

42. 华贵瘤石蛾 *Goera altofissura* Hwang

分布：浙江（遂昌九龙山、龙王山、百山祖）、安徽、湖北、江西、福建。

十、鳞石蛾科 Lepidostomatidae

鳞石蛾科体型为中型，成虫缺单眼。触角柄节长，为复眼直径的 2~10 倍以上，简单圆柱形，或内侧具 1~2 个齿状突，或具细沟，或凹陷等；下颚须雌虫 5 节，雄虫 2 节，基节骨化圆柱形，有时具叶状突，端节可屈伸，匙状或叶状，表面覆密毛。中胸盾片及小盾片各具 1 对毛瘤，其形状与大小种间各有差异，盾片毛瘤常小于小盾片的毛瘤。前翅后缘常具卷折，翅面局部区域覆毛或鳞片，或具无毛的光斑区，其形式多样化，常因种而异；前翅具 I 叉、II 叉，缺 III 叉、IV 叉、V 叉有或无；中脉分为 M_{1+2} 和 M_{3+4} 2 支。胫距：1~2-4-3~4 式。

在九龙山保护区发现该科 1 属 6 种。

43. 长刺鳞石蛾 *Lepidostoma arcuatum*（Hwang）

分布：浙江（遂昌九龙山、天目山、古田山、百山祖）、江西、福建。

44. 黄褐鳞石蛾 *Lepidostoma flavus*（Ulmer）

主要特征：雄虫前翅长 5.4~7.8mm。体黄褐色。雄虫触角柄节 0.65~0.7mm，圆柱形，无任何突起。下颚须仅基节明显，长约为其宽 4 倍；端节极小，不易观察。前翅无缘褶及臀褶。

雄虫外生殖器：第 9 腹节侧面观背板略向后延伸，长于腹缘，为侧区最狭处 2 倍。第 10 节背面观基部 1/4 宽板形，背中突 1 对细长棒形，下侧突较粗，长与背中叶，末端相交。下附肢侧面观基节长矩形，长为基宽 3 倍，基背突长棒形，长约为基节等长，端节短而窄；腹面观，端部略膨大；基节基腹突细长，长约为基本 3/4，端腹突三角形，着毛；端节呈矛头状，长约为基的 1/2。阳具端半部垂直下弯，阳基侧突缺如。

分布：浙江（遂昌九龙山、龙王山、天目山、百山祖）、安徽、江西、四川、福建、广东、广西、贵州、云南。

45. 付氏鳞石蛾 *Lepidostoma fui*（Hwang）

主要特征： 雄虫前翅长 7.25~8.1mm。体褐色。雄虫触角柄节 1.14mm，基背突短，三角形。下颚须 2 节，端节长为基节之 1.5 倍。可伸缩，末端伸至头顶前上方，密生大量淡褐色毛及鳞毛。前翅前缘褶狭窄，末端不达 Sc 终端，臀褶延伸至 R_1 终端水平。

雄虫外生殖器：第 9 腹节侧面观腹区显著向头方延伸，腹缘长为背缘 3 倍，第 10 节仅 2 对突起。背中突纵扁，背面观细指状，侧面观长约为宽的 3 倍；下侧叶略长与中突，末端宽大，侧面观呈三角形。下附肢长臂状，整体长为基宽 4.5 倍，基背突较直立，棒头状；腹面观腹端叶略长于附肢 1/2，两侧缘近于平行，末端下卷，端节细长，端半部渐宽，外顶角形成小尖突。阳基在近基部处呈 90 度折向后尾方。阳基侧突 1 对，长棒形，背面观末端不相交。

分布： 浙江（遂昌九龙山、天目山，龙王山、古田山、百山祖）、安徽、江西、福建、广西、四川、云南。

46. 扁角鳞石蛾 *Lepidostoma lumellum* Yang et Weaver

分布： 浙江（遂昌九龙山、天目山、百山祖）。

47. 盂须鳞石蛾 *Lepidostoma propriopalpum*（Hwang）

主要特征： 雄虫前翅长 10.2mm。体草黄色。雄虫触角柄节 1.7mm，密生长毛及鳞片状毛，近基部处弯曲，空洼处藏有白色长形鳞片状毛囊，端部具一膨大的球形突起。下颚须 2 节，基节细长，微弯，端节特化为一个中空的盂状构造，刚好可以容纳柄节端部的球形突起。前翅臀褶发达，末端伸至 R_1 终端之水平。

雄虫外生殖器：第 9 腹节侧面观背板与第 10 节紧密结合，背、腹区均等长，后缘呈弧形内凹。第 10 节背面观背中突基部窄，端半部分分裂为 1 对外展的尖叶形突起，似飞鸟状；侧面观，下侧突细长，末端膨大伸至背中突之外方，左右相交，基部与第 9 节愈合，并有一个小叶状突起。下附肢 2 节，侧面观，基节的端宽约为基宽的 2 倍，端节短小，内折，基背突粗枝状，末端分叉，长叉约为下叉 2 倍，枝突腹缘还有 1~2 个刺突；腹面观，基节变成"C"形，基腹突乳头状，端腹叶近于方形，端节略呈矩形，长约为宽的 2 倍。阳具短，阳基侧突缺如。

分布： 浙江（遂昌九龙山）。

48. 鳞石蛾 *Lepidostoma* sp.

分布： 浙江（遂昌九龙山）

十一、长角石蛾科 Leptoceridae

长角石蛾科体型小至中型，体型细弱，雄虫个体大于雌虫，是毛翅目中较美丽的类群之一。成虫缺单眼，触角长，常为前翅长的 2~3 倍；下颚须细长，5 节，末节柔软易曲，但不分成细环节。中胸盾片长，其上着生的两列纵行毛带，几乎与盾片等长，中胸小盾片短，胫距 0~2-2-2~4 式。翅脉有相当程度的愈合，通常 R_5 与 M_1、M_2 愈合为 1 支，或称 R5+MA；M_3 与 M_4 愈合为 1 支，称 M_{3+4} 或 MP；故第 3、第 4 叉常缺，翅通常狭长，浅黄色、黄褐色、淡褐色或灰褐色，有些种类翅面具银色斑纹；多数类群后翅较宽。长角石蛾科幼虫喜低海拔（通常 500m 以下）。在冷水或暖水、急流或缓流、池塘、沼泽、湖泊中等均有发生。

在九龙山保护区发现该科 2 属 2 种。

49. 长须长角石蛾 *Mystacides elongata* Yamamoto et Ross

主要特征：前翅长雄虫 6.5 mm，雌虫 6.6 mm。额区黄褐色，头顶、胸侧区深褐色，胸部背区黑褐色；触角苍白色，鞭部每小节具极细的褐色环；颚须深褐色具浓密黑色细毛；胸足浅褐色。翅黑褐色具光泽。雄外生殖器：第 9 腹节侧面观腹区明显长于背区，后侧缘自腹端向背方呈约 40° 回切，背板狭窄；腹板端缘中央强烈延伸成腹板突，末端伸达下附肢外方，与第 10 背板短刺突顶端约平齐；腹面观腹板突基部宽短，端部 2/3 为 1 对彼此分歧的长叶形分支，其宽约等于基宽的 1/2，末端尖。肛前附肢细长棍棒形。第 10 节背板由 1 对长度差异较小的不对称粗壮刺组成，并在近端部处相互交错。下附肢侧面观主体直立，背半部略呈方形，附肢后侧方似形成 3 个后侧突；背侧突直角形，不明显突出，为附肢的侧上角，中侧突约发自附肢之中部，与腹侧突同为短三角形，两者均指向尾方；背部内侧的背中叶狭条状，宽不及附肢亚背区的 1/2。阳茎基部 3/4 粗管形，端部 1/4 浅槽形，腹面近端部两侧具 1 对小三角形叶突；阳基侧突缺如。

分布：浙江（遂昌九龙山、天目山、百山祖）、陕西、江苏、广东、安徽、江西、四川、福建、贵州、云南。

50. 红棕叉长角石蛾 *Triaenodes rufescens*（Martynov）

分布：我国浙江（遂昌九龙山、百山祖）、四川；国外：俄罗斯远东地区。

十二、齿角石蛾科 Odontoceridae Wallengren

齿角石蛾科成虫缺单眼，触角明显长于前翅，基节较长，下颚须 5 节，较粗壮，雄虫复眼大，有时在头背方几乎相接。中胸小盾片具 1 个大毛瘤，足具细小的黑色短刺，胫距 0~2-0~4-2~4 式。前翅具封闭的分径室，R_1 和 R_2 之间常具一横脉。雄虫前翅 M 脉缺如，故无明斑室；具 I 叉，II 叉，V 叉，或 I 叉，V 叉；雌虫前翅具明斑室，具 I 叉，II 叉，III 叉，V 叉。

在九龙山保护区发现该科 1 属 1 种。

51. 叶茎裸齿角石蛾 *Psilotreta lobopennis* Hwang

主要特征：前翅长 11~13mm。体褐色。前翅分径室约为翅长的 1/3，R_2 发自分径室基部 1/4~1/3，第 II 叉柄长为分横脉 S 的 2~3 倍，径中横脉 R-M 发自分径室的端部。后翅分径室约为翅长的 1/3，R_2 发自分径室近基部 1/4，第二叉柄长为 S 的 1~2 倍，中脉 M

从明斑室的外侧分叉，与明斑室端部的距离约为中肘横脉 M-Cu 的 1/3~1 倍。

雄外生殖器：第 9、第 10 节背板愈合呈长兜状，近基部明显缢缩，背面观中央膨大，或背面观端部 1/3 膨大，向端部略收窄，端部圆钝；侧前突位于侧区上半部，长约等于腹宽；侧、腹毛瘤边缘不清晰。第 10 节毛瘤发达呈疣状突起，或不突出；侧突宽短，仅伸至第 9~10 背板中央，末端具小叶状向腹后方突出或极小，在种内存在差异，亚端部具一指向前方的刺，短或细长；中附肢着生于第 10 节主体背缘，近方形，腹后角略尖，或呈三角形。上附肢狭长，近基部宽，向端部收窄，端部伸至第 9~10 背板端部 1/4 处。下附肢基节侧面观 2 叉状，背、腹叶间约呈 80° 夹角，背叶隆起呈锥状，腹叶呈长锥状向后延伸，端部着生粗扁刚毛，腹面观腹内侧片不发达：端节背腹扁平，侧面观窄或呈锥形，腹面观呈柱形，长约为宽的 2 倍，端缘密生粗黑齿。阳茎基侧面观管状，腹缘呈深弧形，近基部 1/3 处明显收窄，长为最窄处的 7 倍，端部膨大，端宽略窄于最窄处的 3 倍，腹端角 65°；阳基侧突 1 对，长约为阳茎基的 1/2，背叶呈角状突起或略隆起，腹叶略弯曲，基部宽，向端部明显变窄；阳茎孔片呈弧形。

分布：浙江（遂昌九龙山）、广东、江西、福建。

十三、蝶石蛾科 Psychomyiidae Walker

蝶石蛾科成虫缺单眼；下颚须多数 5 节，第 5 节长，常有环状纹，少数下颚须 6 节则第 5 节不具环纹。下唇须 4 节。胫距 1-3-4-4 式。中胸盾片具 1 对卵圆形小毛瘤；前后翅民 R_2 与 R_3 愈合。雌虫具可套叠的管状产卵器。

在九龙山保护区发现该科 2 属 3 种。

52. 阿里斯蝶石蛾 *Psychomyia aristophanes* Malicky

主要特征：前翅长 5.5mm。体黄褐色。雄外生殖器：第 9 节腹板侧面观近半圆形，后缘平直，腹面观后缘中央凹入；第 9 节背板侧面观兜形，背面观二裂。肛上附肢侧面棒状。下附肢 2 叉状，侧面观基部较粗，内肢隐藏在外肢内侧，仅端部露出；腹面观可见外肢明显粗大，内肢短而细。阳茎侧面观多少"S"形，近端部具一突起。

分布：浙江（遂昌九龙山）、陕西。

53. 蝶石蛾 *Psychomyia* sp.

分布：浙江（遂昌九龙山）。

54. 二裂齿叉蝶石蛾 *Tinodes furcata* Li & Morse

主要特征：体褐色。体连翅长 5.0 mm。雄外生殖器：第 9 节背板中部背面观呈窄长四边形，长约 3 倍于宽，侧面观时仅 2 倍于宽；第 9 节腹板前缘圆凸，后缘窄，为中部的 1/3 宽，"V"形凹入。上附肢 2 叉状，背肢均细长，端部腹向弯曲，腹肢基部窄，端部膨大呈三角形。

下附肢侧面观长椭圆形，端部腹向弯曲呈钩状，腹面观基部融合。阳具简单呈刺状，中部腹向弯曲。

分布： 浙江（遂昌九龙山）、湖北、江西、四川。

十四、沼石蛾科 Limnephilidae

沼石蛾科成虫具单眼；下颚须雌虫 5 节，雄虫 3 节。翅却缺中室；中胸盾片常具 1 对椭圆形毛瘤。

在九龙山保护区发现该科 2 属 2 种。

55. 三指沼石蛾 *Apatania tridigitula* Hwang

分布： 浙江（遂昌九龙山、百山祖）、福建。

56. 大须沼石蛾 *Limnephilus distinctus* Tian et Yang

分布： 浙江（遂昌九龙山、百山祖）、四川。

鳞翅目 Lepidoptera

在九龙山保护区发现有 36 科 908 种。

一、蝙蝠蛾科 Hepialidae

蝙蝠蛾科体型为中到大型，头小，触角短，丝状或栉状，口器已退化，无取食功能，下唇须极短或只有 2 节和 3 节，胸部发达，尤以前胸背板较大；前翅 R 脉分为 5 支，M 脉基干完整，前翅有翅轭，后翅缺翅缰；胸足短，前足有或无胫距，雄性后足胫节发达，常披丛状毛。

九龙山保护区发现有 1 属 1 种。

1. 点蝙蛾 *Phassus signifer sinensis* Moore

寄主： 桃、葡萄、柿。

分布： 我国浙江（遂昌九龙山、天目山、淳安、余姚、奉化、象山、定海、天台、龙泉、文成）、华东、华中、华南、华北、四川、海南；国外：日本，印度，斯里兰卡。

二、蓑蛾科 Psychidae

蓑蛾科雌雄异型，雄蛾具翅，翅面稀被毛鳞片，几乎无任何斑纹，触角栉齿状，喙消失，下唇须短，翅缰异常大。雌雄多为幼虫型，无翅，触角、口器和足有不同程度的退化，生活于幼虫所筑的巢内。也有一些雌蛾有翅，属短翅型。

九龙山保护区发现有 2 属 4 种。

2. 小螺纹蓑蛾 *Clania crameri* Westwood

分布：浙江（遂昌九龙山、松阳、遂昌、龙泉）。

3. 小窠蓑蛾（茶窠蓑蛾）*Clania minuscula* Butler

寄主：茶、柑橘、桃、梨、月季、枫杨、冬青、榆、朴、悬铃木、槐、侧柏、棉。

分布：我国浙江（遂昌九龙山、全省广布）、山东、河南、江苏、安徽、湖北、江西、湖南、福建、台湾、广东、广西、四川、贵州、云南；国外：日本。

4. 大窠蓑蛾 *Clania variegata* Snellen

寄主：苹果、茶、梨、桃、柑橘、枇杷、悬铃木、樟、桑、泡桐、栎、槐。

分布：我国浙江（遂昌九龙山、全省广布）、山东、河南、江苏、湖北、湖南、福建、台湾、广东、广西、四川、云南；国外：日本，印度，马来西亚。

5. 油茶织蛾 *Casmara patrona* Meyrick

寄主：油茶、茶。

分布：我国浙江（遂昌九龙山、龙王山、杭州、临安、慈溪、镇海、宁海、武义、常山、遂昌、龙泉）、安徽、湖北、江西、湖南、福建、台湾、广东、广西、贵州；国外：日本，印度。

三、卷蛾科 Tortricidae

卷蛾科成虫体型小到中型，翅展 7.0~35.0 mm，很少超过 60.0 mm。头顶具粗糙的鳞片；毛隆发达；喙发达，基部无鳞片；下唇须 3 节，被粗糙鳞片，平伸或上举，上举型第 3 节常短而钝；触角鞭节各亚节被 2 排或 1 排鳞片。前翅宽阔，近三角形到近方形；中室具索脉和 M 干脉，M 干脉一般不分支。雄性爪形突变化大或缺失；尾突大而具毛或缺失，颚形突的两臂端部愈合，但常退化或消失；雌性产卵器非套叠式，具宽阔、平坦的产卵瓣及相对较短的表皮突；囊导管与交配囊可区分。

九龙山保护区发现有 5 属 5 种。

6. 苹黄卷蛾 *Archips ingentana* Christoph

寄主：日本冷杉、苹果、百合。

分布：我国浙江（遂昌九龙山、莫干山、天目山、古田山、天台、常山、龙泉）、黑龙江、吉林、辽宁、河南、湖北、江西、湖南、广东、海南、广东、广西；国外：西伯利亚，俄罗斯，朝鲜，日本，印度，阿富汗，巴基斯坦。

7. 龙眼裳卷蛾 *Cerace stipatana* Walker

寄主：樟、枫香、茶。

分布：浙江（遂昌九龙山、杭州、天目山、三门、天台、仙居、临海、黄岩、温岭、开化、江山、丽水、龙泉、温州、永嘉、瑞安）。

8. 白钩小卷蛾 *Epiblema foenella*（Linnaeus）

寄主：艾。

分布：我国浙江（遂昌九龙山、天目山、开化、常山、江山、庆元）、江苏、上海、湖南；国外：朝鲜，日本，印度，欧洲。

9. 洋桃小卷蛾 *Gatesctarheana idia* Diakonoff

寄主：乌桕。

分布：浙江（遂昌九龙山、兰溪、丽水、遂昌、龙泉、庆元）。

10. 梨小食心虫 *Grapholitha molesta* Busck

寄主：梨、桃、苹果。

分布：浙江（遂昌九龙山、杭州、宁海、金华、磐安、兰溪、仙居、临海、黄岩、衢县、丽水、龙泉、洞头、平阳）。

四、透翅蛾科 Aegeriidae

透翅蛾科体型为中型，腹部有一特殊的扇状鳞簇。触角棍棒状，末端有毛。单眼发达。喙明显。翅狭长，除边缘及翅脉上外，大部分透明，无鳞片。后翅 Sc+R$_1$ 脉藏在前缘褶内，后足胫节第 1 对距在中间或近端部。幼虫蛀食树木和灌木的主干、树皮、枝条、根部，或草本植物的茎和叶，趾钩单序二横带式。

九龙山保护区发现有 2 属 2 种。

11. 苹果透翅蛾 *Conopia hector* Butler

寄主：桃、梨、樱桃。

分布：我国浙江（遂昌九龙山、龙王山、百山祖、宁海、开化、龙泉、温州）、辽宁、陕西、山东；国外：日本。

12. 毛胫透翅蛾 *Melittia bombiliformis*（Stoll）

寄主：葫芦科。

分布：浙江（遂昌九龙山、庆元）。

五、斑蛾科 Zygaenidae

斑蛾科体型小至中型，颜色常鲜艳。触角丝状或棍棒状，雄蛾多为栉齿状。翅脉序完全，前、后翅中室内有 M 脉主干，后翅亚前缘脉（Sc）及胫脉（R）中室前缘中部连接，后翅有肘脉（Cu）；翅面鳞片稀薄，呈半透明状。翅多数有金属光泽，少数暗淡，身体狭长，有些种在后翅上具有燕尾形突出，形如蝴蝶。幼虫头部小，缩入前胸内，体具扁毛瘤，上生短刚毛。趾钩单序中带式。

九龙山保护区发现有 6 属 7 种。

13. 马尾松旭锦斑蛾 *Campylotes desgodinsi* Oberthur

寄主：马尾松。

分布：我国浙江（遂昌九龙山、龙王山、三门、金华、天台、仙居、临海、黄岩、玉环、常山、云和、龙泉、庆元）、四川、云南、西藏；国外：印度。

14. 黄纹旭斑蛾 *Campylotes pratti* Leech

分布：浙江（遂昌九龙山、百山祖、龙泉、云和、丽水、缙云）、湖北、福建。

15. 茶柄脉锦斑蛾 *Eterusia aedea* Linnaeus

寄主：茶、油茶、乌桕。

分布：我国浙江（遂昌九龙山、全省广布）、江苏、安徽、江西、湖南、台湾、贵州、四川；国外：日本，印度，斯里兰卡。

16. 梨叶斑蛾 *Illiberis pruni* Dyar

寄主：梨、海棠、山楂、杏、桃、樱桃。

分布：我国浙江（遂昌九龙山、龙王山、杭州、临安、淳安、鄞县、余姚、奉化、宁海、象山、定海、岱山、普陀、金华、浦江、义乌、东阳、兰溪、临海、玉环、龙游、丽水、龙泉、乐清、永嘉、平阳）、黑龙江、吉林、辽宁、河北、山西、山东、宁夏、甘肃、陕西、青海、江苏、江西、湖南、广西、四川、云南，国内梨产区广布；国外：朝鲜，日本。

17. 透翅硕斑蛾 *Piarosoma hyalina thibetana* Oberthur

分布：浙江（遂昌九龙山、龙王山、莫干山、淳安、鄞县、余姚、奉化、丽水、龙泉、温州、文成、泰顺）、江西、湖南、四川。

18. 桧带锦斑蛾 *Pidorus glaucopis atratus* Butler

寄主：油桐、柏。

分布：我国浙江（遂昌九龙山、龙王山、湖州、安吉、德清、杭州、鄞县、镇海、宁海、玉环、丽水、遂昌、龙泉、庆元、温州、平阳）、江西、湖南、台湾、广西、云南；国外：朝鲜，日本。

19. 赤眉锦斑蛾 *Rhodopsoma costata* Walker

寄主：小果南烛。

分布：浙江（遂昌九龙山、安吉、龙王山、杭州、余杭、临安、淳安、诸暨、黄岩、开化、丽水、龙泉、瑞安）、江西、湖南、福建。

六、刺蛾科 Limacodidae

刺蛾成虫体型中等大小，身体和前翅密生绒毛和厚鳞，大多黄褐色、暗灰色和绿色，间有红色，少数底色洁白，具斑纹。夜间活动，有趋光性。口器退化，下唇须短小，少数较长。雄蛾触角一般为双栉形，翅较短阔。幼虫体扁，蛞蝓形，其上生有枝刺和毒毛，有些种类较光滑无毛或具瘤。头小可收缩。有些种类茧上具花纹，形似雀蛋。羽化时茧的一端裂开圆盖飞出。

九龙山保护区发现有 14 属 22 种。

20. 灰双线刺蛾 *Cania bilineata*（Walker）

寄主：樟、榆、石梓、油桐、柑橘、茶。

分布：我国浙江（遂昌九龙山、龙王山、天目山、杭州、临安、建德、淳安、鄞县、余姚、奉化、缙云、遂昌、云和、龙泉、庆元、温州、平阳、泰顺）、江苏、湖北、江西、湖南、福建、台湾、广东、广西、四川、云南、西藏；国外：越南，印度，马来西亚，印度尼西亚。

21. 长须刺蛾 *Hyphorma minax* Walker

寄主：茶、樱、柑橘、油桐、枫香、枫杨、麻栎。

分布：我国浙江（遂昌九龙山、天目山、长兴、德清、杭州、淳安、慈溪、奉化、庆元、文成）、内蒙古、北京、天津、河北、山西、山东、河南、湖北、江西、湖南、贵州、四川、云南；国外：越南，印度，印度尼西亚。

22. 闪银纹刺蛾 *Miresa fulgida* Wileman

寄主：橄榄。

分布：浙江（遂昌九龙山、莫干山、天目山、杭州、临安、庆元）。

23. 线银纹刺蛾 *Miresa urga* Hering

分布：浙江（遂昌九龙山、龙王山、莫干山、古田山、安吉、德清、杭州、临安、云和、龙泉）、陕西、湖南、广西、四川、贵州、云南。

24. 黄刺蛾 *Monema flavescens* Walker

寄主：梨、杏、桃。

分布：我国浙江（遂昌九龙山、全省广布）、黑龙江、吉林、辽宁、内蒙古、河北、山西、山东、河南、陕西、江苏、安徽、广东、广西、湖北、江西、湖南、台湾、四川、云南；国外：日本，朝鲜，苏联。

25. 波眉刺蛾 *Narosa corusca* Wileman

寄主：茶、桃、梨、柿、樱桃、沙果、李、梅。

分布：我国浙江（遂昌九龙山、天目山、德清、杭州、临安、奉化、天台、云和、龙泉、庆元）、陕西、安徽、江西、湖南、福建、台湾、广东、广西、四川、贵州、云南。

26. 梨娜刺蛾 *Narosoideus flavidorsalis*（Staudinger）

寄主：苹果、梨、柿、枫、栎。

分布：我国浙江（遂昌九龙山、天目山、杭州、临安、桐庐、建德、余姚、定海、天台、龙泉、庆元、温州）、黑龙江、吉林、辽宁、北京、山西、河北、山东、河南、陕西、江苏、湖北、湖南、福建、广西、广东、台湾、四川；国外：日本，朝鲜，苏联，西伯利亚东南部。

27. 斜纹刺蛾 *Oxyplax ochracea*（Moore）

寄主：柑橘、茶、杞木、算盘子、椰榆。

分布：我国浙江（遂昌九龙山、龙王山、天目山、安吉、杭州、临安、淳安、鄞县、慈溪、奉化、象山、嵊泗、东阳、天台、常山、丽水、遂昌、松阳、云和、龙泉、庆元）、江苏、湖北、江西、台湾、广东、广西、云南；国外：印度，斯里兰卡，印度尼西亚。

28. 两色绿刺蛾 *Parasa bicolor*（Walker）

寄主：竹、茶、甘蔗、通草、柚。

分布：我国浙江（遂昌九龙山、莫干山、古田山、天目山、湖州、长兴、安吉、德清、杭州、余杭、临安、富阳、桐庐、建德、淳安、诸暨、慈溪、奉化、三门、天台、仙居、临海、黄岩、温岭、玉环、衢县、丽水、遂昌、云和、龙泉、庆元、温州）、江苏、福建、台湾、四川、贵州、云南；国外：印度，缅甸，印度尼西亚。

29. 褐边绿刺蛾 *Parasa consocia* Walker

寄主：苹果、梨、柑橘、杏、桃。

分布：我国浙江（遂昌九龙山、全省广布）、黑龙江、吉林、辽宁、河北、山西、山东、陕西、江苏、安徽、湖北、江西、湖南、福建、台湾、广西、广东、四川、云南；国外：日本，朝鲜，苏联。

30. 双齿绿刺蛾 *Parasa hilarata*（Staudinger）

寄主：苹果、梨、杏、桃、樱桃。

分布：浙江（遂昌九龙山、天目山、杭州、临安、桐庐、诸暨、奉化、遂昌、龙泉、庆元）。

31. 丽绿刺蛾 *Parasa lepida*（Cramer）

寄主：茶、桑、油茶、樟。

分布：我国浙江（遂昌九龙山、长兴、安吉、德清、海宁、杭州、余杭、淳安、余姚、慈溪、镇海、宁海、东阳、兰溪、天台、临海、龙泉、庆元、温州）、云南、四川、江西、河南、江苏、河北；国外：日本，印度，斯里兰卡，印度尼西亚。

32. 漫绿刺蛾 *Parasa ostia* Swinhoe

寄主：竹、茶。

分布：浙江（遂昌九龙山、庆元、文成）。

33. 迹斑绿刺蛾 *Parasa pastoralis* Butler

寄主：樟、乌桕、板栗、重阳木、朴。

分布：我国浙江（遂昌九龙山、安吉、长兴、杭州、临安、桐庐、淳安、上虞、鄞县、余姚、古田山、丽水、龙泉、庆元、平阳）、吉林、江西、河南、四川、云南；国外：越南，印度，不丹，尼泊尔，巴基斯坦，印度尼西亚。

34. 中国绿刺蛾 *Parasa sinica* Moore

寄主：苹果、梨、柑橘、杏、桃。

分布：我国浙江（遂昌九龙山、杭州、余杭、临安、萧山、淳安、上虞、奉化、义乌、东阳、龙泉、庆元、温州、泰顺）、黑龙江、吉林、辽宁、山东、河北、湖北、江苏、江西、四川、贵州、云南、台湾；国外：日本，朝鲜，苏联。

35. 枣奕刺蛾 *Phlossa conjuncta*（Walker）

寄主：梨、杏、桃、枣、柿、茶。

分布：我国浙江（遂昌九龙山、古田山、百山祖）、辽宁、河北、山东、江苏、安徽、湖北、江西、湖南、福建、台湾、广东、广西、四川、贵州、云南；国外：朝鲜，日本，印度，泰国，越南。

36. 灰齿刺蛾 *Rhamnosa uniformis*（Swinhoe）

分布：我国浙江（遂昌九龙山、龙王山、德清、临安、庆元）、台湾、广东、贵州、云南；国外：印度。

37. 棕端球须刺蛾 *Scopelodes testacea* Butler

分布：浙江（遂昌九龙山、长兴、临安、天台、云和、庆元）。

38. 桑褐刺蛾 *Setora postornata*（Hampson）

寄主：梨、李、桃、柑橘。

分布：我国浙江（遂昌九龙山、德清、莫干山、杭州、浦江、天台、仙居、丽水、遂昌、松阳、云和、龙泉、百山祖）、河北、河南、江苏、湖北、江西、湖南、福建、台湾、广东、四川、云南；国外：斯里兰卡，印度，马来西亚。

39. 窄斑褐刺蛾 *Setora suberecta* Hering

寄主：茶。

分布：浙江（遂昌九龙山、德清、临安、宁海、象山、庆元、文成）。

40. 素刺蛾 *Susica pallida* Walker

寄主：梨、油茶、茶、刺槐。

分布：我国浙江（遂昌九龙山、龙王山、德清、杭州、临安、天目山、古田山、丽水、松阳、云和、庆元、百山祖）、湖北、江西、湖南、福建、台湾、广东、广西、四川、贵州、云南；国外：缅甸，尼泊尔，印度。

41. 扁刺蛾（华扁刺蛾）*Thosea sinensis*（Walker）

寄主：梧桐、油桐、喜树、乌桕、楝、枫杨、杨、银杏、蓖麻、泡桐、樟、桑、茶、柑橘、梨、桃、胡桃。

分布：我国浙江（遂昌九龙山、全省广布）、黑龙江、吉林、辽宁、河北、山东、河南、江苏、安徽、湖北、江西、湖南、福建、台湾、广东、广西、四川、贵州、云南；国外：印度，印度尼西亚，马来西亚，朝鲜，日本，越南，老挝，泰国，孟加拉。

七、网蛾科 Thyrididae

网蛾科体型中小型，成虫无单眼，复眼表面一般光滑，有的种类复眼表面具有金黄色绒毛。翅宽窄不等，翅面上具有或隐或显的网状纹。前足内侧具有胫刺，腹部无听器。

九龙山保护区发现有 3 属 6 种。

42. 金盏拱肩网蛾 *Camptochilus sinuosus* Warren

寄主：榛、胡桃、栎、姜黄木、柿。

分布：我国浙江（遂昌九龙山、龙王山、莫干山、天目山、古田山、百山祖、德清、杭州、余杭、临安、富阳、淳安、象山、普陀、天台、丽水、松阳、庆元）、湖北、江西、湖南、广东、广西、海南、福建、台湾、广西、四川、云南；国外：印度。

43. 绢网蛾 *Rhodoneura sugitunil* Matsumura

寄主：石榴。

分布：浙江（遂昌九龙山、杭州、临安、建德、庆元）。

44. 缘斑网蛾 *Rhodoneura triaugulais* Pog.

寄主：柿、鼠刺。

分布：浙江（遂昌九龙山、丽水、遂昌、松阳、云和、景宁、龙泉）。

45. 叉斜线网蛾 *Striglina bifida* Chu et Wang

寄主：凹叶厚朴、玉兰、木兰、深山含笑。

分布：浙江（遂昌九龙山、遂昌、松阳、云和、景宁、龙泉）。

46. 一点斜线网蛾 *Striglina scitaria* Walker

寄主：栗、梅、茶。

分布：我国浙江（遂昌九龙山、安吉、龙王山、莫干山、杭州、宁波、三门、普陀、天台、仙居、临海、黄岩、温岭、玉环、百山祖）、江苏、江西、台湾、湖南、海南、四川、广西；国外：朝鲜，日本，印度，马来西亚，澳大利亚。

47. 斜线网蛾 *Striglina vialis* Moore

分布：浙江（遂昌九龙山、百山祖、莫干山、德清、杭州）、四川。

八、螟蛾科 Pyralidae

螟蛾科成虫体型中小型，全身密披鳞毛，复眼发达，几乎占据整个头部，单眼有或缺，下唇须发达；触角细长，丝状、锯齿状或栉状；中足胫节有距 1 对，后足胫节有距 2 对，腹部第 1 节腹面具鼓膜器；翅不分裂，前翅一般 12 条翅脉，无径副室，后翅亚前缘脉与第 1 径脉愈合为 1 根 $Sc+R_1$，其他径脉也合并成 1 根 Rs 脉。

九龙山保护区发现有 95 属 132 种。

48. 米缟螟 *Aglossa dimidiata* **Haworth**

寄主：禾谷类、油籽、辣椒粉、烟草、棉、茶叶、蚕茧、蚕蛹、动植物标本。

分布：我国浙江（遂昌九龙山、百山祖、杭州、余杭、临安、临海、丽水、庆元）、黑龙江、内蒙古、河北、山西、山东、青海、新疆、江苏、安徽、湖北、湖南、福建、广东、四川、云南；国外：日本，缅甸，印度。

49. 白桦角须野螟 *Agrotera nemoralis* **Scopoli**

寄主：白桦、千金榆。

分布：我国浙江（遂昌九龙山、莫干山、天目山、安吉、德清、临安、镇海、奉化、天台、仙居、遂昌、庆元、乐清、永嘉）、黑龙江、北京、山东、江苏、福建、台湾、广西；国外：朝鲜，日本，英国，西班牙，意大利，俄罗斯远东地区。

50. *Agrotera posticalis* **Wileman**

分布：浙江（遂昌九龙山、安吉、临安、奉化、仙居、遂昌、庆元、乐清、永嘉）。

51. 元参棘趾野螟 *Anania verbascalis* **Schiffermuller et Denis**

寄主：元参、藿香。

分布：我国浙江（遂昌九龙山、杭州、临安、百山祖）、山西、广东；国外：英国，德国。

52. 稻巢草螟 *Ancylolomia japonica* **Zeller**

寄主：水稻。

分布：我国浙江（遂昌九龙山、龙王山、莫干山、天目山、百山祖、长兴、安吉、德清、嘉兴、杭州、余杭、临安、淳安、诸暨、鄞县、慈溪、奉化、宁海、象山、嵊泗、定海、东阳、天台、丽水、遂昌、云和、龙泉、庆元）、黑龙江、辽宁、河北、山西、山东、陕西、江苏、安徽、湖北、江西、湖南、福建、台湾、广东、海南、广西、四川、云南、西藏；国外：日本，朝鲜，缅甸，印度，斯里兰卡，南非。

53. 芝麻荚野螟 *Antigastra catalaunalis* **Duponchel**

寄主：芝麻。

分布：浙江（遂昌九龙山、杭州、临安、兰溪、开化）。

54. 二点织螟 *Aphomia zelleri* **de Joannis**

寄主：藏粮、谷物、苔藓。

分布：浙江（遂昌九龙山、德清、临安、诸暨、奉化）。

55. 黑条拟髓斑螟 *Apomyelois striatella* **Lnoue**

分布：我国浙江（遂昌九龙山、天目山）、湖北、福建、四川；国外：日本。

56. 三纹野螟 *Archernis humilis* **Swinhoe**

分布：浙江（遂昌九龙山、莫干山）。

57. 栀子三纹野螟 *Archernis tropicalis* **Walker**

寄主：山栀子。

分布：我国浙江（遂昌九龙山、百山祖、德清、杭州、金华、武义、庆元）、台湾、广东、广西；国外：印度，斯里兰卡。

58. 细条苞螟 *Argyria interruptalla* **Walker**

分布：浙江（遂昌九龙山、莫干山、百山祖、安吉、德清、杭州、临安、建德、宁波、奉化、衢县、缙云、遂昌、龙泉、庆元、平阳）。

59. 松蛀果斑螟 *Assara hoeneella* **Roesler**

寄主：马尾松球果。

分布：我国浙江（遂昌九龙山、天目山）、江苏、湖北、湖南、福建、四川；国外：日本。

60. 黄环螟 *Bocchoris aptalis*（**Walker**）

分布：浙江（遂昌九龙山、江山、庆元）。

61. 白斑翅野螟 *Bocchoris inspersalis*（**Zeller**）

分布：我国浙江（遂昌九龙山、龙王山、莫干山、天目山、百山祖、长兴、安吉、平湖、杭州、萧山、镇海、奉化、定海、东阳、天台、仙居、丽水、青田、云和、龙泉、庆元、乐清、永嘉、平阳）、江西、湖南、福建、台湾、广东、贵州、云南；国外：日本，缅甸，印度，不丹，斯里兰卡，印度尼西亚，非洲。

62. 黄翅缀叶野螟 *Botyodes diniasalis* **Walker**

寄主：杨、柳。

分布：浙江（遂昌九龙山、莫干山、长兴、杭州、余杭、临安、淳安、镇海、浦江、东阳、兰溪、仙居、衢县、常山、江山、丽水、缙云、龙泉、庆元、瑞安）。

63. 大黄缀叶野螟 *Botyodes principalis* **Leech**

寄主：杨、竹。

分布：我国浙江（遂昌九龙山、天目山、百山祖、杭州、萧山、奉化、天台、庆元、瑞安）、安徽、湖北、江西、湖南、福建、台湾、广东、四川、云南、西藏；国外：朝鲜，日本，印度。

64. 稻暗水螟 *Bradina admixtalis*（**Walker**）

寄主：水稻。

分布：我国浙江（遂昌九龙山、莫干山、天目山、杭州、淳安、绍兴、嵊州、慈溪、丽水、龙泉、庆元）、江苏、湖南、云南、广东、台湾；国外：日本，斯里兰卡，印度，缅甸。

65. 黑点草螟 *Calamotropha nigripunctella*（**Leech**）

分布：我国浙江（遂昌九龙山、莫干山、天目山、德清、庆元、临安）、江苏、四川、广西；国外：朝鲜，日本。

66. 白条紫斑螟 *Calguria defigurelis* Walker

寄主：桃。

分布：我国浙江（遂昌九龙山、龙王山、百山祖、德清、临安、余姚、遂昌、云和、庆元）、河北、湖北、江西、湖南、福建、海南、四川、西藏；国外：日本，印度，斯里兰卡，印度尼西亚。

67. 褐纹水螟 *Cataclysta blandialis* Walker

分布：我国浙江（遂昌九龙山、天目山、古田山、百山祖、长兴、杭州、临安、丽水、缙云、泰顺）、江苏、台湾、广东、广西、云南；国外：朝鲜，日本，斯里兰卡，印度尼西亚，非洲东部。

68. 褐边螟 *Catagella adjurella* Walker

寄主：水稻、茭白、稗。

分布：我国浙江（遂昌九龙山、百山祖、江山、龙泉、庆元）、湖北、江西、湖南、广东；国外：印度，斯里兰卡。

69. 黑斑草螟 *Chrysoteuchia atrosignata*（Zeller）

分布：我国浙江（遂昌九龙山、莫干山、莫干山、百山祖、德清、临安、奉化、衢县、开化、庆元）、黑龙江、江苏、湖南、福建、四川、云南；国外：朝鲜，日本。

70. 横线镰翅野螟 *Circobotys heterogenalis*（Bremer）

分布：浙江（遂昌九龙山、安吉、德清、嘉兴、临安、普陀、庆元）。

71. 圆斑黄缘禾螟 *Cirrhochrista brizoalis* Walker

寄主：无花果。

分布：我国浙江（遂昌九龙山、奉化、庆元、百山祖）、湖北、福建、台湾、广东、四川、云南；国外：朝鲜，日本，印度，菲律宾，印度尼西亚，澳大利亚。

72. 稻纵卷叶野螟 *Cnaphalocrocis medinalis* Guenee

寄主：水稻、小麦、大麦、栗、甘蔗、游草、马唐、雀稗。

分布：我国浙江（遂昌九龙山、天目山、百山祖）、黑龙江、吉林、辽宁、内蒙古、北京、河北、山东、河南、陕西、江苏、湖北、江西、湖南、福建、台湾、广东、广西、四川、云南；国外：朝鲜，日本，越南，泰国，缅甸，印度，斯里兰卡，新加坡，马来西亚，巴布亚新几内亚，澳大利亚，印度尼西亚，菲律宾。

73. 歧角螟 *Cotachena pubesceus* Walker

分布：浙江（遂昌九龙山、天目山、德清、临安、宁波、鄞县、镇海、庆元）。

74. 白条苞螟 *Crambus argyrophorus* Butler

分布：我国浙江（遂昌九龙山、莫干山、天目山、长兴、杭州、遂昌、云和、龙泉）、江苏、上海；国外：日本，印度。

75. 双纹草螟 *Crambus diplogrammus* Zeller

寄主：马唐。

分布：我国浙江（遂昌九龙山、天目山、百山祖）、黑龙江、湖北、四川、云南；国外：西伯利亚东部，日本，俄罗斯。

76. *Crambus hayachinensis* Okano

分布：浙江（遂昌九龙山、天目山、遂昌、龙泉、庆元）。

77. 环纹丛螟 *Craneophora ficki* Christoph

分布：浙江（遂昌九龙山、古田山、百山祖、杭州、临安、萧山、奉化、衢县、开化、云和、庆元）、江西。

78. 淡黄野螟 *Demobotys pervulgalis exigua* Munroe et Mutuura

寄主：竹。

分布：浙江（遂昌九龙山、龙王山、天目山、湖州、长兴、安吉、德清、杭州、余杭、建德、余姚、奉化、黄岩、庆元）、安徽、江西、湖南、福建。

79. 瓜绢野螟 *Diaphania indica*（Saunders）

寄主：常春藤、冬葵、梧桐、瓜类、桑、棉、木槿。

分布：我国浙江（遂昌九龙山、全省分布）、河南、江苏、湖北、江西、湖南、福建、台湾、广东、广西、四川、贵州、云南；国外：朝鲜，日本，越南，泰国，印度尼西亚，澳大利亚，萨摩亚群岛，斐济，塔希提岛，马克萨斯群岛，毛里求斯，法国，欧洲，非洲。

80. 白蜡绢褐螟 *Diaphania nigropunctalis*（Bremer）

寄主：白蜡、梧桐、女贞、丁香、木樨。

分布：我国浙江（遂昌九龙山、龙王山、天目山、百山祖、长兴、杭州、临安、鄞县、镇海、象山、温州、乐清）、河南、黑龙江、吉林、辽宁、陕西、江苏、福建、台湾、四川、贵州、云南；国外：朝鲜，日本，越南，印度，斯里兰卡，菲律宾，印度尼西亚。

81. 桑绢野螟 *Diaphania pyloalis*（Walker）

寄主：桑。

分布：我国浙江（遂昌九龙山、全省分布）、河北、陕西、江苏、安徽、湖北、福建、台湾、广东、四川、贵州、云南；国外：朝鲜，日本，越南，缅甸，印度，斯里兰卡。

82. 四斑绢野螟 *Diaphania quadrimaculalis*（Bremer et Grey）

分布：浙江（遂昌九龙山、龙王山、杭州、余杭、天目山、庆元、百山祖）、黑龙江、吉林、北京、河北、陕西、江苏、

83. 褐纹翅野螟 *Diasemia accalis* Walker

分布：我国浙江（遂昌九龙山、古田山、龙王山、长兴、安吉、杭州、余杭、临安、

建德、奉化、象山、东阳、天台、仙居、衢县、丽水、庆元、乐清、永嘉）、山东、江苏、湖南、台湾、广东、四川、云南；国外：朝鲜，日本，缅甸，印度。

84. 目斑纹翅野螟 *Diasemia distinctalis* **Leech**

分布：浙江（遂昌九龙山、长兴、天目山、奉化、古田山、云和、庆元）。

85. 脂斑翅野螟 *Diastictis adipalis* **Lederer**

寄主：花生。

分布：我国浙江（遂昌九龙山、德清、临安、余姚、庆元、平阳）、台湾、广东；国外：日本，越南，印度，印度尼西亚，斯里兰卡。

86. 甘薯蛀野螟 *Dichocrocis diminutiva*（**Warren**）

寄主：甘薯。

分布：浙江（遂昌九龙山、天目山、台州、丽水、缙云、遂昌、龙泉、庆元、温州、瓯海、平阳、苍南）。

87. 桃蛀野螟 *Dichocrocis punctiferalis* **Guenee**

寄主：桃、梨、柑橘、李、梅、杏、柿、山楂、枇杷、无花果、石榴、栗、马尾松。

分布：我国浙江（遂昌九龙山、全省分布）、辽宁、河北、山西、陕西、山东、河南、江苏、安徽、湖北、江西、湖南、福建、台湾、广东、四川、云南；国外：朝鲜，日本，印度，大洋洲。

88. 褐萍水螟 *Elophila turbata*（**Butel**）

寄主：水稻、田字草、满江红、青苹、水萍、槐叶萍、水鳖、水浮莲。

分布：我国浙江（遂昌九龙山、百山祖、安吉、德清、嘉兴、嘉善、平湖、海宁、杭州、余杭、临安、桐庐、鄞县、金华、兰溪、开化、常山、丽水、云和、景宁、龙泉、庆元、洞头、平阳、苍南）、江苏、湖北、江西、福建、台湾、广东、广西、贵州；国外：俄罗斯远东地区，朝鲜，日本。

89. 纹歧角螟 *Endotricha icelusalis* **Walker**

分布：我国浙江（遂昌九龙山、龙王山、古田山、长兴、安吉、德清、杭州、临安、诸暨、嵊州、慈溪、镇海、奉化、象山、东阳、永康、天台、常山、丽水、遂昌、龙泉、庆元）、江苏、湖北、江西、湖南、福建、台湾、广东、广西、四川、云南；国外：日本。

90. 烟草粉斑螟 *Ephestia elutella*（**Hubner**）

寄主：干果、种子、核果、糖果、烟草、干菜、花生。

分布：我国浙江（遂昌九龙山、天目山、百山祖、杭州、临安、萧山、宁波、定海、金华、丽水、庆元）、江苏、上海、湖北、江西、台湾、湖南、广东、四川、云南；国外：苏联，印度，泰国，不丹，斯里兰卡，印度尼西亚，德国，英国，法国，意大利，澳大利亚，加拿大，美国，巴拿马，巴西，南非。

91. 豆荚斑螟 *Etiella zinckenella* Treitschre

寄主：豆科。

分布：我国浙江（遂昌九龙山、龙王山、莫干山、百山祖、长兴、安吉、德清、杭州、建德、定海、义乌、东阳、衢县、常山、丽水、乐清、永嘉）、河北、山西、陕西、山东、河南、江西、湖北、湖南、福建、台湾、广东、海南、广西、云南；国外：西伯利亚，朝鲜，日本，泰国，印度，斯里兰卡，印度尼西亚，欧洲，北美洲。

92. 黄翅双叉端环野螟 *Eumorphobotys eumorphalis*（Caradja）

寄主：竹。

分布：浙江（遂昌九龙山、龙王山、莫干山、天目山、百山祖、桐乡、杭州、临安）、江苏、上海、安徽、江西、湖南、福建、广东、四川、云南。

93. 赭翅双叉端环野螟 *Eumorphobotys obscuralis*（Caradja）

寄主：竹。

分布：浙江（遂昌九龙山、龙王山、莫干山、天目山、百山祖、长兴、安吉、杭州、临安、丽水、遂昌、庆元）、青海、江苏、上海、安徽、江西、湖南、四川、福建。

94. 金斑展须野螟 *Eurrhyparodes accessalis*（Walker）

分布：浙江（遂昌九龙山、天目山、古田山、百山祖、德清、建德、天台、丽水、庆元、乐清、永嘉、平阳）。

95. 黑缘梨角野螟 *Goniorhynchus butyrosa* Butler

分布：我国浙江（遂昌九龙山、百山祖、莫干山、德清、杭州、临安、天台、庆元）、湖北、江西、湖南、福建、台湾、广东、四川、云南；国外：日本，越南。

96. 棉卷叶野螟 *Haritalodes derogata*（Fabricius）

寄主：棉、大陆棉、木槿、芙蓉、扶桑、梧桐、冬葵、锦葵、蜀葵。

分布：我国浙江（遂昌九龙山、莫干山、天目山、百山祖、长兴、德清、平湖、海盐、海宁、杭州、余杭、临安、淳安、建德、慈溪、余姚、镇海、宁海、三门、东阳、永康、兰溪、天台、仙居、临海、黄岩、温岭、玉环、云和、龙泉、庆元、温州、永嘉）、北京、河北、山西、山东、河南、陕西、江苏、安徽、湖北、湖南、福建、广西、四川、贵州、云南；国外：朝鲜，日本，斯里兰卡，非洲，大洋洲。

97. 小叶野螟 *Hedylepta similis* Moore

分布：浙江（遂昌九龙山、安吉、德清、临安、龙泉、庆元）。

98. 三纹蚀叶野螟 *Hedylepta tristrialis*（Bremer）

寄主：荞麦。

分布：我国浙江（遂昌九龙山、龙王山、百山祖、临安）、山东、江苏、江西、四川；国外：俄罗斯，朝鲜，日本，印度，印度尼西亚。

99. 赤双纹螟 *Herculia pelasgalis* Walker

寄主：茶。

分布：我国浙江（遂昌九龙山、天目山、龙王山、百山祖、莫干山、古田山、长兴、德清、杭州、临安、建德、余姚、奉化、开化、鄞县、天台、仙居、丽水、龙泉、庆元）、河南、江苏、湖北、江西、福建、台湾、广东、四川；国外：朝鲜，日本。

100. 甜菜白带野螟 *Hymenia recurvali* Fabricius

寄主：甜菜、玉米、苋菜、棉、黄瓜、向日葵、甘蔗、茶。

分布：我国浙江（遂昌九龙山、龙王山、莫干山、天目山、百山祖、长兴、安吉、德清、嘉兴、余杭、建德、嵊州、余姚、奉化、宁海、象山、金华、天台、仙居、临海、古田山、常山、丽水、缙云、遂昌、龙泉、庆元、瑞安）、黑龙江、吉林、辽宁、内蒙古、北京、河北、山东、陕西、江西、台湾、广东、广西、四川、云南、西藏；国外：朝鲜，日本，泰国，缅甸，印度，斯里兰卡，菲律宾，印度尼西亚，澳大利亚，非洲，北美洲。

101. 蜂巢螟 *Hypsopygia mauritalis* Boisduval

寄主：胡蜂巢。

分布：我国浙江（遂昌九龙山、莫干山、天目山、百山祖、德清、杭州）、河北、江苏、湖北、江西、湖南、福建、台湾、广东、四川、云南；国外：日本，缅甸，印度，印度尼西亚，马达加斯加。

102. 褐巢螟 *Hypsopygia regina* Butler

寄主：酸枣。

分布：我国浙江（遂昌九龙山、龙王山、莫干山、天目山、古田山、百山祖、德清、杭州、临安、建德、奉化、天台、庆元）、河南、江苏、湖北、湖南、福建、台湾、广东、四川、云南；国外：日本，印度。

103. 艳瘦翅野螟 *Ischnurges gratiosalis* Walker

分布：我国浙江（遂昌九龙山、百山祖、奉化、开化、庆元）、江西、湖南、福建、台湾、广东、四川；国外：印度，斯里兰卡，马来西亚，加里曼丹岛。

104. 茄白翅野螟 *Leucinodes orbonalis* Guenee

寄主：茄、龙葵、马铃薯。

分布：我国浙江（遂昌九龙山、杭州、百山祖）、台湾、广东、广西；国外：泰国，缅甸，印度，斯里兰卡，印度尼西亚。

105. 缀叶丛螟 *Locastra muscosalis* Walker

寄主：胡桃、黄连木、枫香、樟。

分布：我国浙江（遂昌九龙山、龙王山、天目山、古田山、百山祖、德清、杭州、临安、定海、普陀、浦江、仙居、瑞安）、河北、山东、江苏、安徽、湖北、江西、湖南、福建、台湾、广东、广西、四川、云南、西藏；国外：日本，印度，斯里兰卡。

106. 伞锥额野螟 *Loxostege palealis* Schiffermuller et Denis

寄主：茴香、胡萝卜、独活、野生山芹、败酱。

分布：我国浙江（遂昌九龙山、天目山、百山祖）、黑龙江、北京、河北、山西、陕西、山东、江苏、湖北、广东、四川、云南；国外：西伯利亚，俄罗斯，朝鲜，日本，印度，欧洲。

107. 三环须水螟 *Mabra charoniadis*（Walker）

分布：我国浙江（遂昌九龙山、杭州、百山祖）、黑龙江、山东、江苏、湖北、湖南、福建；国外：西伯利亚，朝鲜，日本。

108. 水稻刷须野螟 *Marasmia venilialis* Walker

寄主：水稻、莲子草、棕叶狗尾草。

分布：我国浙江（遂昌九龙山、龙王山、百山祖）、台湾、广东、云南；国外：泰国，缅甸，印度，斯里兰卡，印度尼西亚，澳大利亚，非洲。

109. 豆荚野螟 *Maruca testulalis* Geyer

寄主：玉米、豆科、黑荆树。

分布：我国浙江（遂昌九龙山、全省广布）、北京、内蒙古、河北、山西、山东、河南、陕西、江苏、湖北、江西、湖南、福建、台湾、广东、海南、广西、四川、贵州、云南；国外：朝鲜，日本，印度，斯里兰卡，欧洲，澳大利亚，尼日利亚，坦桑尼亚，非洲北部，夏威夷，巴西，美国。

110. *Nacoleia chrysotycta*（Meyrick）

分布：浙江（遂昌九龙山、天目山、庆元）。

111. 黑点蚀叶野螟 *Nacoleia commixta* Butler

分布：我国浙江（遂昌九龙山、莫干山、百山祖、龙王山、天目山、临安、宁波、奉化、庆元）、湖南、福建、台湾、贵州、广东、海南、四川、云南；国外：日本，越南，印度，斯里兰卡，马来西亚。

112. 斑点蚀叶野螟 *Nacoleia maculalis* South

分布：我国浙江（遂昌九龙山、龙王山、临安、建德、奉化、定海、衢县、庆元）、黑龙江、河北、湖北、江西、福建、四川；国外：日本。

113. 三点并脉草螟 *Neopediasia mixtalis*（Walker）

寄主：玉米、大麦、小麦。

分布：我国浙江（遂昌九龙山、百山祖、临安、缙云、云和、龙泉）、吉林、山东、陕西、甘肃、江苏、湖北、湖南、四川、云南；国外：朝鲜，日本，俄罗斯远东地区。

114. 红云翅斑螟 *Nephopteryx semirubella* Scopoli

寄主：紫云英、苜蓿。

分布：我国浙江（遂昌九龙山、全省广布）、黑龙江、吉林、北京、河北、河南、江苏、江西、湖南、广东、云南；国外：日本，朝鲜，西伯利亚，印度，英国，保加利亚，匈牙利，欧洲。

115. 麦牧野螟 *Nomophila noctuella* Schiffermuller et Denis

寄主：小麦、苜蓿、云杉、柳。

分布：我国浙江（遂昌九龙山、百山祖、长兴、安吉、杭州、余杭、慈溪、余姚、天台、丽水、庆元）、内蒙古、河北、陕西、山东、河南、江苏、台湾、广东、四川、云南、西藏；国外：日本，苏联，印度，西欧，罗马尼亚，保加利亚，南斯拉夫，北美洲。

116. 茶须野螟 *Nosophora semitritalis*（Lederer）

寄主：茶。

分布：我国浙江（遂昌九龙山、湖州、长兴、杭州、临安、庆元）、福建、四川、湖南、台湾、广东、海南岛、云南；国外：日本，缅甸，印度尼西亚，印度，菲律宾。

117. 黑萍水螟 *Nymphula enixalis*（Swinhoe）

寄主：青萍、水萍、槐叶萍、水浮莲。

分布：我国浙江（遂昌九龙山、龙王山、莫干山、百山祖、嘉兴、杭州、余杭、临安、萧山、建德、东阳、丽水）、湖南、福建、台湾、广东、海南、云南；国外：日本，泰国，印度。

118. 黄纹水螟 *Nymphula fengwhanalis* Pryer

寄主：水稻、满江红、鸭舌草。

分布：我国浙江（遂昌九龙山、龙王山、莫干山、天目山、临安、东阳、丽水、庆元）、宁夏、江苏、安徽、湖北、江西、广东；国外：日本，朝鲜。

119. 棉水螟 *Nymphula interruptalis*（Pryer）

寄主：棉、睡莲。

分布：我国浙江（遂昌九龙山、龙王山、天目山、安吉、德清、杭州、云和、庆元）、黑龙江、吉林、河北、山东、江苏、上海、安徽、福建、湖南、福建、广东、四川、云南；国外：日本，朝鲜，苏联。

120. *Nymphula separatalis*（Leech）

分布：浙江（遂昌九龙山、杭州、宁波、庆元）。

121. 塘水螟 *Nymphula stagnata*（Donovan）

寄主：萍蓬草、黑三棱。

分布：我国浙江（遂昌九龙山、百山祖、杭州、淳安、慈溪、宁海）、黑龙江、河北、河南、湖北、江苏、广东、四川、云南；国外：俄罗斯远东地区，日本，芬兰，瑞典，罗马尼亚，英国，比利时，法国，瑞士，意大利，西班牙。

122. 稻水螟 *Nymphula uitlalis*（Bremer）

寄主：水稻、眼子菜、看麦娘。

分布：我国浙江（遂昌九龙山、龙王山、百山祖）、山东、陕西、江苏、湖南、福建、台湾、广东；国外：日本，朝鲜。

123. 豆蚀叶野螟 *Omiodes indicata*（Fabricius）

寄主：豆科、薄荷、棉、花生、鱼藤。

分布：我国浙江（遂昌九龙山、莫干山、古田山、龙王山、百山祖、天目山、安吉、嘉兴、杭州、余杭、诸暨、奉化、江山、丽水、龙泉、庆元、平阳）、内蒙古、北京、河北、山东、河南、江苏、湖北、江西、湖南、福建、台湾、广东、四川；国外：日本，印度，斯里兰卡，新加坡，非洲，北美洲，南美洲，俄罗斯。

124. 栗叶瘤丛螟 *Orthaga achatina* Butler

寄主：板栗、毛栗、白栎。

分布：我国浙江（遂昌九龙山、龙王山、莫干山、天目山、古田山、杭州、丽水、缙云、龙泉）、辽宁、北京、陕西、江苏、上海、湖北、江西、湖南、福建、广东、广西、四川、云南；国外：朝鲜，日本。

125. 橄绿瘤丛螟 *Orthaga olivacea* Warren

寄主：樟。

分布：我国浙江（遂昌九龙山、莫干山、德清、平湖、杭州、天台、松阳、庆元）、北京、陕西、上海、江苏、湖北、湖南、江西、云南；国外：朝鲜，日本。

126. 灰双纹螟 *Orthopygia glaucinalis*（Linnaeus）

寄主：牲畜干饲料、干草。

分布：我国浙江（遂昌九龙山、天目山、龙王山、莫干山、古田山、百山祖、安吉、德清、杭州、余杭、建德、云和）、黑龙江、吉林、辽宁、青海、江苏、湖北、湖南、福建、广东、四川、云南；国外：朝鲜，日本，欧洲。

127. 金双点螟 *Orybina flaviplaga*（Walker）

寄主：柑橘。

分布：我国浙江（遂昌九龙山、龙王山、莫干山、天目山、古田山、百山祖、长兴、安吉、德清、临安、桐庐、建德、淳安、诸暨、余姚、龙泉）、河南、陕西、江苏、湖北、江西、湖南、台湾、广东、广西、四川、贵州、云南；国外：缅甸，印度。

128. 亚洲玉米螟 *Ostrinia furnacalis*（Guenee）

寄主：玉米、麻、甜菜、粟、棉、甘蔗、甘薯。

分布：我国浙江（遂昌九龙山、天目山、百山祖、德清、杭州、余杭、天台、庆元）、黑龙江、吉林、辽宁、内蒙古、河北、山西、陕西、山东、河南、江苏、上海、安徽、湖北、江西、湖南、福建、台湾、广东、广西、四川、云南；国外：日本，印度尼西亚，菲律宾。

129. 东方玉米螟 *Ostrinia orientalis* Mutuura et Munroe

分布：浙江（遂昌九龙山、德清、庆元）。

130. 接骨木尖须野螟 *Pagyda amphisalis*（Walker）

寄主：接骨木。

分布：我国浙江（遂昌九龙山、天目山、百山祖、德清、临安、天台）、福建、台湾、广东、百山祖、贵州、云南；国外：朝鲜，日本，印度。

131. 黄环绢须野螟 *Palpita annulata*（Fabricius）

分布：我国浙江（遂昌九龙山、龙王山、古田山、百山祖、天目山、杭州、临安、德清、奉化、天台、温岭、庆元）、陕西、江苏、湖南、福建、台湾、广东、四川、云南；国外：朝鲜，日本，越南，菲律宾，缅甸，印度，斯里兰卡，印度尼西亚，新加坡，澳大利亚。

132. 点缀螟 *Paralipsa gularis* Zeller

寄主：大米、小麦、大麦、面粉、米粉、干果。

分布：我国浙江（遂昌九龙山、百山祖、淳安、临海、江山、丽水、云和、瑞安）、河北、河南、江苏、江西、福建、四川、云南；国外：朝鲜，日本，印度，英国，美国。

133. *Paramaxillaria meretrix* Staudinger

分布：浙江（遂昌九龙山、百山祖、江山）。

134. 稻筒水螟 *Parapoynx fluetuosalis*（Zeller）

寄主：水稻。

分布：我国浙江（遂昌九龙山、百山祖、临安、丽水、遂昌、云和、龙泉、庆元）、湖南、福建、台湾、广东、四川、广西；国外：朝鲜，日本，越南，缅甸，印度，斯里兰卡，印度尼西亚，大洋洲，非洲东部。

135. 乌苏里褶缘野螟 *Paratalanta ussurialis*（Bremer）

分布：我国浙江（遂昌九龙山、龙王山、四明山、百山祖、安吉、德清、临安、丽水、庆元）、黑龙江、湖南、福建、台湾、四川、云南；国外：俄罗斯远东地区，朝鲜，日本。

136. 珍洁水螟 *Parthenodes prodigalis*（Leech）

分布：我国浙江（遂昌九龙山、莫干山、古田山、百山祖、长兴、德清、临安、鄞县、奉化）、福建、台湾、广东、四川、云南；国外：朝鲜，日本。

137. 枇杷卷叶野螟 *Pleurotya balteata*（Fabricius）

寄主：枇杷、枫杨、白栎、盐肤木、茶、柞、栗、槠、黄连木。

分布：我国浙江（遂昌九龙山、龙王山、莫干山、天目山、百山祖、长兴、安吉、德清、临安、淳安、天台、仙居、丽水、云和、庆元、温州）、江西、湖南、福建、台湾、四川、云南、西藏；国外：朝鲜，日本，越南，缅甸，印度，斯里兰卡，印度尼西亚，欧洲，非洲。

138. 三条蛀野螟 *Pleurotya chlorophanta*（Butel）

寄主：栗、高粱、水稻、小麦、玉米、甘薯、豆科、柿、梧桐。

分布：我国浙江（遂昌九龙山、莫干山、百山祖、杭州、余杭、临安、桐庐、建德、淳安、鄞县、慈溪、镇海、奉化、象山、仙居、常山、缙云、龙泉、庆元）、内蒙古、山东、河南、江苏、福建、台湾、四川、广西；国外：朝鲜，日本，印度，斯里兰卡。

139. 四斑卷叶野螟 *Pleuroptya quadrimaculalis* **Kollar**

分布：我国浙江（遂昌九龙山、龙王山、莫干山、天目山、百山祖、安吉、德清、临安、奉化、开化）、山东、江西、湖南、福建、台湾、广东、四川、云南；国外：俄罗斯，朝鲜，日本，印度，印度尼西亚。

140. 水稻多拟斑螟 *Polyocha gensanalis*（South）

寄主：水稻、稗。

分布：我国浙江（遂昌九龙山、龙王山、百山祖、遂昌、云和、安吉、德清、嘉兴、杭州、临安、龙泉、庆元、乐清）、河北、江苏、江西、贵州、云南；国外：朝鲜。

141. 大白斑野螟 *Polythlipta liquidalis* **Leech**

分布：我国浙江（遂昌九龙山、杭州、天目山、百山祖）、河南、陕西、湖北、湖南、福建、广东、广西、四川、海南、贵州、云南；国外：朝鲜，日本。

142. *Pronomis delicatalis*（South）

分布：浙江（遂昌九龙山、安吉、临安、庆元）。

143. 黑脉厚须螟 *Propachys nigrivena* **Walker**

寄主：樟。

分布：我国浙江（遂昌九龙山、龙王山、莫干山、天目山、古田山、百山祖、杭州、临安、建德、奉化、临海、衢县、庆元）、湖北、江西、湖南、福建、台湾、四川、河南、广东、云南；国外：印度，孟加拉，斯里兰卡。

144. 水稻切叶野螟 *Psara licarsisalis*（Walker）

寄主：水稻、竹、甘蔗。

分布：我国浙江（遂昌九龙山、龙王山、百山祖、莫干山、安吉、德清、杭州、临安、淳安、丽水、龙泉、庆元）、江苏、福建、湖南、江西、台湾、广东、广西、云南、西藏；国外：越南，日本，朝鲜，印度尼西亚，斯里兰卡，印度，马来西亚，澳大利亚。

145. 黄纹银草螟（橙带草螟、黄纹草螟） *Pseudargyria interruptella*（Walker）

分布：我国浙江（遂昌九龙山、德清、天目山、临安、奉化、天台、古田山、庆元、百山祖）、山西、山东、河南、陕西、江苏、湖南、福建、安徽、台湾、广东、广西、云南；国外：朝鲜，日本。

146. 稻黄缘白草螟 *Pseudocatharylla inclaralis*（Walker）

寄主：水稻、甘蔗。

分布：浙江（遂昌九龙山、龙王山、天目山、安吉、德清、嘉兴、杭州、临安、萧山、富阳、余杭、东阳、金华、天台、仙居、丽水、云和、庆元）、辽宁、江苏、安徽、广东。

147. 紫斑谷螟 *Pyralis farinalis* Linnaeus

寄主：谷类、干果、饼干、茶叶、中药材。

分布：我国浙江（遂昌九龙山、龙王山、百山祖、安吉、德清、杭州、萧山、富阳、东阳、兰溪、丽水、庆元）、河北、山东、河南、陕西、江苏、湖南、台湾、广东、四川、广西；国外：世界广布。

148. *Pyralis pictalis*（Curtis）

分布：浙江（遂昌九龙山、古田山、奉化、丽水、庆元）。

149. 金黄螟 *Pyralis regalis* Schiffermuller et Denis

分布：浙江（遂昌九龙山、天目山、建德、龙泉、庆元）。

150. 一纹野螟 *Pyrausta unipunctata* Butler

分布：浙江（遂昌九龙山、开化、缙云、庆元）。

151. 豆野螟 *Pyrausta varialis* Bremer

寄主：豇豆、赤小豆。

分布：我国浙江（遂昌九龙山、天目山、百山祖、杭州、余杭、临安、富阳）、黑龙江、四川、西藏；国外：西伯利亚，朝鲜，日本。

152. *Rhinaphe neesimella*（Ragonot）

分布：浙江（遂昌九龙山、遂昌、云和、庆元）。

153. 三化螟 *Scirpophaga incertulas*（Walker）

寄主：水稻。

分布：我国浙江（遂昌九龙山、龙王山、百山祖、安吉、德清、杭州、余杭、东阳、丽水、龙泉、庆元）、河南、陕西、山东、江苏、安徽、湖北、江西、湖南、福建、台湾、广东、海南、广西、四川、贵州、云南；国外：日本，泰国，缅甸，印度，尼泊尔，斯里兰卡，阿富汗，新加坡，菲律宾，印度尼西亚。

154. 黄尾蛀禾螟 *Scirpophaga nivella*（Fabricius）

寄主：甘蔗。

分布：我国浙江（遂昌九龙山、安吉、嘉兴、杭州、余杭、临安、建德、奉化、金华、兰溪、天台、常山、丽水、缙云、庆元、天目山）、江苏、湖北、福建、台湾、广东；国外：日本，印度，斯里兰卡，缅甸，印度尼西亚。

155. 荸荠白禾螟 *Scirpophaga praelata*（Scopoli）

寄主：甘蔗、荸荠。

分布：我国浙江（遂昌九龙山、百山祖、杭州、余杭、临安、萧山、宁波、鄞县、慈溪、余姚、镇海、东阳、天台、丽水、庆元）、黑龙江、北京、甘肃、河北、江苏、安徽、江西、湖南、福建、台湾、广东、广西；国外：日本，欧洲，澳大利亚。

156. 竹绒野螟 *Sinibotys evenoralis*（Walker）

寄主：毛竹、苦竹、淡竹、刚竹、水竹、撑篙竹、青皮竹、单竹、吊丝竹、黄麻竹。

分布：我国浙江（遂昌九龙山、龙王山、莫干山、天目山、百山祖、长兴、德清、平湖、杭州、临安、桐庐、绍兴、上虞、诸暨、嵊州、新昌、鄞县、慈溪、镇海、奉化、象山、天台、庆元、瑞安、洞头、平阳）、江苏、江西、广西、福建、台湾、广东；国外：朝鲜，日本，缅甸。

157. 楸蠹野螟 *Sinomphisa plagialis* Wileman

寄主：楸、梓。

分布：我国浙江（遂昌九龙山、龙王山、天目山、古田山、百山祖、德清、海宁、杭州、余杭、临安、余姚、玉环、常山、缙云、庆元、温州）、辽宁、河北、山东、河南、陕西、江苏、湖北、四川、贵州；国外：朝鲜，日本。

158. 伪白纹缟螟 *Stemmatophora valida* Butler

分布：我国浙江（遂昌九龙山、天目山、古田山、百山祖、长兴、德清、杭州、奉化、东阳、仙居、丽水、云和、庆元）、江苏、湖北、江西、湖南、福建、广东、海南、四川、云南；国外：日本。

159. 稻显纹纵卷水螟 *Susumia exigua*（Butler）

寄主：水稻。

分布：我国浙江（遂昌九龙山、临海、古田山、庆元）、广东、广西；国外：日本。

160. 黄斑卷叶野螟 *Sylepta insignia* Butler

寄主：竹。

分布：浙江（遂昌九龙山、天目山、百山祖、湖州、安吉、临安、建德、天台、庆元、乐清）。

161. 葡萄卷叶野螟 *Sylepta luctuosalis*（Guenee）

寄主：葡萄。

分布：我国浙江（遂昌九龙山、莫干山、古田山、百山祖、长兴、德清、临安、萧山、淳安、鄞县、慈溪、镇海、奉化、宁海、象山、江山、缙云、遂昌、云和、庆元、瑞安）、黑龙江、河南、陕西、江苏、福建、台湾、广东、海南、云南；国外：西伯利亚，朝鲜，日本，印度，越南，斯里兰卡，印度尼西亚，欧洲南部，非洲东部。

162. 斑点卷叶野螟 *Sylepta maculalis* Leech

分布：我国浙江（遂昌九龙山、龙王山、百山祖、临安、淳安、宁海、文成）、黑龙江、福建、台湾、广东、四川、云南；国外：日本。

163. 宁波卷叶野螟 *Sylepta ningpoalis* Leech

分布：我国浙江（遂昌九龙山、莫干山、天目山、古田山、百山祖、湖州、德清、杭州、临安、建德、天台、常山、庆元、乐清、永嘉）、河南、江苏、湖北、江西、福建、广东、四川；国外：印度。

164. 苎麻卷叶野螟 *Sylepta pernitescens* Swinhoe

寄主：苎麻。

分布：我国浙江（遂昌九龙山、天目山、百山祖、奉化、天台、临海）、黑龙江、台湾、广东；国外：日本，印度，印度尼西亚。

165. 枯叶螟（中条毒螟）*Tamraca torridalis*（Lederer）

分布：我国浙江（遂昌九龙山、龙王山、天目山、长兴、安吉、德清、杭州、临安、象山、定海、普陀、遂昌、青田、云和、庆元）、山东、河南、陕西、江苏、上海、安徽、湖北、江西、湖南、福建、台湾、广东、广西、西藏；国外：日本，缅甸，印度，斯里兰卡，印度尼西亚。

166. 二色肩螟（双色长肩螟）*Tegulifera bicoloralis*（Leech）

寄主：储粮。

分布：我国浙江（遂昌九龙山、天目山、百山祖）、江西、湖南、福建、台湾、广东、四川、云南；国外：朝鲜，日本，印度。

167. 白腹蛛丛螟（白带网丛螟）*Teliphasa albifusa*（Hampson）

分布：我国浙江（遂昌九龙山、龙王山、临安、奉化、象山、定海、普陀、仙居、遂昌、庆元、百山祖）、福建、台湾；国外：日本。

168. *Teliphasa amica*（Butler）

分布：浙江（遂昌九龙山、德清、临安、仙居、庆元）。

169. 大豆褐翅丛螟 *Teliphasa elegans*（Butler）

寄主：大豆。

分布：浙江（遂昌九龙山、德清、杭州、临安、奉化、天台、庆元）。

170. 麻楝棘丛螟 *Termioptycha margarita*（Butler）

分布：我国浙江（遂昌九龙山、德清、百山祖）、河南、台湾；国外：日本，朝鲜。

171. 咖啡浆果蛀野螟 *Thliptoceras octoguttale* Felder et Rogenhoffer

分布：我国浙江（遂昌九龙山、古田山、百山祖）、台湾、广东、四川、云南；国外：日本，越南，印度，斯里兰卡，马来西亚，澳大利亚，刚果，肯尼亚，坦桑尼亚。

172. 朱硕螟 *Toccolosida rubriceps* **Walker**

寄主：姜。

分布：我国浙江（遂昌九龙山、莫干山、嘉兴、天目山、庆元，江苏、湖北、湖南、四川、云南、福建、台湾、广东；国外：印度，不丹，印度尼西亚，印度，孟加拉。

173. 红尾蛀禾螟 *Tryporza intacta*（**Snellen**）

寄主：甘蔗。

分布：浙江（遂昌九龙山、德清、临安、永康、江山、缙云、庆元）。

174. 黄黑纹野螟 *Tyspanodes hypsalis* **Warren**

分布：我国浙江（遂昌九龙山、德清、莫干山、杭州、临安、天目山、富阳、桐庐、奉化、庆元）、江苏、台湾、四川；国外：朝鲜，日本，印度。

175. 橙黑纹野螟 *Tyspanodes striata*（**Butler**）

分布：我国浙江（遂昌九龙山、龙王山、德清、莫干山、杭州、临安、天目山、奉化、缙云、龙泉、庆元、百山祖）、陕西、山东、江苏、湖北、江西、湖南、台湾、四川、河南、福建、广东、广西、贵州、云南；国外：朝鲜，日本。

176. *Udea orbicentralis*（**Christoph**）

分布：浙江（遂昌九龙山、德清、杭州、余杭、临安、东阳、丽水、龙泉、庆元）。

177. 锈黄缨突野螟 *Udea testacea* **Butler**

寄主：萝卜、芥菜、大豆。

分布：我国浙江（遂昌九龙山、长兴、安吉、德清、龙王山、德清、临安、建德、奉化、衢县、开化、庆元、百山祖、莫干山、天目山、丽水）、河南、广西、江苏、贵州、台湾、广东、贵州、云南；国外：日本，印度，斯里兰卡。

178. 三色伸喙野螟 *Uresiphita tricolor*（**Butler**）

分布：我国浙江（遂昌九龙山、百山祖、天目山）、山东、广东、台湾、四川；国外：朝鲜，日本。

九、尺蛾科 Geometridae

尺蛾科昆虫体型小到大型，通常中型的蛾子。身体一般细长，翅宽，常有细波纹，少数种类雌蛾翅退化或消失。通常无单眼，毛隆小。喙发达。前翅可有 1~2 个副室，R_5 与 R_3、R_4 共柄，M_2 通常靠近 M_1，但也有的居中。后翅 Sc 基部常强烈弯曲，与 Rs 靠近或部分合并。鼓膜器位于第 1 腹板两侧。

九龙山保护区发现有 88 属 135 种。

179. 顶斑尺蛾 *Abaciscus costimacula*（**Wileman**）

分布：浙江（遂昌九龙山、百山祖）。

180. 醋栗尺蛾 *Abraxas grossulariata*（Linnaeus）

寄主：醋栗、乌荆子、榛、李、杏、桃、稠李、山榆、杜柳、紫景天。

分布：我国浙江（遂昌九龙山、天目山、遂昌、龙泉、庆元、百山祖）、黑龙江、吉林、内蒙古、陕西；国外：苏联，朝鲜，日本，亚洲西部，欧洲。

181. 丝棉木金星尺蛾 *Abraxas suspecta* Warren

分布：我国浙江（遂昌九龙山、湖州、长兴、安吉、龙王山、莫干山、嘉善、平湖、海盐、海宁、杭州、余杭、临安、天目山、萧山、建德、淳安、绍兴、上虞、诸暨、嵊州、新昌、鄞县、余姚、镇海、奉化、宁海、象山、三门、嵊泗、定海、岱山、普陀、义乌、武义、兰溪、天台、仙居、临海、黄岩、温岭、玉环、衢县、开化、常山、丽水、缙云、遂昌、青田、云和、龙泉、庆元、百山祖、温州、永嘉）、黑龙江、吉林、辽宁、内蒙古、北京、天津、河北、山西、山东、河南、华东、华中；国外：俄罗斯，朝鲜，日本。

182. 榛金星尺蛾 *Abraxas sylvata*（Scopoli）

寄主：榛、山毛榉、桦、榆、稠李、水青冈。

分布：我国浙江（遂昌九龙山、杭州、临安、萧山、桐庐、淳安、慈溪、余姚、镇海、奉化、古田山、遂昌、龙泉、百山祖）、内蒙古、江苏、湖南；国外：俄罗斯，朝鲜，日本，欧洲中部。

183. 虹尺蛾中国亚种 *Acolutha pictaria imbecilla* Warren

分布：我国浙江（遂昌九龙山、丽水、龙泉、庆元）、福建、台湾、海南、四川、云南。

184. 水蜡尺蛾 *Agaraeus parva distans*（Warren）

寄主：水蜡。

分布：浙江（遂昌九龙山、余姚、庆元、百山祖）。

185. 萝藦艳青尺蛾 *Agathia carissima* Butler

寄主：萝藦、隔山消。

分布：我国浙江（遂昌九龙山、杭州、临安、天目山、嵊泗、常山、百山祖）、黑龙江、吉林、辽宁、河北、陕西、四川；国外：朝鲜，日本。

186. 角鹿尺蛾 *Alcis angulifera*（Butler）

寄主：冷杉、云杉。

分布：我国浙江（遂昌九龙山、临安、百山祖）、黑龙江、华西；国外：苏联，朝鲜，日本。

187. 双山枝尺蛾（灰鹿尺蛾）*Alcis grisea* Butler

分布：我国浙江（遂昌九龙山、余姚、奉化、庆元、百山祖）、河南、湖北；国外：日本。

188. 弯弓鹿尺蛾 *Alcis repandata*（Linnaeus）

寄主：桦、杨。

分布：浙江（遂昌九龙山、莫干山、江山、丽水、遂昌、龙泉、庆元、百山祖）。

189. 针叶霜尺蛾 *Alcis secundaria* Esper

寄主：松、桧、椴、枞、云杉。

分布：浙江（遂昌九龙山、丽水、龙泉）。

190. 豹纹枝尺蛾 *Arichanna gaschkevitchii*（Motschulsky）

寄主：马醉木。

分布：浙江（遂昌九龙山、杭州、余杭、临安、云和、百山祖）。

191. 星尺蛾 *Arichanna jaguararia*（Guenee）

寄主：樟。

分布：我国浙江（遂昌九龙山、长兴、龙王山、杭州、余杭、临安、萧山、桐庐、建德、淳安、新昌、鄞县、余姚、镇海、奉化、宁海、三门、嵊泗、天台、仙居、临海、黄岩、温岭、玉环、古田山、丽水、云和、龙泉、庆元、百山祖、永嘉、平阳）、江西、安徽、湖北、湖南、福建、广西；国外：日本。

192. 黄星尺蛾 *Arichanna melanaria fraterna*（Butler）

分布：我国浙江（遂昌九龙山、建德、古田山、龙泉）、黑龙江、吉林、辽宁、内蒙古、陕西、福建；国外：苏联，朝鲜，日本。

193. 娴尺蛾 *Auaxa cesadaria* Walker

分布：我国浙江（遂昌九龙山、百山祖）、宁夏、甘肃、湖南、福建、台湾、广西、四川、云南、西藏；国外：朝鲜，日本，印度。

194. 斜线仄尺蛾 *Auzea obliquaria* Leech

分布：浙江（遂昌九龙山、百山祖）。

195. 双云尺蛾 *Biston regalis comitata*（Warren）

寄主：油桐。

分布：浙江（遂昌九龙山、长兴、杭州、临安、天目山、桐庐、淳安、东阳、丽水、庆元、百山祖）。

196. 油桐尺蛾 *Biston suppressaria* Guenee

寄主：油桐、柑橘、柿、杨梅、梅、漆树、乌桕、茶、山胡桃、柏、松、杉、油茶、栗、刺槐、栎。

分布：我国浙江（遂昌九龙山、长兴、安吉、龙王山、德清、杭州、余杭、临安、建德、淳安、三门、兰溪、天台、仙居、临海、黄岩、温岭、玉环、古田山、丽水、缙云、百山祖、温州、永嘉）、江苏、河南、安徽、湖北、湖南、福建、广西、四川、贵州、云南；国外：缅甸，印度。

197. 焦边尺蛾 *Bizia aexaria* Walker

寄主：桑。

分布：我国浙江（遂昌九龙山、湖州、长兴、安吉、龙王山、莫干山、杭州、余杭、临安、天目山、桐庐、淳安、诸暨、余姚、宁海、嵊泗、定海、天台、临海、古田山、常山、丽水、遂昌、龙泉、百山祖、平阳）、吉林、内蒙古、北京、天津、河北、山西、山东、河南、陕西、安徽、湖北、江西、湖南、福建、台湾、广东、广西、四川、贵州、西藏；国外：朝鲜，日本，越南。

198. 双角尺蛾 *Carige cruciplaga*（Walker）

分布：浙江（遂昌九龙山、莫干山、临安、天目山、宁波、余姚、丽水、云和、龙泉、庆元）。

199. 常春藤回纹尺蛾指名亚种 *Chartographa compositata compositata*（Guenee）

寄主：常春藤、葡萄、红松。

分布：我国浙江（遂昌九龙山、龙王山、杭州、临安、天目山、宁波、奉化、岱山、龙泉、庆元）、内蒙古、北京、天津、河北、山西、山东、河南、江西、湖北、湖南、江西、云南；国外：日本，朝鲜。

200. 四眼绿尺蛾 *Chlorodontopera discospilata*（Moore）

分布：浙江（遂昌九龙山、江山、遂昌、云和、龙泉、庆元）。

201. 中国四眼绿尺蛾 *Chlorodontopera mandarinata*（Leech）

分布：浙江（遂昌九龙山、龙王山、莫干山、遂昌、庆元、百山祖）、江西、广东、广西、四川、海南。

202. *Chogada yakusnimana* Lnoue

分布：浙江（遂昌九龙山、百山祖）。

203. 褐纹绿尺蛾 *Comibaena amoenaria*（Oberthur）

分布：浙江（遂昌九龙山、德清、杭州、临安、天目山、庆元）。

204. 长纹绿尺蛾 *Comibaena argentataria*（Leech）

分布：我国浙江（遂昌九龙山、长兴、德清、杭州、天目山、萧山、余姚、天台、遂昌、云和、庆元、百山祖）、湖北、江西、湖南、福建、台湾、广东、广西；国外：朝鲜，日本。

205. 栎绿尺蛾 *Comibaena delicatior* Warren

寄主：栎。

分布：我国浙江（遂昌九龙山、莫干山、杭州、临安、桐庐、鄞县、定海、缙云、龙泉、百山祖、泰顺）、河南、黑龙江、四川、福建；国外：朝鲜，日本。

206. 肾纹绿尺蛾 *Comibaena procumbaria*（Pryer）

寄主：茶、乌桕。

分布：我国浙江（遂昌九龙山、长兴、德清、杭州、天目山、淳安、嵊州、余姚、宁海、定海、普陀、天台、古田山、丽水、缙云、遂昌、云和、龙泉、庆元、百山祖、平阳）、河北、河南、江苏、湖北、江西、湖南、福建、四川、台湾；国外：日本。

207. 亚四目绿尺蛾 *Comostola subtiliaria*（Bremer）

分布：我国浙江（遂昌九龙山、百山祖）、黑龙江、吉林、辽宁、湖南、福建、广西；国外：俄罗斯东南部，日本。

208. 郁金枝尺蛾 *Corymica specularia pryeri*（Butler）

分布：浙江（遂昌九龙山、天目山、淳安、龙泉）。

209. 三线根尺蛾（线条红尺蛾）*Cotta incongruaria*（Walker）

分布：浙江（遂昌九龙山、天目山、余姚、普陀、衢县、丽水、庆元）。

210. 木蠖尺蛾 *Culcula panterinaria*（Bremer et Grey）

寄主：胡桃、槐、柞、樱桃、向日葵、青麻、橘梗、酸枣、桃、李、杏、梨、山楂、柿、臭椿、泡桐、楸、槭、柳、桑、榆、楝、漆树、花椒、杨、石荆、合欢、大豆、棉、蓖麻、玉米、甘蓝、萝卜、苍耳、萱草。

分布：我国浙江（遂昌九龙山、长兴、龙王山、德清、杭州、临安、余杭、建德、淳安、鄞县、余姚、三门、义乌、天台、仙居、临海、黄岩、温岭、玉环、古田山、龙泉、庆元、百山祖、温州）、辽宁、内蒙古、河北、山西、陕西、山东、河南、安徽、湖北、江西、湖南、福建、台湾、四川、贵州；国外：朝鲜，日本。

211. 赤线尺蛾 *Culpinia diffusa*（Walker）

寄主：桑、白三叶。

分布：我国浙江（遂昌九龙山、长兴、德清、临安、丽水、龙泉）、黑龙江、吉林、辽宁、四川、陕西、台湾；国外：日本。

212. 小蜻蜓尺蛾 *Cystidia couaggaria*（Guenee）

寄主：苹果、稠李、李、梅、樱、桃、杏、梨。

分布：我国浙江（遂昌九龙山、长兴、龙王山、杭州、临安、建德、淳安、诸暨、奉化、宁海、象山、三门、天台、仙居、临海、黄岩、温岭、玉环、云和、龙泉、百山祖）、黑龙江、吉林、辽宁、内蒙古、北京、天津、河北、山西、山东、河南、湖北、湖南、台湾、四川、贵州；国外：俄罗斯，朝鲜，日本，印度。

213. 蜻蜓尺蛾 *Cystidia stratonice* Stoll

寄主：桃、苹果、桦、李、梅、樱桃、杏、梨、柳、杨。

分布：我国浙江（遂昌九龙山、龙王山、德清、建德、淳安、新昌、镇海、奉化、四明山、三门、金华、天台、仙居、临海、黄岩、温岭、玉环、龙泉、庆元、百山祖、永嘉）、黑龙江、吉林、辽宁、内蒙古、北京、天津、河北、山西、山东、华中、台湾；国外：朝鲜，日本，俄罗斯。

214. 达尺蛾 *Dalima apicata eoa* Wehrli

分布：浙江（遂昌九龙山、百山祖、云和、庆元）、湖南、四川。

215. 枞灰尺蛾 *Deileptenia ribeata*（Clerck）

寄主：枞、杉、桦、栎。

分布：我国浙江（遂昌九龙山、安吉、龙王山、德清、杭州、临安、建德、嵊泗、东阳、黄岩、遂昌、云和、龙泉、百山祖、温州）、黑龙江；国外：朝鲜，日本。

216. 赭点峰尺蛾 *Dindica para* Swinhoe

分布：我国浙江（遂昌九龙山、杭州、龙泉、百山祖）、湖北、江西、湖南、福建、四川、海南、广西；国外：泰国，马来西亚，不丹，印度。

217. 尖翅绢尺蛾 *Doratoptera nicevillei* Hampson

分布：我国浙江（遂昌九龙山、临安、天目山、百山祖）、四川；国外：印度。

218. 隐纹杜尺蛾 *Duliophyle obsoleta* Yang

分布：浙江（遂昌九龙山、百山祖）、河北。

219. 方折线尺蛾 *Ecliptopera benigna*（Prout）

分布：我国浙江（遂昌九龙山、百山祖）、河南、江西、湖南、台湾、四川、海南、云南、广西；国外：印度。

220. 绣折线尺蛾 *Ecliptopera umbrosaria*（Motschulsky）

寄主：紫葛。

分布：我国浙江（遂昌九龙山、庆元、百山祖）、四川、黑龙江、吉林、辽宁；国外：日本，印度。

221. 土灰尺蛾（点纹黄枝尺蛾） *Ectephrina semilutata* Lederer

分布：浙江（遂昌九龙山、杭州、富阳、镇海、丽水、遂昌、松阳、百山祖）。

222. 金带波尺蛾 *Electrophaes corylata*（Thunberg）

分布：浙江（遂昌九龙山、丽水、百山祖）。

223. 树形尺蛾（蛛纹黑尺蛾） *Erebomorpha fulguraria consors* Butler

分布：我国浙江（遂昌九龙山、天目山、百山祖）、四川；国外：俄罗斯，朝鲜，日本。

224. 彩青尺蛾 *Eucyclodes gavissima aphrodite*（Prout）

分布：浙江（遂昌九龙山、天目山、建德、龙泉）。

225. 开麻小花尺蛾 *Eupithecia actaeata praenubilata* Inoue

分布：浙江（遂昌九龙山、百山祖）。

226. 金丰翅尺蛾 *Euryobeidia largeteaui*（Oberthur）

分布：浙江（遂昌九龙山、百山祖）、湖北、湖南、广东、广西、四川、贵州、西藏。

227. 背条波尺蛾 *Evecliptopera decurrens illitata*（Wileman）

分布：浙江（遂昌九龙山、古田山、常山、龙泉、庆元）。

228. 线尖尾尺蛾 *Gelasma protrusa*（Butler）

分布：我国浙江（遂昌九龙山、德清、杭州、临安、天目山、建德、奉化、龙泉、庆元、百山祖）、黑龙江、湖南、福建、华西；国外：俄罗斯东南部，朝鲜，日本。

229. 草绿尺蛾 *Geometra fragilis*（Oberthur）

分布：浙江（遂昌九龙山、百山祖）、四川、云南、西藏。

230. 白脉青尺蛾 *Geometra sponsaria*（Bremer）

分布：浙江（遂昌九龙山、杭州、龙泉）。

231. 柑橘尺蛾 *Hemerophila subplagiata* Walker

寄主：柑橘。

分布：浙江（遂昌九龙山、莫干山、杭州、临安、淳安、慈溪、龙泉、温州）。

232. 红颜锈腰青尺蛾 *Hemithea aestivaria*（Hubner）

寄主：茶、油茶、柳、槐、栎、山楂、醋栗。

分布：浙江（遂昌九龙山、余姚、常山、龙泉、温州、永嘉）。

233. 玲隐尺蛾 *Heterolocha aristonaria*（Walker）

分布：浙江（遂昌九龙山、莫干山、临安、建德、鄞县、衢县、古田山、庆元）。

234. 仁隐尺蛾 *Heterolocha coccinea* Inoue

分布：浙江（遂昌九龙山、德清、临安、桐庐、庆元、百山祖）。

235. 片隐尺蛾 *Heterolocha laminaria sutschanska* Wehril

分布：浙江（遂昌九龙山、百山祖）。

236. 光边锦尺蛾 *Heterostegane hyriaria* Warren

分布：我国浙江（遂昌九龙山、百山祖）、山东、湖南、广西；国外：朝鲜，日本。

237. 日本紫云尺蛾 *Hypephyra terrosa pryeraria*（Leech）

分布：我国浙江（遂昌九龙山、长兴、杭州、天目山、奉化、百山祖）、江苏、湖北、江西、湖南、广东、广西、西南；国外：日本。

238. 绿斑蚀尺蛾 *Hypochrasis festivaria*（Fabricius）

分布：我国浙江（遂昌九龙山、百山祖）、湖南、福建、台湾、海南、广西；国外：日本，印度，印度尼西亚。

239. 尘尺蛾 *Hypomecis punctinalis conferenda*（Butler）

寄主：栎、板栗、蔷薇、苹果、樟、杨。

分布：我国浙江（遂昌九龙山、龙王山、莫干山、天目山、百山祖）、黑龙江、吉林、辽宁、安徽、湖北、湖南、福建、广西、四川、贵州；国外：俄罗斯东南部，朝鲜，日本。

240. 皱暮尘尺蛾 *Hypomecis roborariadisplicens*（Butler）

寄主：槲、栎、油桐、乌桕、茶、扁柏、水杉、山胡桃、杉、油茶、鸡爪槭。

分布：我国浙江（遂昌九龙山、莫干山、杭州、天目山、云和、庆元、百山祖）、江西；国外：朝鲜，日本。

241. *Idaea foedata*（Butler）

分布：浙江（遂昌九龙山、杭州、临安、天目山、庆元）。

242. 用克尺蛾（茶云纹枝尺蛾）*Jankowskia athleta* Oberthur

寄主：茶。

分布：我国浙江（遂昌九龙山、杭州、丽水、百山祖）、广东、河南、江苏、湖南、贵州；国外：俄罗斯，朝鲜，日本，苏联。

243. 小用克尺蛾 *Jankowskia fuscaria*（Leech）

分布：我国浙江（遂昌九龙山、百山祖）、甘肃、江苏、湖北、湖南、福建、广东、四川、贵州；国外：朝鲜，日本。

244. 青突尾尺蛾 *Jodis lactearia*（Linnaeus）

寄主：青冈、栎。

分布：我国浙江（遂昌九龙山、百山祖）、河北；国外：朝鲜，日本。

245. 橄榄尺蛾 *Krananda oliveomarginata* Swimhoe

寄主：橄榄。

分布：浙江（遂昌九龙山、龙泉、乐清）。

246. 玻璃尺蛾 *Krananda semihyalina* Moore

分布：我国浙江（遂昌九龙山、龙王山、杭州、建德、奉化、百山祖）、湖北、江西、湖南、福建、台湾、四川、海南、贵州；国外：日本，越南，印度。

247. 中国巨青尺蛾（黄缘巨青尺蛾）*Limbatochlamys rosthorni* Rothschild

分布：浙江（遂昌九龙山、龙王山、建德、淳安、天台、丽水、龙泉、庆元、百山祖）、湖北、湖南、福建、广西、四川、云南。

248. 云辉尺蛾 *Luxiaria amasa amasa*（Butler）

分布：浙江（遂昌九龙山、杭州、临安、余姚、庆元）。

249. 辉尺蛾 *Luxiaria mitorrhaphes* Prout

分布：我国浙江（遂昌九龙山、龙王山、古田山、百山祖）、湖北、湖南、台湾、广西、四川、贵州、西藏；国外：日本，缅甸，印度，不丹。

250. 柑橘尺蛾 *Menophra subplagiata*（Walker）

寄主：柑橘。

分布：我国浙江（遂昌九龙山、百山祖）、内蒙古、北京、天津、河北、山西、山东、河南、陕西、江苏、安徽、湖北、江西、湖南、台湾、广东、广西、四川、贵州、云南；国外：朝鲜，日本。

251. 豆纹尺蛾 *Metallolophia arenaria*（Leech）

分布：我国浙江（遂昌九龙山、龙王山、天目山、古田山、百山祖、长兴、淳安、鄞县、余姚、宁海、天台、临海、庆元）、江西、湖南、福建、广西、海南、华西、云南；国外：缅甸。

252. 三岔绿尺蛾 *Mixochlora vittata*（Moore）

寄主：冬青、栎。

分布：我国浙江（遂昌九龙山、百山祖）、江西、湖南、福建、台湾、四川、海南、广西；国外：日本，印度，菲律宾，马来西亚，印度尼西亚。

253. 聚线皎尺蛾 *Myrteta sericea sericea*（Butler）

寄主：茶。

分布：浙江（遂昌九龙山、天目山、百山祖）。

254. 女贞尺蛾（丁香尺蛾） *Naxa seriaria*（Motschulsky）

寄主：茶、桂花、女贞、丁香、水曲柳、水蜡。

分布：浙江（遂昌九龙山、莫干山、天目山、杭州、淳安、奉化、东阳、天台、龙泉、乐清）。

255. 泼墨尺蛾（泼黑黄尺蛾） *Ninodes splendens*（Butler）

分布：我国浙江（遂昌九龙山、龙王山、百山祖、杭州、宁波、遂昌、庆元）、内蒙古、河北、山东、江苏、湖北、湖南、四川；国外：日本，朝鲜。

256. 黄缘幻尺蛾（前黄鸢枝尺蛾、拟黄纹枝尺蛾） *Nothomiza flavicosta* Prout

分布：浙江（遂昌九龙山、天目山、古田山、庆元、乐清）。

257. 巨长翅尺蛾（尖长翅尺蛾） *Obeidia gigantearia* Leech

分布：我国浙江（遂昌九龙山、古田山、百山祖、云和）、湖北、湖南、台湾、四川、贵州、云南；国外：缅甸。

258. 豹长翅尺蛾 *Obeidia vagipardata* Walker

分布：浙江（遂昌九龙山、遂昌、庆元）。

259. 柳叶尺蛾（枯斑翠尺蛾、白斑青尺蛾） *Ochrognesia difficta*（Walker）

寄主：柳、杨、桦、栎、桃。

分布：我国浙江（遂昌九龙山、天目山、古田山、百山祖、杭州、临安、建德、永康、仙居、缙云、庆元）、黑龙江、吉林、辽宁、内蒙古、北京、天津、河北、山西、山东、河南、陕西、安徽、湖北、江西、湖南、福建、四川、云南；国外：俄罗斯东南部，朝鲜，日本。

260. 白眉尺蛾 *Odezia atrata* Linnaeus

分布：我国浙江（遂昌九龙山、百山祖）、黑龙江、内蒙古、海南；国外：朝鲜，日本，意大利。

261. 贡尺蛾 *Odontopera aurata*（Prout）

寄主：胡桃、泡桐、杨、柳。

分布：我国浙江（遂昌九龙山、天目山、百山祖、德清、杭州、临安、余姚、普陀、丽水、遂昌、龙泉、庆元）、四川；国外：日本。

262. 茶贡尺蛾 *Odontopera bilinearia coryphodes*（Wehrli）

寄主：茶。

分布：浙江（遂昌九龙山、百山祖、杭州）、甘肃、湖北、湖南、四川、贵州、云南、西藏。

263. 胡桃四星尺蛾 *Ophthalmodes albosignaria*（Bremer et Grey）

寄主：胡桃、柿、杨、黄连木。

分布：我国浙江（遂昌九龙山、龙王山、百山祖）、黑龙江、吉林、辽宁、河北、山西、山东、河南、湖南、内蒙古、北京、天津、湖北、四川、贵州、云南；国外：苏联，朝鲜，日本。

264. 胡桃星尺蛾 *Ophthalmodes albosignaria juglandaria* Oberthur

寄主：胡桃、泡桐、榆、槐、桑。

分布：浙江（遂昌九龙山、湖州、长兴、安吉、德清、杭州、临安、桐庐、建德、淳安、鄞县、慈溪、余姚、镇海、奉化、宁海、象山、定海、浦江、东阳、天台、丽水、龙泉、庆元、泰顺）。

265. 四星尺蛾 *Ophthalmodes irrorataria* Bremer et Grey

寄主：桑、蔬菜、苹果、柑橘、海棠、鼠李。

分布：我国浙江（遂昌九龙山、龙王山、莫干山、天目山、古田山、百山祖、长兴、杭州、临安、桐庐、鄞县、慈溪、奉化、宁海、文成）、黑龙江、吉林、辽宁、内蒙古、北京、天津、河北、山西、山东、河南、陕西、福建、台湾、四川、贵州、云南；国外：苏联，朝鲜，日本。

266. 中华星尺蛾 *Ophthalmodes sinensium* Oberthur

分布：浙江（遂昌九龙山、临安、百山祖）、四川。

267. 赭尾尺蛾 *Ourapteryx aristidaria* Oberthur

分布：我国浙江（遂昌九龙山、杭州、临安、淳安、新昌、天台、古田山、百山祖）、安徽、湖北、江西、湖南、福建、广西、四川、贵州；国外：缅甸。

268. 栉尾尺蛾 *Ourapteryx maculicaudaria*（Motschulsky）

分布：我国浙江（遂昌九龙山、龙王山、莫干山、百山祖）、江西；国外：日本。

269. 点尾尺蛾 *Ourapteryx nigrociliaris*（Leech）

寄主：粗榧、三尖杉。

分布：浙江（遂昌九龙山、天目山、遂昌、龙泉）。

270. 雪尾尺蛾 *Ourapteryx nivea* Butler

寄主：朴、冬青、栓皮栎。

分布：我国浙江（遂昌九龙山、龙王山、天目山、古田山、百山祖、湖州、长兴、德清、海宁、杭州、临安、建德、淳安、鄞县、慈溪、余姚、宁海、浦江、义乌、天台、黄岩、遂昌、云和、龙泉、庆元、温州、乐清）、河南、湖南；国外：日本。

271. 金星垂耳尺蛾 *Pachyodes amplificata* Walker

分布：浙江（遂昌九龙山、龙王山、百山祖）、江西、湖南、福建、四川。

272. 江浙垂耳尺蛾 *Pachyodes iterans* Prout

分布：浙江（遂昌九龙山、龙王山、遂昌、松阳、云和、百山祖）、江苏、河南、上海、湖南、福建、海南、广西、四川。

273. 褐缘尺蛾 *Peratophyga hyalineata* Butler

分布：浙江（遂昌九龙山、临安、天目山、奉化、庆元）。

274. 胡麻斑白枝尺蛾（黑斑星尺蛾）*Percnia albinigrata albinigrata* Warren

分布：浙江（遂昌九龙山、龙王山、莫干山、杭州、临安、天目山、建德、余姚、龙泉）。

275. 柿星尺蛾 *Percnia giraffata* Guenee

寄主：胡桃、苹果、海棠、花椒、酸枣、桃、李、杏、梨、山楂、柿、臭椿、泡桐、楸、槐、槭、柳、桑、榆、楝、漆树、杨、合欢、大豆、棉、蓖麻、玉米、甘蓝、萝卜、桔梗、萱草、苍耳、天竺、艾蒿等。

分布：我国浙江（遂昌九龙山、龙王山、天目山、古田山、百山祖、杭州、临安、萧山、桐庐、建德、淳安、鄞县、慈溪、余姚、奉化、象山、浦江、义乌、东阳、永康、常山、缙云、平阳）、河北、山西、河南、安徽、四川、台湾；国外：苏联，朝鲜，日本，越南，缅甸，印度，印度尼西亚。

276. 黑条眼尺蛾（黑条大白姬尺蛾）*Problepsis diazoma* Prout

分布：我国浙江（遂昌九龙山、百山祖、杭州、丽水、庆元）、湖北、江西、湖南；国外：日本。

277. 小四目尺蛾 *Problepsis minuta* Lnoue

寄主：女贞。

分布：浙江（遂昌九龙山、莫干山、长兴、杭州、临安、建德、富阳、余姚、庆元）。

278. 平眼尺蛾 *Problepsis paredra* Prout

分布：浙江（遂昌九龙山、缙云、遂昌、龙泉、庆元）。

279. 猫眼尺蛾 *Problepsis superans*（Butler）

寄主：女贞。

分布：我国浙江（遂昌九龙山、杭州、临安、天目山、建德、百山祖）、辽宁、陕西、湖北、湖南、台湾、西藏；国外：俄罗斯，朝鲜，日本。

280. 红棕淡带尺蛾 *Sabaria rosearia* Leech

分布：浙江（遂昌九龙山、天目山、德清、杭州、临安、鄞县、东阳、仙居、遂昌、龙泉、庆元）。

281. 杨姬尺蛾 *Scopula caricaria* Reutti

寄主：杨。

分布：浙江（遂昌九龙山、缙云、遂昌、云和、景宁、龙泉）。

282. 稻斜纹银尺蛾 *Scopula emissaria lactea* Butler

寄主：水稻、红花、合萌。

分布：浙江（遂昌九龙山、莫干山、嘉兴、杭州、余杭、庆元）。

283. 淡黄黑点姬尺蛾 *Scopula ignobilis*（Warren）

分布：浙江（遂昌九龙山、临安、丽水、龙泉、庆元）。

284. 鸢纹小尺蛾（二线银尺蛾）*Scopula modicaria* Leech

分布：浙江（遂昌九龙山、杭州、临安、天目山、庆元）。

285. 三线银尺蛾 *Scopula pudicaria* Motschulsky

寄主：马兰。

分布：我国浙江（遂昌九龙山、龙王山、天目山、百山祖、上虞、诸暨、嵊州、鄞县、慈溪、镇海、奉化、象山、定海、普陀、东阳、常山、江山、丽水、遂昌、云和、温州）、黑龙江、吉林、辽宁、内蒙古；国外：俄罗斯，朝鲜，日本，欧洲。

286. 茶银尺蛾（点线银尺蛾）*Scopula subpunctaria*（Herrich Schaeffer）

寄主：茶、棉花、玉米。

分布：浙江（遂昌九龙山、莫干山、古田山、百山祖、德清、杭州、临安）。

287. 黄并白姬尺蛾 *Scopula superior*（Butler）

分布：浙江（遂昌九龙山、开化、江山、遂昌、龙泉、庆元）。

288. 二星大尺蛾（褐条尺蛾、二点尾枝尺蛾）*Semiothisa defixaria* Walker

分布：浙江（遂昌九龙山、长兴、安吉、德清、杭州、临安、萧山、鄞县、庆元）。

289. 淡尾枝尺蛾（菱角尺蛾、雨庶尺蛾）*Semiothisa pluviata* Fabricius

分布：我国浙江（遂昌九龙山、安吉、长兴、莫干山、杭州、临安、天目山、余姚、东阳、天台、丽水、遂昌、云和、龙泉、庆元、平阳）、黑龙江、江苏、河南、湖北、江西、湖南、广东、广西、四川、云南、西藏；国外：日本，朝鲜，苏联，印度，缅甸，越南。

290. 阿里夕尺蛾 *Sibatania arizana placata*（Prout）

分布：我国浙江（遂昌九龙山、百山祖）、湖北、江西、湖南、福建、广西、台湾、四川、云南；国外：日本。

291. 天蛾绒波尺蛾 *Sibatania mactata* **Felder**

分布：浙江（遂昌九龙山、古田山、龙泉、庆元）。

292. 紫带小尺蛾 *Sterrha impexa* **Butler**

分布：浙江（遂昌九龙山、百山祖、德清、临安、鄞县、庆元）。

293. 紫边小黄尺蛾 *Sterrha muricata minor* **Sternech**

分布：浙江（遂昌九龙山、百山祖、德清、临安、遂昌、云和、庆元）。

294. 槐尺蛾 *Semiothisa cinerearia* **Bremer et Grey**

寄主：中国槐、龙爪槐、刺槐。

分布：我国浙江（遂昌九龙山、龙王山、莫干山、天目山、古田山、百山祖、德清、杭州、临安、桐庐、建德、淳安、上虞、诸暨、嵊州、慈溪、余姚、镇海、奉化、宁海、嵊泗、定海、东阳、江山、丽水、缙云、青田、庆元、温州、泰顺）、甘肃、河北、陕西、山东、江苏、黑龙江、吉林、辽宁、宁夏、山西、河南、安徽、湖北、广西、四川、西藏、江西、湖南、台湾；国外：朝鲜，日本。

295. 合欢庶尺蛾 *Semiothisa defixaria*（**Walker**）

分布：我国浙江（遂昌九龙山、古田山、百山祖）、山东、湖北、湖南、福建、四川、广西；国外：朝鲜，日本。

296. 格庶尺蛾 *Semiothisa hebesata*（**Walker**）

寄主：榆、刺槐、黑荆树。

分布：我国浙江（遂昌九龙山、百山祖）、黑龙江、吉林、辽宁、内蒙古、北京、天津、河北、山西、山东、河南、江苏、江西、湖南、福建、广西、贵州；国外：俄罗斯东南部，朝鲜，日本。

297. 叉线青尺蛾 *Tanaoctenia dehaliaria*（**Wehrli**）

分布：浙江（遂昌九龙山、莫干山、百山祖、湖州、杭州、富阳）、内蒙古、四川、西藏。

298. 钩镰翅绿尺蛾 *Tanaorhinus rafflesi rafflesi* **Moore**

寄主：栎。

分布：我国浙江（遂昌九龙山、百山祖、杭州、鄞县）、江西、福建、台湾；国外：印度，马来西亚，菲律宾，印度尼西亚。

299. 镰翅绿尺蛾 *Tanaorhinus reciprocata confuciaria* **Walker**

寄主：栎、橡。

分布：浙江（遂昌九龙山、莫干山、安吉、杭州、淳安、鄞县、镇海、宁海、丽水、龙泉、庆元）。

300. 江浙垂耳尺蛾 *Terpna iternas* **Prout**

分布：浙江（遂昌九龙山、杭州、余杭、临安、遂昌、庆元）、上海。

301. 樟翠尺蛾 *Thalassodes quadraria* Guenee

寄主：樟、茶。

分布：我国浙江（遂昌九龙山、古田山、湖州、长兴、德清、杭州、余杭、桐庐、建德、上虞、鄞县、余姚、奉化、定海、普陀、浦江、永康、常山、丽水、遂昌、云和、龙泉、庆元、百山祖、温州、平阳）、江西、福建、台湾、广东、广西、云南；国外：日本，泰国，印度，马来西亚，印度尼西亚。

302. 四点波青尺蛾 *Thalera laceratria* Graeser

分布：我国浙江（遂昌九龙山、莫干山、百山祖、临安、遂昌、松阳、庆元）、中国西部；国外：苏联，朝鲜，日本。

303. 黄蝶尺蛾 *Thinopteryx crocoptera* Koller

寄主：葡萄。

分布：我国浙江（遂昌九龙山、古田山、江山、丽水、云和、庆元）、台湾、四川、海南；国外：朝鲜，日本，印度。

304. 紫线尺蛾 *Timandra comptaria* Walker

寄主：扛板归、酸模、小麦、大豆、玉米。

分布：我国浙江（遂昌九龙山、安吉、龙王山、莫干山、天目山、长兴、桐庐、淳安、上虞、诸暨、嵊州、鄞县、余姚、奉化、宁海、象山、东阳、仙居、常山、丽水、缙云、龙泉、庆元、百山祖）、河北、湖北、江西、湖南、福建、四川、海南、广西；国外：朝鲜，日本，泰国，马来西亚，不丹，印度。

305. *Timandra recompta ovidius* Bryk

分布：浙江（遂昌九龙山、天目山、长兴、德清、杭州、富阳、丽水、遂昌、龙泉）。

306. 缺口青尺蛾 *Timandromorpha discolor*（Warren）

分布：我国浙江（遂昌九龙山、莫干山、天目山、百山祖、安吉、临安、鄞县、遂昌）、湖南、福建、台湾、四川、海南；国外：日本，印度，印度尼西亚。

307. 三角尺蛾 *Trigonoptila latimarginaria* Leech

寄主：樟、枣。

分布：我国浙江（遂昌九龙山、全省广布）、江苏、江西、湖南、福建、台湾、广西、四川；国外：朝鲜，日本。

308. 缅洁尺蛾 *Tyloptera bella diecena*（Prout）

分布：我国浙江（遂昌九龙山、古田山、百山祖、龙泉、庆元）、陕西、湖北、江西、湖南、福建、广西、四川、云南；国外：缅甸。

309. 黑玉臂尺蛾（玉臂黑尺蛾）*Xandrames dholaria sericea* Butler

寄主：卫矛。

分布：我国浙江（遂昌九龙山、龙王山、莫干山、天目山、百山祖、杭州、临安、萧山、建德、淳安、绍兴、上虞、诸暨、嵊州、新昌、鄞县、余姚、奉化、象山、浦江、天台、丽水、云和、龙泉）、甘肃、陕西、湖北、湖南、四川、云南；国外：朝鲜，日本。

310. 中国虎尺蛾 _Xanthabraxas hemionata_（Guenee）

寄主：栎、油桐。

分布：浙江（遂昌九龙山、龙王山、莫干山、天目山、百山祖、长兴、杭州、萧山、富阳、桐庐、建德、淳安、诸暨、宁海、三门、东阳、武义、天台、仙居、临海、黄岩、温岭、玉环、古田山、丽水、缙云、遂昌、龙泉、庆元、温州、泰顺）、安徽、湖北、江西、湖南、福建、广东、广西。

311. 潢尺蛾 _Xanthorhoe biriviata angulata_ Leech

分布：浙江（遂昌九龙山、龙王山、莫干山、天目山、奉化、庆元）。

312. 灰绿片尺蛾 _Fascellina plagiata_（Walker, 1866）

分布：我国浙江（遂昌九龙山、临安，余姚、鄞州、庆元，遂昌）、河南、甘肃、青海、安徽、湖北、江西、湖南、福建、台湾、广东、香港、海南、广西、四川、贵州、云南、西藏；国外：日本，印度，尼泊尔，缅甸，喜马拉雅山脉地区，马来西亚。

十、钩蛾科 Drepanidae

钩蛾科成虫体型为中型，有喙或喙退化，下唇须由3节组成，复眼表面光滑，无单眼，触角齿状、栉状、长栉状，一般长度在前翅长的一半以下。后足胫节有距2对，外距显著短于内距，翅形较宽大，前翅顶角一般向外突出呈钩状，但也有顶角圆而不外突。

九龙山保护区发现有15属20种。

313. 栎距钩蛾 _Agnidra scabiosa fixseni_（Bryk）

寄主：青冈、栎、栗。

分布：我国浙江（遂昌九龙山、莫干山、天目山、杭州、龙泉、庆元）、吉林、辽宁、黑龙江、吉林、辽宁、福建、台湾、江苏、河南、湖北、湖南、陕西、江西、四川、广西；国外：日本，朝鲜。

314. 直缘卑钩蛾 _Betalbara violacea_（Butler）

寄主：钩吻、野葛。

分布：我国浙江（遂昌九龙山、天目山、百山祖）、台湾、海南、广西、四川、云南；国外：日本，印度尼西亚，大洋洲。

315. 银绮钩蛾 _Cilix argenta_ Chu et Wang

寄主：钩吻、野葛。

分布：我国浙江（遂昌九龙山、天目山、百山祖、杭州、庆元）、海南、广西、台湾、四川、云南；国外：印度，日本，印度尼西亚，大洋洲。

316. 三角白钩蛾 *Ditrigona triangularia*（Moore）

分布： 我国浙江（遂昌九龙山、百山祖）、福建、台湾、云南；国外：缅甸，印度。

317. 一点镰钩蛾台湾亚种 *Drepana pallida nigromaculata* Okano

分布： 我国浙江（遂昌九龙山、天目山、百山祖）、湖北、福建、广东、广西、四川、西藏、江西、台湾；国外：越南，缅甸，印度。

318. 交让木钩蛾 *Hypsomadius insignis* Butler

寄主： 交让木。

分布： 浙江（遂昌九龙山、镇海、黄岩、云和、龙泉、泰顺）。

319. 窗翅钩蛾 *Macrauzata ferestraria*（Moore）

寄主： 樟、梓树。

分布： 我国浙江（遂昌九龙山、莫干山、天目山、古田山、百山祖、杭州、临安、桐庐、建德、淳安、上虞、慈溪、余姚、镇海、天台、常山、丽水、庆元）、陕西、安徽、江西、湖北、湖南、四川；国外：日本，印度。

320. 丁铃钩蛾 *Macrocilix mysticata campana* Chu et Wang

分布： 浙江（遂昌九龙山、龙王山、天目山、百山祖、杭州、宁海、东阳、丽水、云和、龙泉、庆元）、江西、湖南、福建、四川、海南、广西、贵州。

321. 日本线钩蛾 *Nordstroemia japonica*（Moore）

寄主： 青冈、栎、柞、栗。

分布： 我国浙江（遂昌九龙山、天目山、百山祖、杭州、临安、嵊州、龙泉、庆元）、上海、福建、陕西、江苏、湖北、湖南、福建、广东、四川、海南；国外：日本。

322. 交让木山钩蛾 *Oreta insignis*（Butler）

寄主： 交让木、大戟。

分布： 我国浙江（遂昌九龙山、龙王山、古田山、百山祖）、江西、湖南、福建、台湾、广西、四川、云南；国外：日本。

323. 接骨木山钩蛾 *Oreta loochooana* Swinhoe

寄主： 接骨木。

分布： 我国浙江（遂昌九龙山、莫干山、天目山、百山祖、杭州、临安、上虞、诸暨、余姚、奉化、宁海、庆元、泰顺）、江西、四川、台湾；国外：日本。

324. 华夏山钩蛾 *Oreta pavaca sinensis* Watson

寄主： 天目琼花。

分布： 浙江（遂昌九龙山、龙王山、天目山、百山祖）、湖北、湖南、福建、海南、四川。

325. 黄带山钩蛾 *Oreta pulchripes* Butler

寄主： 樟、荚。

分布：我国浙江（遂昌九龙山、百山祖、杭州）、江西、湖南、福建、广西、四川、云南；国外：朝鲜，日本。

326. 点带山钩蛾 *Oreta purpurea* Lnoue

分布：我国浙江（遂昌九龙山、古田山、百山祖、杭州、新昌、鄞县、镇海、宁海、天台、奉化、龙泉、泰顺）、湖北、台湾；国外：日本。

327. 珊瑚树山钩蛾 *Oreta turpis*（Butler）

寄主：珊瑚树。

分布：我国浙江（遂昌九龙山、百山祖、杭州）、湖南、四川；国外：朝鲜，日本。

328. 古钩蛾 *Palaeodrepana harpagula*（Esper）

寄主：栎、赤杨。

分布：我国浙江（遂昌九龙山、龙王山、天目山、百山祖、开化、龙泉）、吉林、湖北、福建、河北、湖南、四川；国外：日本，欧洲。

329. 三线钩蛾（眼斑钩蛾）*Pseudalbara parvula*（Leech）

寄主：胡桃、栎、化香。

分布：我国浙江（遂昌九龙山、龙王山、天目山、古田山、百山祖、长兴、德清、杭州、临安、奉化、余姚、庆元）、北京、黑龙江、河北、湖北、江西、河南、湖南、福建、陕西、广西、四川、贵州；国外：朝鲜，日本，苏联，欧洲。

330. 透窗山钩蛾 *Spectroreta hyalodisca*（Hampson）

分布：我国浙江（遂昌九龙山、天目山、开化、龙泉、庆元、温州）、江西、福建、广西；国外：斯里兰卡，印度，缅甸，苏门答腊，马来西亚。

331. 仲黑缘黄钩蛾 *Tridrepana crocea*（Leech）

寄主：樟、楠。

分布：我国浙江（遂昌九龙山、莫干山、天目山、古田山、百山祖、杭州、庆元）、湖南、河南、湖北、江西、福建、台湾、四川、云南；国外：日本。

332. 青冈树钩蛾 *Zanclalbara scabiosa*（Butler）

寄主：青冈。

分布：我国浙江（遂昌九龙山、龙王山、天目山、古田山、百山祖）、安吉、德清、杭州、临安、桐庐、建德、淳安、余姚、奉化、衢县、庆元）、四川、台湾；国外：朝鲜，日本。

十一、波纹蛾科 Thyatiridae

波纹蛾科外形更似夜蛾。有单眼，下唇须小，喙发达。触角通常为扁柱形或扁棱柱形。前翅中室后缘翅脉三叉式。后翅 Sc+R$_1$ 脉与中室末端与 Rs 脉接近可接触，其基部与中室分离。爪形突三叉。幼虫趾钩双序中带。幼虫取食树木和槿木叶子，暴露或缀叶取食。幼虫具毛瘤或枝刺。

九龙山保护区发现有 2 属 2 种。

333.昧泊波纹蛾 *Bombycia meleagris* Houlbort

分布：浙江（遂昌九龙山、杭州、临安、龙泉）。

334.波纹蛾 *Thyatira batis* Linnaeus

寄主：草莓。

分布：我国浙江（遂昌九龙山、湖州、长兴、德清、杭州、临安、桐庐、建德、淳安、上虞、余姚、镇海、天台、龙泉）、黑龙江、吉林、辽宁、河北、江西、四川、云南、西藏；国外：朝鲜，日本，缅甸，印度尼西亚，印度，欧洲。

十二、燕蛾科 Uraniidae

燕蛾科雌蛾听器位于腹部侧面，雄蛾听器则位于腹部两侧，无翅缰，触角线形。幼虫腹足俱全，有些幼虫体被白色蜡丝，蛹有丝茧，部分幼虫的寄主是大戟科植物。大部产于热带和亚热带。

九龙山保护区发现有 1 属 1 种。

335.斜线燕蛾 *Acropteris iphiata* Gnenee

分布：我国浙江（遂昌九龙山、天目山、杭州、云和、龙泉）、江苏、福建、江西、四川、西藏；国外：日本，印度，缅甸。

十三、凤蛾科 Epicopeiidae

凤蛾科成虫体型为中型，下颚须退化，触角双栉状，前中足胫节各具 1 对距，后足胫节两对距，无鼓膜听器，中室内有 M 主干，并在前翅分叉，后翅不分叉。后翅亚缘脉特别延长，与第 1、第 2 径脉组成尾带。

九龙山保护区发现有 1 属 1 种。

336.福建凤蛾 *Epicopeia caroli fukienensis* Chu et Wang

寄主：榆、四照花。

分布：浙江（遂昌九龙山、杭州、天目山、遂昌、庆元）、福建、广东、江西。

十四、锚纹蛾科 Callidulidae

锚纹蛾科触角线状，无单眼，有显著毛隆，喙很长，下颚须退化，下唇须发达；前翅宽大，顶角或尖或圆，也有斜截的，中室短小，外缘横脉很弱或缺，后翅中室开放，外缘无一横脉，肩角发达；无翅缰。翅褐色或棕色，前翅有一锚形纹，但有些种类不同，成一斜带或无；无鼓膜听器。

九龙山保护区发现有 2 属 2 种。

337. 隐锚纹蛾 *Cleis fasciata* Butler

寄主：青杨。

分布：我国浙江（遂昌九龙山、莫干山、古田山、百山祖、丽水）、湖南、四川、广西；国外：印度尼西亚。

338. 锚纹蛾 *Pterodecta felderi* Bremer

寄主：三叉蕨。

分布：我国浙江（遂昌九龙山、龙王山、百山祖、开化、江山、遂昌、龙泉）、黑龙江、吉林、辽宁、内蒙古、北京、天津、河北、山西、山东、河南、湖北、湖南、台湾、四川、西藏；国外：日本。

十五、弄蝶科 Hesperidae

弄蝶科头大；眼的前方有长睫毛。触角基部互相接近，并常有黑色毛块，端部略粗，末端尖处，并弯成钩状，是本科显著的特征。雌、雄前足均发达，胫节腹面有 1 对距，后足有 2 对距。前翅三角形，R 脉 5 条，均直接从中室分出，不相合并；A 脉 2 脉，离开基部后合并。后翅近圆形，A 脉 3 脉。前后翅中室开式或闭式。

九龙山保护区发现有 30 属 43 种。

339. 白弄蝶 *Abraximorpha davidii* Mabille

寄主：芋、薯蓣、悬钩子。

分布：我国浙江（遂昌九龙山、龙王山、莫干山、天目山、丽水、遂昌、龙泉、百山祖）、黑龙江、陕西、河南、湖北、四川、江西、云南、广西、广东、山东、湖南、福建、台湾；国外：朝鲜，日本，缅甸。

340. 星点锷弄蝶 *Aeromachus dubius* Elwes et Edwards

分布：我国浙江（遂昌九龙山、龙王山、天目山、遂昌、百山祖）、广西、华南；国外：印度，老挝，马来西亚，东南亚。

341. 伊娜锷弄蝶 *Aeromachus inachus* Ménétriès

寄主：芒。

分布：我国浙江（遂昌九龙山、龙王山、百山祖、淳安、遂昌）、陕西、山东、河南、湖北、台湾、黑龙江、吉林、辽宁、江苏、安徽、上海、福建、华中；国外：朝鲜，日本。

342. 黑锷弄蝶 *Aeromachus piceus* Leech

分布：浙江（遂昌九龙山、天目山、淳安、遂昌）。

343. 钩形黄斑弄蝶 *Ampittia virgata* Leech

寄主：禾本科。

分布：我国浙江（遂昌九龙山、天目山、百山祖、丽水、遂昌、龙泉、泰顺）、陕西、河南、湖北、江西、湖南、福建、台湾、广东、四川。

344. 腌翅弄蝶中国亚种 *Astictopterus jama chinensis* Leech

寄主：芒。

分布：我国浙江（遂昌九龙山、古田山、百山祖、临安、开化、丽水、遂昌、松阳）、华南、海南、广西、香港；国外：朝鲜，日本，泰国，缅甸，印度，马来西亚，菲律宾，印度尼西亚。

345. 黄绒伞弄蝶（绿伞弄蝶）*Bibasis striata*（Hewitson）

分布：我国浙江（遂昌九龙山、龙王山、天目山、百山祖、丽水、遂昌、泰顺）、河南、四川、福建；国外：印度。

346. 白点褐弄蝶（米山弄蝶）*Borbo cinnara*（Wallace）

寄主：水稻、玉米、芒、狗尾草。

分布：我国浙江（遂昌九龙山、百山祖、萧山、丽水、遂昌、龙泉）、山东、河南、陕西、江苏、上海、安徽、湖北、江西、湖南、福建、台湾、广东、海南、香港、广西；国外：印度，澳大利亚。

347. 无斑珂弄蝶 *Caltoris bromus* Leech

分布：我国浙江（遂昌九龙山、天目山、百山祖、泰顺）、陕西、台湾、四川、香港、华中、华南；国外：日本，印度，缅甸，泰国，柬埔寨，老挝，越南，马来西亚，印度尼西亚。

348. 黑纹珂弄蝶 *Caltoris cahira*（Moore）

分布：我国浙江（遂昌九龙山、龙王山、百山祖、泰顺）；国外：印度，不丹，缅甸，泰国，老挝，越南，马来西亚。

349. 星弄蝶 *Celaenorrhinus consanguinea* Leech

寄主：悬钩子。

分布：我国浙江（遂昌九龙山、莫干山、百山祖、杭州、丽水、龙泉）、陕西、河南、湖北、江西、福建、台湾、广东、广西、四川、云南；国外：缅甸。

350. 绿弄蝶（绿翅弄蝶、大绿弄蝶）*Choaspes benjaminii* Guerin-Ménéville

寄主：清风藤、罗浮抱花树、笔罗子。

分布：我国浙江（遂昌九龙山、龙王山、天目山、古田山、百山祖、杭州、安吉、奉化、三门、丽水、缙云、遂昌、景宁、龙泉、庆元、平阳、泰顺）、陕西、福建、山东、河南、台湾、广东、广西、云南、西藏；国外：朝鲜，日本，越南，老挝，柬埔寨，泰国、缅甸，孟加拉，印度，尼泊尔，不丹，斯里兰卡，印度尼西亚。

351. 绵羊窗弄蝶 *Coladenia agni*（De Niceville）

分布：我国浙江（遂昌九龙山、百山祖、临安）、广西、台湾、华东、华南；国外：

印度，缅甸，马来西亚，菲律宾，泰国。

352. 透翅弄蝶（齿翅弄蝶、栉脉弄蝶、梳翅弄蝶）*Ctenoptilum vasava* Moore

分布：我国浙江（遂昌九龙山、龙王山、莫干山、天目山、百山祖、杭州、缙云）、陕西、河南、华中、云南；国外：印度，老挝，缅甸，南亚，东南亚。

353. 菲氏黑弄蝶 *Daimio phisara* Moore

寄主：黄檀。

分布：我国浙江（遂昌九龙山、百山祖、丽水、缙云、遂昌、庆元）、海南、香港、华东、华南；国外：印度，缅甸，马来西亚，南亚，东南亚。

354. 中华黑弄蝶 *Daimio sinica* Felder

分布：我国浙江（遂昌九龙山、龙王山、百山祖、杭州、龙泉、松阳、泰顺）、华东、华中、西南；国外：南亚，东南亚。

355. 黑芋弄蝶姆氏亚种 *Daimio tethys moorei*（Mabille）

寄主：芋、薯蓣。

分布：我国浙江（遂昌九龙山、龙王山、莫干山、天目山、古田山、长兴、德清、杭州、建德、淳安、鄞县、慈溪、宁海、三门、永康、仙居、开化、丽水、缙云、遂昌、云和、景宁、龙泉、庆元、百山祖、永嘉、平阳、泰顺）、黑龙江、山东、河南、陕西、湖北、湖南、福建、台湾、四川、贵州、云南；国外：日本，朝鲜，大洋洲。

356. 芭蕉弄蝶 *Erionota torus* Evans

分布：我国浙江（遂昌九龙山、龙泉、百山祖、泰顺）、陕西、江西、福建、广东、广西、四川、香港、华东、华中、华南；国外：老挝。

357. 珠弄蝶（黄星弄蝶、深山珠弄蝶）*Erynnis montanus*（Bremer）

寄主：水青冈、小橡子、麻栎、柞。

分布：我国浙江（遂昌九龙山、龙王山、天目山、百山祖、德清、杭州、淳安）、内蒙古、北京、天津、河北、山西、山东、河南、陕西、江苏、上海、安徽、湖北、江西、湖南、福建；国外：朝鲜，日本，印度。

358. 窄翅弄蝶（旖弄蝶）*Isoteinon lamprospilus* Felder et Felder

寄主：竹、芒、白茅。

分布：我国浙江（遂昌九龙山、莫干山、天目山、古田山、百山祖、杭州、临安、淳安、宁波、开化、丽水、遂昌、龙泉、平阳、泰顺）、湖北、江西、湖南、福建、台湾、广东、广西、四川；国外：朝鲜，日本，越南。

359. 双带弄蝶 *Lobocla bifasciata* Bremer et Grey

分布：我国浙江（遂昌九龙山、龙王山、天目山、百山祖、杭州、建德、宁波、淳安、三门、定海、金华、仙居、临海、开化、丽水、遂昌、景宁、龙泉、庆元、文成、平阳、泰顺）、全国广布；国外：朝鲜，缅甸，印度。

360. 曲纹袖弄蝶（白斑袖弄蝶） *Notocrypta curvifascia* **Felder et Felder**

寄主：山姜属。

分布：我国浙江（遂昌九龙山、天目山、百山祖、普陀、丽水、遂昌、龙泉）、江西、福建、台湾、广东、海南、香港、广西、四川、云南、西藏；国外：日本，越南，泰国，老挝，柬埔寨，缅甸，孟加拉，印度，巴基斯坦，斯里兰卡，马来西亚，印度尼西亚。

361. 菲氏袖弄蝶 *Notocrypta feisthamelii* **Boisduval**

寄主：姜科。

分布：我国浙江（遂昌九龙山、百山祖、庆元、泰顺）、华南；国外：印度，马来西亚，菲律宾，缅甸，泰国，印度尼西亚，南亚，东南亚。

362. 宽缘赭弄蝶（黑豹弄蝶） *Ochlodes ochracea* **Bremer**

寄主：禾本科。

分布：我国浙江（遂昌九龙山、百山祖、兰溪、遂昌、龙泉、乐清）、黑龙江、陕西、河南、黑龙江、吉林、辽宁、华中；国外：朝鲜，日本。

363. 小赭弄蝶 *Ochlodes subhualina* **Bremer et Grey**

寄主：缩箬、莎草。

分布：我国浙江（遂昌九龙山、龙王山、天目山、古田山、百山祖、长兴、德清、杭州、建德、淳安、诸暨、鄞县、奉化、象山、三门、定海、普陀、仙居、丽水、遂昌、龙泉、温州、乐清、文成、平阳、泰顺）、河北、山西、山东、河南、陕西、江苏、安徽、湖北、江西、福建、台湾、云南；国外：朝鲜，日本，缅甸，印度。

364. 浅色赭弄蝶 *Ochlodes venata* **Bremer et Grey**

寄主：芒、苔草。

分布：我国浙江（遂昌九龙山、天目山、百山祖、杭州）、黑龙江、吉林、辽宁、山东、河南、陕西、江苏、上海、安徽、湖北、江西、湖南、福建；国外：朝鲜，日本，欧洲，亚洲北部。

365. 竹内弄蝶 *Onryza maga*（**Leech**）

分布：我国浙江（遂昌九龙山、龙王山、天目山、百山祖、杭州、临安、温州）、山东、河南、江苏、上海、安徽、湖北、江西、湖南、福建、台湾、广东；国外：马来西亚。

366. 曲纹稻弄蝶 *Parnara ganga* **Evansman**

寄主：水稻、竹、芦苇、芒、稗。

分布：浙江（遂昌九龙山、莫干山、百山祖）、陕西、湖南。

367. 直纹稻弄蝶北印亚种 *Parnara guttata mangala* **Moore**

寄主：水稻、高粱、玉米、甘蔗、大麦、稗、三棱草、狗尾草、樟、松、柏、云杉、楠、竹、楝、大麦。

分布：我国浙江（遂昌九龙山、龙王山、古田山、百山祖）、全国大部分地区；国外：朝鲜，日本，印度半岛，东南亚。

368. 么纹稻弄蝶 *Parnara naso* Fabricius

寄主：茭白、游草、稗、白茅、水稻。

分布：我国浙江（遂昌九龙山、龙王山、百山祖、萧山、丽水、温州、平阳）、陕西、福建、江西、广西、台湾、香港、华东、华南；国外：日本，斯里兰卡，印度，印度尼西亚，菲律宾，法国。

369. 隐纹谷弄蝶 *Pelopidas mathias*（Fabricius）

寄主：甘蔗、玉米、竹、白茅、芒、狼尾草、狗尾草、茭白、水稻、毛竹。

分布：我国浙江（遂昌九龙山、龙王山、莫干山、天目山、古田山、百山祖）、河北、山东、河南、陕西、湖北、江西、福建、台湾、广东、海南、广西、云南；国外：朝鲜，日本，泰国，老挝，缅甸，印度，斯里兰卡，马来西亚，菲律宾，埃及，印度尼西亚。

370. 白斑谷弄蝶 *Pelopidas subochracea*（Moore）

寄主：水稻。

分布：我国浙江（遂昌九龙山、古田山、丽水、遂昌、龙泉）、香港；国外：印度。

371. 曲纹多孔弄蝶 *Polytremis pellucida*（Murray）

寄主：水稻、芒、竹。

分布：我国浙江（遂昌九龙山、龙王山、天目山、百山祖、杭州、鄞县、奉化、慈溪、宁海、松阳、龙泉、庆元、温州、泰顺）、黑龙江、陕西、黑龙江、吉林、辽宁、山东、河南、江苏、上海、安徽、湖北、江西、湖南、福建、台湾；国外：朝鲜，日本。

372. 孔弄蝶 *Polytremis zina* Eversman

寄主：水稻、竹、芦苇、芒、稗、狗尾草。

分布：浙江（遂昌九龙山、龙王山、百山祖、桐庐、鄞县、淳安、东阳、丽水、遂昌、龙泉、庆元、瑞安、泰顺）、江西、四川、福建。

373. 稻黄室弄蝶 *Potanthus confucius* Felder et Felder

寄主：竹、水稻、玉米、芒。

分布：我国浙江（遂昌九龙山、龙王山、古田山、百山祖、临安、丽水、缙云、遂昌、松阳、云和、龙泉、泰顺）、陕西、河南、湖北、福建、台湾、广东、海南、广西、云南；国外：日本，老挝，泰国，缅甸，印度，斯里兰卡，马来西亚。

374. 伪籼弄蝶（黑褐弄蝶）*Pseudoborbo bevani* Moore

寄主：禾本科。

分布：我国浙江（遂昌九龙山、百山祖、平阳）、山东、河南、江苏、上海、安徽、陕西、湖北、江西、湖南、福建、台湾、广东、海南、广西；国外：日本，印度，不丹，缅甸，泰国，南亚，东南亚。

375. 花弄蝶 *Pyrgus maculatus* Bremer et Grey

寄主：委陵菜、翻白草。

分布：我国浙江（遂昌九龙山、龙王山、天目山、古田山、百山祖）、黑龙江、吉林、辽宁、河北、河南、陕西、江西、福建、四川、云南、西藏；国外：蒙古，朝鲜，日本。

376. 飒弄蝶（拟大环弄蝶） *Satarupa gopala* Moore

分布：我国浙江（遂昌九龙山、龙王山、天目山、龙泉）、河南、陕西、江西、福建、台湾、海南、广西；国外：缅甸，印度，马来西亚，印度尼西亚。

377. 大环飒弄蝶（大环弄蝶、密纹飒弄蝶） *Satarupa monbeigi* Oberthur

寄主：飞龙掌血。

分布：浙江（遂昌九龙山、天目山、百山祖、丽水、龙泉、泰顺）、江西、湖南、广东、海南、广西。

378. 红翅长标弄蝶台湾亚种（埔里红弄蝶） *Telicota ancilla horisha* Evans

分布：我国浙江（遂昌九龙山、百山祖、富阳、遂昌、平阳）、江西、福建、广西、广东、海南、台湾、香港、广东、海南、广西；国外：印度，尼泊尔，不丹，孟加拉，缅甸，老挝，越南，柬埔寨，菲律宾，新加坡，印度尼西亚，新几内亚岛，澳大利亚。

379. 陀弄蝶（长纹弄蝶、花裙陀弄蝶） *Thoressa submacula*（Leech）

分布：我国浙江（遂昌九龙山、天目山、杭州、丽水、遂昌、龙泉、庆元）、陕西、河南、湖北、福建、台湾。

380. 豹弄蝶 *Thymelicus leoninus*（Butler）

寄主：鹅观草。

分布：我国浙江（遂昌九龙山、天目山、古田山、百山祖、临安、开化）、黑龙江、陕西、江西、云南；国外：朝鲜，日本。

381. 姜弄蝶 *Udaspes folus* Cramer

寄主：姜、姜黄、月桃。

分布：我国浙江（遂昌九龙山、百山祖、丽水、景宁）、江西、台湾、广东、广西、云南、西藏；国外：越南，老挝，泰国，缅甸，孟加拉，印度，尼泊尔，不丹，斯里兰卡，马来西亚，印度尼西亚。

十六、凤蝶科 Papilionidae

凤蝶科昆虫头部复眼光滑，下颚须微小，下唇须通常较小（也有发达的类群如喙凤蝶属），喙及触角发达，触角末端膨大，整体呈棒状。前翅呈三角形；中室闭式；R 脉 5 条，R_4 与 R_5 共柄，M_1 不与 R 脉共柄；A 脉 2 条，3A 脉短，只到翅的后缘。后翅只 1 条 A 脉，外缘多为波浪形，不少种类的 M_3 脉常向后方延伸形成长短不一的尾突，也有无尾突或 2 条以上尾突的种类。前足正常，胫节有 1 小距，胫节距为 0-2-2 式或 0-0-2 式，跗节具爪 1 对。

九龙山保护区发现有 9 属 26 种。

382. 宽尾凤蝶（大尾凤蝶）*Agehana elwesi* Leech

寄主：檫、鹅掌楸、凹叶厚朴、厚朴、木兰、玉兰、深山含笑、天女花、兰。

分布：我国浙江（遂昌九龙山、龙王山、莫干山、天目山、古田山、百山祖、杭州、东阳、丽水、遂昌、松阳、云和、龙泉、庆元、景宁、泰顺）、陕西、安徽、江西、湖南、福建、台湾、广西、四川、贵州。

383. 麝凤蝶（华中麝凤蝶）*Byasa confusa*（Rothschild）

寄主：栎、萝摩、马兜铃、马利筋、木防己。

分布：我国浙江（遂昌九龙山、全省广布）、黑龙江、甘肃、青海、河北、陕西、山东、河南、湖北、江西、湖南、福建、广东、广西、贵州、云南；国外：朝鲜，日本，印度，不丹。

384. 长尾麝凤蝶 *Byasa impediens* Rothschild

分布：我国浙江（遂昌九龙山、天目山、百山祖）、江西、福建、台湾。

385. 灰绒麝凤蝶（雅麝凤蝶、白缘麝凤蝶）*Byasa mencius*（Felder et Felder）

寄主：马兜铃、木防己。

分布：浙江（遂昌九龙山、龙王山、天目山、古田山、百山祖、龙泉、宁波）、甘肃、陕西、江西、湖南、福建、广西、四川、云南。

386. 褐斑凤蝶大陆亚种 *Chilasa agestor restricta*（Leech）

寄主：楠。

分布：我国浙江（遂昌九龙山、百山祖、泰顺）、陕西、福建、广东、四川、台湾；国外：泰国，缅甸，印度，马来西亚等。

387. 小黑斑凤蝶（小褐凤蝶）*Chilasa epycides*（Hewitson）

寄主：樟。

分布：我国浙江（遂昌九龙山、天目山、百山祖、萧山、丽水、遂昌、龙泉、泰顺）、湖南、福建、台湾、四川、云南；国外：缅甸，印度，斯里兰卡。

388. 宽带青凤蝶（同斑凤蝶、长尾青凤蝶）*Graphium cloanthus* Westwood

寄主：芳香桢楠。

分布：我国浙江（遂昌九龙山、龙王山、天目山、百山祖、杭州、淳安、开化、丽水、缙云、遂昌、龙泉、庆元、文成、泰顺）、湖北、江西、福建、台湾、广东、海南、广西、贵州、云南、西藏；国外：日本，缅甸、泰国，印度，不丹，马来西亚，尼泊尔，印度尼西亚。

389. 木兰青凤蝶中原亚种 *Graphium doson axion*（Felder et Felder）

寄主：木兰科。

分布： 我国浙江（遂昌九龙山、百山祖、丽水、松阳、泰顺）、陕西、福建、台湾、广东、海南、广西、云南；国外：越南，泰国，缅甸，印度，尼泊尔，马来西亚，印度尼西亚。

390. 黎氏青凤蝶 *Graphium leechi*（Rothschild）

分布： 浙江（遂昌九龙山、百山祖、缙云、遂昌、松阳、龙泉）、江西、云南。

391. 青凤蝶（樟青凤蝶）*Graphium sarpedon*（Linnaeus）

寄主： 樟、楠。

分布： 我国浙江（遂昌九龙山、龙王山、莫干山、天目山、古田山、百山祖、长兴、平湖、杭州、淳安、绍兴、嵊州、鄞县、慈溪、余姚、奉化、宁海、定海、金华、常山、丽水、遂昌、龙泉、庆元、温州、乐清、泰顺）、黑龙江、吉林、辽宁、陕西、江苏、湖南、福建、台湾、广东、广西、四川、贵州、云南；国外：朝鲜，日本，印度，越南，老挝，缅甸，印度尼西亚，菲律宾，马来西亚。

392. 红珠凤蝶（红纹凤蝶）*Pachliopta aristolochiae*（Fabricius）

寄主： 马兜铃。

分布： 我国浙江（遂昌九龙山、天目山、百山祖、杭州、淳安、临海、丽水、缙云、遂昌、松阳、景宁、龙泉、庆元、乐清、泰顺）、陕西、河南、台湾、广东、海南、广西、云南；国外：泰国，缅甸，印度，斯里兰卡，马来西亚，菲律宾，印度尼西亚。

393. 碧凤蝶 *Papilio bianor* Cramer

寄主： 柑橘、吴茱萸、漆树、山椒。

分布： 我国浙江（遂昌九龙山、全省广布）、全国广布；国外：朝鲜，日本，越南，缅甸。

394. 穹翠凤蝶（拟碧凤蝶）*Papilio dialis* Leech

寄主： 柑橘、吴茱萸、漆树、飞龙掌血。

分布： 我国浙江（遂昌九龙山、古田山、百山祖、丽水、遂昌、泰顺）、台湾及西南部；国外：柬埔寨，缅甸。

395. 黄纹凤蝶（小黄斑凤蝶、玉斑凤蝶）*Papilio helenus* Linnaeus

寄主： 两面针、柑橘、樟、黄蘗。

分布： 我国浙江（遂昌九龙山、天目山、百山祖、淳安、宁波、丽水、遂昌、景宁、泰顺）、江西、台湾、湖南、福建、广东、广西、海南、云南、西藏；国外：缅甸，印度，尼泊尔，马来西亚，印度尼西亚，日本，东南亚。

396. 绿带翠凤蝶（马氏凤蝶、玛氏凤蝶）*Papilio maackii* Ménétries

寄主： 柑橘属。

分布： 我国浙江（遂昌九龙山、莫干山、百山祖、天目山、杭州、临安、遂昌、松阳、龙泉）、黑龙江、四川、江西、台湾；国外：日本，朝鲜。

397. 金凤蝶（黄凤蝶、茴香凤蝶）*Papilio machaon* Linnaeus

寄主：茴香、樟、楠、枳壳、当归、防风、独活、羌活、胡萝卜、芹菜、柴胡。

分布：我国浙江（遂昌九龙山、全省广布）、全国广布；国外：亚洲，欧洲，非洲北部，北美洲。

398. 美妹凤蝶（长尾凤蝶）*Papilio macilentus* Janson

寄主：茴香、柑橘。

分布：我国浙江（遂昌九龙山、天目山、龙王山、百山祖、杭州、临安、萧山、淳安、丽水、松阳）、陕西、河南；国外：日本，朝鲜。

399. 巴黎翠凤蝶 *Papilio paris* Linnaeus

寄主：飞龙掌血、柑橘。

分布：我国浙江（遂昌九龙山、天目山、百山祖、兰溪、缙云、遂昌、龙泉、泰顺、乐清、文成）、湖北、江西、福建、台湾、广东、广西、云南；国外：日本，泰国，缅甸，印度，尼泊尔，马来西亚。

400. 玉带凤蝶 *Papilio polytes* Linnaeus

寄主：柑橘、两面针、柠檬、花椒。

分布：我国浙江（遂昌九龙山、全省分布）、全国广布；国外：日本，泰国，印度，马来西亚，印度尼西亚。

401. 蓝凤蝶（鸟凤蝶）*Papilio protenor* Cramer

寄主：两面针、构桔、柑橘、山椒。

分布：我国浙江（遂昌九龙山、龙王山、天目山、古田山、百山祖、杭州、临安、建德、淳安、诸暨、新昌、鄞县、余姚、宁海、金华、常山、丽水、遂昌、青田、龙泉、庆元、乐清、平阳）、陕西、山东、河南、江西、湖北、湖南、福建、台湾、广东、广西、四川、贵州；国外：朝鲜，日本，越南，缅甸，印度，尼泊尔，不丹。

402. 柑橘凤蝶（凤子蝶、燕尾蝶）*Papilio xuthus* Linnaeus

寄主：金橘、构树、柚、马尾松、刺槐、枫杨、茄、柑橘、肉桂、吴茱萸、山椒、花椒。

分布：我国浙江（遂昌九龙山、全省广布）、全国广布；国外：俄罗斯，朝鲜，日本，缅甸，印度，马来西亚，菲律宾，澳大利亚。

403. 金斑剑凤蝶（飘带凤蝶、黄斑黑纹凤蝶）*Pazala alebion*（Gray）

寄主：樟。

分布：我国浙江（遂昌九龙山、龙王山、莫干山、天目山、百山祖、诸暨、丽水、遂昌）、河南、江西、湖南、福建、台湾；国外：朝鲜。

404. 金链剑凤蝶（朝仓凤蝶、升天剑凤蝶）*Pazala eurous*（Leech）

寄主：润楠。

分布：我国浙江（遂昌九龙山、龙王山、莫干山、天目山、百山祖、杭州、遂昌、龙泉、泰顺）、江西、福建、台湾、广东、四川、云南、西藏；国外：缅甸，印度，尼泊尔，不丹，巴基斯坦。

405. 叉纹剑凤蝶 *Pazala timur*（Ney）

寄主：樟。

分布：我国浙江（遂昌九龙山、百山祖、诸暨、丽水、遂昌、泰顺）、江西、四川、台湾。

406. 丝带凤蝶 *Sericinus montela* Gray

寄主：马兜铃、青木香。

分布：我国浙江（遂昌九龙山、龙王山、莫干山、百山祖、长兴、平湖、杭州、临安、萧山、桐庐、建德、淳安、上虞、诸暨、鄞县、慈溪、余姚、镇海、奉化、宁海、岱山、浦江、义乌、东阳、永康、天台、古田山、常山、龙泉、庆元、温州）、黑龙江、吉林、河北、山东、宁夏、甘肃、陕西、江西、福建、广西；国外：朝鲜。

407. 金裳凤蝶 *Troide aeacus*（Felder et Felder）

寄主：马兜铃。

分布：我国浙江（遂昌九龙山、莫干山、天目山、淳安、开化、古田山、遂昌、景宁、百山祖）、陕西、江西、福建、台湾、广东、广西、云南、西藏；国外：泰国，缅甸，印度，尼泊尔，不丹，斯里兰卡，马来西亚。

十七、粉蝶科 Pieridae

粉蝶科昆虫头小，触角细，线状，端部明显膨大成棒状；前足雌雄均发达，有步行作用；有一对分叉的爪；翅三角形，顶角有时突出，闭式；前翅 R 脉 3~4 条，极少有 5 条的情况，基部多共柄；A 脉只 1 条；后翅卵圆形，外缘圆滑；肩脉有或无，无肩室，A 脉 2 条，无尾突；前后翅中室均为闭式。

九龙山保护区发现有 3 属 8 种。

408. 圆翅钩粉蝶（红点粉蝶）*Gonepteryx amintha* Blanchard

寄主：桶钩藤、黄槐。

分布：浙江（遂昌九龙山、龙王山、天目山、古田山、百山祖、杭州、临安、淳安、定海、开化、丽水、缙云、遂昌、龙泉、庆元、泰顺）、云南。

409. 锐角钩粉蝶大陆亚种 *Gonepteryx mahagura aspasia* Menetries

寄主：鼠李、枣、酸枣。

分布：浙江（遂昌九龙山、天目山、杭州、临安、建德、淳安、鄞县、慈溪、余姚、镇海、奉化、宁海、象山、三门、天台、仙居、临海、黄岩、温岭、金华、江山、遂昌、龙泉、乐清、永嘉、文成）。

410. 钩粉蝶（角翅粉蝶、鼠李蝶、锐角翅粉蝶）*Gonepteryx rhamni*（Linnaeus）

寄主：杉、鼠李、枣、酸枣。

分布：我国浙江（遂昌九龙山、龙王山、莫干山、天目山、古田山、百山祖、长兴、德清、杭州、余杭、临安、淳安、上虞、诸暨、新昌、鄞县、慈溪、镇海、奉化、宁海、象山、定海、普陀、浦江、永康、武义、天台、开化、丽水、缙云、遂昌、云和、龙泉、庆元、泰顺）、北京、黑龙江、河北、陕西、河南、江西、福建、广东、广西、云南、西藏；国外：朝鲜，日本，缅甸，印度，欧洲。

411. 东方菜粉蝶（东方粉蝶）*Pieris canidia*（Sparrman）

寄主：马尾松、焊菜、荠菜。

分布：我国浙江（遂昌九龙山、龙王山、莫干山、天目山、湖州、长兴、杭州、临安、淳安、绍兴、上虞、诸暨、嵊州、新昌、宁波、鄞县、慈溪、奉化、宁海、金华、浦江、东阳、临海、江山、古田山、缙云、百山祖、乐清、永嘉、瑞安）、山东、河南、新疆、陕西、湖北、江西、湖南、福建、台湾、广东、海南、四川、贵州、云南、西藏；国外：俄罗斯，朝鲜，日本，越南，老挝，柬埔寨，泰国，缅甸，孟加拉，印度，尼泊尔，巴基斯坦，伊朗，阿富汗。

412. 黑脉粉蝶 *Pieris melete* Menetries

寄主：十字花科。

分布：浙江（遂昌九龙山、莫干山、天目山、临安、余姚、武义、丽水、遂昌、龙泉、庆元）。

413. 暗脉菜粉蝶（暗脉粉蝶）*Pieris napi*（Linnaeus）

寄主：南芥菜、焊菜、荠菜。

分布：我国浙江（遂昌九龙山、龙王山、莫干山、天目山、湖州、德清、杭州、临安、淳安、鄞县、奉化、天台、临海、遂昌、丽水、龙泉）、甘肃、河北、陕西、河南、江西、湖南、福建、广西、贵州；国外：朝鲜，日本，亚洲，欧洲，非洲北部，北美洲。

414. 菜粉蝶 *Pieris rapae*（Linnaeus）

寄主：十字花科。

分布：我国浙江（遂昌九龙山、龙王山、莫干山、天目山、古田山、百山祖）、全国广布；国外：亚洲，欧洲，大洋洲，北美洲。

415. 飞龙粉蝶 *Talbotia naganum*（Moore）

寄主：钟萼木、臭椿。

分布：我国浙江（遂昌九龙山、百山祖、临安、淳安、开化、遂昌、龙泉、泰顺）、江西、福建、台湾、广东、云南；国外：越南，老挝，泰国，缅甸，印度，巴基斯坦。

十八、眼蝶科 Satyridae

眼蝶科昆虫体型小至中型，颜色较暗，多为黑色和褐色，很多种类翅上有眼斑，前足退化，前翅通常有 1~3 条脉的基部膨大或加粗；后翅多数无尾突，中室开式；有肩脉。多数有性斑，在前翅上或后翅前缘上，竖起呈毛簇状。有性二型及季节型。

九龙山保护区发现有 12 属 40 种。

416. 多纹云眼蝶 *Hyponephele violiaceopicta*（Poujade）

分布：浙江（遂昌九龙山、百山祖、遂昌、龙泉、庆元）。

417. 多点眼蝶 *Kirinia epaminondas*（Staudinger）

寄主：竹、早熟禾、马唐。

分布：我国浙江（遂昌九龙山、百山祖、金华、浦江、遂昌、龙泉、庆元、温州）、北京、黑龙江、甘肃、河北、陕西、山东、河南、湖北、江西、福建；国外：朝鲜，日本。

418. 圆翅黛眼蝶恒春亚种 *Lethe butleri periscelis*（Fruhstorfer）

寄主：禾本科。

分布：我国浙江（遂昌九龙山、天目山、古田山、百山祖、遂昌）、台湾。

419. 曲纹黛眼蝶中原亚种 *Lethe chandica coelestis* Leech

寄主：竹。

分布：我国浙江（遂昌九龙山、龙王山、莫干山、天目山、百山祖、临安、淳安、丽水、遂昌、龙泉、泰顺）、江西、福建、台湾、广东、广西、云南、西藏；国外：越南，泰国，缅甸，孟加拉，印度，马来西亚，菲律宾，印度尼西亚，新加坡。

420. 棕褐黛眼蝶 *Lethe christophi*（Leech）

寄主：玉山竹。

分布：我国浙江（遂昌九龙山、龙王山、天目山、百山祖、临安、富阳、开化、常山、遂昌、龙泉）、陕西、江西、福建、四川、台湾；国外：缅甸，巴基斯坦。

421. 白带黛眼蝶中太亚种 *Lethe confusa apara*（Fruhstorfer）

寄主：竹。

分布：我国浙江（遂昌九龙山、百山祖、金华、遂昌、景宁、庆元、泰顺）、广东、海南、广西、贵州、云南；国外：印度，尼泊尔，泰国，越南，老挝，柬埔寨，缅甸，马来西亚。

422. 苔娜黛眼蝶 *Lethe diana* Butler

寄主：刚竹。

分布：我国浙江（遂昌九龙山、龙王山、天目山、古田山、百山祖）、河南、山东、河南、陕西、江苏、上海、安徽、湖北、江西、湖南、福建；国外：日本，朝鲜。

423. 黛眼蝶 *Lethe dura*（Marshall）

分布：我国浙江（遂昌九龙山、天目山）、陕西、台湾、四川、云南；国外：越南，老挝，缅甸，孟加拉，印度，尼泊尔，不丹，菲律宾。

424. 黛眼蝶马边亚种（云眼蝶）*Lethe dura moupinensis* Poujade

分布：浙江（遂昌九龙山、莫干山、遂昌、龙泉、泰顺）。

425. 长纹黛眼蝶 *Lethe europa* Fabricius

寄主：竹。

分布：我国浙江（遂昌九龙山、古田山、百山祖、金华、丽水、遂昌、温州、文成）、江西、福建、台湾、广东、云南、西藏；国外：越南，老挝，柬埔寨，泰国，缅甸，孟加拉，印度，尼泊尔，不丹，巴基斯坦，马来西亚，新加坡，菲律宾，印度尼西亚。

426. 孪斑黛眼蝶 *Lethe gemina* Leech

寄主：竹。

分布：我国浙江（遂昌九龙山、龙王山、天目山、百山祖、临安）、四川、台湾；国外：缅甸，印度，巴基斯坦，缅甸，南亚。

427. 深山黛眼蝶 *Lethe insana* Kollar

寄主：茶秆竹。

分布：我国浙江（遂昌九龙山、百山祖、遂昌、景宁、龙泉、庆元、泰顺）、江西、台湾、广东、云南；国外：越南，老挝，泰国，缅甸，孟加拉，印度，尼泊尔，不丹，巴基斯坦。

428. 直带黛眼蝶 *Lethe lanaris*（Butler）

寄主：竹。

分布：浙江（遂昌九龙山、龙王山、莫干山、天目山、百山祖、杭州、宁波、云和、龙泉、泰顺）、陕西。

429. 边纹黛眼蝶 *Lethe marginalis*（Motschulsky）

寄主：禾本科。

分布：我国浙江（遂昌九龙山、龙王山、莫干山、天目山、百山祖、德清、东阳、遂昌）、黑龙江、甘肃、山东、河南、陕西、江苏、上海、安徽、湖北、江西、福建；国外：朝鲜，日本。

430. 八目黛眼蝶 *Lethe oculatissima*（Poujade）

寄主：竹。

分布：浙江（遂昌九龙山、古田山、百山祖、金华、龙游、丽水、遂昌、景宁、龙泉、泰顺）。

431. 蛇神黛眼蝶 *Lethe satyrina*（Butler）

寄主：竹。

分布：浙江（遂昌九龙山、天目山、百山祖、金华、丽水、遂昌、龙泉、泰顺）、陕西、河南、江苏、湖北、江西、湖南。

432. 尖尾黛眼蝶 *Lethe sinorix* Hewitson

寄主：竹、禾本科。

分布：我国浙江（遂昌九龙山、遂昌、龙泉、百山祖、泰顺）、广东、广西；国外：印度，缅甸，马来西亚。

433. 连纹黛眼蝶 *Lethe syrcis syrcis* Hewiston

分布：我国浙江（遂昌九龙山、湖州、长兴、安吉、龙王山、德清、莫干山、天目山、百山祖、金华、丽水、遂昌、景宁、龙泉）、黑龙江、北京、河北、陕西、河南、福建；国外：印度，印度尼西亚。

434. 紫线黛眼蝶 *Lethe violaceopicta*（Poujade）

分布：浙江（遂昌九龙山、龙泉、庆元）。

435. 蓝斑丽眼蝶（蓝纹眼蝶）*Mandarina regalis*（Leech）

分布：我国浙江（遂昌九龙山、莫干山、天目山、古田山、百山祖、杭州、金华、开化、丽水、遂昌、景宁、龙泉、庆元、泰顺）、河南、江苏、安徽、湖北、广东、海南、四川；国外：越南，缅甸。

436. 白眼蝶 *Melanargia halimede*（Menetries）

寄主：水稻、甘蔗、竹。

分布：我国浙江（遂昌九龙山、龙王山、百山祖）、黑龙江、吉林、辽宁、河北、山西、山东、河南、宁夏、甘肃、陕西、青海、湖北、四川、云南；国外：朝鲜，蒙古，西伯利亚南部。

437. 黑纱白眼蝶 *Melanargia lugens*（Honrath）

寄主：水稻、竹。

分布：浙江（遂昌九龙山、龙王山、天目山、古田山、百山祖、雁荡山、杭州、临安、宁波、镇海、象山、三门、嵊泗、定海、金华、临海、丽水、遂昌、景宁、龙泉、庆元、文成、泰顺）、河南、湖北、湖南。

438. 稻蔗眼蝶（暮眼蝶、稻褐眼蝶）*Melanitis leda*（Linnaeus）

寄主：水稻、马唐、玉米、麦、甘蔗。

分布：我国浙江（遂昌九龙山、龙王山、莫干山、天目山、古田山、百山祖、杭州、临海、常山、遂昌、龙泉、庆元、文成、泰顺）、河南、上海、湖南、江西、福建、台湾、广东、海南、贵州、云南、西藏；国外：日本，东南亚，大洋洲，非洲，澳大利亚。

439. 双环眼蝶（蛇眼蝶）*Minois dryas*（Scopoli）

寄主：水稻、看麦娘、李氏禾、竹、芒、早熟禾、繁缕。

分布：我国浙江（遂昌九龙山、长兴、龙王山、天目山、古田山、百山祖、杭州、临安、诸暨、奉化、宁海、象山、金华、浦江、东阳、永康、黄岩、丽水、遂昌、龙泉、温州、永嘉、瑞安、洞头、文成、平阳、泰顺）、黑龙江、吉林、宁夏、甘肃、河北、山东、河南、陕西；国外：朝鲜，日本，欧洲。

440. 拟稻眉眼蝶 *Mycalesis francisca* Stoll

寄主：水稻、芒。

分布：我国浙江（遂昌九龙山、湖州、龙王山、天目山、古田山、百山祖、长兴、安吉、杭州、余杭、镇海、奉化、东阳、永康、天台、开化、常山、丽水、遂昌、云和、龙泉、永嘉、平阳、泰顺）、河南、陕西、江苏、江西、福建、台湾、云南；国外：朝鲜，日本，印度。

441. 稻眉眼蝶 *Mycalesis gotama* Moore

寄主：水稻、甘蔗、竹、小麦。

分布：我国浙江（遂昌九龙山、龙王山、莫干山、天目山、古田山、百山祖）、陕西、河南、江苏、安徽、湖北、江西、湖南、福建、台湾、广东、海南、广西、四川、贵州、云南、西藏；国外：朝鲜，蒙古，日本，越南，老挝，泰国，缅甸，印度，不丹，孟加拉，巴基斯坦。

442. 小眉眼蝶（异型眉眼蝶）*Mycalesis mineus*（Linnaeus）

寄主：水稻、刚莠竹、棕榈。

分布：我国浙江（遂昌九龙山、龙王山、天目山、古田山、百山祖、丽水、遂昌）、湖北、江西、福建、台湾、广东、海南、广西、四川、云南；国外：越南，老挝，泰国，缅甸，印度，尼泊尔，不丹，巴基斯坦，马来西亚，新加坡，印度尼西亚。

443. 僧袈眉眼蝶（斜线眉眼蝶）*Mycalesis sangaica* Butler

寄主：芒、狗尾草。

分布：我国浙江（遂昌九龙山、百山祖、淳安、普陀、丽水）、江西、台湾、广西；国外：蒙古。

444. 布莱荫眼蝶 *Neope bremeri* Felder

寄主：竹。

分布：我国浙江（遂昌九龙山、龙王山、莫干山、天目山、百山祖、杭州）、陕西、湖北、江西、福建、台湾、广东、海南、四川、贵州、西藏。

445. 蒙链荫眼蝶 *Neope muirheadi* Felder

寄主：水稻、竹。

分布：我国浙江（遂昌九龙山、龙王山、莫干山、天目山、古田山、百山祖、金华、丽水、缙云、遂昌、龙泉）、陕西、云南、台湾、华东、华中、华南；国外：缅甸，泰国，越南，老挝，东南亚。

446. 黄斑荫眼蝶 *Neope pulaha* Moore

寄主：竹。

分布：我国浙江（遂昌九龙山、莫干山、百山祖、龙泉、泰顺）、华中、华南；国外：印度。

447. 丝链荫眼蝶 *Neope yama* Moore

分布：浙江（遂昌九龙山、龙王山、天目山、百山祖、龙泉）、陕西、河南、湖北、四川、云南、西藏。

448. 古眼蝶（右眼蝶）*Palaeonympha opalina* Butler

寄主：求米草、淡竹、芒。

分布：我国浙江（遂昌九龙山、龙王山、天目山、古田山、百山祖、长兴、德清、淳安、云和、龙泉、文成、泰顺）、甘肃、陕西、河南、湖北、江西、台湾、广东、四川。

449. 白斑眼蝶（四星云眼蝶、大黑眼蝶）*Penthema adelma* Felder

寄主：绿竹、凤凰竹。

分布：我国浙江（遂昌九龙山、龙王山、天目山、古田山、百山祖、丽水、缙云、遂昌、云和、龙泉、泰顺）、北京、陕西、河北、台湾、华中、西南。

450. 矍眼蝶 *Ypthima baldus*（Fabricius）

寄主：刚莠竹、金丝草。

分布：我国浙江（遂昌九龙山、龙王山、莫干山、杭州、天目山、古田山、百山祖、宁波、鄞县、宁海、金华、丽水、缙云、遂昌、云和、泰顺）、河南、湖北、江西、福建、台湾、广东、四川、海南、广西；国外：缅甸，印度，尼泊尔，不丹，巴基斯坦，马来西亚。

451. 中华矍眼蝶 *Ypthima chinensis* Leech

分布：浙江（遂昌九龙山、龙王山、莫干山、天目山、百山祖、湖州、长兴、杭州、普陀、丽水、缙云、泰顺）、陕西、山东、河南、湖北、福建、广西。

452. 幽矍眼蝶 *Ypthima conjuncta* Leech

分布：浙江（遂昌九龙山、龙王山、莫干山、天目山、百山祖、临安、丽水、遂昌、龙泉、庆元、平阳、泰顺）、陕西。

453. 东亚矍眼蝶 *Ypthima motschulskyi*（Bremer et Grey）

分布：我国浙江（遂昌九龙山、龙王山、天目山、古田山、百山祖、德清、嘉兴、平湖、杭州、淳安、宁波、余姚、象山、三门、定海、普陀、金华、仙居、临海、开化、丽水、遂昌、龙泉、温州、乐清、文成、平阳、泰顺）、黑龙江、陕西、江西、台湾、广东、海南、四川、云南；国外：朝鲜，澳大利亚。

454. 前雾矍眼蝶 *Ypthima praenubilia* Leech

寄主：金丝草。

分布：我国浙江（遂昌九龙山、莫干山、天目山、百山祖、松阳、龙泉、泰顺）、江西、福建、台湾、广东、海南；国外：亚洲东南部，非洲，澳大利亚。

455. 卓矍眼蝶 *Ypthima zodia* Butler

寄主：禾本科。

分布：浙江（遂昌九龙山、龙王山、莫干山、天目山、百山祖、杭州）。

十九、斑蝶科 Danaidae

斑蝶科昆虫头大，复眼光滑无毛；下唇须小，上举；触角细，线状，端部微微膨大；前足退化，缩在胸部下；雄蝶跗节 1 节，雌蝶 3 节，均无爪；翅外形圆，中室长，闭式；前翅 R 脉 5 条，R_{3-5} 脉共柄；M_2 脉常有回脉伸入中室，中室端脉凹入；2A 脉发达，其基部具很小的 3A 脉；后翅肩脉发达，A 脉 2 条，无尾突；雄蝶前翅 Cu 脉或后翅臀区具香鳞区。

九龙山保护区发现有 4 属 5 种。

456. 蓝点紫斑蝶 *Euploea midamus*（Linnaeus）

寄主：夹竹桃、羊角扭、弓果藤。

分布：我国浙江（遂昌九龙山、百山祖）、江西、福建、台湾、广东、广西、云南；国外：老挝，缅甸，印度，印度尼西亚。

457. 大绢斑蝶（青斑蝶、大透翅斑蝶）*Parantica sita*（Kollar）

寄主：牛奶菜、鹅绒藤、娃儿藤。

分布：我国浙江（遂昌九龙山、天目山、百山祖、临安、庆元、泰顺）、江西、广东、四川、海南；国外：印度，缅甸，不丹，阿富汗，日本，朝鲜，马来西亚，泰国，巴基斯坦，孟加拉。

458. 灰翅串珠环蝶 *Faunis aerope*（Leech）

寄主：菝葜、栎。

分布：浙江（遂昌九龙山、百山祖、丽水、龙泉、文成、泰顺）、陕西、江西、广西、云南。

459. 箭环蝶（鱼纹环蝶）*Stichophthalma howqua*（Westwood）

寄主：竹、棕榈。

分布：我国浙江（遂昌九龙山、龙王山、莫干山、天目山、古田山、百山祖、上虞、诸暨、鄞县、余姚、奉化、宁海、浦江、丽水、遂昌、青田、云和、龙泉、乐清、永嘉、泰顺）、陕西、湖北、江西、湖南、福建、台湾、广东、四川、海南、云南、西藏；国外：越南，老挝，柬埔寨，泰国，缅甸，孟加拉，印度，不丹。

460. 双星箭环蝶（小鱼纹环蝶）*Stichophthalma neumogeni*（Leech）

寄主：竹棕榈。

分布：浙江（遂昌九龙山、龙王山、古田山、百山祖、遂昌、龙泉、庆元、泰顺）、陕西、湖北、湖南、福建、四川、云南。

二十、蛱蝶科 Nymphalidae

蛱蝶科昆虫下唇须粗，复眼裸出或有毛；触角长，上有鳞片，端部呈明显的锤。前足退化，缩在胸部下没有作用；跗节雌蝶 4~5 节，有时略膨大，雄蝶 1 节，均无爪。前翅中室多为闭式，R 脉 5 条，基部多在中室顶角外合并，A 脉 1 条；后翅中室通常开式，A 脉 2 条。

九龙山保护区发现有 30 属 75 种。

461. 姻蛱蝶（雄红三线蛱蝶）*Abrota ganga* Moore

分布：我国浙江（遂昌九龙山、百山祖、遂昌、龙泉、泰顺）、台湾、广东、四川、云南；国外：印度，缅甸，不丹，老挝，越南，柬埔寨，南亚，东南亚。

462. 柳紫闪蛱蝶华东亚种 *Apatura ilia sobrina* Stichel

寄主：柳。

分布：我国浙江（遂昌九龙山、龙王山、莫干山、天目山、古田山、百山祖、杭州、淳安、宁波、奉化、普陀、永康、丽水、温州）、黑龙江、辽宁、吉林、河南、陕西、湖北、福建、湖南、台湾、重庆、四川、贵州、云南、西藏；国外：朝鲜，日本，缅甸，欧洲东南部，大洋洲。

463. 斐豹蛱蝶 *Argyreus hyperbius*（Linnaeus）

寄主：紫花地丁、堇菜科。

分布：我国浙江（遂昌九龙山、龙王山、莫干山、天目山、古田山、百山祖、杭州、余姚、丽水、龙泉、永嘉、泰顺）、山东、新疆、陕西、福建、台湾、广东、广西、四川；国外：朝鲜，日本，越南，泰国，缅甸，印度，尼泊尔，巴基斯坦，斯里兰卡，马来西亚，菲律宾，印度尼西亚，奥地利。

464. 豹蛱蝶（绿豹蛱蝶）*Argynnis paphia*（Linnaeus）

寄主：紫花地丁、悬钩子。

分布：我国浙江（遂昌九龙山、龙王山、莫干山、天目山、古田山、百山祖、杭州、余杭、淳安、诸暨、新昌、奉化、常山、丽水、缙云、遂昌、龙泉、云和、温州、文成、泰顺）、北京、新疆、陕西、河北、山东、河南、湖北、湖南、福建、台湾、广东、四川、贵州、云南；国外：朝鲜，日本，欧洲，非洲，阿尔及利亚。

465. 老豹蛱蝶 *Argyronome laodice*（Pallas）

寄主：堇科。

分布：我国浙江（遂昌九龙山、莫干山、天目山、百山祖、杭州、长兴、德清、临安、富阳、淳安、奉化、象山、定海、普陀、金华、义乌、开化、丽水、遂昌、云和、龙泉、庆元、乐清、泰顺）、北京、河北、河南、甘肃、陕西、湖北、江西、湖南、台湾、四川、云南；国外：朝鲜，日本，缅甸，印度，欧洲东部。

466.白圈带蛱蝶（姬叉蛱蝶）*Athyma asura* Moore

寄主：茜草树。

分布：我国浙江（遂昌九龙山、百山祖、杭州、丽水、缙云、遂昌、松阳、龙泉、庆元、泰顺）、湖北、江西、台湾、广东、重庆、四川、贵州、云南、西藏；国外：越南，老挝，柬埔寨，泰国，缅甸，孟加拉，印度，尼泊尔，不丹，马来西亚，印度尼西亚。

467.紫光带蛱蝶（幸福带蛱蝶、缺环叉蛱蝶）*Athyma fortuna* Leech

寄主：荚。

分布：我国浙江（遂昌九龙山、天目山、古田山、百山祖、丽水、缙云、遂昌、泰顺）、河南、陕西、湖北、江西、台湾、广东、海南、广西。

468.玉杵带蛱蝶（白带蛱蝶）*Athyma jina* Moore

分布：我国浙江（遂昌九龙山、龙王山、古田山、百山祖、衢县、龙游、丽水、遂昌、龙泉、庆元、泰顺）、台湾、四川、云南；国外：印度。

469.带蛱蝶（拟叉蛱蝶、虬眉带蛱蝶）*Athyma opalina* Kollar

分布：我国浙江（遂昌九龙山、龙王山、天目山、古田山、百山祖、临安、淳安、开化、丽水、缙云、遂昌、龙泉、庆元、泰顺）、陕西、福建、四川、云南；国外：缅甸，印度，尼泊尔。

470.黑点带蛱蝶（三线叉蛱蝶）*Athyma perius* Linnaeus

寄主：馒头果、算盘子。

分布：我国浙江（遂昌九龙山、百山祖、遂昌）、河南、湖北、江西、湖南、广东、海南、广西、福建、台湾、云南、西藏；国外：印度，缅甸，马来西亚，老挝，越南，尼泊尔，不丹，泰国，印度尼西亚，孟加拉。

471.单带蛱蝶（拟圆弧叉蛱蝶）*Athyma zeroca* Moore

分布：我国浙江（遂昌九龙山、百山祖、遂昌、庆元）、广东、华南；国外：印度，缅甸，巴基斯坦，尼泊尔，泰国，东南亚，南亚。

472.白带螯蛱蝶指名亚种 *Charaxes bernardusbernardus* Fabricius

寄主：樟、浙江楠。

分布：我国浙江（遂昌九龙山、龙王山、天目山、古田山、百山祖、杭州、宁波、定海、金华、丽水、温州）、江西、湖南、福建、广东、四川、云南；国外：印度，马来西亚。

473.波樟蛱蝶 *Charaxes polyxena* Gramer

分布：浙江（遂昌九龙山、莫干山）。

474. 银豹蛱蝶（大豹蛱蝶）*Childrena childreni*（Gray）

分布：我国浙江（遂昌九龙山、龙王山、百山祖、杭州、临安、淳安、宁波、鄞县、宁海、象山、天台、缙云、龙泉、云和、庆元、温州、永嘉、瑞安、洞头、平阳、泰顺）、陕西、河南、湖北、福建、广东、广西、云南、贵州、西藏；国外：缅甸，印度。

475. 丝蛱蝶（石崖蛱蝶）*Cyrestis thyodamas* Boisduval

分布：我国浙江（遂昌九龙山、百山祖、杭州、临安、淳安、开化、丽水、遂昌、龙泉、平阳、泰顺）、江西、福建、广东、台湾、香港、四川、西藏；国外：印度，缅甸，日本，泰国，斯里兰卡，阿富汗，尼泊尔，不丹，越南，老挝，柬埔寨，马来西亚，印度尼西亚，巴布亚新几内亚。

476. 青豹蛱蝶 *Damora sagana*（Doubleday）

寄主：堇菜科。

分布：我国浙江（遂昌九龙山、龙王山、莫干山、天目山、百山祖、湖州、湖州、萧山、建德、淳安、宁波、奉化、普陀、兰溪、开化、丽水、遂昌、龙泉、文成、泰顺）、黑龙江、陕西、湖南、广东、四川、云南；国外：苏联东南部，朝鲜，日本，蒙古。

477. 电蛱蝶大陆亚种（墨流蛱蝶）*Dichorragia nesimachus nesseus* Grose-Smith

寄主：泡花树。

分布：我国浙江（遂昌九龙山、龙王山、天目山、天目山、杭州、临安、淳安、开化、丽水、遂昌、龙泉、泰顺）、陕西、江西、福建、台湾、广东、四川、云南、香港；国外：日本，印度，马来西亚，菲律宾。

478. 矛翠蛱蝶华东亚种 *Euthalia aconthea aditha* Fruhstorfer

分布：我国浙江（遂昌九龙山、百山祖、缙云、遂昌）；国外：马来西亚，印度尼西亚，老挝。

479. 鹰翠蛱蝶（淡翠蛱蝶）*Euthalia anosia*（Moore）

分布：我国浙江（遂昌九龙山、龙王山、古田山、百山祖、临安、丽水、遂昌、泰顺）、云南；国外：老挝，印度，马来西亚，印度尼西亚。

480. 褐蓓翠蛱蝶 *Euthalia hebe* Leech

分布：浙江（遂昌九龙山、百山祖、遂昌、龙泉）、湖北、四川。

481. 红裙翠蛱蝶 *Euthalia irrubescens* Grose-Smith

寄主：桑寄生科。

分布：我国浙江（遂昌九龙山、百山祖、松阳）、福建、台湾。

482. 黄翅翠蛱蝶 *Euthalia kosempona* Frustorfer

寄主：栎。

分布：我国浙江（遂昌九龙山、天目山、百山祖、泰顺）、福建、台湾、广东。

483. 黄铜翠蛱蝶 *Euthalia nara* Moore

寄主：栎。

分布：我国浙江（遂昌九龙山、莫干山、天目山、古田山、百山祖、临安、泰顺）、四川、贵州；国外：南亚，东南亚，泰国，印度，缅甸，尼泊尔，不丹。

484. 绿裙翠蛱蝶（暗翠蛱蝶）*Euthalia niepelti* Strand

分布：浙江（遂昌九龙山、龙王山、百山祖、临安、丽水、遂昌、庆元、泰顺）。

485. 珠翠蛱蝶（珀翠蛱蝶）*Euthalia pratti* Leech

寄主：壳斗科。

分布：浙江（遂昌九龙山、天目山、古田山、百山祖、丽水、遂昌、松阳、云和、龙泉、泰顺）、湖北、湖南、福建、广东、四川。

486. 西藏翠蛱蝶（白带翠蛱蝶）*Euthalia thibetana*（Poujade）

寄主：壳斗科。

分布：我国浙江（遂昌九龙山、龙王山、莫干山、百山祖、临安、萧山、淳安、金华、衢县、丽水、缙云、遂昌、龙泉、庆元、泰顺）、河南、陕西、江西、福建、台湾、云南、西藏。

487. 灿福蛱蝶（捷豹蛱蝶）*Fabriciana adippe* Denis et Schiffermüller

寄主：堇菜科。

分布：我国浙江（遂昌九龙山、龙王山、莫干山、天目山、百山祖、杭州、临安、仙居、临海、黄岩、丽水、缙云、云和、龙泉、庆元）、黑龙江；国外：亚洲北部，欧洲。

488. 蟾福蛱蝶（蟾豹蛱蝶）*Fabriciana nerippe*（Felder et Felder）

寄主：堇菜科。

分布：我国浙江（遂昌九龙山、龙王山、杭州、临安、淳安、丽水、云和、龙泉）、西藏；国外：朝鲜，日本。

489. 傲白蛱蝶（银白蛱蝶）*Helcyra superba*（Leech）

寄主：朴。

分布：我国浙江（遂昌九龙山、龙王山、天目山、淳安、遂昌、龙泉、泰顺）、陕西、河南、江西、福建、台湾、四川。

490. 银白蛱蝶（里白蛱蝶）*Helcyra subalba*（Poujade）

寄主：朴。

分布：浙江（遂昌九龙山、龙王山、天目山、古田山、百山祖、萧山、建德、淳安、丽水、缙云、遂昌、龙泉、泰顺）、陕西、浙江、福建、四川、华中、华西。

491. 黑脉蛱蝶（拟欢蛱蝶）*Hestina assimilis*（Linnaeus）

寄主：朴。

分布：我国浙江（遂昌九龙山、龙王山、莫干山、天目山、杭州、临安、萧山、富阳、淳安、宁波、奉化、舟山、古田山、丽水、缙云、遂昌、龙泉、景宁、百山祖、泰顺）、北京、河北、陕西、河南、江苏、江西、福建、台湾、广东、广西、四川、西藏、香港；国外：朝鲜，日本。

492. 美眼蛱蝶（孔雀眼蛱蝶）*Junonia almana*（Linnaeus）

寄主：红草、水蓑、水丁黄、爵床科。

分布：我国浙江（遂昌九龙山、龙王山、莫干山、天目山、古田山、百山祖、淳安、宁波、普陀、东阳、天台、丽水、缙云、温州）、陕西、河南、湖北、江西、台湾、广东、云南、西藏、香港；国外：印度，马来西亚，菲律宾，印度尼西亚。

493. 翠蓝眼蛱蝶（青拟蛱蝶）*Junonia orithya*（Linnaeus）

寄主：金鱼草、泡桐、甘薯、爵床科。

分布：我国浙江（遂昌九龙山、龙王山、天目山、百山祖、平湖、杭州、淳安、普陀、金华、仙居、黄岩、开化、丽水、遂昌、温州、泰顺）、北京、河北、陕西、河南、湖北、江西、湖南、福建、台湾、广东、四川、云南、香港；国外：日本，印度，马来西亚，澳大利亚，菲律宾，大洋洲，亚洲，非洲。

494. 枯叶蛱蝶台湾亚种 *Kallima inachus formosana* Fruhstorfer

寄主：鳞球花。

分布：我国浙江（遂昌九龙山、百山祖、天目山、淳安、丽水、遂昌、庆元）、福建、江西、广西、广东、台湾、四川、云南、西藏；国外：印度，缅甸，尼泊尔，日本，泰国，越南，老挝，柬埔寨。

495. 琉璃蛱蝶 *Kaniska canace* Linnaeus

寄主：百合、菝葜。

分布：我国浙江（遂昌九龙山、龙王山、莫干山、天目山、百山祖、古田山、湖州、杭州、建德、淳安、新昌、奉化、宁海、普陀、东阳、丽水、龙泉、温州、乐清、洞头、泰顺）、山东、河南、陕西、江西、福建、台湾、四川；国外：朝鲜，日本，越南，老挝，柬埔寨，缅甸，印度，尼泊尔，马来西亚，印度尼西亚。

496. 折线蛱蝶 *Ladoga sydyi* Lederer

寄主：绣线菊。

分布：浙江（遂昌九龙山、缙云、遂昌、云和、龙泉）。

497. 线蛱蝶（扬眉线蛱蝶）*Limenitis helmanni* Lederer

寄主：水马桑。

分布：浙江（遂昌九龙山、龙王山、莫干山、天目山、古田山、百山祖、杭州、临安、淳安、开化、丽水、缙云、遂昌、松阳、龙泉、庆元、泰顺）、黑龙江、宁夏、甘肃、陕西、河南、四川。

498. 星线蛱蝶（残锷线蛱蝶）*Limenitis sulpitia*（Cramer）

寄主：水马桑、金银花。

分布：我国浙江（遂昌九龙山、龙王山、天目山、古田山、百山祖、杭州、临安、淳安、宁波、开化、丽水、缙云、遂昌、龙泉、泰顺）、陕西、河南、四川、江西、福建、台湾、广东、西藏、香港；国外：越南，老挝，柬埔寨。

499. 折线蛱蝶 *Limenitis sydyi* Lederer

寄主：绣线菊。

分布：我国浙江（遂昌九龙山、龙王山、天目山、百山祖、杭州、临安、淳安、缙云、遂昌、云和、龙泉）、黑龙江、陕西、河南；国外：朝鲜，日本。

500. 迷蛱蝶（银灰蛱蝶）*Mimathyma chevana*（Moore）

寄主：朴。

分布：我国浙江（遂昌九龙山、龙王山、天目山、萧山、淳安、遂昌、龙泉、泰顺）、河南、陕西；国外：印度。

501. 云豹蛱蝶 *Nephargynnis anadyomene*（Felder）

寄主：堇菜科。

分布：我国浙江（遂昌九龙山、龙王山、天目山、古田山、百山祖、杭州、临安、萧山、淳安、定海、丽水、遂昌、龙泉、泰顺）、黑龙江、陕西、山东、河南、福建、西藏；国外：朝鲜，日本。

502. 重环蛱蝶 *Neptis alwina* Bremer et Gray

寄主：桃、梅、李、杏。

分布：我国浙江（遂昌九龙山、龙王山、天目山、古田山、百山祖临安、开化、遂昌、龙泉、泰顺）、北京、黑龙江、宁夏、甘肃、河北、陕西、山东、河南、湖北、四川、贵州、云南；国外：蒙古，朝鲜，日本。

503. 黄环蛱蝶（阿环蛱蝶）*Neptis ananta* Moore

分布：我国浙江（遂昌九龙山、龙王山、天目山、百山祖、临安、淳安、丽水、龙泉、泰顺）、陕西、江西、福建、台湾、广东、广西、四川、云南；国外：缅甸，印度，马来西亚。

504. 缺黄环蛱蝶（羚环蛱蝶）*Neptis antilope* Leech

分布：浙江（遂昌九龙山、天目山、百山祖、缙云、遂昌、云和、龙泉、泰顺）、陕西、山西、内蒙古、北京、天津、河北、山西、山东、华中。

505. 波纹黄环蛱蝶（蛛环蛱蝶）*Neptis arachne* Leech

分布：浙江（遂昌九龙山、天目山、百山祖、龙泉、泰顺）、华南、华西。

506. 齿纹环蛱蝶 *Neptis armandia*（Oberthür）

分布：浙江（遂昌九龙山、百山祖、遂昌、龙泉、庆元）、北京、河北、陕西、四川。

507. 黄重环蛱蝶（折环蛱蝶）*Neptis beroe* Leech

寄主：鹅耳枥。

分布：浙江（遂昌九龙山、龙王山、天目山、百山祖、淳安、缙云、龙泉、泰顺）。

508. 小黄环蛱蝶 *Neptis breti* Oberthür

分布：浙江（遂昌九龙山、龙王山、百山祖、遂昌）、内蒙古、宁夏、甘肃、陕西、青海、新疆、广西、重庆、四川、云南、西藏。

509. 卡林环蛱蝶（珂环蛱蝶东南亚种）*Neptis clinia susruta* Moore

分布：我国浙江（遂昌九龙山、天目山、百山祖、遂昌、松阳、泰顺）、广东、四川、海南、广西；国外：印度，缅甸，泰国，越南，老挝，柬埔寨，南亚，东南亚。

510. 莲花环蛱蝶 *Neptis hesione* Leech

分布：我国浙江（遂昌九龙山、天目山、百山祖、遂昌、龙泉、泰顺）、台湾、广西、四川、西藏。

511. 中环蛱蝶 *Neptis hylas*（Linnaeus）

寄主：蝶形花科。

分布：我国浙江（遂昌九龙山、龙王山、莫干山、天目山、古田山、百山祖）、黑龙江、陕西、湖北、江西、福建、台湾、广东、四川、海南、广西、云南；国外：朝鲜，日本，越南，老挝，柬埔寨，泰国，缅甸，印度，斯里兰卡，马来西亚，印度尼西亚，马里。

512. 拟黄环蛱蝶（玛环蛱蝶宜昌亚种）*Neptis manasa antigone* Leech

分布：我国浙江（遂昌九龙山、龙王山、天目山、百山祖、龙泉、庆元、泰顺）、湖北、四川、云南；国外：印度，缅甸，尼泊尔，南亚。

513. 拟小环蛱蝶云南亚种 *Neptis nata adipala* Moore

寄主：葛藤。

分布：我国浙江（遂昌九龙山、百山祖、泰顺）、台湾、海南、云南；国外：印度，缅甸，泰国，老挝，马来西亚，印度尼西亚，南亚，东南亚。

514. 三线环蛱蝶（啡环蛱蝶）*Neptis philyra* Ménétriès

寄主：水马桑。

分布：我国浙江（遂昌九龙山、龙王山、天目山、百山祖、淳安、缙云、泰顺）、吉林、辽宁、陕西、河南、福建、台湾、云南；国外：朝鲜，日本。

515. 拟三线环蛱蝶 *Neptis philyroides* Staudinger

寄主：鹅耳枥。

分布：我国浙江（遂昌九龙山、百山祖、余杭、缙云、泰顺）、黑龙江、河南、台湾；国外：俄罗斯，朝鲜。

516. 星环蛱蝶（链环蛱蝶）*Neptis pryeri* Butler

寄主：绣线菊。

分布：我国浙江（遂昌九龙山、龙王山、莫干山、天目山、古田山、百山祖、杭州、淳安、宁波、新昌、普陀、金华、丽水、龙泉、温州）、黑龙江、陕西、河南、湖北、江西、福建、台湾、广东；国外：朝鲜，日本。

517. 断环蛱蝶 *Neptis sankara*（Kollar）

分布：我国浙江（遂昌九龙山、龙王山、天目山、古田山、百山祖、杭州、丽水、遂昌、龙泉、泰顺）、陕西、江西、福建、台湾、四川、云南；国外：印度，克什米尔地区，尼泊尔。

518. 小环蛱蝶 *Neptis sappho*（Pallas）

寄主：香豌豆、胡枝子。

分布：我国浙江（遂昌九龙山、龙王山、天目山、古田山、百山祖、杭州、萧山、淳安、丽水、缙云、遂昌、松阳、龙泉、泰顺）、北京、黑龙江、吉林、辽宁、甘肃、河北、陕西、山东、河南、江西、湖南、台湾、广东、四川、贵州、云南；国外：朝鲜，日本，越南，泰国，缅甸，印度，巴基斯坦，欧洲西部。

519. 斯莱环蛱蝶（司环蛱蝶）*Neptis speyeri* Staudinger

寄主：假地豆。

分布：我国浙江（遂昌九龙山、天目山、龙泉、泰顺）、黑龙江、云南；国外：俄罗斯。

520. 银钩蛱蝶（白钩蛱蝶）*Polygonia calbum*（Linnaeus）

寄主：榆、荨麻。

分布：我国浙江（遂昌九龙山、龙王山、莫干山、天目山、古田山、百山祖、平湖、杭州、萧山、淳安、诸暨、宁海、丽水、平阳）、黑龙江、新疆、河北、陕西、河南、山东、江西、台港、福建、全国广布；国外：欧洲，亚洲东部，非洲北部。

521. 金钩蛱蝶（黄钩蛱蝶）*Polygonia caureum*（Linnaeus）

寄主：榆、柑橘、梨、大麻、亚麻。

分布：我国浙江（遂昌九龙山、龙王山、莫干山、天目山、百山祖、长兴、德清、杭州、临安、萧山、桐庐、诸暨、奉化、象山、定海、普陀、衢县、常山、平阳）、北京、黑龙江、河北、陕西、河南、江西、福建、台湾、广东、四川、云南；国外：朝鲜，日本，越南。

522. 大二尾蛱蝶（新二尾蛱蝶）*Polyura eudamippus* Doubleday

寄主：黄檀、合欢。

分布：我国浙江（遂昌九龙山、百山祖、庆元、泰顺）、西藏、云南、贵州、福建、江西、广西、广东、海南、台湾；国外：印度，巴基斯坦，缅甸，尼泊尔，泰国，马来西亚，日本，老挝，越南，不丹，孟加拉。

523. 二尾蛱蝶指名亚种 *Polyura narcaeanarcaea*（Hewitson）

寄主：樟、乌桕、马尾松、银金树、柏、山合欢、菝葜、樱桃。

分布：我国浙江（遂昌九龙山、龙王山、莫干山、天目山、古田山、百山祖、嘉兴、杭州、建德、淳安、诸暨、奉化、宁海、象山、义乌、天台、江山、丽水、遂昌、龙泉、庆元、温州）、河北、山西、山东、河南、陕西、安徽、广东、江西、湖南、福建、台湾、四川、云南；国外：印度，缅甸，泰国，越南。

524. 拟二尾蛱蝶 *Polyura nepenthes*（Grose-Smith）

寄主：合欢。

分布：我国浙江（遂昌九龙山、百山祖、遂昌、松阳、景宁、庆元）、福建、广东；国外：越南，老挝，泰国，缅甸，印度。

525. 大紫蛱蝶 *Sasakia charonda* Hewitson

寄主：朴、紫弹树。

分布：我国浙江（遂昌九龙山、龙王山、天目山、百山祖、定海、普陀、遂昌、龙泉、景宁、泰顺）、陕西、四川、台湾、华中、华东、华南；国外：朝鲜，日本。

526. 黑紫蛱蝶（黑大紫蛱蝶）*Sasakia funebris*（Leech）

寄主：朴、紫弹树。

分布：我国浙江（遂昌九龙山、百山祖、遂昌、景宁、泰顺）、陕西、四川、福建；国外：印度。

527. 帅蛱蝶 *Sephisa chandra*（Moore）

寄主：栎。

分布：我国浙江（遂昌九龙山、百山祖、泰顺）、云南、台湾、华东、华南；国外：泰国，缅甸，马来西亚，不丹，印度，孟加拉。

528. 黄帅蛱蝶 *Sephisa princeps*（Fixsen）

寄主：栎。

分布：我国浙江（遂昌九龙山、龙王山、天目山、古田山、百山祖、临安、淳安、开化、丽水、遂昌、松阳、龙泉、泰顺）、黑龙江、甘肃、陕西、河南、福建、四川；国外：朝鲜。

529. 素饰蛱蝶（白点黑蛱蝶）*Stibochiona nicea*（Gray）

寄主：灯台树。

分布：我国浙江（遂昌九龙山、天目山、百山祖、开化、遂昌、庆元、泰顺）、江西、广东、广西、海南、云南、福建；国外：印度，马来西亚，尼泊尔，缅甸，越南。

530. 黄带叉蛱蝶（黄带蛱蝶）*Symbrenthia hypseslis*（Godart）

寄主：荨麻科。

分布：我国浙江（遂昌九龙山、百山祖、开化、松阳、庆元、泰顺）、云南、台湾、华东、华南、西藏；国外：印度，缅甸，日本，马来西亚，印度尼西亚，尼泊尔，不丹，孟加拉，泰国，越南，老挝，柬埔寨。

531. 叉蛱蝶（黄三线蛱蝶）*Symbrenthia lilaea*（Hewitson）

寄主：苎麻。

分布：我国浙江（遂昌九龙山、百山祖、庆元、泰顺）；国外：老挝。

532. 猫蛱蝶（白裳猫蛱蝶）*Timelaea albescens*（Oberthur）

寄主：朴、紫弹树。

分布：浙江（遂昌九龙山、龙王山、莫干山、天目山、百山祖、杭州、临安、淳安、建德、仙居、临海、黄岩、丽水、缙云、遂昌、龙泉、庆元、景宁、泰顺）、陕西、山东、四川。

533. 拟猫蛱蝶 *Timelaea maculata*（Bremer et Grey）

寄主：朴。

分布：我国浙江（遂昌九龙山、百山祖、杭州）、陕西、台湾、华中、华东、华南。

534. 小红蛱蝶 *Vanessa cardui* Linnaeus

寄主：麻、大豆、艾、牛蒡。

分布：我国浙江（遂昌九龙山、龙王山、莫干山、天目山、百山祖、古田山、杭州、临安、绍兴、新昌、宁波、奉化、象山、普陀、金华、义乌、丽水、庆元、瑞安、平阳、泰顺）；国外：全世界广布。

535. 大红蛱蝶（印度蛱蝶）*Vanessa indica* Herbst

寄主：麻、榆、榉。

分布：我国浙江（遂昌九龙山、龙王山、天目山、古田山、百山祖、海宁、杭州、余杭、淳安、绍兴、新昌、宁波、奉化、普陀、东阳、黄岩、丽水、遂昌、龙泉、庆元、乐清、瑞安、洞头、泰顺）、黑龙江、河北、山东、河南、甘肃、陕西、湖北、江西、福建、台湾、广东、海南、广西、四川、云南；国外：朝鲜，日本，泰国，缅甸，印度，斯里兰卡，巴基斯坦，菲律宾，欧洲南部。

二十一、珍蝶科 Acraeidae

珍蝶科昆虫体型中型偏小，前翅窄长，显著比后翅长；腹部细长，下唇须圆柱形；前足退化，中后足的爪不对称。能从胸部分泌出有臭味的黄色汁液，以逃避敌害。多数种类翅红色或褐色，有的有金属光泽。中室开式或闭有细的横脉。

九龙山保护区发现有 1 属 1 种。

536. 苎麻珍蝶 *Acraea issoria*（Hubner）

寄主：刺桐、茶、荨麻、苎麻、醉鱼草。

分布：我国浙江（遂昌九龙山、龙王山、莫干山、天目山、百山祖、余杭、临安、萧山、建德、淳安、镇海、奉化、仙居、临海、丽水、云和、龙泉、庆元、温州、文成）、河南、安徽、湖北、江西、湖南、福建、四川、云南、西藏、广东、广西、海南、台湾；

国外：日本，印度，尼泊尔，马来西亚，缅甸，泰国，越南，印度尼西亚，菲律宾。

二十二、喙蝶科 Libythaeidae

喙蝶科昆虫体型中型偏小，翅色暗，灰褐色或黑褐色，有白色和红褐色斑纹，偶有呈蓝紫色的。头小，复眼无毛。下唇须长约头部和胸部之和，触角较短，不及前翅前缘长度的 1/2，端粗。雄性前足退化。前翅顶角突出成钩状；R 脉 5 支，3 支基部愈合；A 脉 2 条，除基部外全长合并成 1 条。

九龙山保护区发现有 1 属 1 种。

537. 朴喙蝶 *Libythea celtis* Laicharting

寄主： 朴。

分布： 我国浙江（遂昌九龙山、龙王山、莫干山、天目山、百山祖、临安、淳安、金华、遂昌、龙泉、庆元、泰顺）、河南、陕西、湖北、台湾、贵州、云南；国外：朝鲜，日本，老挝，缅甸，孟加拉，斯里兰卡，菲律宾，印度，巴基斯坦，伊朗，伊拉克，西班牙。

二十三、蚬蝶科 Riodinidae

蚬蝶科昆虫体型中小，通常以褐色为主，配有白色、黑色或橙色斑纹。头小，触角细长，端部明显锤状，具多数白环。复眼无毛。多数种类无尾状突起，少数种类有尾突。雄前足退化，缩在胸下不起作用，无爪。前翅多呈三角形；中室为闭式；R 脉 5 分支，R_3 至 R_5 共柄；M_1 与 R 脉共柄；A 脉基部有分叉。后翅近卵圆形，肩角加厚。肩脉发达；中室为闭式；肩区具较发达的肩横脉；内缘臀区较发达，A 脉有 2 条，在 M_3 脉处或 2A 脉处有尾状突出，有的尾突粗大，有的尾突细长。翅暗褐或黄红色，有红色或黑色斑纹，有些种类具有眼纹，个别种类翅膀透明。

九龙山保护区发现有 4 属 6 种。

538. 白点褐蚬蝶（皮氏蚬蝶）*Abisara burnii*（De Niceville）

寄主： 紫金牛科。

分布： 我国浙江（遂昌九龙山、莫干山、天目山、百山祖、遂昌、龙泉、泰顺）、江西、福建、广东、广西、云南；国外：缅甸，印度。

539. 蛇目褐蚬蝶 *Abisara echerius echerius* Stoll

寄主： 紫金牛科。

分布： 我国浙江（遂昌九龙山、百山祖、遂昌、景宁、庆元、泰顺）、福建、广西、广东、海南、香港、华南；国外：缅甸，朝鲜，老挝，孟加拉，泰国，菲律宾，东南亚，南亚。

540. 乳带褐蚬蝶（黄带褐蚬蝶）*Abisara fylla*（Doubleday）

寄主： 紫金牛科、杜茎山。

分布：我国浙江（遂昌九龙山、龙王山、莫干山、天目山、古田山、百山祖、开化、遂昌、庆元、泰顺）、陕西、福建、四川、云南；国外：越南，老挝，泰国，缅甸，印度，尼泊尔。

541. 花蚬蝶 *Dodona eugenes* Bates

寄主：禾本科。

分布：我国浙江（遂昌九龙山、百山祖、临安、遂昌、庆元、泰顺）、陕西、河南、台湾、广东、四川、西藏、香港；国外：越南，老挝，柬埔寨，泰国，缅甸，孟加拉，印度，尼泊尔，不丹，巴基斯坦，马来西亚。

542. 白蚬蝶中越亚种（白室蚬蝶）*Stiboges nymphidia elodinia* Fruhstorfer

分布：我国浙江（遂昌九龙山、百山祖、庆元）、陕西、广东、云南；国外：缅甸，印度，马来西亚，印度尼西亚。

543. 波蚬蝶（紫金牛蚬蝶）*Zemeros flegyas*（Cramer）

寄主：杜茎山、鲫鱼胆。

分布：我国浙江（遂昌九龙山、龙王山、天目山、古田山、百山祖、杭州、临安、淳安、开化、江山、丽水、遂昌、龙泉、庆元、泰顺）、陕西、四川、云南、福建、湖北、江西、广东、海南；国外：印度尼西亚，泰国，马来西亚，老挝，缅甸，菲律宾，印度。

二十四、灰蝶科 Lycaenidae

灰蝶科昆虫复眼相互接近，其周围有一圈白毛；触角短，锤状，每节有白色环。雌蝶前足正常；雄蝶前足正常或跗节及爪退化。R脉常只3~4条；A脉1条，不少种可见基部有3A脉并入。后翅多无肩脉；A脉2条，有时有1~3个尾突。前后翅中室闭式或开式。

九龙山保护区发现有27属36种。

544. 梳灰蝶 *Ahlbergia ferrea*（Butler）

寄主：杜鹃、马醉木、苹果、梅、荚。

分布：我国浙江（遂昌九龙山、百山祖、杭州、萧山、淳安、龙泉）、河南、福建；国外：朝鲜，日本。

545. 铁梳灰蝶 *Ahlbergia nicevillei*（Leech）

分布：浙江（遂昌九龙山、杭州、天目山、龙泉）。

546. 丫灰蝶（叉纹小灰蝶）*Amblopala avidiena avidiena*（Hewitson）

寄主：合欢。

分布：我国浙江（遂昌九龙山、龙王山、天目山、百山祖、杭州、萧山、淳安、松阳、龙泉）、山东、河南、陕西、四川、湖北、江西、台湾、华东、华中；国外：日本，印度。

547. 安灰蝶（黑星琉璃小灰蝶）*Ancema ctesia*（Hewitson）

寄主：扁枝。

分布：我国浙江（遂昌九龙山、百山祖、临安、淳安、遂昌、龙泉）、四川、台湾；国外：缅甸，印度，马来西亚。

548. 青灰蝶（水色长尾小灰蝶）*Antigius attilia*（Bremer）

寄主：栎。

分布：我国浙江（遂昌九龙山、龙王山、天目山、百山祖、萧山、龙泉）、黑龙江、吉林、辽宁、河南、湖北、台湾；国外：朝鲜，日本。

549. 百娆灰蝶 *Arhopala bazalus* Hewitson

寄主：锥栗、青冈。

分布：我国浙江（龙王山、百山祖、临安、淳安、丽水、泰顺）、江西、四川、台湾；国外：日本，印度，马来西亚，印度尼西亚。

550. 枝娆灰蝶（齿翅娆灰蝶）*Arhopala rama*（Kollar）

分布：我国浙江（遂昌九龙山、天目山、古田山、百山祖、临安、淳安、开化、丽水、遂昌、云和、龙泉、泰顺）、四川；国外：印度。

551. 绿灰蝶（绿背小灰蝶）*Artipe eryx*（Linnaeus）

寄主：栀子花。

分布：我国浙江（遂昌九龙山、天目山、百山祖、淳安、丽水、遂昌、松阳、龙泉、泰顺）、广东、广西、香港；国外：日本，缅甸，印度，马来西亚，印度尼西亚。

552. 琉璃灰蝶 *Celastrina argiolus*（Linnaeus）

寄主：葛、蚕豆、紫藤、苦参、山绿豆、胡枝子、李、山茱萸、冬青。

分布：我国浙江（遂昌九龙山、龙王山、莫干山、天目山、古田山、百山祖、杭州、湖州、淳安、诸暨、宁波、奉化、定海、丽水、遂昌、松阳、云和、龙泉、乐清、泰顺）、河北、山东、河南、陕西、湖北、湖南、福建、江西、四川、台湾；国外：日本，缅甸，印度，马来西亚，欧洲，北美洲，非洲北部。

553. 奥雷琉璃灰蝶（大紫琉璃灰蝶）*Celastrina oreas*（Leech）

寄主：枪木。

分布：浙江（遂昌九龙山、天目山、百山祖、杭州、泰顺）、四川。

554. 缪斯金灰蝶大陆亚种（缪斯金灰蝶）*Chrysozephyrus mushaellus rileyi*（Forster）

寄主：柯、石栎。

分布：我国浙江（遂昌九龙山、百山祖、遂昌、泰顺）、广东、台湾、华中和西部地区。

555. 闪光金灰蝶 *Chrysozephyrus scintillans* Leech

寄主：板栗、榛。

分布：我国浙江（遂昌九龙山、龙王山、杭州、临安、龙泉）、甘肃、河南；国外：日本。

556. 黑角淡黄灰蝶 *Cordelia minerva*（Leech）

分布：浙江（遂昌九龙山、百山祖）。

557. 尖翅银灰蝶 *Curetis acuta* Moore

寄主：鸡血藤、葛藤、紫藤、槐、云实。

分布：我国浙江（遂昌九龙山、龙王山、莫干山、天目山、古田山、百山祖、杭州、临安、淳安、开化、常山、江山、丽水、遂昌、龙泉、庆元、温州、泰顺）、陕西、河南、湖北、江西、湖南、福建、四川、贵州、云南、西藏；国外：朝鲜，日本，缅甸，印度。

558. 齿突银灰蝶 *Curetis dentata* Moore

寄主：崖豆藤、鸡血藤。

分布：我国浙江（遂昌九龙山、余杭、百山祖）、广东；国外：老挝，印度，缅甸，泰国，尼泊尔，东南亚，南亚。

559. 淡黑灰蝶 *Deudorix rapaloides*（Naritomi）

分布：浙江（遂昌九龙山、百山祖、淳安、遂昌、云和、龙泉）。

560. 短尾蓝灰蝶（蓝灰蝶、菲长尾蓝灰蝶）*Everes argiades*（Pallas）

寄主：苦参、草决明、苜蓿、紫云英、豌豆。

分布：我国浙江（遂昌九龙山、龙王山、莫干山、天目山、古田山、百山祖、湖州、长兴、德清、杭州、淳安、新昌、奉化、江山、丽水、遂昌、青田、云和、龙泉、温州、洞头、泰顺）、黑龙江、河北、陕西、山东、河南、江西、台湾；国外：朝鲜，日本，欧洲。

561. 长尾蓝灰蝶 *Everes lacturnus* Godart

寄主：山蚂蝗。

分布：我国浙江（遂昌九龙山、龙王山、天目山、百山祖、遂昌、龙泉、平阳）、山东、河南、陕西、江苏、上海、安徽、湖北、江西、湖南、福建、台湾、香港、广东、广西；国外：印度，斯里兰卡，澳大利亚，马来西亚。

562. 美丽灰蝶 *Howarthia melli* Forster

分布：浙江（遂昌九龙山、百山祖、龙泉）、山东、江苏、上海、安徽、江西、福建。

563. 波亮灰蝶（里波小灰蝶、黑波小灰蝶、亮灰蝶）*Lampides boeticus*（Linnaeus）

寄主：豆科。

分布：我国浙江（遂昌九龙山、龙王山、莫干山、天目山、古田山、百山祖、杭州、临海、丽水、遂昌、龙泉、温州、平阳）、陕西、江西、福建、台湾、广东、香港、广西；国外：日本，波罗的海东岸，地中海，葡萄牙，日本，欧洲，非洲，大洋洲，澳大利亚。

564. 凹翅小灰蝶（玛灰蝶）*Mahathala ameria*（Hewitson）

寄主：扛香藤。

分布：我国浙江（遂昌九龙山、古田山、百山祖、淳安、开化、丽水、遂昌、龙泉、泰顺）、江西、福建、台湾、广东、海南、广西、四川、云南；国外：日本，泰国，缅甸，孟加拉，印度，马来西亚，印度尼西亚。

565. 黑灰蝶 *Niphanda fusca*（Bremer et Grey）

寄主：栎。

分布：我国浙江（遂昌九龙山、百山祖、平湖、杭州、淳安、奉化、宁海、浦江、东阳、丽水、缙云、松阳、龙泉、泰顺）、黑龙江、北京、河北、陕西、山东、江西、福建；国外：朝鲜，日本。

566. 褐斑蓝灰蝶（锯灰蝶）*Orthomiella pontis*（Elwes）

分布：我国浙江（遂昌九龙山、龙王山、天目山、龙泉、泰顺）、陕西、河南、江苏、福建；国外：缅甸，印度。

567. 拟小灰蝶（酢浆灰蝶）*Pseudozizeeria maha*（Kollar）

寄主：酢浆草。

分布：我国浙江（遂昌九龙山、龙王山、天目山、古田山、百山祖）、山东、河南、江西、福建、台湾、广东、香港、广西、西藏；国外：朝鲜，日本，缅甸，印度，尼泊尔，巴基斯坦，马来西亚，伊朗。

568. 小燕灰蝶（淡紫灰蝶、蓝燕灰蝶）*Rapala caerulea*（Bremer et Grey）

寄主：野蔷薇、鼠李。

分布：我国浙江（遂昌九龙山、天目山、古田山、百山祖、江山、杭州、淳安、镇海、象山、开化、丽水、缙云、遂昌、云和、龙泉、庆元）、黑龙江、吉林、辽宁、山东、河南、陕西、江西、福建、台湾；国外：朝鲜。

569. 尼氏燕灰蝶（闪蓝长尾灰蝶）*Rapala nissa*（Kollar）

寄主：蔷薇科。

分布：我国浙江（遂昌九龙山、莫干山、百山祖、杭州、萧山、淳安、丽水、遂昌、松阳、龙泉、庆元）、内蒙古、北京、天津、河北、山东、河南、陕西、江苏、上海、安徽、湖北、江西、湖南、福建、台湾、四川；国外：日本，马来西亚，尼泊尔，印度，日本，南亚，东南亚。

570. 洒灰蝶（优秀洒灰蝶）*Satyrium eximium*（Fixsen）

寄主：苹果、蔷薇。

分布：我国浙江（遂昌九龙山、天目山、杭州、萧山、龙泉）、黑龙江、内蒙古、北京、河北、河南、陕西、台湾；国外：朝鲜。

571. 大洒灰蝶（拟洒灰蝶）*Satyrium grande*（Felder）

寄主：蔷薇科。

分布：我国浙江（遂昌九龙山、天目山、丽水、龙泉）、内蒙古、北京、天津、河北、山西、山东、江苏、上海、安徽、江西、福建、四川；国外：俄罗斯，蒙古。

572. 莫氏小灰蝶（山灰蝶）*Shijimia moorei*（Leech）

寄主：石吊兰。

分布：我国浙江（遂昌九龙山、天目山、百山祖、遂昌、龙泉）、内蒙古、宁夏、甘肃、陕西、青海、新疆、江西、台湾、广西、重庆、四川、贵州、云南、西藏；国外：日本。

573. 银线灰蝶 *Spindasis lohita*（Horsfield）

寄主：五叶薯蓣、石榴。

分布：我国浙江（遂昌九龙山、百山祖、杭州、临安、淳安、衢县、开化、丽水、遂昌、松阳、龙泉、泰顺）、陕西、江西、福建、广西、广东、台湾、香港；国外：印度，缅甸，斯里兰卡，马来西亚，印度尼西亚，东南亚，南亚。

574. 豆粒银线灰蝶广西亚种 *Spindasis syama sepulveda*（Fruhstorfer）

寄主：石榴、薯蓣。

分布：我国浙江（遂昌九龙山、百山祖、杭州、淳安、泰顺）、河南、江西、福建、台湾、广东、四川、广西；国外：日本，泰国，缅甸，印度，马来西亚，印度尼西亚。

575. 蚜灰蝶（黑花斑灰蝶、蚜小灰蝶）*Taraka hamada*（Druce）

寄主：蚜。

分布：我国浙江（遂昌九龙山、龙王山、莫干山、天目山、古田山、百山祖、杭州、淳安、开化、丽水、遂昌、云和、龙泉、庆元、泰顺）、山东、河南、江苏、江西、湖南、福建、台湾、广东、四川、广西；国外：朝鲜，日本，越南，老挝，柬埔寨，泰国，缅甸，印度，不丹，马来西亚，印度尼西亚。

576. 点玄灰蝶 *Tongeia filicaudis*（Pryer）

寄主：景天科。

分布：我国浙江（遂昌九龙山、龙王山、天目山、古田山、百山祖）、山西、山东、河南、江西、四川、台湾；国外：老挝，印度。

577. 青白琉璃灰蝶（迪乐琉璃灰蝶）*Udara dilecta*（Moore）

寄主：锥栗。

分布：我国浙江（遂昌九龙山、天目山、百山祖、临安、遂昌、龙泉、泰顺）、江西、海南、四川；国外：日本，缅甸，印度，尼泊尔，马来西亚，印度尼西亚。

578. 黑边赭灰蝶（黄黑灰蝶）*Ussuriana gabrielis* Leech

分布：浙江（遂昌九龙山、龙王山、临安、天目山、百山祖、泰顺）。

579. 毛眼灰蝶（蓝小灰蝶）*Zizina otis*（Fabricius）

寄主：丁癸草、苜蓿。

分布：我国浙江（遂昌九龙山、丽水、百山祖）、福建、台湾、广东、广西、云南、西藏；国外：印度半岛，澳大利亚。

二十五、枯叶蛾科 Lsiocampidae

枯叶蛾科昆虫体型中至大型，体躯粗壮，多黄褐色，有些种类静止时后翅的波状边缘伸出前翅两侧，形似枯叶状，下唇须前伸似叶柄，因此得中名。雌雄触角双栉形。额通常具1簇密毛。喙退化或缺，下唇须粗，常呈鼻状或尖锥状延长。无单眼。复眼小而强烈凸突。胸部大多粗壮多毛。足短，强壮而被密毛。具翅抱。翅面颜色丰富，除黄褐色、灰褐、红褐和黑褐色外，亦有火红色、苹果绿、铜褐色、暗灰蓝色等。前翅通常有1枚白色中点，一些种类具内线、中线、外线和亚缘斑列。前翅外缘经常呈锯齿形，后缘明显缩短。前翅反面也会有斑纹，多为弧形带，与正面的花纹相配合。后翅大多呈圆形，斑纹位于前缘。

九龙山保护区发现有9属15种。

580. 杉枯叶蛾 *Cosmotriche lunigera*（Esper）

寄主：短叶松、冷杉、云杉、落叶松。

分布：浙江（遂昌九龙山、百山祖、杭州、桐庐、淳安、余姚、丽水、龙泉）。

581. 高山小毛虫 *Cosmotriche saxosimilis* Lajonquiére

分布：浙江（遂昌九龙山、莫干山、天目山、古田山、庆元）、云南。

582. 云南松毛虫 *Dendrolimus houi* Lajonquiére

寄主：云南松、思茅松、海南松、柳杉、侧柏。

分布：我国浙江（遂昌九龙山、全省广布）、安徽、湖南、江西、湖北、福建、广东、广西、四川、贵州、云南；国外：印度，缅甸，斯里兰卡，印度尼西亚。

583. 思茅松毛虫（赭色松毛虫）*Dendrolimus kikuchii* Matsumura

寄主：云南松、思茅松、云南油杉、华山松、黄山松、马尾松。

分布：我国浙江（遂昌九龙山、全省广布）、河南、安徽、湖北、江西、湖南、福建、台湾、广东、广西、四川、贵州、云南。

584. 黄山松毛虫 *Dendrolimus marmoratus* Tsai et Hou

寄主：黄山松。

分布：浙江（遂昌九龙山、安吉、龙王山、临安、开化、常山、丽水、遂昌、云和、龙泉、百山祖、永嘉、文成、平阳）、陕西、安徽、福建。

585. 马尾松毛虫 *Dendrolimus punctatus*（Walker）

寄主：马尾松、湿地松、火炬松。

分布：我国浙江（遂昌九龙山、全省广布）、河南、陕西、江苏、安徽、湖北、江西、湖南、福建、台湾、广东、海南、广西、四川、贵州、云南；国外：越南。

586. 落叶松毛虫（铁杉毛虫）*Dendrolimus superans*（Butler）

寄主：柏、冷杉、云杉、铁杉、赤松、落叶松、油松。

分布：我国浙江（遂昌九龙山、四明山、百山祖、临安、建德、东阳、遂昌、云和）、黑龙江、吉林、辽宁、内蒙古、新疆、河北、山东、江西、福建；国外：苏联，蒙古，朝鲜，日本。

587. 竹黄毛虫 *Euthrix laeta*（Walker）

寄主：竹。

分布：我国浙江（遂昌九龙山、龙王山、天目山、古田山、百山祖、长兴、德清、杭州、余杭、萧山、富阳、桐庐、建德、淳安、上虞、余姚、镇海、奉化、宁海、东阳、遂昌、龙泉、温州、永嘉、泰顺）、陕西、河南、江苏、安徽、湖北、江西、湖南、福建、台湾、广东、广西、四川、云南；国外：缅甸，印度，斯里兰卡。

588. 李枯叶蛾 *Gastropacha quercifolia* Linnaeus

寄主：苹果、沙果、梨、梅、杏、樱桃、桃、李、柳、楝、胡桃。

分布：我国浙江（遂昌九龙山、全省广布）、全国广布；国外：日本，朝鲜，蒙古，苏联，欧洲。

589. 柳杉云毛虫 *Hoenimnema roesleri* Lajonquiére

寄主：柳杉、杉、侧柏。

分布：浙江（遂昌九龙山、龙王山、天目山、百山祖）、陕西、安徽、江西、湖南、福建。

590. 松大毛虫（油茶大毛虫）*Lebeda nobilis* Walker

寄主：樟、马尾松、侧柏、栎、油茶、板栗、茶、苦槠。

分布：我国浙江（遂昌九龙山、天目山、湖州、德清、平湖、杭州、余杭、富阳、桐庐、建德、淳安、上虞、诸暨、嵊州、新昌、绍兴、鄞县、慈溪、余姚、奉化、宁海、定海、普陀、义乌、缙云、遂昌、松阳、青田、龙泉、庆元、温州、平阳、泰顺）、河南、陕西、江苏、安徽、湖北、江西、湖南、福建、台湾、广西、云南。

591. 苹毛虫 *Odonestis pruni* Linnaeus

寄主：李、梅、樱桃。

分布：我国浙江（遂昌九龙山、天目山、古田山、百山祖、长兴、德清、桐乡、海宁、杭州、余杭、桐庐、淳安、绍兴、余姚、三门、天台、仙居、临海、黄岩、温岭、玉环、丽水、遂昌、庆元、文成、泰顺）、黑龙江、吉林、辽宁、内蒙古、北京、天津、河北、山西、山东、河南、江苏、上海、安徽、湖北、江西、湖南、福建、台湾、广东、海南、香港、澳门、广西、四川、云南；国外：朝鲜，日本，欧洲。

592. 东北栎毛虫 *Paralebeda plagifera femorata*（Menetries）

寄主：榛、栎、杨、映山红。

分布：我国浙江（遂昌九龙山、百山祖）、黑龙江、吉林、辽宁、内蒙古、北京、天津、河北、山西；国外：苏联，朝鲜。

593. 松栎毛虫（栎毛虫）*Paralebeda plagifera* Walker

寄主：马尾松、栎、水杉、杨、金钱松。

分布：我国浙江（遂昌九龙山、天目山、百山祖、杭州、淳安、鄞县、余姚、龙泉、庆元）、河南、陕西、安徽、江西、湖南、福建、四川、云南、西藏；国外：印度，尼泊尔，印度尼西亚，爪哇。

594. 栗黄枯叶蛾（绿黄毛虫）*Trabala vishnou* Lefebure

寄主：蒲桃属、相思树、黄檀、白檀、桉、栗、柑橘、石榴、杉、枫香、松、胡桃、栎。

分布：我国浙江（遂昌九龙山、莫干山、古田山、长兴、杭州、余杭、萧山、富阳、桐庐、建德、淳安、上虞、嵊州、新昌、鄞县、慈溪、余姚、镇海、奉化、宁海、普陀、义乌、东阳、天台、黄岩、松阳、云和、景宁、庆元、温州、永嘉、泰顺）、河北、山西、河南、甘肃、陕西、江苏、安徽、湖北、江西、湖南、四川、云南、福建、台湾、广东；国外：日本，缅甸，印度，斯里兰卡，印度尼西亚，巴基斯坦。

二十六、带蛾科 Eupterotidae

带蛾科昆虫体中型至大型，单眼和毛隆缺如，无下颚须和鼓膜听器，喙退化或消失；后翅 Sc 大多数不由 1 横脉与中室相连。翅缘大多数圆滑；后翅斑纹在后缘不更强；翅鳞粗。

九龙山保护区发现有 4 属 4 种。

595. 褐斑带蛾 *Apha subdives* Walker

分布：我国浙江（遂昌九龙山、古田山、百山祖、遂昌、龙泉）、福建、云南；国外：印度。

596. 灰纹带蛾 *Ganisa cyanugrisea* Mell

寄主：兰科。

分布：浙江（遂昌九龙山、龙王山、天目山、百山祖、德清、杭州、建德、丽水、龙泉）、江西、湖南、福建、广西、四川、云南。

597. 丝光带蛾 *Pseudojana incandesceus* Walker

分布：浙江（遂昌九龙山、龙王山、庆元）、福建、广东、云南。

598. 中华温带蛾 *Thermojana sinica* Yang

分布：浙江（遂昌九龙山、百山祖）。

二十七、大蚕蛾科 Saturniidae

本科体型为大型，翅展可达 30 cm，有些种类具细长尾带。色彩艳丽。喙不发达，触角多为双栉形。前翅顶角凸出；后翅无翅缰，肩角发达。前后翅通常具半透明眼斑或窗纹。前后翅 M_2 均接近 M_1 或与 M_1 共柄；后翅 $Sc+R_1$ 与中室分离或以横脉相连。

九龙山保护区发现有 5 属 13 种。

599. 长尾大蚕蛾 *Actias dubernardi* Oberthür

寄主：柳、杨、桦、苹果、梨、栗、胡桃、胡萝卜、青冈、栎、樟。

分布：浙江（遂昌九龙山、杭州、天目山、淳安、余姚、奉化、东阳、丽水、缙云、遂昌、云和、庆元）、湖北、湖南、福建、贵州、广西、云南。

600. 黄尾大蚕蛾 *Actias heterogyna* Mell

寄主：枫杨、胡桃、杨、柳、木槿。

分布：浙江（遂昌九龙山、莫干山、杭州、临安、天目山、桐庐、淳安、诸暨、镇海、宁海、象山、普陀、天台、临海、黄岩、常山、丽水、缙云、庆元）、福建、广东、广西、西藏。

601. 红尾大蚕蛾 *Actias rhodopneuma* Rober

寄主：樟、栎、油茶、柳、栗、冬青、胡桃科。

分布：浙江（遂昌九龙山、龙王山、天目山、淳安、余姚、奉化、古田山、丽水、云和、龙泉、百山祖、泰顺）、福建、广东、广西、海南、四川、云南。

602. 绿尾大蚕蛾 *Actias selene ningpoana* Felder

寄主：枫杨、柳、栗、乌桕、木槿、樱桃、胡桃、石榴、喜树、樟、梨、沙果、赤杨、桤木、梨、沙枣、杏、鸭脚木。

分布：我国浙江（遂昌九龙山、湖州、长兴、龙王山、莫干山、嘉善、平湖、海宁、杭州、余杭、天目山、萧山、建德、淳安、绍兴、上虞、诸暨、嵊州、新昌、鄞县、慈溪、镇海、奉化、象山、嵊泗、岱山、普陀、古田山、常山、江山、丽水、遂昌、青田、云和、龙泉、百山祖、温州、永嘉）、吉林、辽宁、河北、河南、江苏、山东、湖北、江西、湖南、福建、台湾、广东、四川、海南、广西、云南、西藏；国外：日本。

603. 华尾大蚕蛾 *Actias sinensis* Walker

寄主：槭、樟、枫香、柳、杉、栎、悬铃木。

分布：浙江（遂昌九龙山、杭州、古田山、百山祖）、江西、湖南、广东、海南。

604. 钩翅大蚕蛾 *Antheraea assamensis* Westwood

寄主：相思树、樟、青冈、悬铃木。

分布：我国浙江（遂昌九龙山、百山祖）、湖南、福建、广东、四川、海南、广西、云南、西藏；国外：印度，中南半岛，印度尼西亚。

605. 明目大蚕（明眸大蚕蛾）*Antheraea frithii javanensis* Bouvier

寄主：柳、樟、乌桕、相思树。

分布：浙江（遂昌九龙山、天目山、百山祖）、陕西、四川、湖北、湖南、福建、云南、西藏。

606. 柞蚕蛾 *Antheraea pernyi* Guerin-Meneville

寄主：柞、栎、胡桃、樟、山楂、青冈、柏、枫杨、蒿柳。

分布：浙江（遂昌九龙山、德清、桐乡、海宁、杭州、天目山、桐庐、淳安、新昌、余姚、镇海、兰溪、温岭、百山祖）、黑龙江、吉林、辽宁、河北、山东、河南、江苏、湖北、江西、湖南、四川、贵州。

607. 乌桕大蚕蛾 *Attacus atlas*（Linnaeus）

寄主：乌桕、樟、柳、合欢、冬青。

分布：我国浙江（遂昌九龙山、龙王山、杭州、龙泉）、江西、湖南、福建、台湾、广东、广西；国外：缅甸，印度，印度尼西亚。

608. 藤豹大蚕蛾 *Loepa anthera* Jordan

分布：我国浙江（遂昌九龙山、天目山、开化、百山祖）、湖北、福建、广东、四川、海南、广西、云南、西藏；国外：印度，中南半岛。

609. 黄豹大蚕蛾 *Loepa katinka* Westwood

寄主：白粉藤。

分布：我国浙江（遂昌九龙山、安吉、龙王山、德清、杭州、余杭、临安、天目山、建德、淳安、嵊州、新昌、鄞县、慈溪、余姚、奉化、天台、古田山、丽水、龙泉、云和、庆元、百山祖）、河北、宁夏、河南、安徽、江西、四川、湖北、福建、广东、海南、广西、云南、西藏；国外：印度。

610. 樗蚕 *Samia cynthia*（Drurvy）

寄主：臭椿、乌桕、冬青、含笑、梧桐、樟、野鸭椿、黄薛、黄栎、泡桐、喜树、虎皮楠、胡桃、悬铃木、盐肤木、黄菠萝、黄连木、香椿。

分布：我国浙江（遂昌九龙山、全省广布）、辽宁、吉林、河北、山西、山东、河南、甘肃、陕西、江苏、安徽、湖北、福建、台湾、江西、广东、海南、广西、四川、贵州、云南、西藏；国外：朝鲜，日本。

611. 蓖麻蚕 *Samia cynthia ricina* Donovan

寄主：香椿、马桑、野蓟、莴苣、胡萝卜、蒲公英、蓖麻、木薯、乌桕、臭椿。

分布：我国浙江（遂昌九龙山、百山祖、天目山、杭州、临安、丽水）、全国广布；国外：朝鲜，日本，印度，菲律宾，英国，意大利，埃及。

二十八、笋纹蛾科 Brahmaeidae

笋纹蛾科体型属大型蛾类；喙发达，下唇须长，向上伸；雄雌触角均双栉形。翅宽大，前翅顶角圆；翅色浓厚，有许多笋筐条纹和波状纹。后足胫节 2 对距。幼虫与成虫颜色较为相近。有些种类幼虫背部有多条无毒肉刺。曾用名"水蜡蛾科"。世界已知 6 属 70 种左右，主要分布于东洋界、古北界和非洲界。中国分布约 5 属 10 余种。

九龙山保护区发现有 2 属 3 种。

612. 紫光箩纹蛾 *Brahmaea porphria* **Chu et Wang**

寄主：水蜡、女贞、桂花。

分布：浙江（遂昌九龙山、龙王山、湖州、长兴、安吉、德清、桐乡、海宁、临安、天目山、慈溪、余姚、镇海、奉化、宁海、天台、临海、丽水、缙云、遂昌、龙泉、庆元、乐清、文成、平阳、泰顺）、河南、甘肃、江苏、上海、湖南、福建、广西、江西、广东。

613. 青球箩纹蛾 *Brahmophthalma hearseyi*（**White**）

寄主：冬青、水蜡、紫丁香、刚竹、女贞、栎、桂花、乌柏。

分布：我国浙江（遂昌九龙山、莫干山、古田山、杭州、临安、淳安、遂昌、龙泉、庆元、泰顺）、河南、江西、湖南、福建、广东、海南、四川、贵州、云南；国外：缅甸，印度，印度尼西亚。

614. 枯球箩纹蛾 *Brahmophthalma wallichii*（**Gray**）

寄主：女贞、冬青、小蜡。

分布：我国浙江（遂昌九龙山、龙王山、古田山、安吉、百山祖、德清、杭州、临安、建德、宁波）、甘肃、河北、山西、陕西、湖北、江西、湖南、福建、台湾、广东、四川、贵州、云南；国外：印度。

二十九、天蛾科 Sphingidae

天蛾成虫体型中到大型，身体呈纺锤形，头较大，无单眼，多数种类喙发达；触角端部较细而弯曲；前翅狭长，顶角尖，后翅较小，呈三角形，飞行能力强；腹部粗壮，末端尖。天蛾幼虫多为圆筒形，一般头、胸部比腹部细。第 8 节背板末端有一锥形体，即为尾角。

九龙山保护区发现有 20 属 35 种。

615. 鬼脸天蛾 *Acherontia lachesis*（**Fabricius**）

寄主：杉、芝麻、麻、茄、豆、木犀、紫葳、马鞭草。

分布：我国浙江（遂昌九龙山、龙王山、古田山、百山祖、三门、武义、江山、天台、仙居、临海、黄岩、温岭、玉环、丽水、缙云、遂昌、青田、云和、龙泉、庆元、温州、泰顺）、河北、山东、河南、江苏、湖北、江西、湖南、福建、台湾、广东、海南、广西、四川、贵州、西藏、云南；国外：朝鲜，日本，缅甸，印度，斯里兰卡，印度尼西亚。

616. 芝麻鬼脸天蛾 *Acherontia styx* **Westwood**

寄主：烟草、甘薯、马铃薯、女贞、松、柏、泡桐、枫杨、芝麻、茄、马鞭草、豆、木犀、紫葳、唇形科。

分布：我国浙江（遂昌九龙山、全省广布）、北京、河北、山西、山东、河南、江苏、湖北、江西、湖南、台湾、广东、海南、广西、云南；国外：朝鲜，日本，缅甸，印度，斯里兰卡，马来西亚。

617. 灰天蛾 *Acosmerycoides leucocraspis leucocraspis*（Hampson）

寄主：葡萄。

分布：我国浙江（遂昌九龙山、百山祖）、湖北、江西、湖南、福建、广东、广西；国外：印度。

618. 缺角天蛾 *Acosmeryx castanea* Rothschild et Jordan

寄主：葡萄、乌蔹莓。

分布：我国浙江（遂昌九龙山、龙王山、莫干山、天目山、古田山、杭州、余杭、临安、桐庐、建德、淳安、鄞县、慈溪、镇海、奉化、象山、丽水、龙泉、文成）、江西、湖南、福建、台湾、广东、海南、四川、云南；国外：日本。

619. 葡萄缺角天蛾 *Acosmeryx naga*（Moore）

寄主：乌蔹莓、葡萄、猕猴桃、爬山虎、葛藤。

分布：我国浙江（遂昌九龙山、天目山、古田山、百山祖、杭州、临安、淳安、上虞、镇海、宁海、象山、三门、天台、仙居、临海、黄岩、温岭、玉环）、北京、河北、河南、湖南、贵州；国外：日本，朝鲜，印度。

620. 葡萄天蛾 *Ampelophaga rubiginosa rubiginosa* Bremer et Grey

寄主：泡桐、野葡萄、葡萄、黄荆、乌蔹莓。

分布：我国浙江（遂昌九龙山、龙王山、天目山、百山祖、湖州、长兴、安吉、德清、平湖、海宁、杭州、余杭、临安、萧山、桐庐、建德、淳安、上虞、新昌、鄞县、慈溪、余姚、奉化、宁海、浦江、义乌、东阳、兰溪、天台、衢县、丽水、缙云、遂昌、云和、龙泉、庆元、泰顺）、黑龙江、吉林、辽宁、宁夏、河北、山西、陕西、山东、河南、江苏、安徽、湖北、江西、湖南、福建、广东、四川、海南；国外：朝鲜，日本，印度。

621. 背天蛾 *Cechenena minor*（Butler）

寄主：猕猴桃、伞萝夷、何首乌。

分布：我国浙江（遂昌九龙山、莫干山、天目山、杭州、临安、淳安、鄞县、镇海、宁海、象山、龙泉、温州）、河南、湖南、福建、台湾、广东、海南、广西；国外：印度，泰国，马来西亚。

622. 南方豆天蛾 *Clanis bilineata bilineata*（Walker）

寄主：刺槐、泡桐、黑荆树、葛、黎豆。

分布：我国浙江（遂昌九龙山、龙王山、天目山、莫干山、古田山、百山祖、湖州、长兴、德清、嘉善、平湖、桐乡、海盐、杭州、余杭、临安、淳安、奉化、象山、丽水、缙云、遂昌、衢县、龙泉、永嘉、洞头）、湖北、湖南、海南、福建、广东、广西、四川；国外：印度。

623. 豆天蛾 *Clanis bilineata tsingtauica* Mell

寄主：刺槐、洋槐、黑荆树、大豆、藤萝、葛属、黎豆属。

分布：我国浙江（遂昌九龙山、龙王山、天目山、长兴、嘉兴、海宁、杭州、余杭、临安、萧山、桐庐、上虞、嵊州、新昌、慈溪、余姚、奉化、宁海、嵊泗、岱山、普陀、浦江、义乌、黄岩、临海、衢县、龙游、常山、丽水、缙云、遂昌、龙泉、庆元、温州、泰顺）、全国广布（除西藏）；国外：朝鲜，日本，印度。

624. 洋槐天蛾 *Clanis deucalion*（Walker）

寄主：洋槐、藤萝、刀豆、大豆。

分布：我国浙江（遂昌九龙山、龙王山、天目山、古田山、百山祖、长兴、余杭、临安、淳安、新昌、余姚、镇海、丽水、泰顺）、辽宁、河北、山东、湖北、江苏、河南、福建、湖南、广东、海南、四川；国外：印度。

625. 大星天蛾 *Dolbina inexacta*（Walker）

寄主：柃木。

分布：我国浙江（遂昌九龙山、莫干山、古田山、百山祖）、江西、台湾；国外：印度。

626. 白薯天蛾（甘薯天蛾、旋花天蛾、吓壳天蛾）*Herse convolvli*（Linnaeus）

寄主：蕹菜、泡桐、柏、甘薯、白菜、韭、葡萄、芋、牵牛花、旋花、旋花科、豆科、马鞭草科。

分布：我国浙江（遂昌九龙山、龙王山、天目山、百山祖、长兴、安吉、德清、嘉兴、平湖、杭州、余杭、萧山、余姚、定海、普陀、义乌、东阳、仙居、临海、衢县、丽水、龙泉、庆元）、北京、河北、山西、山东、河南、江苏、安徽、湖北、江西、湖南、福建、台湾、广东、海南、广西；国外：苏联，朝鲜，日本，越南，缅甸，印度，斯里兰卡，马来西亚，英国，欧洲。

627. 甘蔗天蛾 *Leucophlebia lineata* Westwood

寄主：白杨、高粱、玉米、水稻、甘蔗。

分布：我国浙江（遂昌九龙山、天目山、百山祖、庆元、平阳）、北京、河北、河南、江西、湖南、广东、海南、广西、云南；国外：印度，斯里兰卡，马来西亚，菲律宾。

628. 青背长喙天蛾（姬黑天蛾）*Macroglossum bombylans*（Boisduval）

寄主：算盘子、茜草、野木瓜。

分布：我国浙江（遂昌九龙山、莫干山、百山祖、德清、余姚、武义、丽水、遂昌、庆元、温州）、河北、湖北、湖南、海南；国外：日本，印度。

629. 湖南长喙天蛾 *Macroglossum hunanensis* Chu et Wang

寄主：茜草。

分布：浙江（遂昌九龙山、天目山、百山祖、德清、杭州、上虞、镇海、鄞县、宁海）、湖南、江西、福建、广东、海南。

630. 小豆长喙天蛾（小豆日天蛾、茜草天蛾、燕尾天蛾）*Macroglossum stellatarum*（Linnaeus）

寄主：繁缕、茜草、小豆、土三七、蓬子菜。

分布：我国浙江（遂昌九龙山、莫干山、天目山、古田山、海宁、杭州、临安、萧山、建德、余姚、龙泉、平阳）、吉林、辽宁、内蒙古、河北、山西、山东、河南、青海、甘肃、新疆、江苏、湖北、江西、湖南、广东、海南、四川、广西；国外：朝鲜，日本，越南，印度，尼日利亚，欧洲。

631. 斑腹长喙天蛾 *Macroglossum variegatum* Rothschild et Jordan

寄主：凉猴茶。

分布：我国浙江（遂昌九龙山、莫干山、古田山、杭州、庆元）、福建、广东；国外：印度，马来西亚。

632. 椴六点天蛾 *Marumba dyras*（Walker）

寄主：椴、枣、栎、栗。

分布：我国浙江（遂昌九龙山、龙王山、莫干山、古田山、天目山、百山祖、湖州、长兴、德清、杭州、余杭、临安、桐庐、淳安、鄞县、宁海、丽水、泰顺）、辽宁、河北、河南、江苏、湖北、江西、湖南、福建、广东、海南、四川、贵州、云南；国外：印度，斯里兰卡。

633. 梨六点天蛾 *Marumba gaschkewitschi complacens* Walker

寄主：槐、胡桃、桃、梨、苹果、葡萄、杏、李、樱桃、枣、枇杷。

分布：浙江（遂昌九龙山、龙王山、莫干山、天目山、古田山、百山祖、湖州、长兴、德清、海宁、杭州、淳安、慈溪、余姚、奉化、宁海、定海、东阳、丽水、庆元）、河南、江苏、湖北、湖南、海南、四川、云南。

634. 枣桃六点天蛾 *Marumba gaschkewitschi gaschkewitschi*（Bremem et Grey）

寄主：桃、苹果、梨、葡萄、杏、李、樱桃、枣、枇杷、槐。

分布：我国浙江（遂昌九龙山、天目山、杭州、余杭、临安、富阳、桐庐、镇海、象山、三门、嵊泗、岱山、普陀、金华、东阳、永康、兰溪、天台、仙居、临海、温岭、玉环、开化、常山、丽水、缙云、遂昌、云和、龙泉、庆元、温州、永嘉）、河北、山东、河南、山西、陕西、宁夏、内蒙古、辽宁、四川、湖北、湖南、江西、江苏、广东、西藏；国外：日本。

635. 枇杷六点天蛾 *Marumba spectabilis* Butler

寄主：枇杷。

分布：我国浙江（遂昌九龙山、天目山、百山祖、杭州）、河南、湖北、江西、湖南、广东、四川、海南；国外：印度，印度尼西亚。

636. 大背天蛾 *Meganoton analis*（Felder）

寄主：冬青、白蜡树、梧桐、女贞、丁香、梓树。

分布：我国浙江（遂昌九龙山、莫干山、天目山、古田山、百山祖湖州、长兴、德清、海宁、杭州、临安、淳安、鄞县、余姚、镇海、奉化、象山、东阳、丽水、遂昌、松阳、云和、景宁、龙泉）、湖北、江西、湖南、福建、广东、四川、海南、云南；国外：印度。

637. 栎鹰翅天蛾 *Oxyambulyx liturata*（Butler）

寄主：栎、栗、胡桃。

分布：我国浙江（遂昌九龙山、古田山、百山祖、长兴、杭州、余杭、临安、富阳、桐庐、建德、淳安、上虞、鄞县、余姚、镇海、宁海、象山、平阳）、湖北、湖南、福建、四川、海南、云南；国外：缅甸，印度，斯里兰卡，菲律宾，印度尼西亚。

638. 鹰翅天蛾 *Oxyambulyx ochracea*（Butler）

寄主：乌桕、柳杉、槭、胡桃。

分布：我国浙江（遂昌九龙山、全省广布）、辽宁、北京、河北、江苏、安徽、湖北、江西、湖南、福建、台湾、广东、海南、广西、四川、贵州；国外：日本，印度，缅甸。

639. 核桃鹰翅天蛾 *Oxyambulyx schauffelbergeri*（Bremer et Grey）

寄主：枫杨、栎、胡桃。

分布：我国浙江（遂昌九龙山、龙王山、天目山、杭州、余杭、淳安、龙泉、平阳）、黑龙江、吉林、辽宁、北京、河北、山东、江苏、安徽、湖北、江西、湖南、福建、广东、海南、广西、四川、河南、云南、贵州；国外：朝鲜，日本。

640. 构月天蛾 *Parum colligata*（Walker）

寄主：构树、桑、楮。

分布：我国浙江（遂昌九龙山、龙王山、莫干山、天目山、古田山、百山祖、湖州、长兴、德清、平湖、海宁、杭州、余杭、建德、淳安、上虞、新昌、慈溪、余姚、奉化、宁海、象山、岱山、普陀、义乌、天台、仙居、江山、丽水、缙云、龙泉、庆元、泰顺）、吉林、北京、辽宁、河北、山东、河南、湖北、湖南、福建、台湾、广东、广西、四川、海南、贵州；国外：日本，缅甸，印度，斯里兰卡。

641. 红天蛾 *Pergesa elpenor lewisi*（Butler）

寄主：月见草、茜菜、忍冬、凤仙花、千屈菜、蓬子菜、柳叶菜、兰、柳、葡萄。

分布：我国浙江（遂昌九龙山、龙王山、莫干山、天目山、古田山、百山祖、长兴、安吉、德清、余杭、临安、桐庐、淳安、新昌、鄞县、慈溪、余姚、奉化、宁海、义乌、天台、丽水、云和、龙泉、庆元、温州）、吉林、辽宁、河北、山西、山东、河南、江苏、福建、台湾、广东、海南、四川；国外：朝鲜，日本。

642. 盾天蛾 *Phyllosphingia dissimilis dissimilis* **Bremer**

寄主：胡桃、山胡桃、柳。

分布：我国浙江（遂昌九龙山、龙王山、天目山、杭州、余杭、建德、新昌、镇海、宁海、兰溪、丽水、庆元、泰顺）、黑龙江、辽宁、北京、河北、山东、湖北、湖南、海南、台湾；国外：日本，印度。

643. 霜天蛾（泡桐灰天蛾、梧桐天蛾） *Psilogramma menephron*（**Cramer**）

寄主：樟、桤木、悬铃木、丁香、梧桐、女贞、泡桐、水蜡、楝、樟、梓树、楸、牡荆。

分布：我国浙江（遂昌九龙山、全省广布）、辽宁、北京、天津、内蒙古、河北、山东、河南、陕西、江苏、上海、安徽、江西、湖南、福建、台湾、广东、广西、四川、云南；国外：日本，朝鲜，印度，斯里兰卡，缅甸，菲律宾，印度尼西亚，大洋洲。

644. 白肩天蛾（绒天蛾） *Rhagastis mongoliana mongoliana*（**Butler**）

寄主：葡萄、乌敛莓、凤仙花、小檗、绣球花、旋花。

分布：我国浙江（遂昌九龙山、龙王山、百山祖、杭州、余杭、桐庐、淳安、奉化、丽水、遂昌、龙泉）、黑龙江、内蒙古、北京、天津、河北、山西、山东、河南、湖北、江西、湖南、福建、台湾、海南、广东、广西、贵州；国外：俄罗斯，朝鲜，日本。

645. 蓝目天蛾（柳天蛾） *Smerithus planus planus* **Walker**

寄主：杏、柳、杨、桃、樱桃、苹果、海棠、梅、李、沙果。

分布：我国浙江（遂昌九龙山、天目山、四明山、古田山、湖州、长兴、德清、杭州、余杭、临安、桐庐、淳安、绍兴、上虞、诸暨、嵊州、新昌、余姚、东阳、天台、缙云、龙泉、庆元、平阳）、黑龙江、吉林、辽宁、内蒙古、河北、山西、山东、河南、宁夏、甘肃；国外：苏联，朝鲜，日本。

646. 斜纹天蛾 *Theretra clotho clotho*（**Drury**）

寄主：泡桐、山药、木槿、白粉藤、青紫藤、葡萄。

分布：我国浙江（遂昌九龙山、全省广布）、江苏、福建、江西、贵州、华中、台湾、华南、云南；国外：日本，印度尼西亚，印度，斯里兰卡，马来西亚，菲律宾。

647. 雀纹天蛾 *Theretra japonica*（**Orza**）

寄主：油茶、泡桐、葡萄、野葡萄、乌敛莓、常春藤、白粉藤、爬山虎、虎耳草、绣球花。

分布：我国浙江（遂昌九龙山、全省分布）、黑龙江、广东、广西、云南、陕西、四川、河北、海南、长江流域各省、湖南、台湾、贵州；国外：西伯利亚，朝鲜，日本，苏联，欧洲。

648. 青背斜纹天蛾 *Theretra nessus*（Drury）

寄主：芋、水葱、薯。

分布：我国浙江（遂昌九龙山、龙王山、古田山、百山祖、缙云、乐清、平阳）、湖北、湖南、福建、台湾、广东、云南；国外：日本，印度，斯里兰卡，马来西亚，印度尼西亚，菲律宾，巴布亚新几内亚，大洋洲。

649. 芋单线天蛾 *Theretra pinastrina pinastrina*（Martyn）

寄主：悬铃木、葡萄、乌蔹莓、芋属、白薯、雍菜。

分布：我国浙江（遂昌九龙山、龙王山、莫干山、天目山、湖州、安吉、嘉兴、平湖、海盐、杭州、余杭、桐庐、鄞县、余姚、宁海、嵊泗、普陀、义乌、东阳、常山、江山、丽水、缙云、青田、云和、龙泉、庆元、温州、平阳、泰顺）、湖南、福建、台湾、广东、海南、云南；国外：朝鲜，日本，越南，印度，斯里兰卡，缅甸，马来西亚，印度尼西亚，摩洛哥。

三十、舟蛾科 Notodontidae

舟蛾科成虫体型属中型，多为褐色或暗灰色，少数洁白或具鲜艳颜色。夜间活动，具趋光性。外表与夜蛾相似，但口器不发达，喙柔弱或退化；无下颚须；下唇须中等大，少数较大或微弱；复眼大，多数无单眼；雄蛾触角常为双栉形；部分栉齿形或锯齿形具毛簇，少数为绒形或毛丛形；雄蛾触角常与雄蛾异形，一般为线形，但也有同形者；胸部被毛和鳞浓厚，有些属背面中央有竖立纵行脊形或称冠形毛簇；鼓膜位于胸腹面一小凹窝内，膜向下；后足胫节有1~2对距；翅形大都与夜蛾相似，少数象天蛾或钩翅蛾，在许多属里，前翅后缘中央有1个齿形毛簇或呈月牙形缺刻，缺刻两侧具齿形或梳形毛簇，静止时两翅后折成屋脊形，毛簇竖起如角。腹部粗壮，常伸过后翅臀角，有些种类基部背面或末端具毛簇。

九龙山保护区发现有32属45种。

650. 半明奇舟蛾 *Allata laticostalis*（Hapmsom）

分布：我国浙江（遂昌九龙山、天目山、百山祖、长兴、德清、杭州、临安、浦江、龙泉）、河北、山西、陕西、河南、湖北、江西、福建、广西、四川、云南；国外：印度，巴基斯坦。

651. 竹箩舟蛾 *Besaia goddrica*（Schaus）

寄主：刚竹、毛竹、槲、榆、栗。

分布：浙江（遂昌九龙山、莫干山、天目山、古田山、百山祖、长兴、安吉、德清、杭州、临安、桐庐、建德、淳安、诸暨、新昌、鄞县、慈溪、余姚、镇海、奉化、宁海、象山、定海、丽水、缙云、龙泉、庆元、平阳）、陕西、江苏、安徽、湖北、江西、湖南、福建、广东、四川。

652. 杨二尾舟蛾 *Cerura menciana* **Moore**

寄主：杨、柳。

分布：我国浙江（遂昌九龙山、嘉善、杭州、临安、桐庐、建德、上虞、嵊州、慈溪、余姚、三门、嵊泗、岱山、普陀、武义、天台、仙居、临海、黄岩、温岭、玉环、常山、缙云、庆元、泰顺）、黑龙江、吉林、辽宁、内蒙古、山东、河南、宁夏、甘肃、陕西、新疆、江苏、湖北、江西、福建、台湾、四川、西藏；国外：日本，朝鲜，欧洲。

653. 杨扇舟蛾 *Clostera anachoreta*（**Denis et Schiffermuller**）

寄主：杨、柳。

分布：我国浙江（遂昌九龙山、天目山、古田山、杭州、余杭、临安、嵊州、新昌、奉化、常山、丽水、庆元）、黑龙江、吉林、辽宁、内蒙古、宁夏、甘肃、青海、新疆、河北、山西、陕西、山东、河南、江苏、安徽、湖北、江西、湖南、福建、广东、广西、台湾、四川、云南、西藏；国外：朝鲜，日本，俄罗斯，中亚，印度，斯里兰卡，印度尼西亚，欧洲。

654. 灰短扇舟蛾 *Clostera curtula canescens*（**Graeser**）

寄主：杨、柳。

分布：浙江（遂昌九龙山、桐庐、淳安、缙云、遂昌、云和、龙泉、庆元、泰顺）。

655. 鹿舟蛾 *Damat longipennis* **Walker**

分布：我国浙江（遂昌九龙山、百山祖、云和）、台湾、广东、云南、西藏；国外：缅甸，印度，尼泊尔，巴基斯坦。

656. 高粱舟蛾 *Dinara combusta*（**Walker**）

寄主：高粱、玉米、甘蔗。

分布：我国浙江（遂昌九龙山、百山祖）、河北、山东、湖北、台湾、广西、云南；国外：印度，菲律宾，印度尼西亚，非洲。

657. 著蕊尾舟蛾 *Dudusa nobilis* **Walker**

寄主：无患子科。

分布：我国浙江（遂昌九龙山、莫干山、天目山、德清、杭州、临安、淳安、鄞县、龙泉、文成、泰顺）、河北、江西、台湾，广西、广东、四川；国外：印度，缅甸。

658. 黑蕊尾舟蛾（黑蕊属舟蛾）*Dudusa sphingiformis* **Moore**

寄主：栾树、槭。

分布：我国浙江（遂昌九龙山、莫干山、天目山、古田山、百山祖、杭州、临安、龙泉、庆元）、河南、河北、北京、上海、贵州、陕西、山东、河南、安徽、湖北、江西、湖南、福建、四川、云南；国外：朝鲜，日本，缅甸，印度。

659. 栎纷舟蛾 *Fentonia ocypete*（Bremer）

寄主：栎、槠、榛。

分布：我国浙江（遂昌九龙山、莫干山、古田山、百山祖、德清、杭州、萧山、建德、淳安、鄞县、象山、嵊泗、兰溪、仙居、龙泉）、黑龙江、吉林、辽宁、河南、河北、山西、陕西、湖北、江西、湖南、福建、四川、云南、台湾；国外：朝鲜，日本，印度，新加坡。

660. 甘舟蛾 *Gangaridopsis citrina*（Wileman）

分布：我国浙江（遂昌九龙山、莫干山、古田山、百山祖、德清、杭州、云和、龙泉）、江西、湖南、福建；国外：日本。

661. 钩翅舟蛾 *Gangarides dharma* Moore

分布：我国浙江（遂昌九龙山、莫干山、百山祖、长兴、安吉、德清、杭州、桐庐、淳安、上虞、诸暨、新昌、鄞县、余姚、镇海、奉化、义乌、东阳、仙居、衢县、庆元）、辽宁、河北、陕西、湖北、江西、湖南、福建、广东、广西、四川、云南、西藏；国外：朝鲜，越南，孟加拉，印度。

662. 灰颈异齿舟蛾 *Hexafrenum argillacea*（Kiriakoff）

分布：浙江（遂昌九龙山、莫干山、杭州、建德、庆元、温州）、江西、福建、广西。

663. 霭舟蛾 *Hupodonta corticalis* Butler

分布：我国浙江（遂昌九龙山、百山祖）、黑龙江、陕西、湖北、湖南、云南；国外：日本。

664. 黄二星舟蛾 *Lampronadata cristata*（Butler）

寄主：柞、板栗、蒙栎。

分布：我国浙江（遂昌九龙山、古田山、安吉、长兴、德清、平湖、杭州、余杭、建德、淳安、新昌、余姚、奉化、海宁、丽水、龙泉）、黑龙江、吉林、辽宁、河北、山东、河南、陕西、江苏、安徽、湖北、江西、四川；国外：苏联，朝鲜，日本，缅甸。

665. 间掌舟蛾 *Mesophalera sigmata*（Butler）

寄主：栎。

分布：我国浙江（遂昌九龙山、天目山、余姚、古田山、丽水、百山祖）、江西、湖南、四川、山东、福建、台湾；国外：朝鲜，日本。

666. 新二尾舟蛾 *Neocerura liturata*（Walker）

寄主：刺篱木、天料木。

分布：我国浙江（遂昌九龙山、杭州、天目山、百山祖）、湖南、台湾、广东、云南；国外：印度，斯里兰卡，印度尼西亚。

667. 大新二尾舟蛾 *Neocerura wisei*（Swinhoe）

寄主；杨、柳、檫、红花天料木。

分布：我国浙江（遂昌九龙山、湖州、长兴、安吉、德清、海宁、杭州、余杭、临安、百山祖、桐庐、淳安、新昌、余姚、奉化、三门、定海、天台、仙居、临海、黄岩、温岭、玉环、龙泉、平阳）、江苏、湖北、台湾、广东、广西、四川、云南；国外：日本，印度，斯里兰卡，印度尼西亚。

668. 黑带新林舟蛾 *Neodrymonia basalis*（Moore）

分布：我国浙江（遂昌九龙山、古田山、百山祖）、江西；国外：缅甸，印度。

669. 缘纹新林舟蛾 *Neodrymonia marginalis*（Matsumura）

分布：我国浙江（遂昌九龙山、天目山、德清、缙云、云和、龙泉、庆元、泰顺）、黑龙江、江苏、安徽、江西、湖南、福建、台湾、广东、四川；国外：朝鲜，日本。

670. 云舟蛾 *Neopheosia fasciata*（Moore）

寄主：李属。

分布：我国浙江（遂昌九龙山、莫干山、天目山、百山祖、杭州、桐庐、建德、淳安、龙泉、庆元）、黑龙江、河北、内蒙古、河南、陕西、安徽、湖北、江西、湖南、福建、台湾、广东、四川；国外：日本，越南，泰国，马来西亚，印度，印度尼西亚，菲律宾。

671. 明肩新奇舟蛾 *Neophyta costalis*（Moore）

分布：我国浙江（遂昌九龙山、杭州、建德、淳安、天台、龙泉、庆元）、河南、江苏、江西、湖南、广西、广东；国外：印度，印度尼西亚。

672. 新涟纷舟蛾 *Neoshachia parabolica*（Matsumura）

分布：我国浙江（遂昌九龙山、天目山、长兴、杭州、桐庐、淳安、鄞县、奉化、镇海、嵊泗、庆元、平阳）、台湾。

673. 梭舟蛾 *Netria viridescens* Walker

寄主；人心果。

分布：我国浙江（遂昌九龙山、天目山、百山祖、杭州、余杭、萧山、建德、诸暨、鄞县、慈溪、奉化、天台、古田山、云和、龙泉、庆元）、上海、江西、湖南、福建、台湾、广东、广西、贵州；国外：越南，印度，缅甸，泰国，马来西亚，斯里兰卡，印度尼西亚。

674. 窄翅舟蛾 *Niganda strigifascia* Moore

分布：我国浙江（遂昌九龙山、天目山、百山祖、杭州）、江苏、广西、云南；国外：印度，马来西亚，不丹，印度尼西亚。

675. 浅黄箩舟蛾 *Norraca decurrens*（Moore）

分布：我国浙江（遂昌九龙山、百山祖、安吉、长兴、杭州、淳安、天台、平阳）、湖北、福建、四川、广西；国外：印度。

676. 竹笋舟蛾 *Norraca retrofusca* de Joannis

寄主：毛竹。

分布：我国浙江（遂昌九龙山、莫干山、天目山、百山祖、长兴、安吉、德清、杭州、余杭、淳安、诸暨、余姚、宁海、三门、天台、仙居、临海、黄岩、温岭、丽水、平阳、泰顺）、江苏、河南、江西、湖南、四川、贵州；国外：越南。

677. 肖黄掌舟蛾（栎掌舟蛾） *Phalera assimilis*（Bremer et Grey）

寄主：梨、樱桃、栗、栎、杨、榆、糙叶树。

分布：我国浙江（遂昌九龙山、全省广布）、黑龙江、吉林、安徽、辽宁、河北、山西、山东、河南、陕西、江苏、江西、台湾、湖南、湖北、四川；国外：西伯利亚，俄罗斯，朝鲜，日本，德国。

678. 黄掌舟蛾（榆掌舟蛾） *Phalera fuscescens* Butler

寄主；榆。

分布：我国浙江（杭州、余杭、淳安、慈溪、镇海、奉化、开化、常山、庆元、温州、乐清）、黑龙江、辽宁、内蒙古、河北、河南、陕西、江苏、江西、湖南、福建、云南；国外：日本，朝鲜。

679. 苹掌舟蛾 *Phalera flavescens*（Bremer et Grey）

寄主：桃、樱桃、枇杷、沙果、梨、杏、李、海棠、榆叶梅、山楂、栗、榆。

分布：我国浙江（遂昌九龙山、全国广布），全国广布（除新疆、青海、宁夏和西藏）；国外：苏联，朝鲜，日本。

680. 刺槐掌舟蛾 *Phalera grotei* Moore

寄主：刺槐。

分布：我国浙江（遂昌九龙山、百山祖）、黑龙江、江苏、辽宁、河北、山东、湖北、江西、湖南、福建、广东、广西、四川、云南；国外：朝鲜，缅甸，越南，印度，印度尼西亚，马来西亚（沙捞越），菲律宾。

681. 刺桐掌舟蛾 *Phalera raya* Moore

寄主：刺桐。

分布：我国浙江（遂昌九龙山、古田山、百山祖、杭州、金华、兰溪）、江苏、台湾、云南；国外：越南，印度，印度尼西亚，澳大利亚。

682. 榆掌舟蛾 *Phalera takasagoensis* Matsumura

寄主：榆、糙叶树。

分布：我国浙江（遂昌九龙山、百山祖）、黑龙江、辽宁、内蒙古、河北、陕西、江苏、安徽、江西、湖南、福建、云南；国外：朝鲜，日本。

683. 灰掌舟蛾 *Phalera torpida* Walker

分布：我国浙江（遂昌九龙山、百山祖、杭州）、安徽、江西、湖南、广东、广西、四川、云南；国外：越南，印度，印度尼西亚，澳大利亚。

684. 豹舟蛾 *Poncetia albistriga*（Moore）

寄主：稻。

分布：我国浙江（遂昌九龙山、百山祖、缙云）、江西、湖南、福建、台湾、广西、四川、云南、西藏；国外：不丹，印度，印度尼西亚。

685. 绿绒胯白舟蛾 *Quadricalarifera chlorotricha*（Hampson）

分布：我国浙江（遂昌九龙山、百山祖）、湖南、福建、四川、广东；国外：印度，伊里安岛，菲律宾。

686. 白斑四距舟蛾 *Quadricalarifera fasciata*（Moore）

寄主：枫杨、栎。

分布：我国浙江（遂昌九龙山、天目山、古田山、百山祖、德清、宁海、丽水、遂昌、云和、龙泉）、安徽、江西、湖南、福建、台湾、四川、云南；国外：印度。

687. 锈玫舟蛾 *Rosama ornata*（Oberthür）

寄主：胡枝子、梧桐。

分布：我国浙江（遂昌九龙山、天目山、长兴、安吉、桐庐、丽水、龙泉、云和、泰顺）、黑龙江、辽宁、河北、江苏、湖北、江西、广东、湖南、云南；国外：日本，朝鲜。

688. 茅莓蚁舟蛾 *Stauropus basalis* Moore

寄主：茅莓、千金榆、紫藤、野蔷薇、胡枝子。

分布：我国浙江（遂昌九龙山、天目山、百山祖、杭州、丽水、云和、龙泉）、黑龙江、河北、山东、河南、陕西、江苏、湖北、江西、湖南、福建、台湾、广东、四川、贵州、云南；国外：苏联，朝鲜，日本，越南。

689. 绿蚁舟蛾 *Stauropus virescens* Moore

分布：我国浙江（遂昌九龙山、古田山、杭州、庆元）、江西、台湾、四川；国外：印度，菲律宾，印度尼西亚，伊里安岛。

690. 点舟蛾 *Stigmatophorina hammamelis* Mell

分布：浙江（遂昌九龙山、天目山、四明山、古田山、百山祖、杭州、余杭、建德、淳安、慈溪、宁海、浦江、天台）、河南、江苏、安徽、湖北、江西、湖南、福建、广东、四川、云南。

691. 台湾银斑舟蛾 *Tarsolepis taiwana* Wileman

分布：浙江（遂昌九龙山、遂昌、云和、景宁、龙泉、庆元、泰顺）。

692. 胡桃美舟蛾 *Uropyia meticulodina*（Oberthür）

寄主：胡桃、楸。

分布：我国浙江（遂昌九龙山、莫干山、天目山、百山祖、湖州、长兴、德清、杭州、余杭、临安、桐庐、绍兴、上虞、诸暨、嵊州、新昌、慈溪、余姚、镇海、象山、浦江、兰溪、天台、温岭、丽水、缙云、泰顺）、黑龙江、吉林、辽宁、河北、陕西、山东、河南、江苏、安徽、湖北、江西、湖南、福建、广西、四川、云南；国外：苏联，朝鲜，日本。

693.梨威舟蛾 *Wilemanus bidentatus*（Wileman）

寄主：梨。

分布：我国浙江（遂昌九龙山、天目山、百山祖、建德、淳安、东阳、缙云、遂昌、龙泉、泰顺）、黑龙江、辽宁、河北、山西、山东、陕西、江苏、安徽、湖北、江西、湖南、福建、广东、四川、广西；国外：日本。

694.窦舟蛾 *Zaranga pannosa* Moore

分布：我国浙江（遂昌九龙山、百山祖）、山西、甘肃、陕西、河南、湖北、云南、四川；国外：印度。

三十一、毒蛾科 Lymantriidae

毒蛾科成虫体中型至大型。体粗壮多毛，雌蛾腹端有肛毛簇。口器退化，下唇须小。无单眼。触角双栉齿状，雄蛾的栉齿比雌蛾的长。有鼓膜器。翅发达，大多数种类翅面被鳞片和细毛，有些种类，如古毒蛾属、草毒蛾属，雌蛾翅退化或仅留残迹或完全无翅。成虫（蛾）大小、色泽往往因性别有显著差异。成虫（蛾）活动多在黄昏和夜间，少数在白天。

九龙山保护区发现有14属37种。

695.茶白毒蛾 *Arctornis alba*（Bremer）

寄主：柞、茶、油茶、栎、榛。

分布：我国浙江（遂昌九龙山、龙王山、百山祖、临安、建德、鄞县、宁海、三门、天台、仙居、黄岩、温岭、玉环、丽水、遂昌、平阳）、黑龙江、吉林、辽宁、河北、山东、河南、江苏、安徽、湖北、江西、湖南、福建、台湾、广东、广西、四川、贵州、云南；国外：苏联，朝鲜，日本。

696.白毒蛾 *Arctornis lnigrum*（Muller）

寄主：鹅耳枥、桦、苹果、槭、山毛榉、栎、榛、榆、山楂、杨、柳。

分布：我国浙江（遂昌九龙山、龙王山、天目山、临安、常山、丽水、龙泉）、黑龙江、吉林、辽宁、河北、山西、山东、河南、江苏、湖北、江西、湖南、四川、云南；国外：朝鲜，日本，俄罗斯，欧洲。

697.肾毒蛾（豆毒蛾）*Cifuna locuples* Walker

寄主：绿豆、溲蔬、柳、榉、水稻、小麦、玉米、黑荆树、乌桕、蚕豆、豌豆、扛板归、胡枝子、云实、马铃薯、栎、樱、海棠、榆、茶、大豆、紫藤、苜蓿、柿。

分布：我国浙江（遂昌九龙山、全省广布）、黑龙江、吉林、辽宁、内蒙古、宁夏、河北、山西、山东、河南、陕西、江苏、安徽、湖北、江西、湖南、福建、广东、广西、四川、贵州、云南、西藏；国外：苏联，朝鲜，日本，越南，印度。

698. 松茸毒蛾 *Dasychira axutha* Collenette

寄主：马尾松、柏。

分布：我国浙江（遂昌九龙山、龙王山、古田山、百山祖、杭州、临安、天目山、奉化、金华、仙居、常山、丽水、遂昌）、黑龙江、辽宁、湖北、江西、湖南、广东、广西；国外：日本。

699. 结茸毒蛾（赤眉毒蛾）*Dasychira lunulata* Butler

寄主：栎、栗。

分布：我国浙江（遂昌九龙山、天目山、百山祖、临安、常山、龙泉、庆元）、黑龙江、吉林、辽宁、陕西；国外：苏联，朝鲜，日本。

700. 雀茸毒蛾 *Dasychira melli* Collenette

寄主：杉。

分布：浙江（遂昌九龙山、莫干山、天目山、古田山、长兴、淳安、浦江、天台、仙居、云和、庆元）、河南、湖南、江西、湖北、福建、广东、广西、四川。

701. 茸毒蛾 *Dasychira pudibunda*（Linnaeus）

寄主：枫杨、桦、梨、栎、榛、槭、杨、板栗、柳、樱桃、悬钩子、蔷薇、山楂、李。

分布：我国浙江（遂昌九龙山、龙王山、天目山、德清、杭州、临安、淳安、鄞县、临海、丽水、缙云、遂昌、云和、龙泉）、黑龙江、吉林、辽宁、河北、山西、山东、河南、陕西；国外：日本，苏联，欧洲。

702. 叉带黄毒蛾 *Euproctis angulata* Matsumura

寄主：刺槐。

分布：浙江（遂昌九龙山、龙王山、莫干山、天目山、百山祖、杭州、临安、慈溪、余姚、奉化、象山、天台、丽水、龙泉、庆元）、江西、湖南、河南、台湾、广东。

703. 乌桕黄毒蛾 *Euproctis bipunctapex*（Hampson）

寄主：樟、柳杉、大豆、栎、枫香、桑、乌桕、油桐、杨、桑、女贞、泡桐、刺槐、甘薯、南瓜、茶、油茶、梨。

分布：我国浙江（遂昌九龙山、全省广布）、河南、江苏、湖北、江西、湖南、福建、台湾、广东、广西、四川、云南、西藏；国外：印度，新加坡。

704. 孤星黄毒蛾 *Euproctis decussata*（Moore）

分布：我国浙江（遂昌九龙山、百山祖、丽水、龙泉）、江西、广东、广西、四川、云南；国外：印度，斯里兰卡。

705. 半带黄毒蛾 *Euproctis digramma*（Guenrin）

寄主：梨、火炭母。

分布：浙江（遂昌九龙山、莫干山、杭州、临安、余姚、奉化、云和、庆元）。

706. 双弓黄毒蛾 *Euproctis diploxutha* Collenette

寄主：板栗、菝葜、梨、梅、李、月季、蔷薇、栗、栎。

分布：浙江（遂昌九龙山、龙王山、百山祖、德清、杭州、萧山、桐庐、淳安、鄞县、慈溪、余姚、镇海、奉化、宁海、象山、丽水、遂昌、龙泉、庆元、温州）、江苏、安徽、湖北、江西、湖南、广东、云南。

707. 岩黄毒蛾 *Euproctis flavotriangulata* Gaede

寄主：胡桃。

分布：浙江（遂昌九龙山、天目山、古田山、百山祖、临安）、河北、陕西、湖南、四川、福建。

708. 缘点黄毒蛾 *Euproctis fraterna*（Moore）

寄主：梨、蔷薇、羊蹄甲。

分布：我国浙江（遂昌九龙山、百山祖）、湖南、广东、广西、云南；国外：印度，斯里兰卡。

709. 红尾黄毒蛾（弧纹黄毒蛾、蓖麻黄毒蛾）*Euproctis lunata* Walker

寄主：蓖麻、苦槠、青冈、石栎、米槠。

分布：我国浙江（遂昌九龙山、龙王山、天目山、湖州、德清、杭州、临安、淳安、诸暨、镇海、永康、温州、龙泉、庆元、平阳）、江西、湖南、福建、四川；国外：缅甸，印度，斯里兰卡。

710. 梯带黄毒蛾 *Euproctis montis*（Leech）

寄主：梨、桃、葡萄、柑橘、桑、茶、马铃薯、茄。

分布：浙江（遂昌九龙山、德清、杭州、临安、余姚、象山、嵊泗、丽水、龙泉、庆元）、江苏、江西、福建、湖北、湖南、广东、广西、四川、云南。

711. 茶黄毒蛾（茶毒蛾、茶毛虫）*Euproctis pseudoconspersa* Strand

寄主：椿、油桐、泡桐、茶、油茶、玉米、柑橘、柿、枇杷、梨、乌桕。

分布：我国浙江（遂昌九龙山、百山祖、余杭、桐庐、建德、上虞、嵊州、鄞县、慈溪、余姚、奉化、宁海、象山、三门、金华、浦江、天台、仙居、临海、黄岩、玉环、衢县、常山、丽水、遂昌、龙泉、庆元、温州、永嘉、平阳）、陕西、江苏、安徽、湖北、江西、湖南、福建、台湾、广东、广西、四川、贵州、云南；国外：日本。

712. 幻带黄毒蛾 *Euproctis varians*（Walker）

寄主：桃、李、梨、棉、栎、柑橘、茶、油茶、侧柏、马尾松。

分布：我国浙江（遂昌九龙山、莫干山、天目山、百山祖、杭州、安吉、临安、奉化、象山、嵊泗、岱山、东阳、丽水、缙云、庆元、温州、乐清、永嘉）、河北、河南、山东、陕西、江苏、安徽、湖北、江西、湖南、福建、台湾、广东、广西、四川、贵州、云南；国外：印度，马来西亚。

713. 云黄毒蛾 *Euproctis xuthonepha* Collenette

分布：浙江（遂昌九龙山、莫干山、杭州、富阳、庆元）。

714. 榆毒蛾（榆黄足毒蛾） *Ivela ochropoda* Eversmann

寄主：榆、旱柳。

分布：我国浙江（遂昌九龙山、龙王山、杭州、临安、桐庐、诸暨、新昌、慈溪、奉化、三门、定海、普陀、金华、天台、仙居、临海、黄岩、温岭、玉环、江山、缙云、云和、龙泉）、黑龙江、内蒙古、河北、陕西、山西、山东、河南；国外：朝鲜，日本，苏联。

715. 素毒蛾 *Laelia coenosa*（Hubner）

寄主：水稻、牧草、杨、榆、桂。

分布：我国浙江（遂昌九龙山、龙王山、莫干山、百山祖、杭州、余杭、临安、富阳、桐庐、淳安、诸暨、嵊州、新昌、慈溪、余姚、镇海、象山、定海、普陀、黄岩、温岭、泰顺）、黑龙江、吉林、辽宁、河北、山东、河南、江苏、湖北、江西、湖南、福建、广东、广西、贵州、云南；国外：苏联，朝鲜，日本，越南，欧洲。

716. 脂素毒蛾 *Laelia gigantea* Hampson

寄主：竹。

分布：我国浙江（遂昌九龙山、龙王山、百山祖、杭州）、河南、安徽、江西、湖南；国外：日本。

717. 瑕素毒蛾 *Laelia monoscola* Couenstte

分布：浙江（遂昌九龙山、天目山、百山祖、长兴、德清、临安、慈溪、奉化、宁海、象山、普陀、丽水、缙云、云和、庆元、瑞安）、湖北、江西、福建。

718. 点窗毒蛾 *Leucoma diaphora* Collenette

分布：浙江（遂昌九龙山、百山祖、莫干山、杭州、淳安、奉化、庆元）、江西、广东。

719. 舞毒蛾（松针黄毒蛾、秋千毛虫） *Lymantria dispar*（Linnaeus）

寄主：桃、梨、山楂、柿、桑、杨、胡桃、榆、栗、黄檀、桦、柑橘、檫、柳杉、水稻、麦、栎、柳、槭、鹅耳枥、山毛榉、李。

分布：我国浙江（遂昌九龙山、百山祖、慈溪、天台、丽水、温州）、黑龙江、吉林、辽宁、内蒙古、河北、山西、山东、河南、宁夏、甘肃、陕西、青海、新疆、江西、安徽、湖南、四川、贵州、云南；国外：苏联，朝鲜，日本，欧洲，美国。

720. 东毒蛾（条毒蛾） *Lymantria dissoluta* Swinhoe

寄主：马尾松、黑松、栎。

分布：浙江（遂昌九龙山、莫干山、百山祖、平湖、杭州、临安、建德、诸暨、奉化、嵊泗、金华、浦江、东阳、永康、兰溪、仙居、常山、丽水、缙云、遂昌、青田、云和、龙泉、庆元、永嘉）、江苏、安徽、湖北、江西、湖南、台湾、广东、广西。

721. 芒果毒蛾 *Lymantria marginata* **Walker**

分布：我国浙江（遂昌九龙山、龙王山、莫干山、云和、庆元）、河南、陕西、湖北、江西、湖南、福建、广东、广西、四川、贵州、云南；国外：印度。

722. 模毒蛾（松针毒蛾） *Lymantria monacha*（**Linnaeus**）

寄主：杉、桦、松、槲、栎、榆、槭、椴、花楸、杏、榛、冷杉、水青冈、柳、铁杉、华山松。

分布：我国浙江（遂昌九龙山、天目山、百山祖、杭州、余杭、临安、淳安、象山、金华、黄岩、龙泉）、黑龙江、吉林、辽宁、台湾、贵州、云南；国外：苏联，日本，欧洲。

723. 黄斜带毒蛾 *Numenes disparilis* **Staudinger**

寄主：鹅耳枥、铁木。

分布：我国浙江（遂昌九龙山、天目山、临安、建德、淳安、新昌、镇海、天台、临海、云和、龙泉）、黑龙江、湖北、陕西、四川；国外：日本。

724. 刚竹毒蛾 *Pantana phyllostachysae* **Chao**

寄主：竹。

分布：浙江（遂昌九龙山、龙王山、百山祖、丽水、遂昌、松阳、龙泉、庆元）、湖北、江西、湖南、福建、广东、广西、四川。

725. 华竹毒蛾 *Pantana sinica* **Moore**

寄主：竹。

分布：浙江（遂昌九龙山、百山祖、龙王山、莫干山、天目山、湖州、长兴、杭州、余杭、临安、富阳、嵊州、宁海、衢县、庆元）、江苏、安徽、湖北、湖南、广东、广西、江西。

726. 黄羽毒蛾 *Pida strigipennis*（**Moore**）

分布：我国浙江（遂昌九龙山、龙王山、莫干山、天目山、古田山、百山祖、湖州、长兴、德清、杭州、桐庐、建德、淳安、上虞、鄞县、宁海、义乌、衢县、丽水、遂昌、云和、龙泉）、河南、江苏、上海、安徽、湖北、江西、湖南、台湾、广西、广东、四川、云南、贵州、西藏；国外：缅甸，印度，斯里兰卡，马来西亚。

727. 黑褐盗毒蛾 *Porthesia atereta* **Collenette**

寄主：茶、板栗。

分布：我国浙江（遂昌九龙山、龙王山、莫干山、天目山、古田山、百山祖、长兴、杭州、嵊州、奉化、仙居、衢县、遂昌、龙泉、庆元）、湖北、江西、湖南、福建、台湾、广东、广西、四川、贵州、云南、西藏；国外：马来西亚。

728. 豆盗毒蛾 *Porthesia piperita*（**Oberthur**）

寄主：茶、豆类、楸。

分布：我国浙江（遂昌九龙山、莫干山、百山祖）、黑龙江、吉林、辽宁、河北、山东、河南、安徽、江西、福建、广东、四川、贵州；国外：朝鲜，日本。

729. 盗毒蛾 *Porthesia simihs*（Fueszly）

寄主：乌桕、梨、桑、石楠、忍冬、槐、枫杨、桃、梅、马铃薯、蓖麻、茶、油茶、柿、棉、十字花科、柳、桦、榛、桤木、山毛榉、栎、李、山楂、蔷薇、梧桐、泡桐。

分布：我国浙江（遂昌九龙山、全省广布）、黑龙江、吉林、辽宁、内蒙古、青海、甘肃、河北、山东、河南、江苏、安徽、湖北、江西、湖南、福建、台湾、广东、广西、四川；国外：苏联，朝鲜，日本，欧洲。

730. 鹅点足毒蛾 *Redoa anser* Collenette

寄主：茶。

分布：浙江（遂昌九龙山、湖州、长兴、龙王山、莫干山、杭州、临安、天目山、淳安、上虞、余姚、奉化、宁海、古田山、常山、天台、丽水、缙云、庆元、百山祖、永嘉）、陕西、湖北、江西、湖南、福建、四川、云南。

731. 环茸毒蛾 *Dasychira dudgeoni* Swinhoe, 1907

分布：我国浙江（遂昌九龙山、临安、遂昌）、陕西、江苏、湖北、湖南、福建、台湾、广东、海南、广西、云南；国外：印度，印度尼西亚。

三十二、苔蛾亚科 Lithosiinae

苔蛾亚科昆虫身体通常细长，腹部常长达后翅的后缘。头宽，额扁平；通常无单眼，或很微弱；如果有单眼，则腹部无点斑或带纹。下唇须向上伸或平伸；喙通常发达；复眼较凸出。雄蛾触角栉齿形，或两性均为线形具纤毛。足长，后足胫节通常有 2 对距，少数 1 对距。前翅通常窄长，后翅宽大，休息时，常将翅折叠在腹部上。腹部一般无黑点或带。幼虫通常以地衣、苔藓为食。

九龙山保护区发现有 12 属 32 种。

732. 煤色滴苔蛾 *Agrisius fuliginosus* Moore

分布：我国浙江（遂昌九龙山、天目山、百山祖、湖州、长兴、临安、绍兴、上虞、淳安），河南、江苏、湖北、江西、湖南、四川、贵州；国外：日本。

733. 滴苔蛾 *Agrisius guttivitta* Walker

分布：我国浙江（遂昌九龙山、龙王山、天目山、百山祖、安吉、杭州）、陕西、安徽、湖北、江西、湖南、广西、四川、贵州、云南；国外：印度。

734. 黄黑华苔蛾 *Agylla alboluteola* Rothschild

分布：浙江（遂昌九龙山、莫干山、天目山、奉化、龙泉、庆元）。

735. 白黑华苔蛾 *Agylla ramelana*（Moore）

分布：浙江（遂昌九龙山、莫干山、天目山、龙泉、庆元）。

736. 褐脉艳苔蛾 *Asura esmia*（Swinhoe）

分布：我国浙江（遂昌九龙山、天目山、江山、龙泉）、河南、湖北、江西、湖南、四川、云南；国外：缅甸。

737. 暗脉艳苔蛾 *Asura nigrivena*（Leech）

分布：浙江（遂昌九龙山、龙王山、百山祖）、四川。

738. 条纹艳苔蛾 *Asura strigipennis*（Herrich-Shafer）

寄主：柑橘。

分布：我国浙江（遂昌九龙山、莫干山、天目山、百山祖、长兴、余杭、临安、桐庐、建德、淳安、绍兴、上虞、诸暨、嵊州、新昌、慈溪、镇海、象山、三门、东阳、永康、武义、兰溪、天台、仙居、临海、黄岩、温岭、玉环、丽水、缙云、遂昌、龙泉、云和、庆元、温州）、山东、陕西、江苏、上海、安徽、湖北、江西、湖南、福建、台湾、广东、海南、广西、四川、云南、西藏；国外：印度，印度尼西亚。

739. 绣苔蛾 *Asuridia carnipicta*（Butler）

分布：我国浙江（遂昌九龙山、莫干山、临安、天目山、天台、庆元、百山祖）、江西、甘肃、福建、广东、广西、四川、西藏；国外：日本。

740. 蓝缘苔蛾 *Conilepia nigricosta* Leech

分布：我国浙江（遂昌九龙山、开化、云和、庆元）、湖北、江西、湖南、福建、台湾、广西；国外：日本。

741. 蛛雪苔蛾 *Cyana ariadne*（Elwes）

分布：浙江（遂昌九龙山、天目山、百山祖）、江苏、湖北、江西、湖南、四川、海南、福建。

742. 锈斑雪苔蛾 *Cyana effracta*（Walker）

分布：我国浙江（遂昌九龙山、百山祖）、江西、湖南、福建、广西、四川、云南；国外：缅甸，尼泊尔，印度。

743. 红束雪苔蛾 *Cyana fasciola*（Elwes）

分布：浙江（遂昌九龙山、莫干山、天目山、百山祖）、江苏、安徽、湖北、江西、湖南、福建、广东、广西、四川。

744. 优雪苔蛾 *Cyana hamata*（Walker）

寄主：玉米、棉、豆、柑橘。

分布：我国浙江（遂昌九龙山、龙王山、莫干山、天目山、百山祖）、江苏、陕西、河南、贵州、湖北、江西、湖南、福建、台湾、广东、海南、广西、四川、云南；国外：朝鲜，日本。

745. 血红雪苔蛾 *Cyana sanguinea*（Bremer et Grey）

分布：我国浙江（遂昌九龙山、百山祖）、河北、山西、河南、陕西、湖北、湖南、台湾、四川、云南；国外：日本。

746. 缘点土苔蛾 *Eilema costipuncta*（Leech）

寄主：地衣。

分布：我国浙江（遂昌九龙山、天目山、开化、江山、龙泉）、河南、安徽、山东、湖北、江西、湖南、福建、台湾、陕西、四川。

747. 灰土苔蛾 *Eilema griseola*（Hubner）

寄主：地衣。

分布：我国浙江（遂昌九龙山、丽水、缙云、庆元）、黑龙江、吉林、辽宁、北京、山西、山东、甘肃、陕西、安徽、江西、湖南、福建、广西、四川、云南；国外：日本，朝鲜，印度，尼泊尔，欧洲等。

748. 黄土苔蛾 *Eilema nigripoda*（Bremer et Grey）

分布：我国浙江（遂昌九龙山、莫干山、天目山、古田山、奉化、云和、德清、龙泉）、陕西、江苏、上海、甘肃、福建；国外：日本。

749. 银雀苔蛾 *Eilema varana*（Moore）

分布：浙江（遂昌九龙山、遂昌、庆元）。

750. 良苔蛾 *Eugoa grisea* Butler

寄主：牛毛毡。

分布：我国浙江（遂昌九龙山、天目山、古田山、长兴、临安、奉化、开化、庆元）、江西、湖南、福建、台湾、广西、四川、云南、西藏；国外：朝鲜，日本。

751. 异美苔蛾 *Miltochrista aberrans* Butler

寄主：柑橘。

分布：我国浙江（遂昌九龙山、龙王山、莫干山、天目山、安吉、杭州、淳安、余姚、奉化、仙居、庆元、泰顺、平阳）、黑龙江、吉林、河北、河南、陕西、江苏、湖北、江西、湖南、福建、台湾、广东、海南、四川；国外：日本，朝鲜。

752. 黑缘美苔蛾 *Miltochrista delineata*（Walker）

分布：我国浙江（遂昌九龙山、天目山、百山祖、德清、嘉兴、桐乡、杭州、余杭、临安、镇海、奉化、定海、玉环、云和、庆元、文成）、甘肃、江苏、湖北、江西、湖南、福建、台湾、广东、香港、广西、四川、云南、西藏。

753. 齿美苔蛾 *Miltochrista dentifascia* Hampson

分布：我国浙江（遂昌九龙山、龙王山、莫干山、古田山、宁海、丽水、遂昌、龙泉、庆元）、福建、广西、云南；国外：缅甸，印度。

754. 美苔蛾 *Miltochrista miniata*（Forster）

分布：我国浙江（遂昌九龙山、百山祖）、黑龙江、辽宁、内蒙古、河北、山西、四川；国外：苏联，朝鲜，日本，欧洲。

755. 东方美苔蛾 *Miltochrista orientalis* Daniel

分布：我国浙江（遂昌九龙山、龙王山、莫干山、天目山、杭州、临安、镇海、遂昌、庆元）、河南、陕西、湖北、江西、福建、台湾、广东、海南、广西、四川、云南、西藏；国外：尼泊尔。

756. 朱美苔蛾 *Miltochrista pulchra* Butler

寄主：茶、胡麻、苔藓。

分布：我国浙江（遂昌九龙山、龙王山、天目山、古田山、百山祖、杭州、临安、上虞、嵊州、东阳、丽水、缙云、云和、龙泉、庆元、泰顺）、黑龙江、吉林、辽宁、河北、山东、河南、陕西、江苏、湖北、江西、福建、广西、四川、云南；国外：朝鲜，日本。

757. 优美苔蛾 *Miltochrista striata* Bremer et Grey

寄主：地衣、大豆、豇豆、松。

分布：我国浙江（遂昌九龙山、龙王山、天目山、古田山、百山祖、湖州、长兴、安吉、德清、嘉兴、平湖、杭州、临安、桐庐、淳安、慈溪、镇海、奉化、宁海、丽水、缙云、遂昌、云和、龙泉、庆元）、吉林、河北、山东、陕西、河南、甘肃、江苏、湖北、江西、湖南、福建、广东、海南、广西、云南、四川；国外：日本。

758. 之美苔蛾 *Miltochrista zicazac*（**Walker**）

分布：我国浙江（遂昌九龙山、杭州、临安、天目山、桐庐、奉化、仙居、百山祖）、陕西、河南、山西、江苏、湖北、江西、湖南、福建、广东、广西、四川、云南、台湾。

759. 掌痣苔蛾 *Stigmatophora palmata*（**Moore**）

分布：我国浙江（遂昌九龙山、龙王山、天目山、古田山、临安、龙泉）、湖北、江西、湖南、广东、广西、四川、云南、西藏；国外：印度，喜马拉雅山脉西北部。

760. 黄痣苔蛾 *Stigmatophora flava*（**Bremer et Grey**）

寄主：玉米、桑、高粱、牛毛毡。

分布：我国浙江（遂昌九龙山、天目山、百山祖、长兴、德清、杭州、临安、桐庐、鄞县、奉化、象山、嵊泗、仙居、黄岩、丽水）、黑龙江、吉林、辽宁、河北、山西、山东、河南、甘肃、陕西、新疆、江苏、湖北、江西、湖南、福建、台湾、广东、四川、贵州、云南；国外：朝鲜，日本。

761. 两色颚苔蛾 *Strysopha postmaculosa*（**Matsumura**）

分布：我国浙江（遂昌九龙山、天目山、杭州、庆元、乐清、平阳）、福建、广东、台湾、四川。

762. 圆斑苏苔蛾 *Thysanoptyx signata*（**Walker**）

分布：浙江（遂昌九龙山、天目山、百山祖、临安、桐庐、奉化、天台、龙泉、庆元）、湖北、江西、湖南、福建、广西、四川、云南。

763. 长斑苏苔蛾 *Thysanoptyx tetragona*（Walker）

分布：我国浙江（遂昌九龙山、百山祖、临安、淳安、丽水、遂昌、龙泉、庆元）、江西、湖南、福建、台湾、广东、海南、广西、四川、云南、西藏；国外：印度，尼泊尔，印度尼西亚。

三十三、灯蛾亚科 Arctiinae

灯蛾亚科成虫体型一般为中到大型，腹部具有斑点或带。有单眼。前翅较长而阔，后翅较宽。

九龙山保护区发现有 9 属 15 种。

764. 大丽灯蛾 *Aglaomorpha histrio*（Walker）

寄主：杉、油茶。

分布：我国浙江（遂昌九龙山、龙王山、莫干山、百山祖、开化、江山、丽水、龙泉、庆元）、吉林、江苏、安徽、湖北、江西、湖南、福建、台湾、广西、四川、贵州、云南；国外：朝鲜，日本，俄罗斯。

765. 红缘灯蛾 *Aloa lactinea*（Cramer）

寄主：玉米、大豆、棉、芝麻、高粱、桑、胡麻、柿、柳、黑荆树、乌桕、向日葵、绿豆、紫穗槐。

分布：我国浙江（遂昌九龙山、全省分布）、辽宁、河北、山西、山东、河南、陕西、江苏、安徽、福建、湖北、江西、湖南、广东、海南、广西、四川、云南、西藏、台湾；国外：尼泊尔，缅甸，印度，越南，日本，朝鲜，斯里兰卡，印度尼西亚。

766. 白雪灯蛾 *Chionarctia niveua*（Ménétriès）

寄主：大豆、麦、车前、蒲公英、黍。

分布：我国浙江（遂昌九龙山、龙王山、百山祖、安吉、临安、桐庐、新昌、上虞、奉化、东阳、开化、丽水、缙云）、黑龙江、内蒙古、吉林、辽宁、河北、河南、陕西、山东、湖北、江西、湖南、福建、广西、四川、贵州、云南；国外：朝鲜，日本。

767. 黑条灰灯蛾 *Creatonotos gangis*（Linnaeus）

寄主：桑、茶、柑橘、大豆、甘蔗。

分布：我国浙江（遂昌九龙山、龙王山、百山祖、雁荡山、长兴、安吉、德清、平湖、建德、嵊州、新昌、余姚、三门、普陀、义乌、永康、天台、临海、黄岩、温岭、玉环、开化、常山、丽水、遂昌、云和、温州、平阳）、辽宁、河南、江苏、安徽、湖北、江西、湖南、福建、台湾、广东、海南、广西、四川、云南、西藏；国外：越南，缅甸，印度，尼泊尔，巴基斯坦，斯里兰卡，马来西亚，印度尼西亚，新加坡，澳大利亚。

768. 八点灰灯蛾 *Creatonotos transiens*（Walker）

寄主：桑、茶、水稻、柑橘、油茶、甘薯、无花果、乌桕、悬铃木。

分布：我国浙江（遂昌九龙山、全省广布）、全国广布；国外：越南，缅甸，印度，菲律宾，印度尼西亚。

769. 漆黑望灯蛾 *Lemyra infernalis*（Butler）

寄主：桃、李、桑、樱桃、柳。

分布：我国浙江（遂昌九龙山、龙王山、天目山、百山祖、岱山、淳安、兰溪、丽水、遂昌、青田、云和、庆元）、辽宁、北京、陕西、湖北、湖南、河北；国外：日本。

770. 粉蝶灯蛾 *Nyctemera adversata*（Schaller）

寄主：柑橘、菊科、无花果、狗舌草。

分布：我国浙江（遂昌九龙山、龙王山、百山祖、长兴、杭州、建德、淳安、余姚、定海、临海、温岭、常山、丽水、缙云、遂昌、青田、云和、龙泉、庆元、平阳）、内蒙古、北京、河南、江苏、江西、湖北、江西、湖南、福建、台湾、广东、海南、广西、四川、云南、西藏；国外：日本，缅甸，印度，马来西亚，印度尼西亚，尼泊尔。

771. 肖浑黄灯蛾 *Rhyparioides amurensis*（Bremer）

寄主：栎、柳、榆、蒲公英、染料木。

分布：我国浙江（遂昌九龙山、安吉、莫干山、天目山、新昌、鄞县、慈溪、余姚、镇海、奉化、象山、三门、东阳、武义、天台、仙居、临海、黄岩、温岭、玉环、龙泉、庆元、泰顺）、黑龙江、吉林、辽宁、内蒙古、山东、河北、山西、陕西、江苏、福建、湖北、江西、湖南、广西、河南、云南、四川；国外：日本，朝鲜。

772. 红点浑黄灯蛾 *Rhyparioides subvarius*（Walker）

分布：我国浙江（遂昌九龙山、长兴、杭州、临安、天目山、奉化、天台、丽水、缙云、遂昌、云和、龙泉、庆元）、福建、湖北、江西、湖南、安徽、内蒙古、北京、天津、河北、山西、山东、河南、四川、广东沿海；国外：朝鲜，日本。

773. 黑须污灯蛾 *Spilarctia casigneta*（Kollar）

分布：我国浙江（遂昌九龙山、莫干山、天目山、古田山、百山祖）、陕西、湖北、广西、福建、湖南、四川、云南、西藏；国外：印度，克什米尔。

774. 强污灯蛾 *Spilarctia robusta*（Leech）

分布：浙江（遂昌九龙山、天目山、百山祖、杭州、临安、仙居、庆元）、北京、陕西、河北、山东、江苏、福建、湖北、江西、湖南、广东、四川、云南。

775. 人纹污灯蛾 *Spilarctia subcarnea*（Walker）

寄主：桑、十字花科、豆类、木槿、榆、杨、柳、柿、槐。

分布：我国浙江（遂昌九龙山、全省分布）、黑龙江、吉林、辽宁、内蒙古、北京、天津、河北、山西、山东、河南、甘肃、陕西、江苏、上海、安徽、湖北、江西、湖南、福建、台湾、广东、广西、贵州、四川、云南；国外：朝鲜，日本，菲律宾。

776. 净雪灯蛾 *Spilosoma album*（Bremer et Grey）

分布：我国浙江（遂昌九龙山、龙泉）、河北、陕西、福建、湖北、江西、湖南、四川、云南；国外：朝鲜。

777. 星白雪灯蛾 *Spilosoma menthastri*（Esper）

寄主：甜菜、薄荷、蒲公英、蓼、桑、青冈、木槿、马尾松、油茶、悬铃木。

分布：我国浙江（遂昌九龙山、龙王山、莫干山、长兴、安吉、嘉善、杭州、余杭、临安、绍兴、上虞、嵊州、新昌、鄞县、慈溪、余姚、三门、定海、岱山、普陀、义乌、永康、天台、仙居、临海、黄岩、温岭、玉环、常山、丽水、缙云、庆元、温州）、黑龙江、吉林、辽宁、内蒙古、河北、河南、陕西、江苏、安徽、湖北、江西、湖南、福建、四川、贵州、云南；国外：朝鲜，日本，欧洲。

778. 红星雪灯蛾（红星灯蛾、点纹红灯蛾） *Spilosoma punctarium*（Stoll）

寄主：甘蓝、萝卜、棉、桑。

分布：我国浙江（遂昌九龙山、天目山、杭州、宁波、鄞县、定海、丽水、庆元、永嘉）、黑龙江、辽宁、广西、吉林、陕西、北京、江苏、安徽、湖北、江西、湖南、台湾、四川、贵州、云南；国外：日本，西伯利亚，朝鲜。

三十四、鹿蛾科 Clenuchidae（Amatidae）

鹿蛾科为小至中型蛾类，外形似斑蛾或黄蜂。喙发达，但有时退化，下唇须短而平伸，长而向下弯或向上翻，头小，额圆。翅面常缺鳞片，形成透明窗状，前翅较长，翅顶稍圆，中室为翅长的一半多，后翅明显小于前翅，前翅 I_a 与 I_b 脉在翅基部成叉状相接，7脉、8脉、9脉共柄，5脉从横脉纹中部下方伸出，后翅缺8脉。鹿蛾多为昼出性，休息时翅张开，由于体钝，加上后翅很小，飞翔力弱，人们常可用手去捕捉它们。鹿蛾分布以热带、亚热带居多，全世界已知2 000种以上。近代许多学者将鹿蛾科作为灯蛾科的1个亚科，因其鼓膜器的着生部位相同之故。

九龙山保护区发现有1属5种。

779. 广鹿蛾 *Amata emma*（Butler）

分布：我国浙江（遂昌九龙山、天目山、百山祖、德清、建德、淳安、嵊州、新昌、余姚、金华、浦江、义乌、东阳、永康、武义、兰溪、天台、衢县、开化、常山、江山、遂昌）、河北、山东、河南、陕西、江苏、湖北、江西、湖南、福建、台湾、广东、广西、四川、贵州、云南；国外：日本，缅甸，印度。

780. 茶鹿蛾 *Amata fortunei* De Lorza

寄主：白栎、山苍子、茶。

分布：浙江（遂昌九龙山、鄞县、宁海、丽水、龙泉）。

781. 蕾鹿蛾指名亚种 *Amata germana germana*（Felder）

寄主：茶、桑、蓖麻、柑橘、油茶、白栎、黑荆树。

分布：我国浙江（遂昌九龙山、龙王山、莫干山、湖州、安吉、平湖、海宁、绍兴、诸暨、镇海、鄞县、慈溪、奉化、象山、定海、岱山、普陀、武义、丽水、缙云、遂昌、青田、云和、龙泉、庆元、温州）、黑龙江、吉林、辽宁、山东、江苏、上海、安徽、江西、湖南、福建、广东、海南、广西、四川、云南；国外：日本，印度尼西亚。

782. 明鹿蛾 *Amata lucerna*（Wileman）

分布：我国浙江（遂昌九龙山、莫干山、百山祖）、台湾、四川、云南、西藏。

783. 牧鹿蛾 *Amata pascus*（Leech）

寄主：松、胡桃、榆、柏。

分布：浙江（遂昌九龙山、莫干山、天目山、百山祖、上虞、云和、龙泉）、陕西、江苏、湖北、江西、湖南、福建、广西、四川、西藏。

三十五、虎蛾科 Agaristidae

虎蛾科体型属中大型，色斑艳丽。喙发达，下唇顺向上伸，额有椎形突或角突，复眼大，少数具毛，无单眼；中足胫节有距1对，后足胫节有距2对；前翅翅脉属四岔型，多有副室。许多种类翅面有银蓝色鳞片；后翅 Sc 与 R 有一处并接，但不超过中室之半（Pseudospiris 除外）。幼虫多具绚丽的色彩和鲜明的斑纹。体常有长毛，第8腹节背面隆起，腹足4对，在地表土中化蛹，蛹为裸蛹。

九龙山保护区发现有3属3种。

784. 日龟虎蛾 *Chelonomorpha japona* Motschulsky

分布：我国浙江（遂昌九龙山、百山祖、杭州、丽水）、福建、广东、重庆、四川、贵州、云南、西藏；国外：日本。

785. 葡萄修虎蛾 *Sarbanissa subflava*（Moore）

寄主：葡萄、爬山虎。

分布：我国浙江（遂昌九龙山、莫干山、古田山、杭州、临安、普陀、天台、缙云、庆元）、黑龙江、辽宁、河北、山东、湖北、江西、广东、贵州；国外：日本，朝鲜。

786. 艳修虎蛾 *Seudyra venusta* Leech

寄主：葡萄。

分布：浙江（遂昌九龙山、杭州、淳安、镇海、龙泉、温州）。

三十六、夜蛾科 Noctuidae

夜蛾科昆虫体型属中至大形，粗壮多毛，体色灰暗。触角丝状，少数种类的雄性触角羽状。单眼2个。胸部粗大，背面常有竖起的鳞片丛。前翅颜色一般灰暗，多具色斑，中室后缘有脉 4 支，中室上外角常有 R 脉形成的副室。后翅多为白色或灰色，Sc+R$_1$ 与 Rs 在中室基部有一小段接触又分开，造成一小形基室。

幼虫体粗壮，光滑，少毛，色较深。腹足通常 5 对（其中的 1 对臀足发达），但也有少数种类仅为 4 对或 3 对，即第 3 腹节或第 3、第 4 两个腹节的腹足退化。趾钩单序中带式，如呈缺环式，则缺口很大，为环的 1/3 以上。卵多数为圆球形或略扁，表面常有放射状的纵脊纹，散产或成堆产于寄主植物或土面上。

九龙山保护区发现有 87 属 122 种。

787. 两色绮夜蛾 *Acontia bicolora* Leech

寄主：扶桑。

分布：我国浙江（遂昌九龙山、龙王山、德清、杭州、临安、余姚、奉化、天台、常山、庆元、百山祖）、河北、山东、河南、江苏、湖北、江西、湖南、福建、贵州；国外：朝鲜，日本。

788. 桃剑纹夜蛾 *Acronicta intermedia* Warren

寄主：杨、榆、柑橘、梨、苹果、胡桃、桃、樱桃、梅、杏、李、柳。

分布：我国浙江（遂昌九龙山、百山祖、湖州、长兴、德清、建德、嘉善、平湖、桐乡、临安、淳安、慈溪、余姚、宁海、岱山、东阳、温州、乐清、永嘉、瑞安、洞头、文成、平阳、泰顺）、青海、河北、湖北、湖南、福建、四川、云南、西藏；国外：朝鲜，日本。

789. 梨剑纹夜蛾 *Acronicta rumicis*（Linnaeus）

寄主：李、苹果、桑、玉米、十字花科、棉、豌豆、大豆、蚕豆、向日葵、泡桐、乌桕、蓼、梨、桃、山楂、梅、柳、悬钩子。

分布：我国浙江（遂昌九龙山、长兴、龙王山、德清、莫干山、嘉善、桐乡、海宁、杭州、余杭、临安、萧山、建德、淳安、上虞、新昌、鄞县、慈溪、余姚、镇海、奉化、宁海、象山、普陀、浦江、常山、丽水、缙云、云和、龙泉、百山祖、温州、乐清、永嘉、瑞安、洞头、文成、平阳、泰顺）、黑龙江、辽宁、河北、山东、新疆、江苏、湖北、江西、湖南、福建、四川、贵州、云南；国外：苏联，朝鲜，日本，印度，叙利亚，土耳其，欧洲。

790. 果剑纹夜蛾 *Acronicta strigosa*（Denis et Schiffermüller）

寄主：梨、山楂、苹果、桃、李、杏、梅、樱桃。

分布：浙江（遂昌九龙山、杭州、龙泉）。

791. 小地老虎 *Agrotis ipsilon*（Hufnagel）

寄主：棉、芝麻、花生、向日葵、豆类、油菜、麦类、红薯、芋、茶、甜菜、菠菜、洋葱、辣椒、茄、番茄、胡萝卜、大蒜、瓜类、梨、桃、柑橘、葡萄、桑、槐、苜蓿、生地、当归、大黄、松、杉、柏、杨、苎麻、蓖麻、泡桐、紫云英、桂花、悬铃木、槭、樟、罗汉松、菊、一串红、百日草、雏菊、石竹、玉米、高粱、烟草、麻、马铃薯、椴、水曲柳。

分布：我国浙江（遂昌九龙山、湖州、长兴、龙王山、德清、嘉善、平湖、桐乡、海宁、杭州、余杭、临安、萧山、建德、淳安、上虞、诸暨、新昌、鄞县、慈溪、余姚、镇海、奉化、宁海、象山、三门、嵊泗、定海、岱山、曾陀、浦江、义乌、东阳、永康、兰溪、天台、仙居、临海、黄岩、温岭、玉环、常山、丽水、缙云、遂昌、松阳、云和、龙泉、庆元、百山祖、温州、乐清、永嘉、瑞安、洞头、文成、平阳、泰顺）；国外：世界广布种。

792. 灰地老虎 *Agrotis lanescens*（Butler）

寄主：槭。

分布：浙江（遂昌九龙山、莫干山、百山祖、杭州、丽水、云和、庆元）。

793. 黄斑研夜蛾 *Aletia flavostigma*（Bremer）

分布：我国浙江（遂昌九龙山、百山祖、天目山、德清、杭州、临安）、黑龙江、江苏、湖南、福建、江西、云南；国外：日本，朝鲜，印度，俄罗斯。

794. 暗杂夜蛾 *Amphipyra erebina* Butler

分布：我国浙江（遂昌九龙山、百山祖）、黑龙江、湖北、湖南、云南；国外：朝鲜，日本。

795. 匀杂夜蛾 *Amphipyra tripartita* Butler

分布：我国浙江（遂昌九龙山、百山祖）、湖北、湖南、四川、贵州；国外：朝鲜，日本。

796. 后案夜蛾 *Analetia postica* Hampson

分布：我国浙江（遂昌九龙山、安吉、龙王山、德清、临安、龙泉、庆元、百山祖）、湖北、江西；国外：日本。

797. 葫芦夜蛾 *Anadevidia peponis*（Fabricius）

寄主：葫芦科。

分布：我国浙江（遂昌九龙山、嘉兴、嘉善、桐乡、杭州、余杭、临安、萧山、富阳、慈溪、天台、仙居、丽水、庆元、百山祖）、黑龙江、吉林、辽宁、内蒙古、北京、天津、河北、山西、山东、河南、宁夏、青海、甘肃、江苏、上海、安徽、江西、福建、广东、海南、广西；国外：苏联，日本，印度，斯里兰卡，印度尼西亚，大洋洲。

798. 小桥夜蛾 *Anomis flava*（Fabricius）

寄主：秋葵、大豆、绿豆、黄麻，柑橘、棉、木槿、蜀葵、冬苋菜、烟草、木耳菜、石榴。

分布：我国浙江（遂昌九龙山、龙王山、莫干山、百山祖、湖州、德清、嘉兴、杭州、余杭、临安、桐庐、淳安、慈溪、余姚、镇海、宁海、象山、三门、普陀、金华、天台、仙居、临海、黄岩、温岭、玉环、常山、丽水、缙云、温州、永嘉），除西北若干省区外，其他棉区广布；国外：亚洲，欧洲，非洲。

799. 超桥夜蛾 *Anomis fulvida* Guenee

寄主：棉、木槿、梨、李、柑橘。

分布：我国浙江（遂昌九龙山、龙王山、德清、莫干山、平湖、杭州、余杭、临安、建德、淳安、三门、定海、普陀、东阳、天台、仙居、临海、黄岩、温岭、玉环、龙泉、乐清、永嘉、瑞安、洞头、平阳）、山东、湖北、江西、湖南、福建、广东、四川、云南；国外：缅甸，印度，斯里兰卡，印度尼西亚，大洋洲，美洲。

800. 中桥夜蛾 *Anomis mesogona* Walker

寄主：红悬钩、醋栗、棉、木芙蓉、柑橘、梨、李、桃。

分布：我国浙江（遂昌九龙山、莫干山、古田山、百山祖、长兴、德清、杭州、临安、鄞县、天台、黄岩、庆元）、黑龙江、辽宁、北京、河北、河南、江苏、江西、湖北、湖南、山东、福建、海南、广东、贵州、云南；国外：朝鲜，日本，缅甸，印度，斯里兰卡，马来西亚，印度尼西亚。

801. 桔安纽夜蛾 *Anua triphaenoides*（Walker）

寄主：柑橘、李、梅、桃、梨、枇杷。

分布：我国浙江（遂昌九龙山、龙王山、德清、莫干山、临安、萧山、建德、淳安、慈溪、余姚、普陀、临海、浦江、天台、仙居、黄岩、温岭、玉环、丽水、缙云、云和、龙泉、庆元、百山祖、温州）、江西、湖南、台湾、广东、云南；国外：缅甸，印度。

802. 折纹殿尾夜蛾 *Anuga multiplicans*（Walker）

分布：我国浙江（遂昌九龙山、长兴、德清、莫干山、杭州、临安、镇海、奉化、古田山、龙泉、庆元）、河南、西藏、湖南、海南、贵州、云南、福建、四川、广东；国外：马来西亚，缅甸，印度，斯里兰卡，新加坡，孟加拉。

803. 笋秀夜蛾 *Apamea apameoides*（Draudt）

寄主：竹。

分布：我国浙江（遂昌九龙山、龙王山、莫干山、庆元、百山祖）、湖南、河南；国外：日本。

804. 云薄夜蛾 *Araeognatha nubiferalis* Leech

分布：浙江（遂昌九龙山、长兴、德清、杭州、临安、奉化、仙居、常山、庆元、百山祖）。

805. 银纹夜蛾 *Argyrogramma agnata*（Staudinger）

寄主：四季豆、大豆、十字花科、泡桐、水蓼、竹、黑荆树、油桐、棉、甘薯、马铃薯、蜀葵。

分布：我国浙江（遂昌九龙山、湖州、长兴、龙王山、德清、莫干山、嘉善、平湖、桐乡、海盐、海宁、杭州、余杭、临安、桐庐、建德、淳安、绍兴、上虞、诸暨、嵊州、新昌、鄞县、慈溪、余姚、奉化、宁海、象山、定海、岱山、普陀、浦江、义乌、东阳、永康、兰溪、丽水、缙云、青田、云和、龙泉、庆元、百山祖、温州、乐清、永嘉、瑞安、文成、平阳、泰顺）、全国广布；国外：苏联，朝鲜，日本。

806. 白条银纹夜蛾 *Argyrogramma albostriata*（Bremer et Grey）

寄主：桃、苹果、加拿大蓬、艾、蒿。

分布：我国浙江（遂昌九龙山、杭州、临安、桐庐、淳安、鄞县、余姚、镇海、常山、云和、百山祖、温州、平阳）、黑龙江、河北、陕西、湖北、湖南、福建、广东；国外：朝鲜，日本，印度，印度尼西亚，大洋洲，非洲。

807. 朽木夜蛾 *Axylia putris*（Linnaeus）

寄主：繁缕、缤藜、车前。

分布：我国浙江（遂昌九龙山、龙王山、德清、杭州、临安、淳安、嵊州、新昌、鄞县、定海、普陀、浦江、常山、丽水、缙云、遂昌、云和、百山祖、温州）、黑龙江、新疆、河北、山西、湖南、云南；国外：朝鲜，日本，印度，欧洲。

808. 枫杨癣皮夜蛾 *Blenina quinaria* Moore

寄主：枫杨。

分布：我国浙江（遂昌九龙山、长兴、德清、杭州、天目山、嵊泗、丽水、缙云、庆元、百山祖）、陕西、安徽、江西、海南、西藏、湖北、湖南、四川、云南；国外：印度。

809. 柿癣皮夜蛾 *Blenina senex*（Butler）

寄主：柿。

分布：我国浙江（遂昌九龙山、龙王山、德清、莫干山、杭州、临安、奉化、三门、定海、天台、临海、丽水、龙泉、庆元、百山祖、平阳、泰顺）、江苏、江西、湖南、福建、广西、四川、云南；国外：朝鲜，日本。

810. 白线尖须夜蛾 *Bleptina albolinealis* Leech

分布：浙江（遂昌九龙山、长兴、德清、莫干山、杭州、临安、建德、淳安、余姚、奉化、象山、仙居、庆元、百山祖）、江西、四川。

811. 淡缘波夜蛾 *Bocana marginata*（Leech）

分布：浙江（遂昌九龙山、临安、云和、庆元）、湖南、江西、福建、贵州。

812. 满卜夜蛾（满卜馍夜蛾）*Bomolocha mandarina*（Leech）

分布：我国浙江（遂昌九龙山、龙王山、莫干山、百山祖）、湖北、湖南、福建、西藏、四川、云南、华东、华中、西南；国外：日本。

813. 张卜夜蛾（张卜馍夜蛾）*Bomolocha rhombalis*（Guenee）

分布：我国浙江（遂昌九龙山、安吉、德清、杭州、临安、桐庐、嵊州、奉化、天台、遂昌、百山祖）、河南、福建、四川、西藏、江苏、华中、西南、湖北、湖南、广西、贵州、云南；国外：缅甸，印度。

814. 污卜夜蛾 *Bomolocha squalida* Butler

分布：浙江（遂昌九龙山、临安、淳安、余姚、奉化、鄞县、丽水、缙云、云和、龙泉、庆元、温州）。

815. 胞短栉夜蛾（短栉夜蛾）*Brevipecten consanguis* Leech

寄主：扶桑、朴、田麻。

分布：浙江（遂昌九龙山、长兴、德清、临安、淳安、慈溪、四明山、嵊泗、普陀、常山、丽水、龙泉）。

816. 弧角散纹夜蛾 *Callopistria duplicans*（Walker）

寄主：海金沙。

分布：我国浙江（遂昌九龙山、德清、莫干山、杭州、临安、建德、天台、黄岩、丽水、遂昌、云和、庆元、百山祖、乐清、平阳）、山东、江苏、江西、福建、台湾、四川、海南；国外：朝鲜，日本，缅甸，印度。

817. 散纹夜蛾 *Callopistria juventina*（Cramer）

寄主：蕨。

分布：我国浙江（遂昌九龙山、湖州、长兴、龙王山、德清、莫干山、平湖、杭州、余杭、临安、淳安、鄞县、定海、普陀、天台、玉环、古田山、缙云、龙泉、永嘉、瑞安、洞头、泰顺）、黑龙江、江苏、河南、湖北、江西、湖南、福建、海南、四川、广西；国外：苏联，日本，印度，欧洲，美洲。

818. 红晕散纹夜蛾 *Callopistria repleta* Walker

分布：我国浙江（遂昌九龙山、长兴、龙王山、平湖、杭州、临安、桐庐、淳安、慈溪、余姚、镇海、奉化、象山、普陀、仙居、古田山、龙泉、庆元、百山祖）、黑龙江、山西、陕西、河南、湖南、福建、广西、海南、云南、湖北、四川；国外：西伯利亚，朝鲜，日本，印度。

819. 疖角壶夜蛾（壶夜蛾）*Calyptra minuticornis*（Guenee）

寄主：千金藤、木防己、柑橘。

分布：我国浙江（遂昌九龙山、杭州、建德、新昌、黄岩、缙云、百山祖、温州）、辽宁、河南、福建、广东、河北、四川、云南；国外：印度，斯里兰卡，印度尼西亚，苏联。

820. 壶夜蛾 *Calyptra thalictri*（Borkhausen）

寄主：唐松草、柑橘、梨、桃、葡萄。

分布：我国浙江（遂昌九龙山、龙王山、杭州、兰溪、百山祖）、黑龙江、辽宁、新疆、河北、山东、河南、福建、四川、云南；国外：日本，朝鲜，欧洲。

821. 间赭夜蛾 *Carea internifusca* Hampson

分布：我国浙江（遂昌九龙山、龙王山、德清、莫干山、杭州、临安、建德、鄞县、四明山、古田山、遂昌、庆元、百山祖）、江西、湖南；国外：印度。

822. 鸥裳夜蛾 *Catocala patala* Felder et Rogenhofer

寄主：梨、藤叶。

分布：我国浙江（遂昌九龙山、龙王山、德清、杭州、临安、天目山、淳安、余姚、镇海、奉化、兰溪、云和、龙泉、百山祖）、黑龙江、四川、宁夏、湖北、江西、湖南、福建、河南、云南；国外：日本，缅甸，印度。

823. 中带三角夜蛾 *Chalciope geometrica* Fabricius

寄主：馒头果、叶下珠、石榴、柑橘、悬钩子、蓖麻、蓼、乌桕、无患子、水稻、花生、大豆。

分布：我国浙江（遂昌九龙山、杭州、临安、淳安、金华、兰溪、黄岩、常山、丽水、遂昌、云和、庆元、百山祖、温州、平阳）、湖北、湖南、台湾、广东、四川、云南；国外：缅甸，印度，越南，新加坡，斯里兰卡，印度尼西亚，伊朗，土耳其，南太平洋诸岛，欧洲，大洋洲，非洲。

824. 客来夜蛾 *Chrysorithrum amata* Bremer et Grey

寄主：胡枝子、梨。

分布：我国浙江（遂昌九龙山、长兴、龙王山、新昌、余姚、东阳、丽水、遂昌、云和、庆元、百山祖、永嘉）、黑龙江、辽宁、内蒙古、陕西、山东、云南；国外：朝鲜，日本。

825. 胸须夜蛾 *Cidariplura gladiata* Butler

分布：我国浙江（遂昌九龙山、杭州、天目山、桐庐、古田山、百山祖）、湖北、湖南、四川、福建；国外：日本。

826. 红衣夜蛾 *Clethrophora distincta*（Leech）

分布：我国浙江（遂昌九龙山、杭州、临安、天目山、古田山、百山祖）、福建、云南、台湾、湖北、湖南、西藏；国外：朝鲜，日本，印度，印度尼西亚。

827. 苎麻夜蛾 *Cocytodes coerula*（Guenee）

寄主：苎麻、黄麻、荨麻、亚麻、椿、柑橘、槠、黑荆树、泡桐、大豆。

分布：我国浙江（遂昌九龙山、长兴、龙王山、德清、莫干山、嘉兴、平湖、海宁、杭州、临安、桐庐、建德、淳安、绍兴、嵊州、新昌、奉化、普陀、浦江、兰溪、天台、黄岩、丽水、云和、百山祖、温州、瑞安、平阳、泰顺）、河北、湖北、江西、湖南、福建、广东、四川、云南；国外：日本，印度，斯里兰卡及太平洋南部若干岛屿。

828. 柑橘孔夜蛾 *Corgatha dictaria*（Walker）

寄主：柑橘。

分布：我国浙江（遂昌九龙山、龙王山、德清、杭州、鄞县、丽水、缙云、云和、庆元）、江苏、四川；国外：日本。

829. 昭孔夜蛾 *Corgatha nitens*（Butler）

寄主：柑橘、地衣。

分布：我国浙江（遂昌九龙山、临安、仙居、常山、庆元、百山祖、瑞安）、江苏、江西；国外：日本。

830. 毛首夜蛾 *Craniophora inquieta* Draudt

分布：我国浙江（遂昌九龙山、天目山、百山祖）、黑龙江、河北；国外：西伯利亚，日本。

831. 小藓夜蛾指名亚种 *Cryphia minutissima minutissima*（Drardt）

分布：浙江（遂昌九龙山、百山祖）。

832. 三斑蕊夜蛾 *Cymatophoropsis trimaculata*（Bremer）

寄主：鼠李。

分布：我国浙江（遂昌九龙山、湖州、长兴、龙王山、德清、临安、淳安、慈溪、余姚、宁海、兰溪、天台、丽水、龙泉、庆元、百山祖、永嘉、瑞安、文成、泰顺）、黑龙江、河北、湖北、湖南、福建、广西、云南；国外：西伯利亚，朝鲜，日本。

833. 中金弧夜蛾（中金翅夜蛾）*Diachrysia intermixta* Warren

寄主：胡萝卜、菊、蓟、车前、牛蒡。

分布：我国浙江（遂昌九龙山、桐庐、新昌、奉化、永康、天台、庆元、百山祖）、河北、陕西、山东、湖南、四川、福建；国外：越南，印度，印度尼西亚。

834. 明夃夜蛾 *Diarsia albipennis* Butler

分布：我国浙江（遂昌九龙山、天目山、百山祖）、陕西、江西、福建、云南；国外：印度。

835. 曲带双衲夜蛾（双纳夜蛾）*Dinumma deponens* Walker

寄主：樱桃、大叶合欢。

分布：我国浙江（遂昌九龙山、长兴、德清、莫干山、平湖、天目山、临安、桐庐、淳安、江山、丽水、缙云、龙泉、庆元、百山祖）、山东、江苏、河北、江西、湖南、广东、广西、河南、云南、福建；国外：朝鲜，日本，印度。

836. 月牙巾夜蛾 *Dysqonia analis*（Guenee）

分布：我国浙江（遂昌九龙山、湖州、德清、杭州、临安、建德、鄞县、古田山、百山祖、永嘉）、湖北、广东、云南；国外：缅甸，印度，斯里兰卡，印度尼西亚。

837. 小直巾夜蛾 *Dysqonia dulcis* Butler

分布：我国浙江（遂昌九龙山、湖州、安吉、德清、杭州、余姚、鄞县、宁海、常山、丽水、缙云、青田、百山祖）、河北、湖北、湖南；国外：朝鲜，日本。

838. 鼎点钻夜蛾 *Earias cupreoviridis*（Walker）

寄主：棉、蜀葵、木棉、木槿、冬葵、黄花稔、向日葵、蒲公英、麻类、茄、玄参、柿、冬苋菜、黄秋葵。

分布：我国浙江（遂昌九龙山、龙王山、杭州、临安、萧山、上虞、嵊州、新昌、宁波、慈溪、余姚、普陀、金华、东阳、永康、兰溪、天台、仙居、丽水、缙云、云和、龙泉、平阳）、河南、江苏、湖北、四川、云南、西藏、湖南、台湾、广东；国外：日本，朝鲜，印度，印度尼西亚，斯里兰卡，非洲。

839. 粉缘钻夜蛾 *Earias pudicana* Staudinger

寄主：柳、杨。

分布：我国浙江（遂昌九龙山、长兴、龙王山、德清、莫干山、杭州、余杭、临安、萧山、鄞县、余姚、天台、临海、仙居、丽水、缙云、云和、龙泉、庆元、百山祖、温州、永嘉）、黑龙江、辽宁、山西、宁夏、山东、河南、湖北、河北、江苏、江西、湖南、四川、福建；国外：日本，印度，俄罗斯，朝鲜。

840. 玫斑钻夜蛾 *Earias roseifera* Butler

寄主：杜鹃。

分布：我国浙江（遂昌九龙山、金华、兰溪、江山、百山祖）、黑龙江、河北、江苏、湖北、江西、湖南、四川；国外：日本，印度，越南。

841. *Ectogonitis pryeri* Leech

分布：浙江（遂昌九龙山、长兴、德清、杭州、临安、建德、慈溪、云和、庆元）。

842. 白肾夜蛾（宏肾白夜蛾）*Edessena gentiusalis* Walker

分布：我国浙江（遂昌九龙山、龙王山、古田山、庆元、百山祖、平阳）、湖北、湖南、福建、四川、云南、西藏；国外：日本。

843. 钩白肾夜蛾（肾白夜蛾）*Edessena hamada* Felder et Rogenhofer

寄主：地衣、苔藓。

分布：我国浙江（遂昌九龙山、杭州、临安、建德、淳安、余姚、奉化、天台、古田山、百山祖、文成）、河北、华东、江西；国外：日本。

844. 旋夜蛾（臭椿皮蛾）*Eligma narcissus*（Gramer）

寄主：香椿、臭椿、桃。

分布：我国浙江（遂昌九龙山、长兴、龙王山、德清、海宁、杭州、余杭、天目山、桐庐、建德、淳安、绍兴、上虞、新昌、鄞县、宁海、定海、金华、天台、临海、常山、丽水、缙云、遂昌、云和、龙泉、百山祖、温州、文成、平阳）、陕西、河北、山西、山东、湖北、江西、湖南、四川、河南、福建、云南；国外：朝鲜，日本，印度，马来西亚，菲律宾，印度尼西亚。

845. 毛目夜蛾（毛魔目夜蛾） *Erebus pilosa*（Leech）

分布：浙江（遂昌九龙山、龙王山、临安、云和、百山祖）、湖北、江西、福建、湖南、四川。

846. 二红猎夜蛾 *Eublemma dimidialis*（Fabricius）

寄主：豇豆、赤小豆。

分布：我国浙江（遂昌九龙山、杭州、百山祖）、湖北、江西、湖南、福建、海南、台湾；国外：日本，印度，斯里兰卡，印度尼西亚，大洋洲。

847. 艳叶夜蛾 *Eudocima salaminia*（Cramer）

寄主：蝙蝠、柑橘、桃、苹果、梨、黄皮、石榴、无花果。

分布：我国浙江（遂昌九龙山、龙王山、莫干山、杭州、临海、温岭、开化、丽水、百山祖、洞头、文成、平阳）、江西、福建、台湾、广东、广西、云南；国外：印度，大洋洲，南太平洋诸岛，非洲。

848. 白边切夜蛾（白边切根虫） *Euxoa oberthuri*（Leech）

寄主：杨、柳、高粱、玉米、甜菜、苦荬菜、苍耳、车前。

分布：浙江（遂昌九龙山、新昌、鄞县、嵊泗、东阳、丽水、龙泉）。

849. 宏遗夜蛾 *Fagitana gigantea* Draudt

分布：我国浙江（遂昌九龙山、江山、丽水、庆元）、陕西、黑龙江、云南；国外：日本。

850. 霜夜蛾（燎夜蛾） *Gelastocera exusta* Butler

分布：我国浙江（遂昌九龙山、莫干山、天目山、开化、百山祖）、湖北、湖南、海南、西藏、四川、福建；国外：朝鲜，日本。

851. 棉铃实夜蛾（棉铃虫） *Heliothis armigera*（Hubner）

寄主：番茄、辣椒、茄、芝麻、万寿菊、向日葵、南瓜、苘麻、苜蓿、苹果、梨、柑橘、葡萄、桃、李、无花果、草莓、青麻、亚麻、蓖麻、黑荆树、高粱、大豆、烟、木槿、棉、玉米、小麦、泡桐。

分布：我国浙江（遂昌九龙山、龙王山、百山祖）；国外：世界广布。

852. 烟实夜蛾（烟草青虫、烟夜蛾） *Heliothis assulta* Guenee

寄主：烟、棉、麻、玉米、茄、番茄、辣椒、南瓜、大豆、苎麻、向日葵、甘薯、马铃薯、蕹菜、木槿、泡桐、万寿菊、香石竹、石竹。

分布：浙江（遂昌九龙山、长兴、德清、嘉善、平湖、桐乡、海盐、杭州、临安、萧山、淳安、宁波、慈溪、余姚、镇海、奉化、宁海、象山、普陀、永康、天台、丽水、缙云、龙泉、云和、庆元、永嘉、平阳）。

853. 粉翠夜蛾 *Hylophilodes orientalis*（Hampson）

寄主：栎。

分布： 我国浙江（遂昌九龙山、龙王山、莫干山、杭州、临安、天目山、建德、奉化、仙居、古田山、庆元、百山祖）、四川、福建；国外：印度。

854. 太平粉翠夜蛾 *Hylophilodes tsukusensis* Nagano

分布： 我国浙江（遂昌九龙山、德清、杭州、余姚、天台、仙居、古田山、庆元）；国外：日本。

855. 鹰夜蛾 *Hypocala deflorata*（Fabricius）

寄主： 柿、君迁子、梨。

分布： 我国浙江（遂昌九龙山、杭州、临安、桐庐、建德、淳安、奉化、三门、天台、临海、丽水、百山祖、温州、泰顺）、河北、湖北、江西、湖南、广东、四川、贵州、云南；国外：日本，泰国，印度。

856. 苹梢鹰夜蛾 *Hypocala subsatura* Guenee

寄主： 栎、苹果、柿、梨。

分布： 我国浙江（遂昌九龙山、长兴、龙王山、德清、天目山、慈溪、古田山、百山祖）、辽宁、甘肃、海南、内蒙古、河北、陕西、山东、河南、江苏、湖北、江西、湖南、福建、台湾、广东、云南、西藏；国外：日本，印度，孟加拉。

857. 蓝条夜蛾 *Ischyja manlia*（Cramer）

寄主： 樟、榄仁树。

分布： 我国浙江（遂昌九龙山、德清、杭州、临安、天目山、奉化、黄岩、丽水、遂昌、龙泉、庆元、百山祖）、江西、湖南、广东、广西、云南、山东、海南、福建；国外：缅甸，印度，斯里兰卡，菲律宾，印度尼西亚。

858. 橘肖毛翅夜蛾 *Lagoptera dotata* Fabricius

寄主： 柑橘、桃、梨、苹果。

分布： 我国浙江（遂昌九龙山、德清、莫干山、杭州、临安、桐庐、建德、淳安、新昌、奉化、宁海、三门、浦江、天台、仙居、临海、黄岩、温岭、玉环、古田山、丽水、缙云、云和、龙泉、百山祖、温州、平阳）、湖北、江西、台湾、广东、四川、贵州；国外：缅甸，印度，新加坡。

859. 肖毛翅夜蛾 *Lagoptera juno*（Dalman）

寄主： 桦、李、木槿、柑橘、梨、桃、苹果。

分布： 我国浙江（遂昌九龙山、龙王山、莫干山、天目山、丽水、遂昌、龙泉、庆元、百山祖）、黑龙江、河南、辽宁、河北、湖北、江西、湖南、四川、云南；国外：日本，印度。

860. 贪夜蛾（甜菜夜蛾、玉米夜蛾） *Laphygma exigua* Hubner

寄主： 茄、葱、马铃薯、十字花科、番茄、豆类、棉、亚麻、洋麻、烟草、苜蓿、玉米、花生、芝麻、蓖麻、甘薯、胡萝卜、麦类、泡桐、侧柏、刺槐、水稻。

分布：浙江（遂昌九龙山、杭州、余杭、临安、萧山、东阳、天台、常山、丽水、庆元、温州）。

861. 间纹德夜蛾 *Lepidodelta intermedia*（Bremer）

分布：我国浙江（遂昌九龙山、湖州、长兴、安吉、龙王山、德清、杭州、临安、建德、淳安、慈溪、余姚、镇海、三门、东阳、兰溪、天台、仙居、临海、黄岩、温岭、玉环、常山、丽水、缙云、庆元、百山祖、乐清、永嘉、瑞安、洞头、文成、平阳、泰顺）、黑龙江、陕西、湖北、湖南、河南、四川、云南；国外：朝鲜，日本，印度，斯里兰卡，非洲。

862. 仿劳粘夜蛾 *Leucania insecuta* Walker

分布：我国浙江（遂昌九龙山、德清、杭州、古田山、龙泉、庆元）、河北、江苏、云南；国外：日本。

863. 白脉粘夜蛾 *Leucania venalba* Moore

寄主：麦、高粱、玉米、水稻、甘蔗、豆、麻、乌柏。

分布：我国浙江（遂昌九龙山、长兴、余杭、临安、鄞县、慈溪、镇海、宁海、天台、丽水、遂昌、青田、云和、龙泉、庆元、百山祖、温州、平阳）、河北、湖北、福建；国外：印度，斯里兰卡，新加坡，大洋洲。

864. 稻俚夜蛾 *Lithacodia distinguenda* Staudinger

寄主：水稻。

分布：我国浙江（遂昌九龙山、古田山、百山祖）、黑龙江、江西、福建；国外：朝鲜，日本。

865. 阴俚夜蛾 *Lithacodia stygia*（Butler）

寄主：竹、水稻。

分布：我国浙江（遂昌九龙山、长兴、德清、临安、奉化、仙居、庆元、百山祖）、湖北、四川、福建；国外：朝鲜，日本。

866. 大斑薄夜蛾 *Mecrdina subcostalis* Walker

分布：我国浙江（遂昌九龙山、长兴、莫干山、杭州、临安、淳安、鄞县、镇海、金华、丽水、缙云、遂昌、百山祖、平阳）、河北、湖北、湖南、广西；国外：朝鲜，日本。

867. 蚪目夜蛾 *Metopta rectifasciata* Menestcies

寄主：菝葜、牛尾菜、桃、梨、柑橘、枇杷。

分布：我国浙江（遂昌九龙山、湖州、长兴、龙王山、德清、杭州、慈溪、镇海、奉化、宁海、东阳、黄岩、古田山、丽水、缙云、遂昌、龙泉、温州、乐清、永嘉、瑞安、平阳、泰顺）、湖南、河南、江苏、江西、福建、台湾；国外：朝鲜，日本。

868. 妇毛胫夜蛾（奚毛胫夜蛾）*Mocis ancilla* Warren

寄主：葛。

分布：我国浙江（遂昌九龙山、杭州、黄岩、淳安、余姚、普陀、义乌、丽水、遂昌、龙泉、温州）、黑龙江、河北、山东、河南、湖南、福建、江苏、江西；国外：朝鲜，日本。

869. 㦚毛胫夜蛾 *Mocis annetta* Butler

寄主：豆类。

分布：我国浙江（遂昌九龙山、平湖、临安、永康、仙居、古田山、常山、丽水、云和、龙泉）、山东、福建、江苏、湖北、湖南、四川；国外：朝鲜，日本。

870. 宽毛胫夜蛾 *Mocis laxa*（Walker）

分布：我国浙江（遂昌九龙山、东阳、丽水、云和、百山祖）、河南、湖北、江西、湖南、云南；国外：印度。

871. 鱼藤毛胫夜蛾 *Mocis undata*（Fabricius）

寄主：鱼藤、山蚂蟥、刺槐、花生、大豆、柑橘、梨、桃。

分布：我国浙江（遂昌九龙山、湖州、长兴、龙王山、德清、平湖、杭州、余杭、临安、萧山、桐庐、建德、淳安、上虞、余姚、镇海、奉化、宁海、浦江、天台、黄岩、丽水、缙云、云和、龙泉、庆元、温州、永嘉）、河北、河南、江苏、江西、湖南、山东、贵州、福建、台湾、广东、云南；国外：朝鲜，日本，缅甸，印度，斯里兰卡，新加坡，菲律宾，印度尼西亚，非洲。

872. 缤夜蛾 *Moma champa* Moore

寄主：枔木。

分布：我国浙江（遂昌九龙山、百山祖）、华西、华东、华中；国外：西伯利亚，日本，印度。

873. 黄颈缤夜蛾 *Moma fulvicollis* Lattin

寄主：栎、青冈。

分布：我国浙江（遂昌九龙山、莫干山、临安、余杭、丽水、缙云、云和、龙泉、百山祖）、黑龙江、河北、四川、云南；国外：日本。

874. 光腹夜蛾 *Mythimna turca*（Linnaeus）

分布：我国浙江（遂昌九龙山、德清、杭州、临安、定海、丽水、遂昌、龙泉、庆元、百山祖）、黑龙江、陕西、河南、湖北、江西、湖南、四川、贵州、云南；国外：苏联，日本，欧洲。

875. 稻螟蛉夜蛾 *Naranga aenescens* Moore

寄主：甘薯、看麦娘、水稻、玉米、稗、茅草、茭白、高粱。

分布：我国浙江（遂昌九龙山、长兴、龙王山、德清、嘉善、杭州、余杭、临安、淳安、象山、永康、东阳、临海、黄岩、温岭、古田山、丽水、缙云、青田、庆元、百山祖、乐清）、河北、陕西、江苏、江西、湖南、福建、台湾、广西、云南；国外：朝鲜，日本，缅甸，印度尼西亚。

876. 落叶夜蛾 *Ophideres fullonica*（Linnaeus）

寄主：木通、柑橘、桃、梨、葡萄、通草、石榴。

分布：我国浙江（遂昌九龙山、龙王山、德清、海宁、杭州、桐庐、新昌、定海、岱山、普陀、兰溪、玉环、黄岩、百山祖、温州、永嘉）、黑龙江、江苏、湖南、台湾、广东、广西、四川、云南；国外：朝鲜，日本，大洋洲，非洲。

877. 鸟嘴壶夜蛾 *Oraesia excavata*（Butler）

寄主：木防己、柑橘、枇杷、梨、桃、苹果、葡萄、梅、无花果。

分布：我国浙江（遂昌九龙山、湖州、长兴、龙王山、德清、平湖、杭州、余杭、临安、桐庐、建德、淳安、绍兴、上虞、嵊州、余姚、镇海、奉化、宁海、象山、普陀、浦江、义乌、永康、兰溪、天台、黄岩、温岭、常山、丽水、缙云、云和、龙泉、庆元、百山祖、温州、乐清、永嘉、洞头）、江苏、湖南、河南、福建、台湾、广东、广西、云南；国外：朝鲜，日本。

878. 胖夜蛾 *Orthogonia sera* Felder

分布：我国浙江（遂昌九龙山、龙王山、杭州、淳安、建德、新昌、鄞县、慈溪、余姚、义乌、东阳、天台、丽水、缙云、云和、龙泉、百山祖、乐清）、江西、湖南、河南、福建、云南、四川；国外：印度，日本。

879. 四线直带夜蛾 *Orthozona quadrilineata*（Moore）

分布：我国浙江（遂昌九龙山、龙王山、百山祖）、安徽、江西、湖南、福建、云南；国外：印度。

880. *Pangrapta indentalis*（Leech）

分布：浙江（遂昌九龙山、德清、临安、天台、仙居、丽水、遂昌、庆元）。

881. 浓眉夜蛾 *Pangrapta trimantesalis*（Walker）

寄主：杠板归。

分布：我国浙江（遂昌九龙山、长兴、龙王山、德清、莫干山、杭州、临安、淳安、鄞县、余姚、镇海、宁海、浦江、百山祖、永嘉）、陕西、江苏、河南、江西、湖北、湖南、福建、四川、云南；国外：朝鲜，日本，印度，孟加拉。

882. 淡眉夜蛾 *Pangrapta umbrosa*（Leech）

分布：我国浙江（遂昌九龙山、莫干山、杭州、临安、淳安、鄞县、慈溪、镇海、宁海、天台、丽水、百山祖）、陕西、湖北、海南、云南、江西、西南；国外：日本。

883. 东小眼夜蛾 *Panolis exquisita* Draudt

分布：浙江（遂昌九龙山、龙王山、杭州、临安、古田山、丽水、龙泉、庆元、百山祖）、湖北、湖南、福建、云南。

884. 围星夜蛾 *Perigea cyclicoides* Drandt

寄主：大狼巴草。

分布：浙江（遂昌九龙山、天目山、奉化、开化、庆元）、河北、陕西、江苏、湖南、福建。

885. 云晕夜蛾 *Perigeodes polimera* Hampson

分布：我国浙江（遂昌九龙山、临安、淳安、奉化、百山祖）、湖北、湖南、四川、广东；国外：印度。

886. 紫金翅夜蛾 *Plusia chryson*（Esper）

寄主：泽兰、无花果、紫兰。

分布：我国浙江（遂昌九龙山、龙王山、临安、淳安、新昌、百山祖、泰顺）、黑龙江、湖南；国外：朝鲜，日本，欧洲。

887. 赤斑金翅夜蛾 *Plusia pulchrina* Haworth

分布：浙江（遂昌九龙山、龙王山、东阳、庆元）。

888. 锦金翅夜蛾 *Plusia rutilifrons* Walker

分布：我国浙江（遂昌九龙山、德清、杭州、临安、建德、余姚、镇海、奉化、百山祖）、西南、内蒙古、北京、天津、河北、山西、山东、河南、西藏；国外：西伯利亚，日本。

889. 纯肖金夜蛾（肖金夜蛾）*Plusiodonta casta*（Butler）

寄主：木防己、蝙蝠葛。

分布：我国浙江（遂昌九龙山、德清、余姚、奉化、定海、临海、黄岩、常山、丽水、庆元、平阳）、黑龙江、山东、江苏、湖北、福建、湖南；国外：日本，朝鲜。

890. 霉裙剑夜蛾（白肾裙剑夜蛾）*Polyhaenis oberthuri* Staudinger

寄主：油茶。

分布：我国浙江（遂昌九龙山、百山祖、德清、慈溪、余姚、镇海、奉化、义乌、云和）、黑龙江、新疆、陕西、河南、湖北、湖南、四川、云南；国外：朝鲜。

891. 裙剑夜蛾 *Polyphaenis pulcherrima*（Moore）

分布：浙江（遂昌九龙山、德清、慈溪、余姚、镇海、丽水、龙泉、云和）。

892. 黏虫 *Pseudaletia separata*（Walker）

寄主：麦、玉米、稻、甘蔗、乌桕、看麦娘、狗尾草。

分布：浙江（遂昌九龙山、全省广布）、全国广布（除新疆、西藏）。

893. 显长角皮夜蛾（长角皮蛾）*Risoba prominens* Moore

寄主：使君子、紫檀。

分布：我国浙江（遂昌九龙山、莫干山、天目山、百山祖、长兴、德清、杭州、临安、金华、天台、云和、龙泉、永嘉）、河北、河南、湖北、江西、湖南、福建、海南、广西、四川、云南、西藏；国外：日本，缅甸，印度，马来西亚，新加坡。

894. 稻蛀茎夜蛾 *Sesamia inferens* Walker

寄主：水稻、麦、玉米、甘蔗、茭白、稗、薄荷。

分布：我国浙江（遂昌九龙山、百山祖、长兴、德清、嘉兴、杭州、临安、淳安、上虞、余姚、镇海、奉化、定海、浦江、东阳、江山、遂昌、云和、庆元、温州）、江苏、湖北、福建、四川、台湾；国外：日本，缅甸，印度，斯里兰卡，马来西亚，新加坡，菲律宾，印度尼西亚。

895. 紫棕扇夜蛾 *Sineugraphe exusta* Butler

分布：我国浙江（遂昌九龙山、古田山、百山祖）、黑龙江、湖北、贵州；国外：日本。

896. 胡桃豹夜蛾 *Sinna extrema* Walker

寄主：胡桃、枫杨。

分布：我国浙江（遂昌九龙山、龙王山、莫干山、天目山、百山祖、长兴、余杭、临安、淳安、鄞县、临海、古田山、丽水）、黑龙江、陕西、河南、江苏、湖北、湖南、江西、福建、海南、四川；国外：日本。

897. 旋目夜蛾 *Spirama retorta*（Clerck）

寄主：合欢、柑橘、梨、桃、枇杷、李。

分布：我国浙江（遂昌九龙山、全省广布）、北京、辽宁、河北、山东、河南、江苏、湖北、湖南、福建、江西、广东、海南、广西、四川、云南、西藏；国外：日本，朝鲜，印度，缅甸，斯里兰卡，马来西亚。

898. 交兰纹夜蛾 *Stenoloba confusa* Leech

分布：我国浙江（遂昌九龙山、龙王山、天目山、古田山、百山祖、德清、杭州、临安）、湖南、福建、广西、四川、云南；国外：日本。

899. 白点朋闪夜蛾 *Stypersypnoides astrigera* Butler

分布：我国浙江（遂昌九龙山、莫干山、百山祖、杭州）、湖北、江西、湖南、四川、云南；国外：日本。

900. 两色困夜蛾 *Tarache bicolora* Leech

分布：浙江（遂昌九龙山、百山祖）、内蒙古、北京、天津、河北、山西、山东、河南、华东、华中。

901. 掌夜蛾 *Tiracola plagiata*（Walker）

寄主：柑橘、茶、萝卜、水茄。

分布：我国浙江（遂昌九龙山、天目山、百山祖、萧山、建德、淳安、天台、龙泉）、山东、海南、西藏、湖北、河南、湖南、福建、台湾、四川、云南；国外：印度，斯里兰卡，印度尼西亚，大洋洲，美洲中部。

902. 暗后夜蛾 *Trisuloides caliginea*（Butler）

分布：我国浙江（遂昌九龙山、龙王山、莫干山、百山祖）、黑龙江、河北、山西、陕西、江西、湖南、四川、云南、西藏；国外：苏联，朝鲜，日本，印度。

903. 明后夜蛾 *Trisuloides nitida*（Butler）

分布：我国浙江（遂昌九龙山、龙王山、百山祖、杭州、临安、奉化）、黑龙江、河南、河北、江苏、湖北、江西、湖南、福建、四川、云南；国外：苏联，朝鲜，日本。

904. 俊夜蛾 *Westermannia superba* Hubner

寄主：榄仁树属。

分布：我国浙江（遂昌九龙山、天目山、百山祖、淳安）、河南、福建、湖南、广西、广东、云南；国外：日本，印度，新加坡，斯里兰卡，印度尼西亚。

905. 三角鲁夜蛾 *Xestia triangulum*（Hufnagel）

寄主：柳、山楂、野李、柳杉、酸横、繁缕。

分布：浙江（遂昌九龙山、百山祖、杭州、临安、鄞县、慈溪、余姚、镇海、宁海、丽水）。

906. 木叶夜蛾（斑木叶夜蛾） *Xylophylla punctifascia* Leech

分布：浙江（遂昌九龙山、龙王山、天目山、古田山、百山祖、长兴、杭州、临安、天台、遂昌）、河南、湖北、四川、湖南、云南。

907. 花夜蛾 *Yepcalphis dilectissima* Walker

分布：我国浙江（遂昌九龙山、百山祖、遂昌、龙泉、庆元）、广东；国外：缅甸，斯里兰卡，新加坡，南太平洋岛屿。

908. 黄镰须夜蛾 *Zanclognatha helva* Butler

分布：我国浙江（遂昌九龙山、百山祖、德清、临安、奉化、仙居、遂昌、庆元）、湖南、福建、台湾；国外：朝鲜，日本。

膜翅目 Hymenoptera

在九龙山保护区发现有 22 科 206 种。

一、三节叶蜂科 Argidae

三节叶蜂科昆虫触角 3 节，第 3 节很长，雄虫触角 2 分叉或音叉状，前翅缘室无横脉，前胸背板向前深凹，前足胫节有 2 端距。产卵器锯状。

在九龙山保护区发现该科 1 属 5 种。

1. 百山祖三节叶蜂 *Arge baishanzua* Wei

分布：浙江（遂昌九龙山、百山祖）。

2. 日本黑毛三节叶蜂 *Arge nipponensis* Rohwer

分布：我国浙江（遂昌九龙山、龙王山、德清、杭州、天目山、宁波、凤阳山）、内蒙古、安徽、上海、广东、山西、陕西、河南、江苏、湖北、江西、湖南、福建、广西、四川、贵州；国外：日本，朝鲜，俄罗斯。

3. 光唇黑毛三节叶蜂 *Arge similis* Vollenhoven

分布：我国浙江（遂昌九龙山、龙王山、杭州、天目山、建德、衢县、丽水、龙泉、庆元、文成）、陕西、山东、河南、湖北、江西、湖南、福建、台湾、广东、广西、四川、贵州；国外：日本，印度。

4. 背斑黄腹三节叶蜂 *Arge victoriae*（Kirby）

分布：我国浙江（遂昌九龙山、龙王山、天目山、宁波、奉化、龙泉、凤阳山）、河南、江苏、江西、湖南、福建、台湾、贵州、广东。

5. 刻颜黄腹三节叶蜂 *Arge obtusitheca* Wei

分布：浙江（遂昌九龙山、金华、遂昌）、河南、浙江、福建、江西、湖南。

二、叶蜂科 Tenthredinidae

叶蜂科昆虫体长 3~20mm，触角 7~13 节，个别多达 23 节或更多，多为丝状，有的为棒状，个别羽扇状。前胸背板后缘深深凹入；小盾片后有分开的后小盾片；前足胫节有 2 端距。产卵器锯状。

九龙山保护区发现该科 15 属 19 种。

6. 日本凹颚叶蜂 *Aneugmenus japonicus* Rohwer

分布：我国浙江（遂昌九龙山、莫干山、天目山、长兴、舟山、龙泉）、陕西、河南、江苏、江西、福建、湖南、广西、台湾；国外：日本，库页岛。

7. 短距大基叶蜂 *Beleses brachycalcar* Wei

分布：浙江（遂昌九龙山、遂昌）、陕西、湖北、贵州（习水）。

8. 白足短唇叶蜂 *Birmindia gracilis*（Forsius）

分布：我国浙江（遂昌九龙山、天目山、庆元）、湖北、福建、四川、湖南、贵州、云南；国外：缅甸北。

9. 台湾沟额叶蜂 *Corrugia formosana*（Rohwer）

分布：浙江（遂昌九龙山、天目山、文成、遂昌、杭州）、北京、湖北、福建、湖南、贵州、广西。

10. 黑足沟额叶蜂 *Corrugia melanopoda*（Takeuchi）

分布：我国浙江（遂昌九龙山、天目山、临安、杭州、庆元、文成、松阳、遂昌）、福建、广西、海南；国外：日本。

11. 天目黄角叶蜂 *Enthredo tienmushana*（Takeuchi）

分布：浙江（遂昌九龙山、天目山、安吉、龙泉）、北京、河北、河南、湖北、四川、云南。

12. 长齿真片叶蜂 *Eutomostethus longidentus* **Wei**

分布：浙江（遂昌九龙山、凤阳山、杭州、遂昌、松阳）、河北、河南、安徽、四川、福建、江西、湖南、贵州、广西。

13. 短柄直脉叶蜂 *Hemocla brevinerva* **Wei**

分布：浙江（遂昌九龙山、天目山、龙泉、庆元）、湖北、福建、湖南、广西、四川、云南。

14. 条斑狭眶叶蜂 *Linorbita lineata*（Wei）

分布：浙江（遂昌九龙山、遂昌）、福建、湖南。

15. 黑跗昧潜叶蜂 *Metallus nigritarsus* **Nie et Wei**

分布：浙江（遂昌九龙山、遂昌）、福建。

16. 邓氏突瓣叶蜂 *Nematus dengi* **Wei**

分布：浙江（遂昌九龙山、天目山、龙王山、凤阳山、清凉峰、杭州）、甘肃、河北、山西、安徽、湖北、福建、湖南、贵州、广西。

17. 纤细平缝叶蜂 *Nesoselandria tenuis* **Wei**

分布：浙江（遂昌九龙山、遂昌）、贵州，云南。

18. 斑角异齿叶蜂 *Niasnoca apicalis* **Wei**

分布：浙江（遂昌九龙山、遂昌）、福建、湖南、广东、广西。

19. 中华浅沟叶蜂黑肩亚种 *Pseudostromboceros sinensis perplexus*（Zombori）

分布：我国浙江（遂昌九龙山、龙王山、天目山、百山祖、浙江广布）、黑龙江、内蒙古、北京、河北、山东、河南、陕西、江苏、安徽、湖北、江西、湖南、福建、广西、四川、云南；国外：朝鲜，欧洲。

20. 蓬莱元叶蜂 *Taxonus formosacolus*（Rohwer）

分布：浙江（遂昌九龙山、天目山、安吉、遂昌、松阳、龙泉）、河南、湖北、四川、江西、福建、湖南、广西。

21. 黄带叶蜂（黄带斑翅叶蜂） *Tenthredo flavobalteata* **Cameron**

分布：浙江（遂昌九龙山、龙王山、天目山、安吉、松阳、龙泉）、上海、湖北、湖南、福建、香港、湖南。

22. 瓦山黄角叶蜂 *Tenthredo indigena* **Malaise**

分布：浙江（遂昌九龙山、天目山、松阳、龙泉、庆元）、四川。

23. 窝板缱腹叶蜂 *Tenthredo omphalica* **Wei et Nie**

分布：浙江（遂昌九龙山、天目山、凤阳山）、湖北、福建、四川。

24. 斑翅大黄叶蜂 *Tenthredo poeciloptera* **Enslin**

分布：我国浙江（遂昌九龙山、天目山、九龙山、凤阳山）、四川、台湾。

三、环腹瘿蜂科 Figitidae

环腹瘿蜂科昆虫体型属小型，短于 10mm。雌性触角 13 节，雄性触角 14 节。胸部至少部分具刻纹，小盾片末端有时具有 1 刺脊。前翅 2~4mm，Rs+M 脉从基脉和 M+Cu$_1$ 脉的连接点或近连接点发出。除狭背瘿蜂亚科第 2 腹背板为舌状外，其余种类雄虫腹部均不侧扁，雌性常第 3 腹背板最大，但也有种类第 2 腹背板最大。

九龙山保护区发现该科 1 属 1 种。

25. 脊剑盾狭背瘿蜂 *Prosaspicera validispina* **Kiffer**

分布：我国浙江（遂昌九龙山、遂昌）、山西、河南、宁夏、陕西、湖南、福建、台湾、海南、广西、重庆、贵州、云南）；国外：佛罗里达州，印度，印度尼西亚，尼泊尔和马来西亚。

四、茎蜂科 Cephidae

茎蜂科成虫细长，体长 5~25mm。触角丝状或棒状，15~36 节。前胸背板后缘近平直，后胸背板每侧无淡膜区；前足胫节只有 1 距，腹部 1 节和 2 节间稍收缩；雌虫产卵管突出，从背面可见。

九龙山保护区发现该科 1 属 1 种。

26. 梨简脉茎蜂 *Janus piri* **O.M.**

分布：浙江（遂昌九龙山、天目山、杭州、义乌、庆元）、北京、甘肃、江西、湖南、湖北。

五、钩腹蜂科 Trigonalyidae

钩腹蜂科昆虫体型小到中型，一般体长 8~17mm，体坚硬多有色彩。头大；触角细长，16~20 节；上颚发达。腹柄短圆，前翅脉序完全，有 1 前缘室和 2~3 个亚缘室；雌蜂腹端向前下方稍呈钩状弯曲，适于产卵在叶缘内。

九龙山保护区发现该科 1 属 1 种。

27. 切纹钩腹蜂 *Poecilogonalos intermedia* **Chen**

分布：浙江（遂昌九龙山、龙王山、天目山、凤阳山）、河南、湖南、云南。

六、旗腹蜂科 Evaniidae

旗腹蜂科昆虫触角丝状，13~14节；下颚须6节，下唇须4节。前室有前缘室，至少有2闭室；后翅退化无闭室，有臀叶；足转节2节；并胸腹节大，腹部短，侧扁；产卵管短，缩于体内；前胸不成颈状。

九龙山保护区发现该科1属1种。

28. 黄柄旗腹蜂 *Evania* sp.

分布：浙江（遂昌九龙山、西天目山、杭州、江山、遂昌、云和）、福建。

七、冠蜂科 Stephanidae

冠蜂科昆虫体长4~40mm，中胸盾片无中纵沟，而有盾侧沟；腹部细长；后足腿节膨大，下缘有齿；头顶有瘤状突起。

九龙山保护区发现该科1属1种。

29. 副冠蜂 *Parastephanella* sp.

分布：浙江（遂昌九龙山、遂昌）。

八、褶翅蜂科 Gasteruptiidae

褶翅蜂科昆虫触角丝状，13~14节；前胸呈颈状。前翅纵褶，仅有1条回脉，1个关闭的肘室，第1盘室很小；后翅无臀叶；腹部细长，棍棒状；产卵管长，伸于体外。后足基节内侧正常，无缺刻；后足胫节膨大。

九龙山保护区发现该科1属1种。

30. 日本褶翅蜂 *Gasteruption japonicum* Cameron

分布：浙江（遂昌九龙山、天目山、杭州、衢县、松阳、庆元）。

九、小蜂科 Chalcididae

小蜂科昆虫体长多为2~3mm，少数达7mm，头与体呈垂直方向，颜面很少深陷；触角间距小，小于触角至复眼的距离；触角一般短，有1个或若干个环节。后足基节不呈盘状扁平膨大。

九龙山保护区保护区发现该科4属6种

31. 石井凹头小蜂 *Autrocephalus ishiii* Habu

分布：浙江（遂昌九龙山、天目山、杭州、开化、庆元）。

32. 塔普大腿小蜂 *Brachymeria tapunensis* Joseph et al.

分布：我国浙江（遂昌九龙山、遂昌）、福建；国外：菲律宾，印度，萨摩亚群岛（南太平洋）。

33. 长柄大腿小蜂 *Brachymeria longiscaposa* Joseph et al.

分布：我国浙江（遂昌九龙山、杭州、安吉、遂昌）、湖北、福建、台湾、云南；国外：越南。

34. 日本截胫小蜂 *Haltichella nipponensis* Habu

分布：我国浙江（遂昌九龙山、天目山、百山祖、杭州）、江西、北京、湖南、福建、台湾、广西；国外：日本、印度。

35. 长盾凸腿小蜂 *Kriechbaumerella longiscutellaris* Qian et He

分布：浙江（遂昌九龙山、杭州、余杭、富阳、兰溪、衢州、遂昌、丽水、松阳）、北京、江苏、福建、广东、广西、贵州。

36. 红腿大腿小蜂 *Brachymeria podagrica* Fabricius

分布：我国浙江（遂昌九龙山、杭州、镇海、遂昌、临安）、黑龙江、内蒙古、北京、河北、山东、河南、陕西、甘肃、安徽、江西、福建、台湾、广东、香港、广西、贵州；国外：日本，朝鲜，菲律宾，马来西亚，泰国，尼泊尔，蒙古，爪哇，越南，老挝，印度，西伯利亚，欧洲，非洲，北美洲和澳大利亚等。

十、跳小蜂科 Encyrtidae

跳小蜂科昆虫体长 0.25~6mm，多数为 1~2mm，体多金属光泽。触角多为 11 节，环状节不显，雌雄触角异形。中胸盾片呈均匀膨起或平坦，盾纵沟一般不显，即使有也很短浅，后胸及并胸腹节常显著缩短；中足较强壮，胫节端距及跗节发达，前翅缘脉，后缘脉短，腹无柄，腹末臀侧具有长髭。

九龙山保护区发现该科 1 属 1 种。

37. 黄胫花翅跳小蜂 *Microterys flavitibialis* Xu

分布：浙江（遂昌九龙山、遂昌）。

十一、姬小蜂科 Eulophidae

姬小蜂科昆虫体长 2mm 左右，头正面观三角形或圆形；触角 7~9 节，中胸盾纵沟完整或不完整；三角片前端常超过翅基连线；跗节 4 节。

九龙山保护区发现该科 1 属 2 种。

38. 皱背柄腹姬小蜂 *Pediobius ataminensis* Ashmead

分布：我国浙江（遂昌九龙山、东阳、遂昌）、陕西、江苏、安徽、江西、湖南、广东、四川；国外：日本。

39. 瓢虫柄腹姬小蜂 *Pediobius foveolatus* Crawford

分布：我国浙江（遂昌九龙山、杭州、遂昌）、江西；国外：印度，日本，美国。

十二、姬蜂科 Ichneumonidae

姬蜂科昆虫体长 3~40mm，触角丝状，13 节以上，一般超过 16 节，翅发达，少数无翅或短翅型，翅脉明显，并胸腹节大，常有刻纹，隆脊和隆脊划分的小室；腹部着生在并胸腹节的下方。产卵管长度差异大。

九龙山保护区发现该科 35 属 47 种。

40.棒腹方盾姬蜂 *Acerataspis clavata*（Uchida）

分布：我国浙江（遂昌九龙山、天目山、凤阳山、松阳、庆元）、福建、广西、四川、云南；国外：日本。

41.中华方盾姬蜂 *Acerataspis sinensis* Michener

分布：我国浙江（遂昌九龙山、西天目山、遂昌）、广东；国外：日本。

42.螟虫顶姬蜂 *Acropimpla persimilis*（Ashmead）

寄主：棉大卷叶螟、桑绢野螟、樗蚕、枇杷卷叶野螟、豆蚀叶野螟、竹织叶野螟、竹绀野螟、天幕毛虫、桃蛀野螟、大蓑蛾、竹绒野螟。

分布：我国浙江（遂昌九龙山、天目山、余杭、余姚、常山、庆元）、黑龙江、辽宁、北京、山东、陕西、湖北、福建、四川、贵州；国外：朝鲜，日本，俄罗斯。

43.游走巢姬蜂指名亚种 *Acroricnus ambulator ambulator*（Smith）

寄主：日本蜾蠃蜂、孪蜾蠃蜂、黄缘蜾蠃蜂。

分布：我国浙江（遂昌九龙山、天目山、松阳、庆元）、黑龙江、辽宁、北京、山西、山东、江苏、湖南、福建、台湾、广西、四川、云南；国外：朝鲜，日本，俄罗斯。

44.褐黄菲姬蜂 *Allophatmus fulvitergus* Tosquinet

分布：我国浙江（遂昌九龙山、遂昌、松阳）、山东、河南、江西、湖南、福建、台湾、四川；国外：日本，印度尼西亚，印度。

45.红胸棘腹姬蜂稻田亚种 *Astomaspis metathoracica jacobsoni*（Szepligeti）

分布：我国浙江（遂昌九龙山、丽水、遂昌、松阳）、福建、广东、广西、云南；国外：菲律宾。

46.负泥虫沟姬蜂 *Bathythrix kuwanae* Viereck

分布：我国浙江（遂昌九龙山、杭州、萧山、临安、安吉、宁波、慈裕、嵊县、东阳、温州、东阳、遂昌、松阳）、黑龙江、吉林、山东、河南、陕西、江西、湖北、湖南、四川、台湾、广西、云南。

47.九龙山短硬姬蜂 *Brachyscleroma jiulongshanna* He Chen et Ma

分布：浙江（遂昌九龙山、遂昌）。

48.具柄凹眼姬蜂指名亚种 *Casinaria pedunculata pedunculata*（Szepligeti）

寄主：稻弄蝶、隐纹稻弄蝶、台湾籼弄蝶。

分布：我国浙江（遂昌九龙山、嘉兴、杭州、临安、丽水、缙云、遂昌、松阳、龙泉、平阳）、河南、安徽、湖北、江西、湖南、福建、台湾、广东、广西、四川、贵州、云南；国外：印度，印度尼西亚。

49. 稻纵卷叶螟凹眼姬蜂 *Casinaria simillima* Maheshwary et Gupta

寄主：稻纵卷叶螟。

分布：我国浙江（遂昌九龙山、杭州、龙泉）、湖北、江西、湖南、福建、台湾、广东、广西、四川。

50. 来色姬蜂 *Centeterus altemecoloratus* Cushman

寄主：二化螟。

分布：浙江（遂昌九龙山、嵊州、慈溪、仙居、龙泉）。

51. 短翅悬茧姬蜂 *Charops brachypterus* Cameron

分布：我国浙江（遂昌九龙山、西天目山、杭州、遂昌、缙云）、湖北、江西、湖南、广西、四川、贵州；国外：东南亚。

52. 稻纵卷叶螟黄脸姬蜂 *Chorinaeus facialis* Chao

分布：浙江（遂昌九龙山、遂昌、缙云、松阳、庆元）、江西、湖北、湖南、福建、广东、广西、四川、贵州、云南。

53. 线角圆丘姬蜂 *Cobunus filicornis* Uchida

分布：我国浙江（遂昌九龙山、天目山、庆元）、台湾。

54. 野蚕黑瘤姬蜂 *Coccygomimus luctuosus*（Smith）

寄主：茶蓑蛾、茶长卷蛾、赤松毛虫、马尾松毛虫、野蚕、樗蚕、杨扇舟蛾、竹缕舟蛾、栎掌舟蛾、黄麻桥夜蛾、华竹毒蛾、稻弄蝶、柑橘凤蝶、大蓑蛾、天幕毛虫、美国白蛾、土夜蛾、兵舞毒蛾、素毒蛾、山楂粉蝶、菜粉蝶、白绢蝶。

分布：我国浙江（遂昌九龙山、湖州、安吉、海盐、杭州、余杭、富阳、龙泉）、辽宁、北京、江苏、上海、江西、福建、台湾、四川、贵州；国外：朝鲜，日本，俄罗斯（东部）。

55. 毛圆胸姬蜂指名亚种 *Colpotrochia pilosa pilosa*（Cameron）

寄主：竹缕舟蛾、竹拟皮舟蛾、蝶赢蜂。

分布：我国浙江（遂昌九龙山、天目山、长兴、余杭、庆元）、湖南、福建、台湾、云南；国外：印度。

56. 台湾细颈姬蜂 *Enicospilus formosensis*（Uchida）

分布：我国浙江（遂昌九龙山、天目山、龙泉、庆元）、江苏、安徽、江西、湖南、广东、福建、台湾、四川；国外：日本，印度。

57. 高氏细颈姬蜂 *Enicospilus gauldi* Nikam

寄主：落叶松毛虫。

分布：我国浙江（遂昌九龙山、天目山、庆元）、福建、云南、贵州、江苏、江西、湖南、陕西、吉林、黑龙江；国外：印度。

58. 细线细颚姬蜂 *Enicospilus lineolatus*（Roman）

寄主：竹缕舟蛾、棉铃虫、马尾松毛虫、红腹白灯蛾。

分布：我国浙江（遂昌九龙山、莫干山、天目山、嘉兴、平湖、杭州、宁波、奉化、定海、江山、丽水、缙云、龙泉、温州、泰顺）、河北、山西、陕西、江苏、安徽、湖北、湖南、福建、台湾、广东、广西、四川、贵州、云南；国外：苏联，日本，菲律宾，印度，尼泊尔，斯里兰卡，马来半岛，苏门答腊岛、加里曼丹岛，爪哇岛，新几内亚，洛亚蒂群岛，新喀里多尼亚，所罗门群岛，澳大利亚。

59. 褶皱细颚姬蜂 *Enicospilus plicatus*（Brulle）

寄主：栗黄枯叶蛾。

分布：我国浙江（遂昌九龙山、天目山、四明山、乌岩岭、安吉、杭州、缙云、遂昌、龙泉）、广东、广西、福建、台湾、云南、贵州、安徽、江西、湖南、四川、陕西、西藏；国外：菲律宾，越南，泰国，马来半岛，苏门答腊岛，加里曼丹岛，爪哇岛，印度尼西亚。

60. 茶毛虫细颚姬蜂 *Enicospilus pseudoconspersae*（Sonan）

寄主：茶毛虫。

分布：我国浙江（遂昌九龙山、天目山、凤阳山、杭州、鄞县、江山、丽水、温州、泰顺）、广西、福建、台湾、云南、江苏、安徽、江西、湖北、湖南、四川、陕西；国外：菲律宾，印度，尼泊尔。

61. 薄膜细颚姬蜂 *Enicospilus tenuinubeculus* Chiu

分布：浙江（遂昌九龙山、遂昌、松阳、庆元、杭州）、陕西、江西、湖南、福建。

62. 三阶细颚姬蜂 *Enicospilus tripartitus* Chiu

分布：我国浙江（遂昌九龙山、天目山、丽水、松阳、龙泉）、江苏、安徽、江西、湖北、湖南、陕西、福建、台湾、广东、广西、四川、贵州；国外：日本，朝鲜，印度，尼泊尔。

63. 中华钝唇姬蜂 *Eriborus sinicus*（Holmgren）

寄主：三化螟、二化螟、二点螟、高粱条螟、甘蔗小卷蛾、大螟、甘薯蠹螟、尖翅小卷蛾。

分布：我国浙江（遂昌九龙山、杭州、绍兴、缙云、龙泉）、江苏、福建、台湾、广东、云南；国外：菲律宾，美国夏威夷。

64. 大螟钝唇姬蜂 *Eriborus terebranus*（Gravenhorst）

寄主：二化螟、三化螟、高粱条螟、亚洲玉米螟、大螟、稻金翅夜蛾。

分布：我国浙江（遂昌九龙山、长兴、平湖、杭州、镇海、玉环、丽水、缙云、龙泉）、黑龙江、吉林、河北、山西、山东、河南、陕西、江西、江苏；国外：朝鲜，日本，俄罗斯，匈牙利，法国，意大利，密克罗尼西亚地区。

65. 纵卷叶螟钝唇姬蜂（稻纵卷叶腹姬蜂）*Eriborus vulgaris*（Morley）

寄主：稻纵卷叶螟。

分布：我国浙江（遂昌九龙山、东阳、缙云、龙泉）、湖北、江西、湖南、福建、台湾、广东、广西、四川、云南；国外：日本，印度，塞舌尔群岛。

66. 台湾甲腹姬蜂 *Hemigaster taiwana* Sonan

分布：我国浙江（遂昌九龙山、西天目山、杭州、开化、松阳、遂昌、庆元）、江西、台湾。

67. 松毛虫异足姬蜂 *Heteropelma amictum*（Fabricius）

寄主：油松毛虫、茸毒蛾、赤松毛虫、落叶松毛虫、松尺蛾、杨天蛾、黄点石冬夜蛾、杂灌枯叶蛾、圆掌舟蛾、松天蛾、栎异舟蛾。

分布：我国浙江（遂昌九龙山、天目山、缙云、松阳、龙泉）、吉林、辽宁、陕西、江苏、江西、福建、台湾、广东、广西、四川、贵州、云南；国外：朝鲜，日本，菲律宾，尼泊尔，缅甸，印度，印度尼西亚，伊朗，俄罗斯，英国，瑞典。

68. 眼斑介姬蜂 *Ichneumon ocellus* Tosquinet

寄主：黏虫、稻弄蝶。

分布：我国浙江（遂昌九龙山、杭州、龙泉）、湖南、福建、台湾、广东、四川、贵州、云南。

69. 黑尾姬蜂 *Ischnojoppa luteator*（Fabricius）

寄主：稻弄蝶、隐纹稻弄蝶、姜弄蝶。

分布：我国浙江（遂昌九龙山、杭州、嵊州、仙居、龙泉、温州）、江苏、湖北、江西、湖南、台湾、福建、广东、广西、四川、贵州、云南、西藏；国外：朝鲜，日本，菲律宾，印度尼西亚，新加坡，马来西亚，缅甸，印度，斯里兰卡，澳大利亚。

70. 青腹姬蜂 *Lareiga abdominalis*（Uchida）

分布：我国浙江（遂昌九龙山、天目山、凤阳山、百山祖、长兴、松阳）、湖北、江西、福建、台湾、广西。

71. 长尾曼姬蜂 *Mansa longicauda* Uchida

分布：我国浙江（遂昌九龙山、天目山、安吉、松阳、庆元）、江西、河南、湖南、台湾。

72. 蝙蛾角突姬蜂 *Megalomya hepialivora* He

分布：浙江（遂昌九龙山、余姚、遂昌、庆元）、湖南。

73. 斜纹夜蛾盾脸姬蜂 *Metopius rufus browni* Ashmead

寄主：斜纹夜蛾、黏虫、稻弄蝶。

分布：我国浙江（遂昌九龙山、天目山、杭州、余杭、缙云、松阳、庆元、温州）、江苏、湖北、福建、台湾、广东、广西、四川、云南；国外：蒙古，朝鲜，日本，菲律宾，印度。

74. 浙江超齿拟瘦姬蜂 *Netelia zhejiangensis* **He et Chen**

分布：浙江（遂昌九龙山、凤阳山）、广西。

75. 具瘤畸脉姬蜂 *Neurogenia tuberculuta* **He**

分布：浙江（遂昌九龙山、龙泉、凤阳山）、庆元、广西。

76. 中华齿腿姬蜂 *Pristomerus chinensis* **Ashmead**

寄主：大豆食心虫、棉红铃虫、棉褐带卷蛾、亚洲玉米螟、松梢斑螟、二化螟、小卷蛾、梨小食心虫。

分布：我国浙江（遂昌九龙山、天目山、嘉兴、杭州、萧山、慈溪、镇海、普陀、缙云、松阳、龙泉）、黑龙江、吉林、河南、辽宁、江苏、安徽、湖北、江西、湖南、台湾、四川、广东；国外：朝鲜，日本。

77. 黄褐齿胫姬蜂 *Scolobates testaceus* **Morley**

分布：我国浙江（遂昌九龙山、天目山、凤阳山、安吉、庆元）、江苏、湖北、河南、福建、台湾、广西；国外：日本，印度。

78. 点尖腹姬蜂 *Stenichneumon appropinquans*（**Cameron**）

分布：我国浙江（遂昌九龙山、天目山、凤阳山、松阳）、湖北、福建、台湾、广西、四川、贵州、云南；国外：印度。

79. 后斑尖腹姬蜂 *Stenichneumon posticalis*（**Matsumura**）

分布：我国浙江（遂昌九龙山、天目山、凤阳山、乌岩岭、遂昌、松阳、庆元）、福建、广西、四川、贵州、云南；国外：朝鲜，日本。

80. 黏虫棘领姬蜂 *Therion circumflexum*（**Linnaeus**）

分布：我国浙江（遂昌九龙山、天目山、庆元）、黑龙江、吉林、辽宁、内蒙古、北京、河北、甘肃、新疆、江西、台湾等；国外：朝鲜，蒙古，日本，俄罗斯，波兰，芬兰，比利时，英国，以色列，北美等。

81. 红斑棘领姬蜂 *Therion rufomaculatum* **Uchida**

分布：我国浙江（遂昌九龙山、遂昌）、湖北、四川、台湾、广东、贵州、云南、西藏。

82. 稻纵卷叶螟白星姬蜂 *Vulgichneumon diminutus* **Matsumura**

分布：我国浙江（遂昌九龙山、杭州、金华、遂昌、缙云）、湖北、江西、湖南、福建、台湾、广东、广西、四川、云南；国外：日本。

83. 短刺黑点瘤姬蜂指名亚种 *Xanthopimpla brachycentra brachycentra* **Krieger，1914**

分布：我国浙江（遂昌九龙山、遂昌、缙云）、湖南、四川、台湾。

84. 樗蚕黑点瘤姬蜂 *Xanthopimpla konowi* Krieger

分布：我国浙江（遂昌九龙山、杭州、温州、丽水、遂昌）、江苏、湖南、福建、台湾、广东、香港、广西、四川、贵州、云南；国外：日本，越南，泰国，缅甸，马来西亚，印度尼西亚，印度。

85. 瑞氏黑点瘤姬蜂离斑亚种 *Xanthopimpla reicherti separata* Townes & Chiu, 1970

分布：浙江（遂昌九龙山、遂昌）、福建。

86. 白基多印姬蜂 *Zatypota albicoxa*（Walker）

寄主：温室球腹蛛。

分布：我国浙江（遂昌九龙山、天目山、安吉、杭州、诸暨、镇海、遂昌、松阳、庆元）、河南、黑龙江、江苏、湖南、四川、贵州、云南；国外：日本，俄罗斯远东地区，欧洲。

十三、茧蜂科 Braconidae

茧蜂科昆虫体长 2~12mm，触角丝状，肘脉第一段常存在，将第 1 肘室和第 2 盘室分开；腹部第 2、第 3 节背板愈合，有时虽有横凹痕，但无膜质缝，不能自由活动；产卵管长度不等。

九龙山保护区发现该科 26 属 51 种。

87. 松毛虫脊茧蜂 *Aleiodes esenbeckii* Hartig

分布：我国浙江（遂昌九龙山、天目山、四明山、杭州、余杭、临安、安吉、长兴、奉化、丽水、遂昌、东阳），黑龙江、吉林、辽宁、北京、山东、陕西、新疆、江苏、安徽、江西、湖北、湖南、福建、台湾、广东、广西、四川、云南；国外：朝鲜，日本，蒙古，德国，意大利，苏联，奥地利，阿富汗，匈牙利。

88. 金刚钻脊茧蜂 *Aleiodes earias* Chen et He

分布：浙江（遂昌九龙山、杭州、长兴、遂昌）、江苏、江西、湖北、广东、广西、云南。

89. 细足脊茧蜂 *Aleiodes gracilipes* Telenga

分布：我国浙江（遂昌九龙山、龙王山、天目山、凤阳山、庆元）、湖南、福建、广西、贵州、云南；国外：俄罗斯。

90. 黑脊茧蜂 *Aleiodes microculatus*（Watanabe）

分布：我国浙江（遂昌九龙山、龙王山、天目山、安吉，杭州、松阳、龙泉）、湖北、湖南、福建、四川；国外：俄罗斯，日本。

91. 黏虫脊茧蜂 *Aleiodes mythimnae* He et Chen

分布：我国浙江（遂昌九龙山、龙王山、天目山、凤阳山、黄岩）、黑龙江、吉林、湖北、福建、广东、海南、广西、四川、贵州、云南；国外：古北区。

92. 折半脊茧蜂 *Aleiodes ruficornis*（Herrich-Schaffer）

分布：我国浙江（遂昌九龙山、天目山、龙泉）、黑龙江、吉林、辽宁、新疆、北京、河北、山西、山东、河南、甘肃、陕西、湖北、四川、贵州、云南；国外：古北区。

93. 白背阿蝇态茧蜂 *Amyosoma zeuzerae* Rohwer

分布：我国浙江（遂昌九龙山、遂昌、莫干山、杭州）、江苏、安徽、山东、贵州和台湾。

94. 谷蛾绒茧蜂 *Apanteles carpatus* Say, 1836

分布：我国浙江（遂昌九龙山、莫干山、天目山、杭州、萧山、义乌、衢州、松阳、遂昌）、北京、山东、新疆、江苏、湖北、湖南、台湾、四川、贵州、云南；国外：世界各地。

95. 克洛丽丝绒茧蜂 *Apanteles chloris* Nixon

分布：我国浙江（遂昌九龙山、天目山、百山祖、庆元、遂昌）、福建、广东、贵州；国外：菲律宾，越南。

96. 椰树绒茧蜂 *Apanteles cocotis* Wilkinson

分布：我国浙江（遂昌九龙山、龙王山、古田山、九龙山、天目山、安吉、松阳、杭州、文成、东阳）、福建、广东、广西、贵州、台湾；国外：印度尼西亚。

97. 拟纵卷叶螟绒茧蜂 *Apanteles cyprioides* Nixon

分布：我国浙江（遂昌九龙山、龙王山、天目山、古田山、百山祖、建德、安吉、鄞县、金华、东阳、杭州、丽水、遂昌、庆元、开化、兰溪、温州）、河北、甘肃、江苏、福建、湖北、江西、湖南、广东、广西；国外：菲律宾，新加坡，南非。

98. 纵卷叶螟绒茧蜂 *Apanteles cypris* Nixon

分布：我国浙江（遂昌九龙山、古田山、天目山、湖州、安吉、杭州、岭后、萧山、余姚、嘉兴、平湖、临海、兰溪、义乌、东阳、景宁、遂昌、缙云、龙泉、文成、平阳）、河南、江苏、安徽、江西、湖南、福建、台湾、广东、海南、香港、广西、四川、贵州、云南；国外：印度，印度尼西亚，日本，马来西亚，尼泊尔，巴基斯坦，菲律宾，新加坡，斯里兰卡，越南。

99. 侧脊绒茧蜂 *Apanteles latericarinatus* Song et Chen

分布：浙江（遂昌九龙山、古田山、遂昌）、福建、贵州、云南、海南。

100. 棉大卷叶螟绒茧蜂 *Apanteles opacus* Ashmead

分布：我国浙江（遂昌九龙山、龙王山、天目山、五云山、古田山、湖州、安吉、杭州、萧山、临海、东阳、遂昌）、辽宁、陕西、江苏、上海、安徽、湖北、湖南、福建、台湾、广东、海南、广西、四川、贵州、云南；国外：印度，日本，马来西亚，菲律宾，越南。

101. 黄角绒茧蜂 *Apanteles raviantenna* Chen & Song

分布：浙江（遂昌九龙山、龙王山、天目山、五台山、古田山、百山祖、安吉、开化、遂昌、庆元）、吉林、辽宁、山东、河南、湖北、湖南、福建、贵州。

102. 黑绒茧蜂 *Apanteles sodalis* Haliday

分布：我国浙江（遂昌九龙山、天目山、古田山、杭州、建德、天台），福建、海南、四川、贵州；国外：东古北区，欧洲区，新北区，西古北区。

103. 瓜野螟绒茧蜂 *Apanteles taragamae* Viereck

分布：我国浙江（遂昌九龙山、龙王山、天目山、古田山、建德、德清、金华、衢州、杭州、兰溪、庆元、东阳、遂昌、温州、安吉、遂昌、松阳）、山西、河南、陕西、湖北、湖南、福建、台湾、广东、海南、广西、贵州、云南；国外：印度，印度尼西亚，日本，韩国，巴布亚新几内亚，斯里兰卡，泰国。

104. 长尾绒茧蜂 *Apanteles longicaudatus* You & Zhou

分布：浙江（遂昌九龙山、遂昌）、福建、江西。

105. 科农绒茧蜂 *Apanteles conon* Nixon

分布：我国浙江（遂昌九龙山、龙王山、天目山、凤阳山、九龙山、安吉、杭州、松阳、遂昌、龙泉）、北京、山东、安徽、湖北、福建、台湾、广东、海南、四川、贵州、云南、甘肃；国外：印度尼西亚，韩国，菲律宾。

106. 何氏革腹茧蜂 *Ascogaster hei* Tang et Marsh

分布：浙江（遂昌九龙山、天目山、凤阳山、松阳）、黑龙江、吉林、福建。

107. 铂金革腹茧蜂 *Ascogaster perkinsi* Huddleston

分布：我国浙江（遂昌九龙山、莫干山、天目山、古田山、凤阳山、百山祖、杭州、松阳、遂昌、庆元、龙泉）、福建、河南、湖南、广东、贵州、云南、宁夏、台湾；国外：日本，韩国。

108. 四齿革腹茧蜂 *Ascogaster quadridentata* Wesmael

寄主：卷蛾、巢蛾、杉梢小卷蛾。

分布：我国浙江（遂昌九龙山、莫干山、天目山、古田山、杭州、遂昌、松阳、庆元）、吉林、北京、江苏、福建、台湾、广西、贵州、云南；国外：日本，韩国，新西兰，古北区西部，新北区。

109. 帕氏颚钩茧蜂 *Bracon*（*Uncobracon*）*pappi* Tobias

分布：浙江（遂昌九龙山、天目山、莫干山、古田山、乌岩岭、鄞县、安吉、庆元、遂昌）、福建、河南、贵州。

110. 毛肛宽鞘茧蜂 *Centistes chaetopygidium* Belokobylskij

分布：我国浙江（遂昌九龙山、天目山、凤阳山、龙泉）、江西；国外：俄罗斯远东地区。

111. 长管悦茧蜂 *Charmon extensor*（Linnaeus）

寄主：卷蛾、织蛾、麦蛾。

分布：我国浙江（遂昌九龙山、龙王山、凤阳山、百山祖、缙云）、内蒙古、安徽；国外：新北区，古北区，东洋区，非洲区，新北区。

112. 红胸悦茧蜂 *Charmon rufithorax* Chen et He

分布：浙江（遂昌九龙山、天目山、凤阳山、百山祖）、吉林、湖北、湖南、云南、四川。

113. 皱额横纹茧蜂 *Clinocentrus rugifrons* Chen et He

分布：浙江（遂昌九龙山、凤阳山、松阳）、福建、广西。

114. 窄腹褐径茧蜂 *Coccygidium angostura* Bhat et Gupta

分布：我国浙江（遂昌九龙山、杭州、遂昌、庆元、黄岩）、河南、安徽、湖北、福建、台湾、江西、广东、海南、四川、云南；国外：越南。

115. 婆罗洲真径茧蜂 *Euagathis borneoensis* Szépligeti

分布：我国浙江（遂昌九龙山、天目山、杭州、富阳、遂昌、庆元）、内蒙古、陕西、江苏、安徽、湖南、福建、广东、广西、四川、云南；国外：印度，印度尼西亚，越南。

116. 弱皱拱茧蜂 *Fornicia imbecilla* Chen et He

分布：浙江（遂昌九龙山、遂昌）。

117. 黄圆脉茧蜂 *Gyroneuron testaceator* Watanabe

分布：我国浙江（遂昌九龙山、凤阳山、庆元）、湖南、福建、台湾、广西、云南。

118. 淡足片跗茧蜂 *Hartemita latipes* Cameron

分布：我国浙江（遂昌九龙山、松阳）、福建、台湾、广西、云南；国外：尼泊尔，老挝，印度尼西亚。

119. 日本滑茧蜂 *Homolobus nipponensis* van Achterberg

分布：我国浙江（遂昌九龙山、莫干山、百山祖）、福建；国外：日本。

120. 截距滑胸茧蜂 *Homolobus trunactor*（Say）

寄主：小地老虎、棉大造桥虫、尺蛾科。

分布：我国浙江（遂昌九龙山、龙王山、平湖、杭州、萧山、上虞、庆元）、黑龙江、吉林、辽宁、内蒙古、北京、河北、山西、河南、宁夏、甘肃、陕西、新疆、江苏、江西、台湾、四川、贵州；国外：古北区，东洋区，新北区，新热带区，日本。

121. 暗滑胸茧蜂（暗滑茧蜂）*Homolobus infumator*（Lyle）

寄主：落叶松毛虫、尺蛾科、织蛾科。

分布：我国浙江（遂昌九龙山、天目山、凤阳山、百山祖、安吉、龙泉、庆元）、黑龙江、吉林、甘肃、陕西、新疆、江西、湖南、福建、台湾、贵州、云南；国外：全北区，东洋区，新热带区，日本。

122. 黄毛室茧蜂 *Leiophron flavicorpus* Chen et van Achterberg

分布：浙江（遂昌九龙山、凤阳山）。

123. 螟虫长体茧蜂 *Macrocentrus linearis* Nees

分布：浙江（遂昌九龙山、开化、松阳、安吉、宁波、黄岩、富阳、衢州、遂昌、文成）、吉林、新疆、山东、甘肃、江苏、安徽、江西、四川、广西、贵州、云南。

124. 红胸长体茧蜂 *Macrocentrus thoracicus*（Nees）

寄主：卷蛾科、麦蛾科、织蛾科。

分布：浙江（遂昌九龙山、杭州、天目山、庆元、百山祖）、辽宁、北京。

125. 苏门答腊大口茧蜂 *Macrostomion sumatranum*（Enderlein）

分布：我国浙江（遂昌九龙山、天目山、凤阳山）、湖北、福建、海南、广西、贵州、云南、台湾；国外：印度尼西亚。

126. 双刺小腹茧蜂 *Microgaster biacus* Pang

分布：浙江（遂昌九龙山、龙王山、天目山、百山祖）。

127. 双刺小腹茧蜂 *Microgaster bispinosus* Xu et He

分布：浙江（遂昌九龙山、龙王山、天目山、百山祖）。

128. 两色侧沟茧蜂 *Microplitis bicoloratus* Xu et He

分布：浙江（遂昌九龙山、龙王山、普陀、百山祖）、山东、湖北。

129. 祝氏侧沟茧蜂 *Microplitis chui* Xu et He

分布：浙江（遂昌九龙山、遂昌）。

130. 山地常室茧蜂 *Peristenus montanus* Chen et van Achtrberg

分布：浙江（遂昌九龙山、凤阳山、百山祖）、湖南。

131. 台湾合腹茧蜂 *Phanerotomella taiwanensis* Zettel

分布：我国浙江（遂昌九龙山、莫干山、天目山、古田山、松阳、庆元、杭州）、福建、台湾、广东、广西。

132. 褪色前眼茧蜂 *Proterops decoloratus* Shestakov

分布：我国浙江（遂昌九龙山、莫干山、古田山、凤阳山、杭州、金华、龙游、遂昌、松阳、文成）、山西、湖北、四川、贵州、云南；国外：俄罗斯。

133. 红角角室茧蜂 *Stantonia ruficornis* Enderlein

寄主：竹织叶野螟、竹镂舟蛾。

分布：我国浙江（遂昌九龙山、莫干山、天目山、湖州、杭州、余杭、庆元）、江苏、湖南、台湾、云南。

134. 钝长柄茧蜂 *Streblocera obtusa* Chen et van Achterberg

分布：浙江（遂昌九龙山、天目山、凤阳山、龙泉）。

135. 冈田长柄茧蜂 *Streblocera okadai* Watanabe

分布：我国浙江（遂昌九龙山、天目山、杭州、东阳、天台、庆元），吉林、辽宁、河北、陕西、山东、河南、江苏、安徽、湖北、湖南、福建、云南；国外：日本，俄罗斯。

136. 朝鲜阔跗茧蜂 *Yelicones koreanus* Papp

分布：我国浙江（遂昌九龙山、龙王山、遂昌）、福建；国外：朝鲜，俄罗斯远东，越南。

137. 红骗赛茧蜂 *Zele deceptor frufulus*（Thomson）

寄主：多种尺蛾科和夜蛾科幼虫。

分布：我国浙江（遂昌九龙山、龙王山、天目山、百山祖、丽水）、陕西、湖北、湖南、福建、云南、西藏；国外：全北区。

十四、螯蜂科 Dryinidae

螯蜂科体型属小型，长 2~5mm。雌雄二型差异很大。雄体粗短，有翅，雌性一般体细长，有翅或无翅。头部横宽，触角 10 节。如有翅，有前缘室，无盘室，后翅有臀叶，无封闭的翅室。多数种的雌虫前足第 5 跗节与爪通常形成钳状的螯。

九龙山保护区发现该科 2 属 3 种。

138. 黄腿双距螯蜂 *Gonatopus flavifemur* Esaki et Hashimoto

分布：我国浙江（遂昌九龙山、杭州、临安、余杭、上虞、宁波、余姚、奉化、金华、东阳、黄岩、天台、丽水、龙泉、遂昌、温州、平阳）、江苏、安徽、湖北、江西、湖南、福建、台湾、广东、海南、广西、四川、贵州、云南；国外：日本，菲律宾，马来西亚，印度，澳大利亚。

139. 侨双距螯蜂 *Gonatopus hospes*（Perkins）

寄主：甘蔗扁角飞虱、白背飞虱、褐飞虱、灰飞虱、拟褐飞虱。

分布：我国浙江（遂昌九龙山、余杭、黄岩、缙云、龙泉、温州）、北京、陕西、江苏、上海、安徽、福建、湖北、江西、湖南、广东、海南、广西、贵州、四川、云南；国外：印度尼西亚，马来西亚，泰国，夏威夷。

140. 稻虱红单节螯蜂 *Haplogonatopus apicalis* R. C. L. Perkins

分布：我国浙江（遂昌九龙山、西天目山、杭州、桐庐、临安、上虞、余姚、东阳、黄岩、丽水、缙云、遂昌、温州）、黑龙江、辽宁、山东、河南、陕西、江苏、上海、安徽、湖北、江西、湖南、福建、台湾、广东、广西、四川、贵州、云南；国外：印度，斯里兰卡，马来西亚，菲律宾，泰国，日本，澳大利亚。

十五、肿腿蜂科 Bethylidae

肿腿蜂科昆虫体型多小型，体长 1~20mm，多数 10mm 以下，黑色或黄褐色。头长而扁，前口式。触角 12~13 节。两性有翅，或雌虫短翅或无翅；如有前翅，无封闭的亚缘室，盘室至多 1 个，后翅有臀叶，无封闭翅室；前胸背板伸达翅基片；前足腿节膨大，末端呈棍棒状。

九龙山发现该科 1 属 1 种。

141. 日本棱角肿腿蜂 *Goniozus japonicus* Ashmead

分布：我国浙江（遂昌九龙山、安吉、遂昌、庆元）、上海、台湾；国外：日本，朝鲜。

十六、青蜂科 Chrysididae

青蜂科昆虫体型小至中型，长 2~20mm。具金属光泽，蓝或深绿色，体壁骨化，多具粗刻点。前胸背板不接触翅基片。通常有翅，前翅 4~6 个闭室，后翅无闭室。腹部可见背板 2~4 节，极少可见 5 节。

九龙山发现该科 1 属 1 种

142. 库氏日青蜂 *Nipponosega kurzenkoi* Xu

分布：浙江（遂昌九龙山）。

十七、蚁蜂科 Mutillidae

蚁蜂科昆虫体型表有密毛；眼内缘无凹或有凹；腹部第 1、第 2 背板之间缢缩，在腹部第 2 节背板两侧，或在腹板，有时在背板和腹板都有毡状微毛带；常有彩色斑纹；中胸和后胸腹板间以明显的褶皱分开，翅上无细皱纹，后翅有明显的臀叶。

九龙山发现该科 1 属 1 种。

143. 驼盾蚁蜂岭南亚种 *Trogaopidia suspiciosa lingnani*（Mickel）

分布：浙江（遂昌九龙山、天目山、海宁、杭州、舟山、金华、龙泉）、福建、海南、广西。

十八、土蜂科 Soliidae

土蜂科昆虫体型小到大型，长 10~20mm，多毛，黑色，有白、黄、橙等皱纹。头比胸窄；触角雌性 12 节，弯曲，雄性 13 节，通常两性均有膜质翅，暗褐色，有蓝、紫、绿色闪光；前翅有 2 个或 3 个亚缘室，后翅有臀叶，在闭室之外有细纵皱纹；中后胸腹板合并成一平板，仅被一多少弯曲的横缝分开。腹部第 1、第 2 腹节间缢缩，各节后缘有毛。

九龙山发现该科 4 属 7 种

144. 白毛长腹土蜂 *Campsomeris annulata*（Fabricius）

寄主：大黑鳃金龟、铜绿丽金龟。

分布：我国浙江（遂昌九龙山、天目山、安吉、杭州、建德、淳安、嵊州、开化、遂昌、松阳、景宁）、河北、山东、江苏、安徽、湖北、江西、福建、台湾、广东、四川、贵州、云南；国外：朝鲜，日本，印度，印度尼西亚，菲律宾，东南亚地区。

145. 林德长腹土蜂 *Campsomeris lindenii* Lepeletier

分布：我国浙江（遂昌九龙山、杭州、遂昌）、台湾；国外：印度，印度尼西亚。

146. 缘长腹土蜂 *Campsomeris marginella* Klug

分布：我国浙江（遂昌九龙山、杭州、建德、淳安、遂昌、松阳）、福建、广东、台湾；国外：印度，斯里兰卡。

147. 金毛长腹土蜂 *Campsomeris prismatica* Smith

分布：我国浙江（遂昌九龙山、莫干山、天目山、安吉、德清、杭州、建德、淳安、嵊县、衢州、遂昌、松阳、景宁、龙泉）、山东、江苏、安徽、江西、福建、台湾、广东、贵州；国外：朝鲜，日本，印度，印度尼西亚，苏联。

148. 台湾土蜂 *Scolia formosicola* Betrem

分布：我国浙江（遂昌九龙山、遂昌九龙山），台湾、福建。

149. 眼斑土蜂 *Scolia oculata*（Matsumuara）

分布：我国浙江（遂昌九龙山、天目山、乌岩岭、安吉、杭州、龙泉、松阳）、北京、山东、河南、台湾；国外：日本，朝鲜，苏联。

150. 四点土蜂 *Scolia pustulata* Fabricius

分布：我国浙江（遂昌九龙山、天目山、杭州、淳安、龙泉）、吉林、北京、山东、江苏、上海、安徽、四川、福建；国外：日本，印度，缅甸，俄罗斯。

十九、蛛蜂科 Pompilidae

蛛蜂科昆虫体型小到大型，长 5~10mm，触角线状，雄 13 节，雌 12 节，弯曲前胸背板向后延伸达翅基片；中胸侧板有 1 斜缝，被分为上下两部分；足长，多刺，后足腿节常超过腹末；翅透明，红、黄或褐色，翅脉不达外缘，前翅通常有 1 个缘室及 3 个亚缘室，第 1 盘室短，后翅臀叶发达。腹部可见背板雄 7 节，雌 6 节，腹柄不明显，螯刺发达。

九龙山发现该科 5 属 7 种。

151. 舟山奥沟蛛蜂 *Auplopus chusanensis* Haupt

分布：我国浙江（遂昌九龙山、西天目山、舟山、遂昌）、台湾。

152. 环带纹蛛蜂 *Batozonellus annulatus*（Fabricius）

分布：我国浙江（遂昌九龙山、龙王山、天目山、凤阳山、乌岩岭、杭州、舟山、遂昌、景宁）、河南、江苏、福建、台湾、广东、海南、广西、贵州、云南；国外：日本，朝鲜，缅甸，印度。

153. 环棒带蛛蜂 *Batozonellus annulatus* Fabricius

分布：我国浙江（遂昌九龙山、龙王山、凤阳山、乌岩岭、杭州、舟山、遂昌、景宁）、河南、江苏、福建、台湾、广东、海南、广西、贵州、云南；国外：日本，朝鲜，缅甸，印度。

154. 斑额棒带蛛蜂 *Batozonellus maculifrons* Smith

分布：我国浙江（遂昌九龙山、遂昌）、江苏、上海、安徽、台湾；国外：日本，菲律宾，缅甸。

155. 乌苏里指沟蛛蜂 *Calicurgus ussuriensis*（Gussakooskij）

分布：我国浙江（遂昌九龙山、天目山、开化、遂昌、松阳、龙泉）、黑龙江、吉林、辽宁、河南、江西、台湾；国外：日本。

156. 傲叉爪蛛蜂 *Episyron arrogans* Smith

分布：我国浙江（遂昌九龙山、西天目山、四明山、古田山、金华、遂昌、松阳、景宁、龙泉、庆元）、辽宁、河南、江西、福建、台湾；国外：日本，印度，斯里兰卡。

157. 台湾半沟蛛蜂 *Hemipepsis taiwanus* Tsuneki

分布：浙江（遂昌九龙山、龙王山、天目山、凤阳山、松阳）、山东、河南、江苏、福建、广东、四川。

二十、胡蜂科 Vespidae

胡蜂科昆虫体长 9~17mm，光滑或有毛，黄色或红色，具黑色、褐色斑纹或条纹或带，触角略呈膝状；前胸背板伸达至肩板；第 1 腹节背板前方倾斜，后方水平状；中足胫节具 2 端距，翅狭长，前翅 3 亚缘室，第 1 盘室狭长。

在九龙山保护区发现该科 9 属 19 种。

158. 黄缘蜾蠃 *Anterhynchium*（*Dirhynchium*）*flavomarginatum* (Smith)

分布：浙江（遂昌九龙山、乌岩岭、莫干山、杭州、衢州、开化、遂昌、龙泉）、内蒙古、北京、天津、河北、山西、上海、江西、湖南、福建、广西、四川、云南。

159. 镶黄蜾蠃 *Eumenes decoratus* Smith

分布：我国浙江（遂昌九龙山、龙王山、莫干山、古田山、百山祖）、吉林、辽宁、河北、山西、山东、江苏、湖南、广西、四川、贵州；国外：朝鲜，日本。

160. 中华唇蜾蠃 *Eumenes labiatus sinicus* Soika

分布：我国浙江（遂昌九龙山、古田山、百山祖）、江苏、江西、湖南、福建、广西、四川、贵州；国外：亚洲，欧洲，非洲北部。

161. 方蜾蠃 *Eumenes*（*Eumenes*）*quadratus* Smith

分布：我国浙江（遂昌九龙山、西天目山、莫干山、乌岩岭、杭州、建德、淳安、宁波、天台、松阳、遂昌、龙泉）、吉林、河北、天津、山东、江苏、江西、四川、福建、广东、广西、贵州；国外：日本。

162. 印度侧异腹胡蜂 *Parapolybia indica indica*（*Saussure*）

分布：我国浙江（遂昌九龙山、龙王山、古田山、百山祖）、江苏、湖北、江西、湖南、福建、广东、广西、四川、贵州、云南；国外：日本，缅甸，马来西亚。

163. 变侧异腹胡蜂 *Parapolybia varia varia*（*Fabricius*）

分布：我国浙江（遂昌九龙山、龙王山、莫干山、古田山、百山祖）、江苏、湖北、湖南、福建、台湾、广东、四川、贵州、云南；国外：缅甸，孟加拉，印度，马来西亚，菲律宾，印度尼西亚。

164. 斯旁喙蜾蠃 *Pararrhynchium smithii*（*Saussure*）

分布：我国浙江（遂昌九龙山、古田山、百山祖）、江苏、四川、湖南、台湾。

165. 棕马蜂 *Polistes gigas*（*Kirby*）

分布：我国浙江（遂昌九龙山、龙王山、古田山、百山祖）、江苏、福建、台湾、广东、广西、四川、贵州、四川、云南；国外：缅甸，孟加拉，印度，马来西亚，菲律宾，印度尼西亚。

166. 日本马蜂 *Polistes japonicus* Saussure

分布：我国浙江（遂昌九龙山、西天目山、乌岩岭、杭州、淳安、建德、德清、安吉、嵊县、金华、衢州、龙游、开化、丽水、松阳、遂昌、景宁、庆元）、江苏、江西、四川、福建、广东、广西、贵州、云南；国外：日本。

167. 纳马蜂 *Polistes jokahamae* Radoszkowski

分布：我国浙江（遂昌九龙山、莫干山、古田山、百山祖）、河北、河南、江西、福建、广东、四川、广西；国外：日本。

168. 澳门马蜂 *Polistes macaensis* Fabricius

分布：我国浙江（遂昌九龙山、莫干山、古田山、百山祖）、河北、江苏、福建、广东、广西；国外：日本，缅甸，孟加拉，印度，新加坡，伊朗。

169. 陆马蜂 *Polistes rothneyi grahomi* Vecht

分布：浙江（遂昌九龙山、龙王山、古田山、百山祖）、黑龙江、辽宁、河北、山东、河南、江苏、安徽、湖北、江西、湖南、福建、广东、四川。

170. 畦马蜂 *Polistes sulcatus* Smith

分布：浙江（遂昌九龙山、古田山、百山祖）、江苏、安徽、江西、福建、广东、广西、四川、贵州、云南。

171. 带铃腹胡蜂 *Ropalidia*（*Antreneida*）*fasciata* Fabricius

分布：我国浙江（遂昌九龙山、遂昌、景宁、龙泉）、台湾、广东、广西、云南；国外：日本，缅甸，印度。

172. 台湾铃腹胡蜂 *Ropalidia*（*Antreneida*）*taiwana*

分布：我国浙江（遂昌九龙山、遂昌、景宁）、台湾、福建；国外：日本。

173. 金环胡蜂 *Vespa mandarinia* Smith

分面：浙江（西天目山杭州、衢州、开化、松阳、遂昌）、辽宁、江苏、四川、江西、湖北、湖南、福建、广西、云南；国外：日本，法国。

174. 黑尾胡蜂 *Vespa tropica ducalis* Smith

分布：我国浙江（遂昌九龙山、古田山、百山祖）、黑龙江、辽宁、河北、湖北、江西、湖南、福建、台湾、广东、广西、四川、贵州、云南；国外：日本，印度，尼泊尔，法国。

175. 墨胸胡蜂 *Vespa velutina nigrithorax* Buysson

分布：我国浙江（遂昌九龙山、龙王山、古田山、百山祖）、湖北、江西、湖南、福建、广东、广西、四川、贵州、云南、西藏；国外：印度，印度尼西亚。

176. 常见黄胡蜂 *Vespula vulgaris*（Linnaeus）

分布：我国浙江（遂昌九龙山、龙王山、古田山、百山祖）、全国广布种；国外：亚洲，欧洲，北美洲，非洲北部。

二十一、蜜蜂科 Apidae

蜜蜂科昆虫体型小到大型，长 2~30mm，黑色，密生黑、白、黄、橙、红等色的毛。上唇宽大于长，下唇须前 2 节长，鞘状；中唇舌长。中足基节长超过基节顶部到前翅基部 1/3；后足胫节无距（熊蜂属 Bombus 除外），雌虫后足胫节外侧有长毛形成的花粉篮，胫节顶端内缘和宽大的基跗节内侧有刚毛组成的花粉梳；前翅一般有 3 个亚缘室，前缘脉末端与两条回脉的距离约为第 2 回脉长的 2 倍，而且长于第 1 回脉；腹部无臀板。

在九龙山保护区发现该 2 属 6 种。

177. 重黄熊蜂 *Bombus flavus* Friese

分布：浙江（遂昌九龙山、天目山、百山祖）、河北、山西、甘肃、陕西、安徽、湖北、江西、湖南、福建、四川、云南。

178. 仿熊蜂 *Bombus imitator* Pittioni

分布：浙江（遂昌九龙山、百山祖）、甘肃、陕西、湖北、湖南、福建、广西、贵州、西藏。

179. 疏熊蜂 *Bombus remotus*（Tkalcu）

分布：浙江（遂昌九龙山、天目山、百山祖）、山西、陕西、湖北、四川、云南。

180. 三条熊蜂 *Bombus trifasciatus* Smith

分布：我国浙江（遂昌九龙山、龙王山、天目山、百山祖）、甘肃、河北、陕西、安徽、湖北、江西、湖南、福建、台湾、广东、广西、四川、贵州、云南、西藏；国外：越南，泰国，缅甸，印度，马来西亚，巴基斯坦，尼泊尔，不丹，克什米尔地区。

181. 角拟熊蜂 *Psithyrus cornutus*（Frison）

寄主：云木香。

分布：我国浙江（遂昌九龙山、龙王山、百山祖）、陕西、安徽、湖北、湖南、福建、四川、贵州、云南；国外：印度。

182. 忠拟熊蜂 *Psithyrus pieli*（Maa）

分布：浙江（遂昌九龙山、百山祖）、辽宁、内蒙古、山西、陕西、江西、福建、广西、四川。

二十二、泥蜂科 Sphecidae

泥蜂科昆虫体色一般黑色，并有黄色、橙色或红色斑纹，体光滑或有毛。足细长，适于开掘，中足胫节有 2 端距；翅狭，前翅 3 个亚缘室；后翅轭叶大，长于臀叶一半。腹柄圆筒形。并胸腹节长，柄后腹部呈纺锤形，扁平。

在九龙山保护区发现该科 4 属 9 种。

183. 红足沙泥蜂红足亚种 *Ammophila atripes atripes* Smith

寄主：鳞翅目。

分布：我国浙江（遂昌九龙山、天目山、古田山、百山祖、江山）、河北、北京、陕西、山东、河南、江苏、安徽、湖北、江西、湖南、福建、广东、海南、广西、四川、贵州、云南；国外：日本，朝鲜，东洋区和亚洲大陆。

184. 瘤额沙泥蜂 *Ammophila globifrontalis* Li et He

分布：浙江（遂昌九龙山、百山祖、江山）、湖北、广西、贵州。

185. 多沙泥蜂南方亚种 *Ammophila sabulosa vagabunda* Smith

寄主：鳞翅目幼虫。

分布：浙江（遂昌九龙山、天目山、古田山、百山祖、普陀）、安徽、海南、湖北、江西、湖南、福建、贵州、云南。

186. 日本蓝泥蜂 *Chalybion japonicum*（Gribodo）

寄主：蜘蛛。

分布：我国浙江（遂昌九龙山、莫干山、天目山、百山祖、杭州、龙泉）、黑龙江、内蒙古、辽宁、北京、河北、山西、山东、江苏、安徽、江西、湖南、海南、贵州、福建、台湾、广东、四川、广西；国外：朝鲜，日本，印度，越南，泰国。

187. 叶跗缨角泥蜂北海道亚种 *Crossocerus annulipes hokkaidoensis* Tsuneki

分布：我国浙江（遂昌九龙山、庆元）、上海、贵州；国外：日本、朝鲜。

188. 齿足缨角泥蜂 *Crossocerus（Crossocerus）denticrus* Herrich-Schaeffer

分布：我国浙江（遂昌九龙山、杭州、遂昌）、辽宁、吉林、黑龙江、内蒙古、江苏、上海、台湾、四川；国外：日本，欧洲，阿尔及利亚。

189. 齿唇缨角泥蜂 *Crossocerus odontochilus* Li et Yang

分布：浙江（遂昌九龙山、古田山、杭州、开化、庆元）、山东、河南、福建。

190. 缺梳缨角泥蜂 *Crossoceus vepedtineus* Li et He

分布：浙江（遂昌九龙山、杭州、舟山、衢县、庆元）、黑龙江、河北、北京、山东、河南、上海。

191. 黑毛泥蜂 *Sphex haemorrhoidalis* Fabricius

分布：我国浙江（遂昌九龙山、百山祖）、辽宁、江西、福建、安徽、湖南、广东、海南、台湾、四川、贵州、云南；国外：泰国、印度、菲律宾。

二十三、蚁科 Formicidae

蚁科昆虫体型小，黑色、褐色、黄色或红色，体光滑或有毛。触角膝状，4~13 节，柄节很长，末节 2~3 节膨大。腹部 1 节，或第 1、第 2 节呈结节状。有翅或无翅，有翅翅脉简单，仅有 1~2 亚前缘室和盘室；转节 1 节，胫节发达，前足距大，梳状，为净角器，跗节 5 节。

在九龙山发现该科 12 属 16 种。

192. 光柄行军蚁 *Aenictus laeviceps*（Smith）

分布：我国浙江（遂昌九龙山、百山祖）、安徽、湖北、江西、湖南、海南、四川、云南；国外：印度，菲律宾，泰国，印度尼西亚，东南亚。

193. 黄足短猛蚁 *Brachyponera luteipes*（Mayr）

分布：我国浙江（遂昌九龙山、天目山、百山祖）、北京、河北、山东、上海、江苏、安徽、湖北、江西、湖南、福建、台湾、广东、海南、香港、澳门、云南、四川；国外：亚洲，大洋洲，新西兰，缅甸，斯里兰卡，马来西亚。

194. 上海举腹蚁 *Crematogaster zoceensis* Santschi

分布：浙江（遂昌九龙山、百山祖）、山东、上海、河南、安徽、福建、四川、河北、江苏、江西、湖南、广东、广西。

195. 埃氏真结蚁 *Euprenolepis emmae*（Forel）

分布：浙江（遂昌九龙山、百山祖）、安徽、江西、湖南、广东、香港、四川。

196. 日本黑褐蚁 *Formica japonica* Motschulsky

分布：我国浙江（遂昌九龙山、百山祖）、黑龙江、吉林、辽宁、河北、山西、山东、陕西、安徽、甘肃、湖北、江西、湖南、福建、广东、四川、云南；国外：亚洲。

197. 黑毛蚁 *Lasius niger*（Linnaeus）

分布：我国浙江（遂昌九龙山、百山祖）、全国广布；国外：世界广布。

198. 玛格丽特氏红蚁（马格丽特红蚁）*Myrmica margaritae* Emery

分布：我国浙江（遂昌九龙山、百山祖）、安徽、湖北、湖南、福建、台湾、四川、云南；国外：东南亚，缅甸。

199. 大山齿猛蚁（大山跳齿蚁）*Odontomachus monticola* Emery

分布：我国浙江（遂昌九龙山、百山祖）、北京、河北、江苏、上海、湖北、湖南、福建、台湾、广东、海南、香港、四川、云南；国外：日本，泰国，斯里兰卡，缅甸，印度，巴布亚新几内亚，菲律宾。

200. 布立毛蚁 *Paratrechina bourbonica*（Forel）

分布：我国浙江（遂昌九龙山、百山祖）、安徽、湖北、江西、湖南、福建、广东、广西、四川、贵州、云南；国外：朝鲜，日本，东南亚，北美洲。

201. 长角立毛蚁（长角狂蚁）*Paratrechina longicornis*（Latreille）

分布：我国浙江（遂昌九龙山、百山祖）、湖南、福建、台湾、广东、海南、香港、澳门、贵州、云南；国外：亚热带和热带地区。

202. 双齿多刺蚁（双突多刺蚁）*Polyrhachis dives* Smith

分布：我国浙江（遂昌九龙山、百山祖）、河北、山东、甘肃、上海、安徽、湖北、江西、湖南、福建、台湾、广东、海南、香港、澳门、广西、贵州、云南；国外：东南亚广布。

203. 哈氏刺蚁 *Polyrhachis halidayi* Emery

分布：我国浙江（遂昌九龙山、百山祖）、福建、海南、广西；国外：老挝，缅甸。

204. 梅氏刺蚁 *Polyrhachis illaudata* Walker

分布：我国浙江（遂昌九龙山、百山祖）、湖北、江西、湖南、福建、台湾、广东、海南、香港、广西、贵州、四川、云南；国外：东南亚，孟加拉，印度，斯里兰卡，缅甸，马来西亚。

205. 结刺蚁（四刺蚁）*Polyrhachis rastellata*（Latreille）

分布：我国浙江（遂昌九龙山、百山祖）、湖北、江西、湖南、福建、台湾、广东、海南、广西、贵州、云南；国外：东南亚广布，澳大利亚。

206. 飘细长蚁（长腹拟猛切叶蚁）*Tetraponera allaborans*（Walker）

分布：我国浙江（遂昌九龙山、百山祖）、福建、台湾、海南、四川、云南；国外：东南亚，缅甸，斯里兰卡。

参考文献

蔡邦华，陈宁生，1964. 中国经济昆虫志：8 册 等翅目白蚁 [M]. 北京：科学出版社 .

蔡邦华，候陶谦，1976. 中国松毛虫属及其近缘属的修订 [J]. 昆虫学报，19:441–452.

蔡平，1994. 耳叶蝉科一新属二新种 [J]. 昆虫学报，37:205–208.

蔡平，何俊华，1998. 中国叶蝉科分类研究（同翅目：叶蝉总科）[D]. 浙江农业大学博士学位论文 .

蔡荣权，1979. 中国经济昆虫志：16 册，鳞翅目舟蛾科 [M]. 北京：科学出版社 .

陈刚，杨集昆，1989. 中国瘦腹水虻亚科和厚腹水虻亚科（双翅目：水虻科）[D]. 北京农业大学硕士学位论文 .

陈华中，1989. 中国果蝇科新记录 [J]. 昆虫分类学报，11:237-238.

陈其瑚，1985. 浙江省蜡类名录及其分布（半翅目：蜡总科）[J]. 浙江农业大学学报，11:115–125.

陈其瑚，1990，1993. 浙江植物病虫志，昆虫篇（一、二）[M]. 上海：上海科学技术出版社 .

陈学新，何俊华，1991. 触角具浅色环的七种脊茧蜂新种记述 [J]. 昆虫分类学报，13（1）：29–38.

陈学新，何俊华，1991. 中国滑胸茧蜂属记述 [J]. 浙江农业大学学报，17:192–196.

陈一心，1999. 中国动物志，昆虫纲：16 卷，鳞翅目夜蛾科 [M]. 北京：科学出版社 .

丁锦华，1980. 中国飞虱科的新组合和新记录种 [J]. 昆虫分类学报，2,301–302.

杜予州，周尧，1999. 中国襟虫责属种类记述 [J]. 昆虫分类学报，21:1–8.

方承莱，1985. 中国经济昆虫志：33 册，鳞翅目灯蛾科 [M]. 北京：科学出版社 .

方承莱，1991. 中国滴苔蛾属的研究 [J]. 昆虫学报，34:470–471.

方承莱，2000. 中国动物志，昆虫纲：19 卷，鳞翅目灯蛾科 [M]. 北京：科学出版社 .

范滋德，1997. 中国动物志，昆虫纲：6 卷 双翅目丽蝇科 [M]. 北京：科学出版社 .

葛钟麟，1996. 中国经济昆虫志：10 册 同翅目叶蝉科 [M]. 北京：科学出版社 .

葛钟麟，丁锦华，田立新，等，1984. 中国经济昆虫志：27 册 同翅目飞虱科 [M]. 北京：科学出版社 .

韩运发，1997. 中国经济昆虫志：55 册 缨翅目 [M]. 北京：科学出版社 .

何俊华，1984. 中国水稻害虫的姬蜂科寄生蜂（膜翅目）名录 [J]. 浙江农业大学学报，10:77–110.

何俊华，陈学新，马云，1996. 中国经济昆虫志：51 册，膜翅目姬蜂科 [M]. 北京：科学出版社 .

何俊华，陈学新，马云，2000. 中国动物志，昆虫纲：18 卷，膜翅目茧蜂科（一）[M]. 北京：科学出版社 .

黄复生，朱世模，平正明，等，2000. 中国动物志，昆虫纲：17 卷，等翅目 [M]. 北京：科学出版社 .

蒋书楠，蒲富基，华立中，1985. 中国经济昆虫志：35 册，鞘翅目天牛科（三）[M]. 北京：科学出版社 .

李强，何俊华，1999. 中国泥蜂科三亚科分类研究（膜翅目：细腰亚目：针尾部）[D]. 浙江大学博士学位论文 .

廉振民，1994. 昆虫学研究—纪念郑哲民教授执教 40 周年论文集：1 辑 [M]. 西安：陕西师范大学出版社 .

梁铬球，郑哲民，1998. 中国动物志，昆虫纲：12 卷，直翅目蚱总科 [M]. 北京：科学出版社 .

刘崇乐，1965. 中国经济昆虫志：5 册，鞘翅目瓢虫科 [M]. 北京：科学出版社 .

刘友樵，1963. 松毛虫属在中国东部的地理分布概述 [J]. 昆虫学报，12（3）：346-347.

尹文英，周文豹，石福明，2014. 天目山动物志 [M]. 杭州：浙江大学出版社 .1-435.

栾云霞，卜云，谢荣栋，2007. 基于形态和分子数据订正黄副铗虫八的一个异名（双尾纲，副铗虫八科）[J]. 动物分类学报，32（4）：1006-1007.

庞雄飞，毛金龙，1979. 中国经济昆虫志：14 册，鞘翅目瓢虫科（二）[M]. 北京：科学出版社 .

蒲富基，1980. 中国经济昆虫志：19 册，鞘翅目天牛科（二）[M]. 北京：科学出版社 .

任树芝，1998. 中国动物志，昆虫纲：13 卷，半翅目异翅亚目姬蝽科 [M]. 北京：科学出版社 .

申效诚，裴海潮，1999. 伏牛山南坡及大别山区昆虫 [M]. 北京：中国农业科技出版社 .

沈光普，1998. 樟树害虫专辑 [J]. 江西农业大学学报，20（增刊）：1-153.

谭娟杰，虞佩玉，李鸿兴，等，1985. 中国经济昆虫志：18 册，鞘翅目叶甲总科（一）[M]. 北京：科学出版社 .

汤玉清，1990. 中国细颚姬蜂属志（膜翅目：姬蜂科）[M]. 北京：科学出版社 .

唐觉，李参，黄恩友，等，1995. 中国经济昆虫志：47 册，膜翅目蚁科（一）[M]. 北京：科学出版社 .

汪家社，杨星科，1998. 武夷山保护区叶甲科昆虫志 [M]. 北京：中国林业出版社 .

王子清，1994. 中国经济昆虫志：43 册，同翅目蚧总科，蜡蚧科，链蚧科，盘蚧科，壶蚧科，仁蚧科 [M]. 北京：科学出版社 .

魏美才，聂海燕，1997. 中国茎蜂科分类研究Ⅳ—简脉茎蜂属四新种附中国茎蜂科种属名录 [J]. 昆虫分类学报，19:146-152.

魏美才，聂海燕，1997. 中国茎蜂科分类研究 [J]. 浙江农业大学学报，23:523-528.

吴鸿，1995. 华东百山祖昆虫 [M]. 北京：中国林业出版社 .

吴鸿，1998. 龙王山昆虫 [M]. 北京：中国林业出版社 .

吴鸿，潘承文，2001. 天目山昆虫 [M]. 北京：中国林业出版社 .

吴鸿，吴浙东，赵品龙，1995. 浙江省菌蚊初步目录 [J]. 浙江林业科技，15:51-53.

吴鸿，杨集昆，1992. 莫干山菌蚊及十新种记述 [M]. 浙江林学院学报，9:424-438.

吴鸿，杨集昆，1993. 中国的菌蚊类昆虫及一新种记述 [M]. 浙江林学院学报，10:433-441.

吴鸿，杨集昆，1995. 中国巧菌蚊属研究 [M]. 浙江林学院学报，12:172-179.

吴坚，王常禄，1995. 中国蚂蚁 [M]. 北京：中国林业出版社 .

夏凯龄，1994. 中国动物志，昆虫纲：4 卷，直翅目蝗总科 [M]. 北京：科学出版社 .

萧采瑜，1962. 中国同缘蝽属的初记 [J]. 昆虫学报，11（增刊），66-75.

萧采瑜，1977. 中国细足猎蝽亚科新种记述 [J]. 昆虫学报，20:68-82.

许荣满，1989. 中国的麻蝇虻属 [J]. 动物分类学报，14:336-367.

许维岸，何俊华，1998. 中国小腹茧蜂属和侧沟茧蜂属分类研究（膜翅目：茧蜂科：小腹茧蜂亚科）[D]. 浙江农业大学博士学位论文 .

许再福，何俊华，1995. 中国螯蜂科分类研究（膜翅目：青蜂总科）[D]. 浙江农业大学博士学位论文.

薛大勇，朱弘复，1999. 中国动物志，昆虫纲：15 卷，鳞翅目尺蛾科花尺蛾亚科 [M]. 北京：科学出版社.

薛万琦，赵建铭，1996. 中国蝇类 [M]. 沈阳：辽宁科学技术出版社.

杨星科，1993. 方胸柱萤叶甲属研究及和邻近属间进化关系 [J]. 动物分类学报，18:362–369.

杨星科，窝额萤叶甲属小志 [J]. 昆虫分类学报，15:219–220.

杨星科，孙洪国，1991. 中国科学院动物研究所昆虫标本馆藏，昆虫模式标本名录 [M]. 北京：农业出版社.

叶宗茂，1983. 中国叉麻蝇属小志 [J]. 昆虫分类学报，5:213–216.

殷海生，1998. 钟蟋属亚洲种类及一新种记述 [J]. 昆虫分类学报，20:111–114.

尹文英，1992. 中国亚热带土壤动物 [M]. 北京：科学出版社.

虞佩玉，王书永，杨星科，1996. 中国经济昆虫志：54 册，鞘翅目叶甲总科（二）[M]. 北京：科学出版社.

张广学，乔格侠，钟铁森，等，1999. 中国动物志，昆虫纲：14 卷，同翅目矿蚜科 瘿绵蚜科 [M]. 北京：科学出版社.

张广学，钟铁森，1983. 中国经济昆虫志：25 册，同翅目蚜虫类（一）[M]. 北京：科学出版社.

张维球，1984. 中国皮蓟马族种类初记 [J]. 昆虫分类学报，6:15–23.

张雅林，2000. 昆虫分类区系研究 [M]. 北京：中国农业出版社.

章士美，1985. 中国经济昆虫志：31 册，半翅目（一）[M]. 北京：科学出版社.

章士美，1995. 中国经济昆虫志：50 册，半翅目（二）[M]. 北京：科学出版社.

赵建铭，孙雪莲，周士秀，1990. 中国俏饰寄蝇族的研究 [J]. 动物分类学报，15:230–241.

赵修复，1962. Navas 中国蜻蜓模式标本的研究 [J]. 昆虫学报，11（增刊）：32–44.

郑乐怡，1990. 中国的纹唇盲蝽属和象盲蝽属 [J]. 动物分类学报，15:209–217.

郑乐怡，董建臻，1995. 棘缘蝽属中国种类的修订 [J]. 动物学研究，16:199–206.

郑乐怡，刘胜利，1992. 天目山半翅目昆虫新种记述 [J]. 昆虫分类学报，14:257–262.

郑哲民，1993. 蝗虫分类学 [M]. 西安：陕西师范大学出版社.

郑哲民，夏凯龄，等，1998. 中国动物志，昆虫纲：10 卷，直翅目蝗总科斑翅蝗科 网翅蝗科 [M]. 北京：科学出版社.

中国科学院动物研究所，1983. 中国蛾类图鉴（Ⅰ～Ⅳ）[M]. 北京：科学出版社.

中国科学院上海昆虫研究所，1990. 中国科学院上海昆虫研究所馆藏标本名录 [M]. 上海：上海科学技术文献出版社.

周尧，路进生，黄桔，等，1985. 中国经济昆虫志：36 册，同翅目蜡蝉总科 [M]. 北京：科学出版社.

朱弘复，1965. 中国经济昆虫志：7 册，鳞翅目夜蛾科（三）[M]. 北京：科学出版社.

朱弘复，1978. 中国山钩蛾亚科分类及地理分布 [J]. 昆虫学报，30:295–300.

朱弘复，王林瑶，1988. 中国钩蛾亚科 [J]. 昆虫学报，31:85-90;309-317；414–422.

朱弘复，王林瑶，1991.中国动物志，昆虫纲：3 卷，鳞翅目圆钩蛾科，钩蛾科 [M].北京：科学出版社 .

朱弘复，王林瑶，1996.中国动物志，昆虫纲：5 卷，鳞翅目蚕蛾科，大蚕蛾科，网蛾科 [M].北京：科学出版社 .

朱廷安，1995.浙江古田山昆虫和大型真菌 [M].杭州：浙江科学技术出版社 .

Chen, X., C. Achterberg, 1997. Revision of the subfamily Euphorinae（excluding the tribe Meteorini Cresson）from China[J]. Zoologische Verhandelingen,313：1–217.

Wu, Chenfu F, 1935. Catalogus Insectorum Sinensium,2. The Fan Memorial Jnstitute of Biology peiping,China.

第七章

蛛形纲 Arachnida

真螨目 Acariformes

一、瘿螨科 Eriophyidae

瘿螨科昆虫体蠕虫形、纺锤形或胡萝卜形；喙较小，斜下伸，口针直或略弯曲，须肢端部平截；背盾板无前背毛，背毛有或无；足 5~6 节，足刚毛多变，羽状爪完整或分叉；大体无亚背毛，体刚毛俱全或有缺失。

该科我国已知 5 亚科 13 族 175 属 979 种。10 种。

1. 全畸瘿螨 *Abacarus panticis* Keifer（彩图 119〈1~4〉）

雌螨： 体纺锤形，体覆有白色蜡质，长 140~145µm，宽 45~48µm。须肢长 19~23µm，口针 16~18µm。背盾板前叶突小而略尖；背盾板长 41~45µm，宽 45~47µm；背中线后端为箭头状，有侧中线和亚中线，为断续状；背瘤位于盾后缘，瘤距 19~21µm，背毛 11~13µm，斜后指。基节有点条状饰纹，基节 I 具胸线；基节刚毛 I 7µm，间距 8~10µm，基节刚毛 II 15~17µm，间距 10~12µm，基节刚毛 III 25~29µm，间距 26µm。足 I 长 29~30µm，股节 10µm，股节刚毛 13~15µm；膝节 4µm，膝节刚毛 23~26µm；胫节 5~6µm，胫节刚毛 6~8µm，生于胫节背中部；跗节 6µm，跗节背刚毛 21~23µm，跗节侧刚毛 20~22µm，羽状爪单一，7~8µm，6 支，爪无端球，8µm。足 II 长 27~29µm，股节 10µm，股节刚毛 12~13µm；膝节 4µm，膝节刚毛 9~11µm；胫节 5µm；跗节 5~6µm，跗节背刚毛 9~11µm，跗节侧刚毛 19~20µm，羽状爪单一，7µm，6 支，爪无端球，7µm。大体有背中脊，终止于尾体前 9~10 环；背环 48~50 个，腹环 56~59 个，均具圆球形微瘤。侧毛 19~22µm，位于 5 环，间距 32~34µm；腹毛 I 40~43µm，位于 18 环，间距 25~27μm；腹毛Ⅱ 28~33μm，位于 31 环，间距 10~12μm；腹毛Ⅲ 18~23μm，位于体末 5 环，间距 12~13μm。有副毛。雌性外生殖器长 13~14μm，宽 21~23μm；生殖器盖片有 13~15 条纵脊；生殖毛 10~14μm，间距 16~18μm。

雄螨： 与雌螨相似。体长 143μm，宽 40μm；雄外生殖器宽 16μm，生殖刚毛长 15μm。

观察标本： 14♀2♂，浙江省丽水市遂昌县九龙山西坑里保护站（28°21′16″ N，118°53′26″ E，海拔 780m），竹属一种 *Bambusa* sp.（禾本科 Gramineae），2019-7-25，谭梦超采。

寄主植物： 竹属一种 *Bambusa* sp.，佛肚竹 *Bambusa ventricosa* McClure，青皮竹 *Bambusa* textilis McClure（禾本科 Gramineae）。

与寄主植物关系： 叶背营自由生活，无明显为害状。

分布： 广西（桂林市）、福建、浙江；泰国。

2. 湖北瘤瘿螨 *Aceria hupehensis* Kuang & Hong（彩图 120）

雌螨： 体蠕虫形，白色；体长 165~175μm，体宽 52~54μm。须肢 14~16μm，口针 15μm。背盾板长 21~24μm，宽 40~42μm；无前叶突；背盾板背中线不完整，仅留后端 1/3，侧中线完整，亚中线断续分布，3~4 条，背盾板两侧和背瘤中间有粒点；背瘤位于背盾板后缘，间距 16~18μm，背毛 16μm，斜后指。基节有胸线，基节布满粒点；基节刚毛Ⅰ 3μm，间距 10μm；基节刚毛Ⅱ 8μm，间距 10μm；基节刚毛Ⅲ 21~23μm，间距 22~23μm。足具模式刚毛。足Ⅰ 29~31μm。股节 10~11μm，股节刚毛 12~13μm；膝节 4~5μm，膝节刚毛 25~27μm；胫节 6~7μm，胫节刚毛 5~6μm，位于胫节背面近基部 1/3；跗节 6~7μm，跗节背毛 22~24μm，跗节侧毛 18~21μm，跗节腹端毛 3μm；羽状爪完整，8μm，3 支，爪 8μm，具端球。足Ⅱ 28~29μm。股节 9~11μm，股节刚毛 11~12μm；膝节 3~4μm，膝节刚毛 6~8μm；胫节 5~6μm；跗节 6μm，跗节背毛 8~10μm，跗节侧毛 18~22μm，跗节腹端毛 3μm；羽状爪完整，长 8μm，3 支，爪 8~9μm，具端球。大体弓形，背腹环相似；背环 57~59 个，具圆形微瘤；腹环 57~60 个，具圆形微瘤。侧毛 5~6μm，位于 9 环，间距 43~45μm；腹毛Ⅰ 30~35μm，位于 19 环，间距 26~28μm；腹毛Ⅱ 9~11μm，位于 33 环，间距 14~16μm；腹毛Ⅲ 10~13μm，位于腹末 5 环，间距 10~11μm。副毛 5μm，尾毛 42~45μm。雌性外生殖器长 14~16μm，宽 19~21μm，生殖器盖片具刻点饰纹，生殖刚毛 5~7μm，间距 15~17μm。

观察标本： 15♀，浙江省丽水市遂昌县九龙山西坑里保护站（28°20′12″ N，118°53′43″ E，海拔 780m），茅栗 *Castanea seguinii* Dode（壳斗科 Fagaceae），2019-7-25，谭梦超采；浙江省丽水市遂昌县九龙山杨茂源保护站（28°22′46″ N，118°53′27″ E，海拔 620m），茅栗 *Castanea seguinii* Dode（壳斗科 Fagaceae），2019-7-26，谭梦超采。

寄主植物： 茅栗 *Castanea seguinii* Dode，栗 *Castanea mollissima* Blume（壳斗科

Fagaceae）。

与寄主植物关系：叶片背面形成指状虫瘿。

分布：江苏、福建、云南、湖北、浙江、广西。

3. 龙柏上瘿螨 *Epitrimerus sabinae* Xue & Hong（彩图 121〈1~4〉）

雌螨：体梭形，淡黄色；长 172~185μm，宽 60~63μm。须肢长 17~18μm，斜下伸，口针长 15μm。背盾板长 48~52μm，宽 56~60μm；有前叶突，背盾板密布粒点，只有侧中线；背瘤生于盾后缘之前，瘤距 21~23μm，背毛长 8μm，斜前指。基节间具腹板线，基节有粒点和短线饰纹，基节刚毛 I 10~11μm，间距 9~10μm，基节刚毛 II 22~23μm，间距 13~15μm，基节刚毛 III 28~30μm，间距 23~25μm。足 I 长 34~35μm，股节 8~9μm，股节刚毛 9~11μm，膝节 4~5μm，膝节刚毛 26~27μm，胫节 7~8μm，胫节刚毛 5μm，胫节刚毛生于背端部 1/3，跗节 6~7μm，羽爪单一，6 分支，无爪端球。足 II 长 27~29μm，股节 7~8μm，股节刚毛 10μm，膝节 4~5μm，膝节刚毛 6~7μm，胫节 6~7μm，跗节 5~6μm，羽爪单一，6 分支，无爪端球。大体具背中脊和侧脊，背环 43~44 个，具有椭圆形微瘤，腹环 88~90 个，具有圆形微瘤。侧毛长 15~17μm，生于 18 环，间距 45~47μm，腹毛 I 长 28~31μm，生于 37 环，间距 32~35μm，腹毛 II 长 25~26μm，生于 58 环，间距 21~23μm，腹毛 III 18~20μm，生于末 6 环，间距 10~12μm。副毛长 4μm。雌性外生殖器长 17~19μm，宽 25~27μm，生殖毛长 18~21μm，生殖器盖片上端具两条横线，下端具纵脊 6~8 条。

雄螨：未见。

观察标本：10♀，浙江省丽水市遂昌县九龙山西坑里保护站（28°19′6″N，118°57′1″E，海拔 310m），圆柏 *Juniperus chinensis* Linnaeus（柏科 Cupressaceae），2019-7-25，谭梦超采。

寄主植物：圆柏 *Juniperus chinensis* Linnaeus（柏科 Cupressaceae）

与寄主植物关系：自由生活于叶片表面，不形成明显为害状。

分布：浙江（遂昌九龙山）、云南省（昆明市）、山东省（泰山）、河南省（栾川县）、陕西省（周至县，西安市）、河北省（邢台市）、甘肃省（陇南市，宕昌县）、新疆维吾尔自治区（伊宁市）。

4. 竹诺尔瘿螨 *Knorella bambusae*（Kuang & Feng）（彩图 122〈1~3〉）

雌螨：体纺锤形，白色，体覆有白色蜡质，长 161~179μm，宽 48~54μm。须肢长 20~22μm，口针 15~16μm。背盾板前叶突发达；背盾板长 55~58μm，宽 53~56μm；两侧缘近平行；背中线和亚中线缺，侧中线不完整，呈弧形，两端远，中间互相靠拢；无背瘤和背毛。基节布有粒点和短线饰纹，基节 I 胸线弱；基节刚毛 I 和 II 距离较远，基节刚毛 I 6~8μm，间距 15~16μm；基节刚毛 II 18~20μm，间距 8~10μm；基节刚毛 III 22~25μm，间距 23~25μm。足 I 长 26~28μm，股节 9~10μm，无股节刚毛；膝节 3μm，膝节刚毛 20~23μm；胫节 4~5μm，胫节刚毛 15~17μm，着生在胫节背中部；跗节 7μm，羽状爪分叉，每侧 5 支，爪具小端球。足Ⅱ长 22~24μm，股节 7~8μm，无股节刚毛；膝节 3μm，膝节刚毛 3μm；胫节 3~4μm；跗节 5~6μm，爪具小端球。大体背环 24~25 个，光滑，背中脊达 15 环，第 1~7、第 9、第 10、第 12、第 14 和第 15 环具侧突。腹环 37~40 个，具短线状微瘤。侧毛 29~33μm，位于 3~4 环，间距 42~43μm；腹毛Ⅰ和Ⅱ缺；腹毛Ⅲ 23~26μm，位于腹末 6 环，间距 13~15μm。副毛缺。雌性外生殖器长 15~17μm，宽 21~23μm，生殖器盖片有一排纵脊，19~20 条；生殖刚毛 14~17μm。

观察标本：14♀，浙江省丽水市遂昌县九龙山西坑里保护站（28°20′34″N，118°54′17″E，海拔780m），竹属一种 *Bambusa* sp.（禾本科 Gramineae），2019-7-25，谭梦超采。

寄主植物：竹属一种 *Bambusa* sp.，凤尾竹 *Bambusa multiplex*（Lour.）Raeuschel ex J. A. et J. H. Schult. var. *multiplex* cv. Fernleaf R. A. Young（禾本科 Gramineae）。

与寄主植物关系：叶背营自由生活，无明显为害状。

分布：浙江（遂昌九龙山）、广西（南宁市）、海南。

5. 毒鱼藤匡氏瘿螨 *Kuangella trifoliatae* Yang, Tan & Huang（彩图 123〈1~2〉）

雌螨：体纺锤形，淡黄色或白色；体长 143~152μm，体宽 58~60μm，体厚 38~40μm。须肢 18~20μm，口针 14μm，须肢基节毛 3μm，须肢膝节毛缺。背盾板长 42~43μm，宽 53~55μm；前叶突前端弯曲，长 8μm；背盾板无背中线，侧中线完整，亚中线在两侧断续分布；背瘤位于背盾板后缘之前，靠近两侧，间距 47~50μm，背毛 7μm，向两侧指。基节Ⅰ愈合，基节布满粒点；基节刚毛Ⅰ 3μm，间距 10μm；基节刚毛Ⅱ 8μm，间距 10μm；基节刚毛Ⅲ 21~23μm，间距 22~23μm。基节生殖区之间腹环数 2 环。足胫节与跗节愈合。足Ⅰ 20~21μm。转节 3μm；股节 9μm，股节刚毛缺；膝节 3μm，膝节刚毛 23~25μm；胫节与跗节愈合，长 6~7μm，跗节背毛 21~22μm，跗节侧毛 18~20μm，跗节腹端毛 2μm；羽状爪完整，5μm，5 支，爪 5μm，具端球。足Ⅱ 19~21μm。转节 3μm；股节 9μm，股节刚毛 11μm；膝节 3μm，膝节刚毛 6μm；胫节与跗节愈合，6μm，跗节背毛 7μm，跗节侧毛 19~20μm，跗节腹端毛 3μm；羽状爪完整，长 5μm，5 支，爪 8μm，具端球。大体具浅背中槽；背环 24 个，光滑；腹环 55 个，具长形微瘤。侧毛 15~16μm，位于 9 环，间距 44~47μm；腹毛Ⅰ 43~50μm，位于 19 环，间距 28~30μm；腹毛Ⅱ 5~6μm，位于 34 环，间距 14μm；腹毛Ⅲ 13μm，位于腹末 5 环，间距 11μm。副毛缺，尾毛 46~50μm，间距 9μm。雌性外生殖器长 19~20μm，宽 22~23μm，生殖器盖片具刻点饰纹，生殖刚毛 7μm，间距 18~19μm。

观察标本：10♀，浙江省丽水市遂昌县九龙山西坑里保护站（28°20′12″N，118°53′43″E，海拔780m），网络鸡血藤 *Callerya reticulata*（Bentham）Schot，2019-7-25，谭梦超采。

寄主植物： 网络鸡血藤 *Callerya reticulata*（Bentham）Schot，毒鱼藤 *Derris trifoliata* Lour.（豆科 Leguminosae）。

与寄主植物关系： 叶背营自由生活，无明显为害状。

分布： 浙江（遂昌九龙山）、海南。

6. 珍珠菜离子瘿螨 *Leipothrix lysimachiae* Hong & Kuang（彩图 124〈1~3〉）

雌 螨： 体纺锤形，淡黄色、白色；体长 172~178μm，体宽 66~68μm。须肢 22~25μm，须肢膝节刚毛分叉；口针 17μm。背盾板长 43~45μm，宽 62~64μm；具前叶突；背盾板背中线不完整，仅留端 1/4，侧中线完整，在端部有两横线相接，亚中线弧形，断续分布；背瘤位于背盾板后缘之前，间距 28~30μm，背毛 5~6μm，内上指。基节有胸线，基节 I 光滑，基节 II 有少量短线和粒点饰纹；基节刚毛 I 5μm，间距 8~9μm；基节刚毛 II 11~13μm，间距 11~12μm；基节刚毛 III 25~27μm，间距 22~23μm。足 I 30~32μm。股节 10~11μm，股节刚毛缺；膝节 4~5μm，膝节刚毛 28~31μm；胫节 8~10μm，胫节刚毛 4~5μm，位于胫节背面近基部 1/3；跗节 6~7μm，跗节背毛 20~23μm，跗节侧毛 20~22μm，跗节腹端毛 3μm；羽状爪完整，6μm，4 支，爪 7μm，具端球。足 II 30~31μm。股节 9~10μm，股节刚毛缺；膝节 4~5μm，膝节刚毛 9~11μm；胫节 8~9μm；跗节 6μm，跗节背毛 9~11μm，跗节侧毛 19~22μm，跗节腹端毛 3μm；羽状爪完整，长 6μm，4 支，爪 7μm，具端球。大体具背中脊和侧脊；背环 49~50 个，光滑；腹环 96~98 个，具圆形微瘤。侧毛 15~18μm，位于 18 环，间距 46~48μm；腹毛 I 46~50μm，位于 42 环，间距 33~34μm；腹毛 II 9~11μm，位于 65 环，间距 15~16μm；腹毛 III 22~23μm，位于腹末 7 环，间距 9~10μm。副毛 4μm，尾毛 46~50μm。雌性外生殖器长 14~16μm，宽 23~25μm，生殖器盖片具纵脊 12 条，生殖刚毛 13μm，间距 16~18μm。

雄 螨： 未见。

观察标本： 8♀，浙江省丽水市遂昌县九龙山张坑口保护站（28°19′23″N，118°49′0″E，海拔 630m），星宿菜 *Lysimachia fortunei* Maxim.（报春花科 Primulaceae），2019-7-27，谭梦超采。

寄主植物： 星宿菜 *Lysimachia fortunei* Maxim.，珍珠菜 *Lysimachia clethroides*（报春花科 Primulaceae）。

与寄主植物关系： 叶背营自由生活，无明显为害状。

分布： 浙江（遂昌九龙山）、江苏。

7. 金樱新上三脊瘿螨 *Neocalepitrimerus rosa* Xie, Wei & Qin（彩图 125〈1~3〉）

雌 螨： 体纺锤形，淡黄色，长 146~158μm，宽 52~55μm，厚 49~51μm。须肢 20~23μm，口针 18μm。背盾板有前叶突；背盾板长 42~44μm，宽 50~53μm；背中线不完整，在中部形成小菱形；侧中线和亚中线在前端与一横线连接；背盾板两边各有 1 条与边缘平行的弧线；背瘤位于盾后缘之前，瘤距 27~28μm，背毛 5μm，内上指。基节有胸线，基节光滑；基节刚毛 I 5μm，间距 8~9μm，基节刚毛 II 10~12μm，间距 15~17μm，基节刚毛 III 23~25μm，间距 25~26μm。足 I 长 25~26μm，股节 8~9μm，股节刚毛 10~11μm；膝节 4μm，膝节刚毛 23~25μm；胫节 4~5μm，胫节刚毛 14~16μm，着生于胫节背端部 1/4 处；跗节 5~6μm，羽状爪单一，5 支，爪 4~5μm，具端球。足 II 长 22~24μm，股节 8~9μm，股节刚毛 12~13μm；膝节 3~4μm，膝节刚毛缺；胫节 3~4μm；跗节 5~6μm，爪 8~9μm，无端球。大体背环光滑，31~32 个，具背中脊和侧脊，背中脊延至 19~21 背环，侧脊达尾体。腹环 63~65 个，具线形微瘤。侧毛 8μm，生于 11 环，间距 43~45μm；腹毛 I 38~45μm，生于 26 环，间距 32~34μm；腹毛 II 6~8μm，生于 38 环，间距 25~27μm；腹毛 III 14~16μm，生于体末 6 环，间距 9~11μm。无覆毛。雌性外生殖器长 16~17μm，宽 21~22μm，生殖器盖片有 14 条纵脊；生殖毛 7~8μm。

雄螨： 体长 136μm，宽 45μm。雄性外生殖器宽 24μm，生殖毛 6μm，间距 18~19μm。

观 察 标 本： 10♀1♂，浙江省丽水市遂昌县龙祥乡龙口村（28°19′4″N，118°57′22″E，海拔 290m），金樱子 *Rosa laevigata* Michx.（蔷薇科 Rosaceae），2019-7-24，谭梦超采。

寄主植物： 金樱子 *Rosa laevigata* Michx.（蔷薇科 Rosaceae）。

与寄主植物关系： 叶背营自由生活，无明显为害状。

分布： 浙江（遂昌九龙山）、湖南、广西（扶绥县）、广东。

8. 柑橘皱叶刺瘿螨 *Phyllocoptruta oleivora*（Ashmead）（彩图 126〈1~2〉）

雌螨： 体扁平，纺锤形，橙黄色，长 138~142μm，宽 47~52μm，厚 42~43μm。须肢 19~22μm，口针 16μm。背盾板具前叶突；背盾板长 40~44μm，宽 45~47μm；背中线不完整，有 2 条横线与侧中线相连，侧中线完整，前端 1/3 处形成菱形图案，并有横线与亚中线相连；背瘤位于盾后缘之前，瘤距 22~24μm，背毛 8~9μm，上内指。基节 I 具胸线；基节具粒点和短线饰纹；基节刚毛 I 5~6μm，间距 10~11μm，基节刚毛 II 15~16μm，间距 10~11μm，基节刚毛 III 27~28μm，间距 25~26μm。足 I 长 27~29μm，股节 8~9μm，股节刚毛 9~10μm；膝节 5μm，膝节刚毛 26~28μm；胫节 5μm，胫节刚毛 3~4μm，着生在背面近基部 1/3 处；跗节 5~6μm，跗节背刚毛 22~25μm，跗节侧刚毛 20~23μm，羽状爪单一，6μm，5 支，爪 7~8μm，具端球。足 II 长 25~26μm，股节 8~9μm，股节刚毛 8~9μm；膝节 5μm，膝节刚毛 12~13μm；胫节 6μm；跗节 5~6μm，跗节背刚毛 6~7μm，跗节侧刚毛 18~19μm，羽状爪单一，6μm，5 支，爪 8μm，具端球。大体具宽背中槽，背环 31 个，光滑。腹环 67~68 个，具圆形微瘤。侧毛 21~24μm，生于 5 环，间距 44~46μm；腹毛 I 47~49μm，生于 17 环，间距 30~32μm；腹毛 II 5μm，生于 33 环，间距 16~18μm；腹毛 III 15~16μm，生于体末 5 环，间距 18~19μm。有副毛。雌性外生殖器长 16~17μm，宽 23~24μm；生殖器盖片基部有粒点，中部有 14~16 条纵脊；生殖毛 24~28μm，间距 14~15μm。

雄螨： 与雌螨相似。体长 135~145μm，宽 54~55μm。雄性外生殖器宽 21~23μm，生殖毛 19μm。

观察标本： 14♀3♂，浙江省丽水市遂昌县九龙山西坑里保护站（28° 20′ 12″ N，118° 53′ 43″ E，海拔 780m），橙 *Citrus sinensis*（L.）Osbeck（芸香科 Rutaceae），2019-7-25，谭梦超采。

寄主植物： 柑橘，柠檬 *Citrus limon*（L.）Burm. F.，柚 *Citrus maxima*（Burm.）Merr.，黄皮果 *Clausena lansium*（Lour.）Skeels，酸山橘 *Fortunella hindsii*（Champ. ex Benth.）Swingle，酸橙 *Citrus aurantium* L.，金橘 *Fortunella margarita*（Lour.）Swingle，枳 *Poncirus trifoliata*（L.）Raf.（芸香科 Rutaceae）。

与寄主植物关系： 叶背营自由生活，叶片有黑点，果实果皮铁锈色（彩图 127）。

分布： 浙江（遂昌九龙山）、广西、广东、海南、云南、贵州、四川、湖南、湖北、江苏、福建、台湾；孟加拉，日本，印度，菲律宾，越南，老挝，伊朗，黎巴嫩，土耳其，叙利亚，以色列，约旦，意大利，马耳他，南斯拉夫，苏联，塞浦路斯，美国，斐济，墨西哥，危地马拉，西印度群岛，阿根廷，巴西，哥伦比亚，厄瓜多尔，秘鲁，乌拉圭，委内瑞拉，肯尼亚，马达加斯加，毛里求斯，莫桑比克，尼日利亚，塞内加尔，沙特阿拉伯，南非，坦桑尼亚，乌干达，安哥拉，刚果，赞比亚，澳大利亚等。

9. 算盘子顶冠瘿螨 *Tegolophus glochidionis* Kuang & Lin（彩图 128〈1~3〉）

雌螨： 体纺锤形，黄色。体长 146~172μm，体宽 53~56μm。须肢 20~22μm，口针 19~20μm，须肢基节毛 3~4μm，须肢膝节毛 4~5μm。背盾板长 33~37μm，宽 42~44μm，具前叶突；无背中线和亚中线，侧中线波状，并有一横线相连；背瘤位于背盾板后缘，间距 27~29μm，背毛长 8~10μm，斜后指。基节具短线和粒点饰纹；基节刚毛Ⅰ 8~9μm，间距 11~12μm；基节刚毛Ⅱ 13~15μm，间距 7~8μm；基节刚毛Ⅲ 21~24μm，间距 22~25μm。足具模式刚毛。足Ⅰ 28~31μm。股节 10~11μm，股节刚毛 12~13μm；膝节 3~4μm，膝节刚毛 22~23μm；胫节 5~6μm，胫节刚毛位于胫节背面近基部 1/3 处；跗节 6~7μm，跗节背毛 21~22μm，跗节侧毛 24~25μm，跗节腹端毛 3~4μm；羽状爪完整，5~6μm，6 支；爪 8~9μm，具小端球。足Ⅱ 26~28μm。股节 9~10μm，股节刚毛 14~16μm；膝节 3μm，膝节刚毛 7~8μm；胫节 5μm；跗节 5~6μm，跗节背毛 6~7μm，跗节侧毛 23~26μm，跗节腹端毛 3μm；羽状爪完整，5μm，6 支；爪 7μm，具小端球。大体具背中脊，背环 32~33 个，具圆形微瘤；腹环 60~65 个，具圆形微瘤；侧毛 10~12μm，位于 11 环，间距 45μm；腹毛Ⅰ 23~25μm，位于 25 环，间距 30~34μm；腹毛Ⅱ 11~12μm，位于 46 环，间距 14~15μm；腹毛Ⅲ 13~15μm，位于腹末 5 环，间距 16μm。具副毛，尾毛 31~35μm。雌性外生殖器长 12~14μm，宽 17~20μm，生殖器盖片具 10 条纵脊；生殖刚毛 8~10μm，间距 14~15μm。

观察标本：9♀♀，浙江省丽水市遂昌县九龙山柘岱口乡尹家村大西坑（28°16′52″N，E118°46′10″E，海拔710m），算盘子 *Glochidion puberum*（L.）Hutch.（大戟科 Euphorbiaceae），2019-7-28，谭梦超采。

寄主植物：算盘子 *Glochidion puberum*（L.）Hutch.（大戟科 Euphorbiaceae）。

与寄主植物关系：叶背营自由生活，无明显为害状。

分布：浙江（遂昌九龙山）、湖南。

10. 芒顶冠瘿螨 *Tegolophus miscanthus* Wang, Wei & Yang（彩图 129〈1~3〉）

雌螨：体纺锤形，长 180~185μm，宽 46~50μm。须肢 20~21μm，口针 18μm。背盾板具前叶突；背盾板长 50~52μm，宽 50~51μm；背中线，侧中线和亚中线完整；背瘤位于盾后缘，瘤距 26~28μm，背毛 8μm，斜后指。基节Ⅰ有胸线，基节光滑；基节刚毛Ⅰ 5μm，间距 9~11μm，基节刚毛Ⅱ 16~18μm，间距 12~13μm，基节刚毛Ⅲ 29~33μm，间距 25~27μm。足Ⅰ长 30~31μm，股节 10~11μm，股节刚毛 16~18μm；膝节 4μm，膝节刚毛 23~26μm；胫节 7μm，胫节刚毛 9~10μm，生于胫节背中部；跗节 6~7μm，跗节背刚毛 20~25μm，跗节侧刚毛 19~22μm，羽状爪单一，7~8μm，7 支，爪具端球，9μm。足Ⅱ长 29~30μm，股节 10μm，股节刚毛 20~21μm；膝节 4~5μm，膝节刚毛 10~12μm；胫节 6μm；跗节 7μm，跗节背刚毛 11~12μm，跗节侧刚毛 19~20μm，羽状爪单一，8μm，7 支，爪具端球，9μm。大体具背中脊和侧脊，背环 48~51 个，光滑。腹环 54~57 个，具圆形微瘤。侧毛 33~37μm，生于 12 环，间距 41~42μm；腹毛Ⅰ 32~35μm，生于 23 环，间距 33μm；腹毛Ⅱ 29~33μm，生于 35 环，间距 13~16μm；腹毛Ⅲ 27~30μm，生于体末 6 环，间距 11~12μm。有副毛。雌性外生殖器长 13~15μm，宽 20~22μm；生殖器盖片有纵脊 8~10 条；生殖毛 15~17μm，间距 16μm。

雄螨：与雌螨相似。体长 132μm，宽 42μm；雄外生殖器宽 17μm，生殖刚毛长 13μm。

观察标本：6♀1♂，浙江省丽水市遂昌县九龙山西坑里保护站（28°20′13″N，118°53′15″E，海拔740m），五节芒 *Miscanthus floridulus*（Labill.）Warb.（禾本科 Gramineae），2019-7-25，谭梦超采。

寄主植物：五节芒 *Miscanthus floridulus*（Labill.）Warb.，芒属一种 *Miscanthus* sp.（禾本科 Gramineae）。

与寄主植物关系：叶背营自由生活，无明显为害状。

分布：浙江（遂昌九龙山）、广西（贺州市）。

二、羽爪瘿螨科 Diptilomiopidae

羽爪瘿螨科昆虫体梭形或蠕虫形；喙大，基部与大体呈直角或锐角下弯。背盾板有前叶突或缺，背瘤有或缺，背毛有或无，前指、上指或后指。羽状爪分叉或单一。

九龙山保护区记述 1 种。

11. 拟赤杨双羽爪瘿螨 *Diptacus alniphyllus* Wei, Wang & Li（彩图 130<1~4>）

雌螨： 体纺锤形，白色；长 188~194μm，宽 85~90μm。须肢 43~46μm，口针 46μm，口针基部呈直角下伸。背盾板前叶突小；背盾板长 39~41μm，宽 69~71μm；背中线缺，侧中线完整，亚中线不完整，存在于背盾板前缘至背瘤之间；背瘤在盾后缘之前，瘤距 25~27μm，背毛 3μm，上指。基节 I 分离；基节刚毛 I 10~12μm，间距 11~12μm，基节刚毛 II 15~17μm，间距 8~10μm，基节刚毛 III 24~27μm，间距 25~26μm；基节有粒点状饰纹。足 I 长 38~40μm，股节 13~14μm，无股节刚毛；膝节 5~6μm，膝节刚毛 38~40μm；胫节 8~9μm，胫节刚毛 7μm，位于胫节背端部 1/3 处；跗节 9~10μm，羽状爪分叉，每侧 6 支，爪 7μm，具端球。足 II 长 36~37μm，股节 13~14μm，无股节刚毛；膝节 5μm，膝节刚毛 12~14μm；胫节 9μm；跗节 7~8μm，羽状爪分叉，每侧 6 支，爪 7μm，爪具端球。大体具短背中脊，背环 48 个，光滑。腹环 88~90 个，具圆形微瘤。侧毛 15~17μm，生于 19 环，间距 67~70μm；腹毛 I 55~60μm，生于 39 环，间距 42~45μm；腹毛 II 17~19μm，生于 59 环，间距 20μm；腹毛 III 50~54μm，生于体末 8 环，间距 15~16μm。尾毛 90~100μm，有副毛。雌性外生殖器长 25~26μm，宽 35~37μm，生殖器盖片基部有一排纵脊；生殖毛 8μm，间距 27~29μm。

雄螨： 与雌螨相似。体长 153μm，宽 70μm；雄外生殖器宽 30μm，生殖刚毛 6μm。

观察标本： 7♀1♂，浙江省丽水市遂昌县九龙山张坑口保护站（28°16′52″N，118°46′10″E，海拔 710m），拟赤杨 *Alniphyllum fortunei*（Hemsl.）Makino（安息香科 Styracaceae），2019-7-27，谭梦超采。

寄主植物： 拟赤杨 *Alniphyllum fortunei*（Hemsl.）Makino（安息香科 Styracaceae）。

与寄主植物关系： 叶背营自由生活，无明显为害状。

分布： 浙江（遂昌九龙山）、广西（防城港）。

参考文献

冯远斌，韦绥概，黄亮维，1992.荔枝瘿螨的为害及其防治方法 [J].广西农学院学报，11（2）：25-29.

洪晓月，程宁辉，1999.瘿螨传播植物病毒病害的研究进展 [J].植物保护学报，26（2）：177-184.

匡海源，1995.中国经济昆虫志 第四十四册 蜱螨亚纲 瘿螨总科（一）[M].北京：科学出版社：1-198.

匡海源，罗光宏，王爱文，2005.中国瘿螨志（二）[M].北京：中国林业出版社：176.

韦绥概，王国全，李德伟，等，2009.广西瘿螨 [M].南宁：广西科学技术出版社：1-329.

贤振华，樊应华，1989.柑橘锈螨为害橙果损失测定 [J].广西植保（3）：11-14.

Liu D, Yi T C, Xu Y, et al, 2013. Hotspots of new species discovery: new mite species described during 2007 to 2012[J]. Zootaxa, 3663: 1-102.

Liu J F, Zhang Z Q, 2016. Hotspots of mite new species discovery: Trombidiformes（2013–2015）[J]. Zootaxa, 4208（1）: 1–45.

Seifers D L, Harvey T L, Martin T J, et al, 1997. Identification of the wheat curl mite as the vector of the High Plains virus of corn and wheat[J]. Plant Disease, 81（10）: 1161–1166.

Seifers D L, Martin T J, Harvey T L, et al, 2009. Identification of the wheat curl mite as the vector of Triticum mosaic virus[J]. Plant Disease, 93（1）: 25–29.

Skoracka A, Smith L, Oldfield G, et al, 2010. Host-plant specificity and specialization in eriophyoid mites and their importance for the use of eriophyoid mites as biocontrol agents of weeds[J]. Experimental and Applied Acarology, 51（1-3）: 93–113.

Slykhuis J T, 1955. *Aceria tulipae* Keifer（Acarina: Eriophyidae）in relation to the spread of wheat streak mosaic[J]. Phytopathology, 45（3）: 116–128.

Yang J, Tan M C, Huang J H, et al, 2017. Three new species of Nothopodinae（Acari: Eriophyidae）from China[J]. International Journal of Acarology, 43（5）: 359–365.

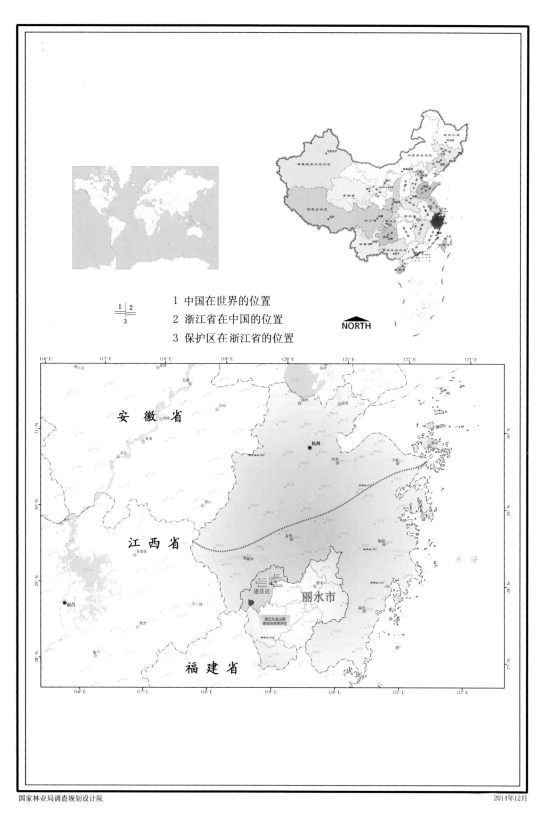

1 中国在世界的位置
2 浙江省在中国的位置
3 保护区在浙江省的位置

NORTH

彩图 1　浙江九龙山国家级自然保护区位置示意

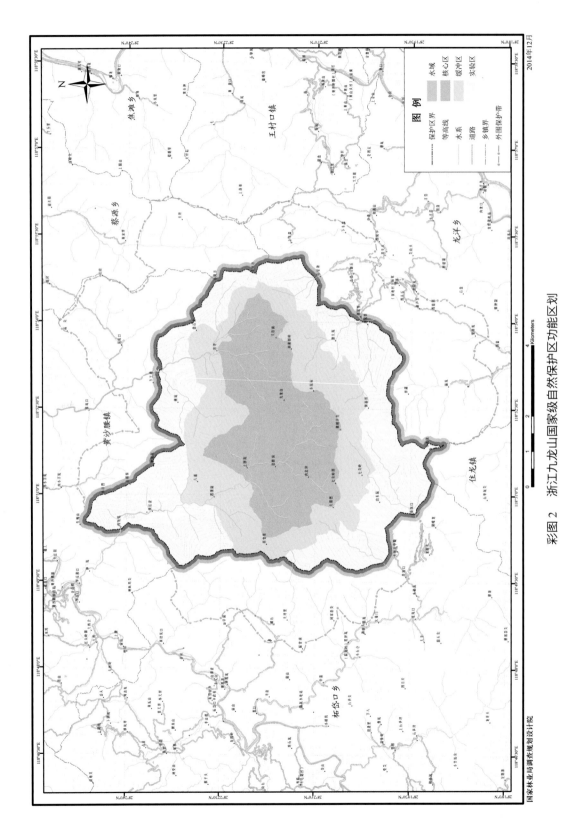

彩图 2 浙江九龙山国家级自然保护区功能区划

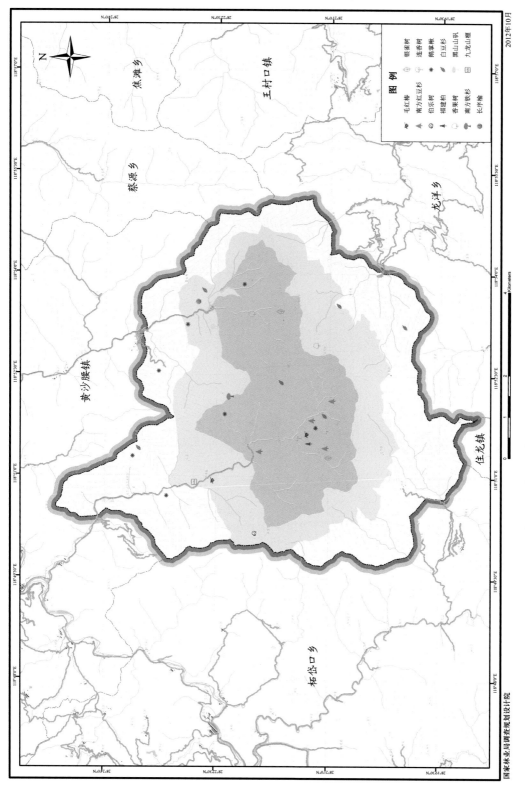

彩图 3　浙江九龙山国家级自然保护区主要植物分布

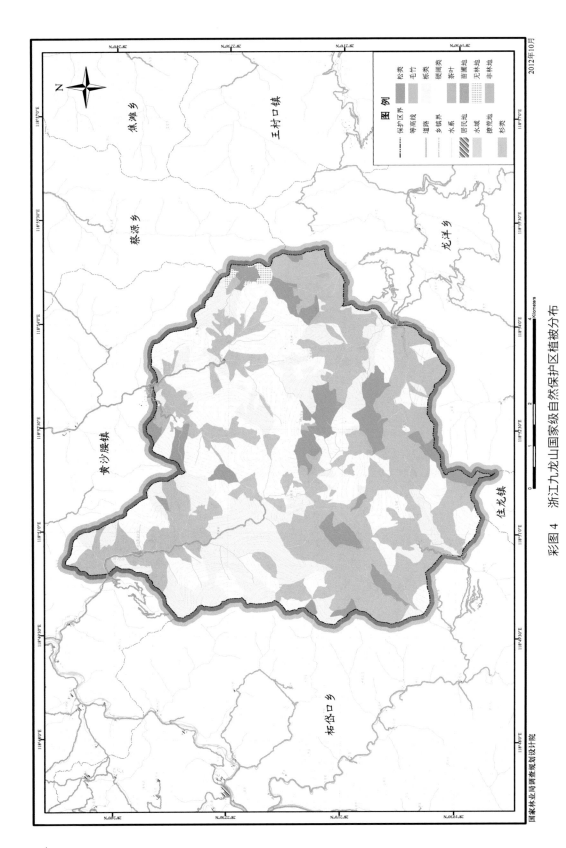

彩图4 浙江九龙山国家级自然保护区植被分布

· 4 ·

彩图 5　2017 年昆虫采集合影

彩图 6　2019 年采集人员合影

彩图 7　长跗新康蚖 *Neocondeellum dolichotarsum*　　彩图 8　金色新康蚖 *Neocondeellum chrysallis*

彩图 9　乌岩新康蚖 *Neocondeellum wuyanensis*　　彩图 10　梅坞格蚖 *Gracilentulus meijiawensis*

彩图 11　长腺肯蚖 *Kenyentulus dolichadeni*　　彩图 12　日本肯蚖 *Kenyentulus japonicus*

彩图 13　毛萼肯蚖 *Kenyentulus ciliciocalyci*

彩图 14　土佐巴蚖 *Baculentulus tosanus*

彩图 15　上海古蚖 *Eosentomon shanghaiense*

彩图 16　东方古蚖 *Eosentomon orientale*

彩图 17　珠目古蚖 *Eosentomon margarops*

彩图 18　普通古蚖 *Eosentomon commune*

彩图 19　樱花古蚖 *Eosentomon sakura*

彩图 20　三珠近异蚖 *Paranisentomon triglobulum*

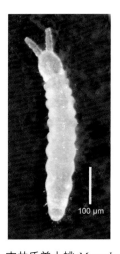

彩图 21　吉井氏美土蚖 *Mesaphorurayosii*

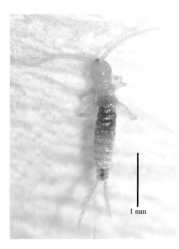

彩图 22　韦氏鳞（虫八）*Lepidocampa weberi*

彩图 23　桑山美（虫八）*Metriocampa kuwayamae*

彩图 24　黄副铗（虫八）*Parajapyx isabellae*

彩图 25　日本偶铗（虫八）*Occasjapyx japonicus*

彩图 26　巨圆臀大蜓 *Anotogaster sieboldii*

彩图 27　竖眉赤蜻 *Sympetrum eroticumardens*

彩图 28　黑胸散白蚁 *Reticulitermes chinensis*

彩图 29　湖南散白蚁 *Reticulitermes hunanensis*

彩图 30　圆唇散白蚁 *Reticulitermes labralis*

彩图 31　细颚散白蚁 *Reticulitermes leptomandibularis*

彩图 32　罗浮散白蚁 *Reticulitermes luofunicus*

彩图 33　小散白蚁 *Reticulitermes parvus*

彩图 34　清江散白蚁 *Reticulitermes qingjiangensis*

彩图 35　武宫散白蚁 *Reticulitermes wugongensis*

彩图 36A　丹徒散白蚁 *Reticulitermes dantuensis*（成虫）

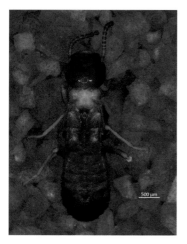
彩图 36B　丹徒散白蚁 *Reticulitermes dantuensis*（兵蚁）

彩图 37　黄胸散白蚁 *Reticulitermes flaviceps*

彩图 38　花胸散白蚁 *Reticulitermes fukienensis*

彩图 39　近黄胸散白蚁 *Reticulitermes periflaviceps*

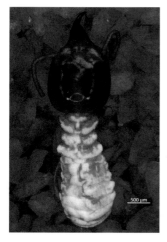
彩图 40　黑翅土白蚁 *Odontotermes formosanus*

彩图 41　黄翅大白蚁 *Macrotermes barneyi*

彩图 42　近扭白蚁 *Pericapritermes nitobei*

彩图 43　小象白蚁 *Nasutitermes parvonasutus*

彩图 44　中华屏顶螳 *Kishinouyeum sinensae*

彩图 45　日本纺织娘 *Mecopoda elongata*

彩图 46　东方蝼蛄 *Gryllotalpa orientalis*

彩图 47　日本钟蟋（金钟儿）*Homoeogryllus japonicus*

彩图 48　短额负蝗（斜面蝗、尖头蚱蜢）
Atractomorphasinensis

彩图 49　中华稻蝗 *Oxya chinensis*

彩图 50　花胫绿纹蝗（花尖翅蝗、红腿蝗）
Aiolopus tamulus

彩图 51　短翅佛蝗 *Phlaeota angustidorsis*

彩图 52A　眼优角蚱 *Eucriotettix oculatus*
整体背面

彩图 52B　眼优角蚱 *Eucriotettix oculatus*
整体侧面

彩图 53A 细股伴鳄蚱 *Paragavialidium* *tenuifemura* 整体背面

彩图 53B 细股伴鳄蚱 *Paragavialidium* *tenuifemura* 整体侧面

彩图 54A 南昆山扁角蚱 *Flatocerus* *nankunshanensis* 整体背面

彩图 54B 南昆山扁角蚱 *Flatocerus* *nankunshanensis* 整体侧面

彩图 55A 圆肩波蚱 *Bolivaritettix circinihumerus* 整体背面

彩图 55B 圆肩波蚱 *Bolivaritettix circinihumerus* 整体侧面

彩图 56A 锡金波蚱 *Bolivaritettix sikkinensis*
整体背面

彩图 56B 锡金波蚱 *Bolivaritettix sikkinensis*
整体侧面

彩图 57A 武夷山尖顶蚱 *Teredorus wuyishanensis*
整体背面

彩图 57B 武夷山尖顶蚱 *Teredorus wuyishanensis*
整体侧面

彩图 58A 安徽微翅蚱 *Alulatettix anhuiensis*
整体背面

彩图 58B 安徽微翅蚱 *Alulatettix anhuiensis*
整体侧面

彩图 59A　日本蚱 *Tetrix japonica* 整体背面　　彩图 59B　日本蚱 *Tetrix japonica* 整体侧面

彩图 60A　秦岭蚱 *Tetrix qinlingensis* 整体背面　　彩图 60B　秦岭蚱 *Tetrix qinlingensis* 整体侧面

彩图 61A　乳源蚱 *Tetrix ruyuanensis* 整体背面　　彩图 61B　乳源蚱 *Tetrix ruyuanensis* 整体侧面

彩图 62　白背飞虱 *Sogatella furcifera*

彩图 63　鸣蝉（斑蝉）
Oncotympana maculaticollis

彩图 64　华凹大叶蝉
Bothrogonia sinica

彩图 65　伊锥同蝽
Sastragala esakii

彩图 66　斑须蝽（细毛蝽、斑角蝽）
Dolycoris baccarum

彩图 67　密斑脉褐蛉
Micromus densimaculosus

彩图 68　点线脉褐蛉
Micromus linearis

彩图 69　黑点脉线蛉
Neuronema unipunctum

彩图 70　广西饰草蛉
Semachrysa guangxiensis

彩图 71　棋腹距蚁蛉
Distoleon tesselatus

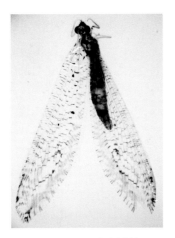

彩图 72　三斑窗溪蛉
Thyridosmylus trimaculatus

彩图 73　金斑虎甲 *Cicindela aurulenta*

彩图 74　巨锯锹甲 *Serrognathus titanus*

彩图 75　松丽叩甲 *Campsosternus auratus*

彩图 76　眼纹斑叩甲 *Cryptalaus larvatus*

彩图 77　七星瓢虫 *Soccinella septempunctata*

彩图 78　云斑白条天牛 *Batocera horsfieldi*

彩图 79　三锥象 *Baryrrhynchua poweri*

彩图 80　何氏新蝎蛉 *Neopanorpa* hei

彩图 81　九龙新蝎蛉 *Neopanorpa jiulongensis*

彩图 82　中华蚊蝎蛉 *Bittacus sinensis*

彩图 83　天目山蚊蝎蛉 *Bittacus tienmushana*

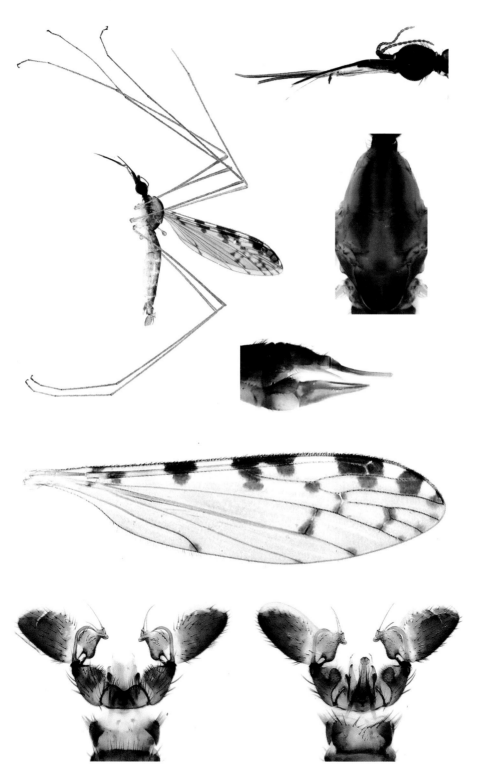

彩图 84A　九龙山长唇大蚊 *Geranomyia jiulongensis*

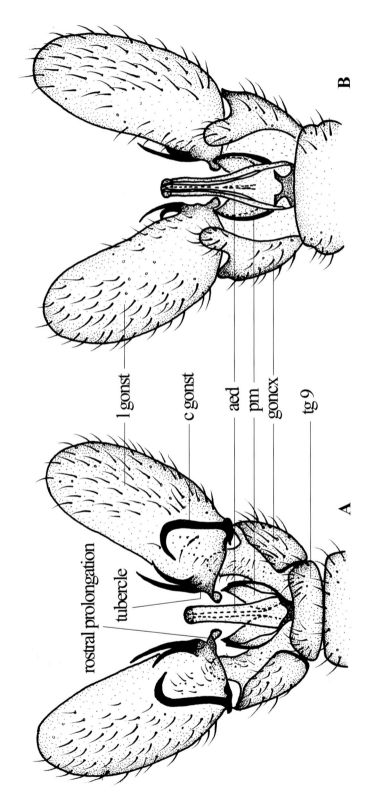

rostral prolongation
tubercle
l gonst
c gonst
aed
pm
goncx
tg 9

A

B

彩图 84B　九龙山长唇大蚊 *Geranomyia jiulongensis*

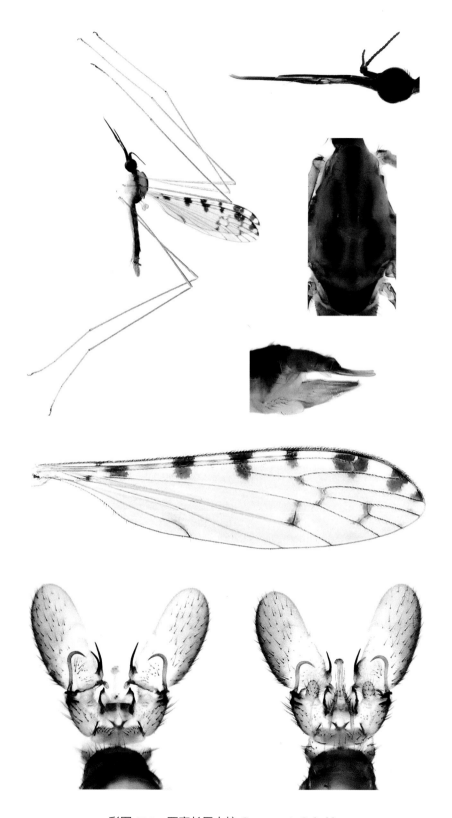

彩图 85A　亚离长唇大蚊 *Geranomyia Subablusa*

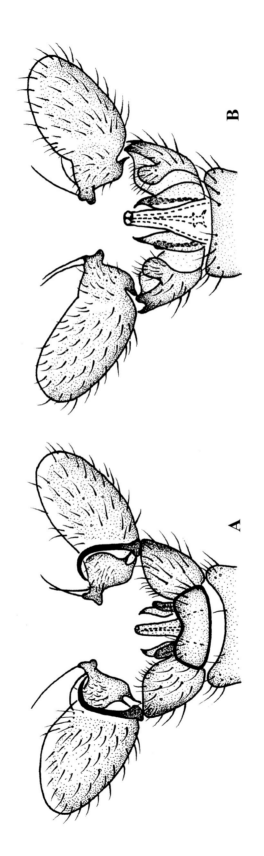

B

A

彩图 85B　亚离长唇大蚊 *Geranomyia Subablusa*

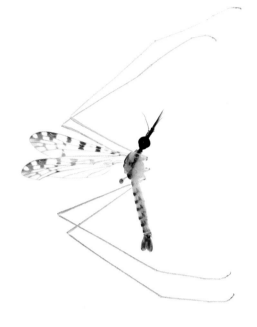

彩图 86　黑体长唇大蚊 *Geranomyia nigra*

彩图 87　休式长唇大蚊 *Geranomyia suensoniana*

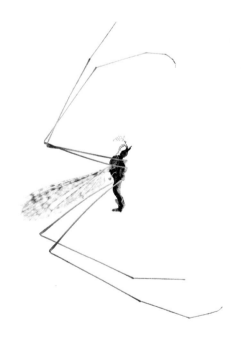

彩图 88　广亮大蚊 *libnotes (libnotes) aptata*

彩图 89　长突栉形大蚊 *Rhipidia (Rhipidia) longa*

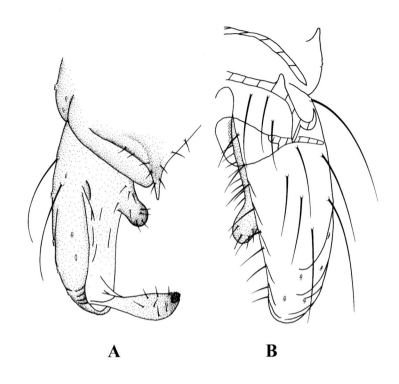

A **B**

彩图 90　内里毛施密摇蚊 *Compterosmittia nerius*

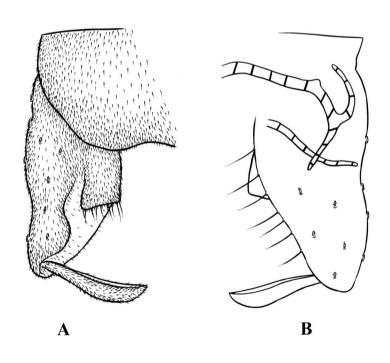

A **B**

彩图 91　天目真开氏摇蚊 *Eukiefferiella tianmuensis*

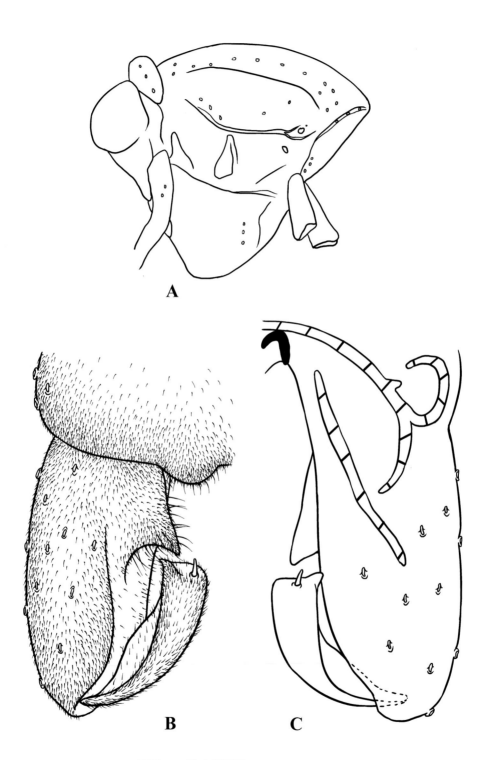

彩图 92　微小沼摇蚊 *Limnophyes minimus*

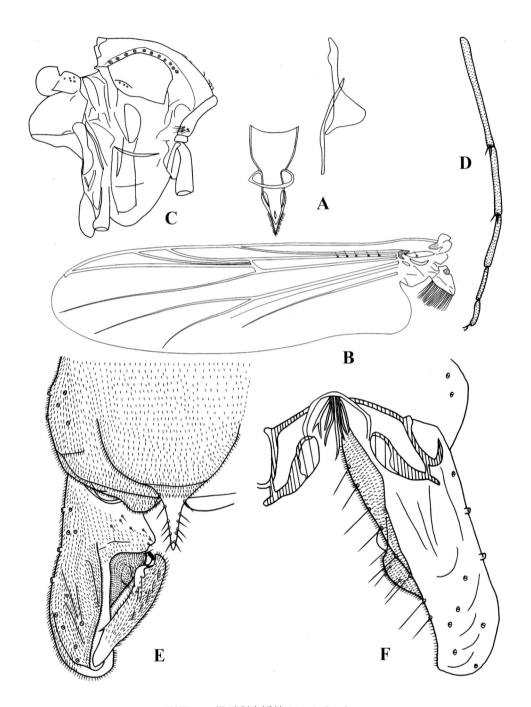

彩图93　梁氏利突摇蚊 *Litocladius liangae*

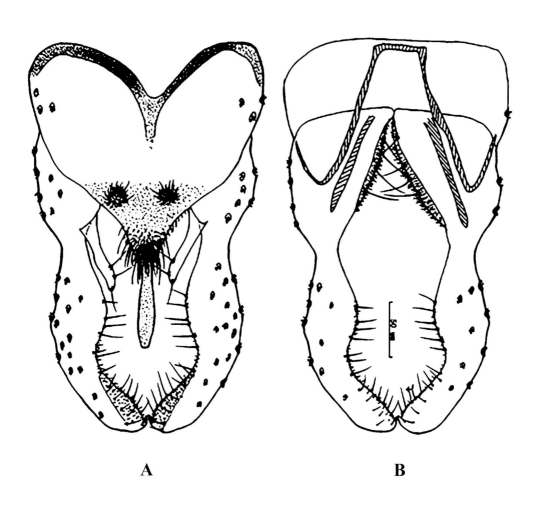

A   B

彩图 94　软铗小摇蚊 *Microchironomus tener*

彩图 95　具瘤倒毛摇蚊 Microtendipes tuberosus

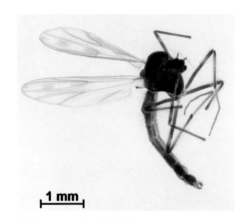

彩图 96　云集多足摇蚊 Polypedilum nubifer

彩图 97　花翅前突摇蚊 Procladius choreus

彩图 98　台湾长跗摇蚊 Tanytarsus formosanus

彩图 99A　日本小丽水虻 Microchrysa japonica
整体背面

彩图 99B　日本小丽水虻 Microchrysa japonica
整体侧面

彩图 100A　金黄指突水虻 *Ptecticus aurifer*
整体背面

彩图 100B　金黄指突水虻 *Ptecticus aurifer*
整体侧面

彩图 101　灰带管蚜蝇
Eristalis cerealis ♂

彩图 102　棕腿斑目蚜蝇
Lathyrophthalmus arvorum ♀

彩图 103　羽芒宽盾蚜蝇
Phytomia zonata ♀

彩图 104　库峪平颜蚜蝇
Eumerus kuyuensis ♀

彩图 105　黄环粗股蚜蝇
Syritta pipiens ♂

彩图 106　铜鬃胸蚜蝇
Ferdinandea cuprea ♀

彩图 107　三带蜂蚜蝇
Volucella trifasciata ♀

彩图 108　纤细巴蚜蝇
Baccha maculate ♂

彩图 109　东方墨蚜蝇
Melanostoma orientale ♂

彩图 110　暗红小蚜蝇
Paragus haemorrhous ♀

彩图 111　爪哇异蚜蝇
Allograpta javana ♂

彩图 112　黄腹狭口蚜蝇
Asarkina porcina ♂

彩图 113　斑翅蚜蝇
Dideopsis aegroyus ♀

彩图 114　宽带垂边蚜蝇
Epistrophe horishana ♂

彩图 115　黑带蚜蝇
Episyrphus balteatus ♀

彩图 116　印度细腹蚜蝇
Sphaerophoria indiana ♂

彩图 117　金黄斑蚜蝇
Syrphus fulvifacies ♀

彩图 118A　中国华突眼蝇 *Eosiopsis sinensis*
整体背面

彩图 118B　中国华突眼蝇 *Eosiopsis sinensis*
整体侧面

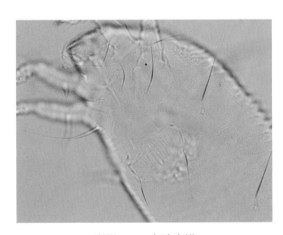

彩图 119　全畸瘿螨
Abacarus panticis (1)

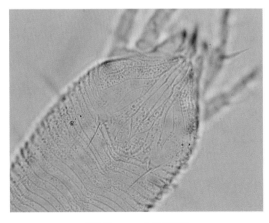

彩图 119　全畸瘿螨
Abacarus panticis (2)

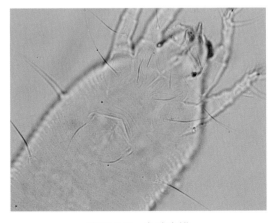

彩图 119　全畸瘿螨
Abacarus panticis (3)

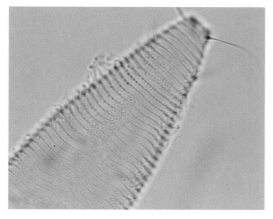

彩图 119　全畸瘿螨
Abacarus panticis (4)

彩图 120　湖北瘤瘿螨 *A. hupehensis*
的为害状

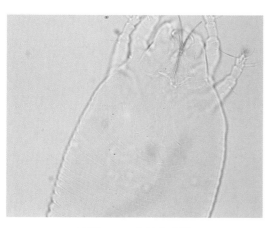

彩图 121　龙柏上瘿螨
Epitrimerus sabinae (1)

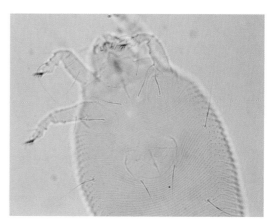

彩图 121　龙柏上瘿螨
Epitrimerus sabinae (2)

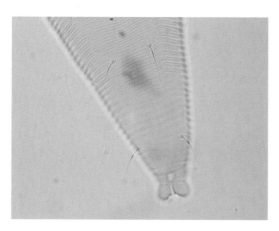

彩图 121　龙柏上瘿螨
Epitrimerus sabinae (3)

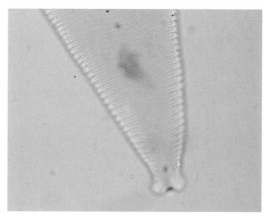

彩图 121　龙柏上瘿螨
Epitrimerus sabinae (4)

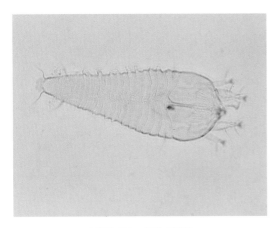

彩图 122　诺尔瘿螨
Knorella bambusae (1)

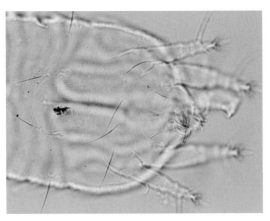

彩图 122　诺尔瘿螨
Knorella bambusae (2)

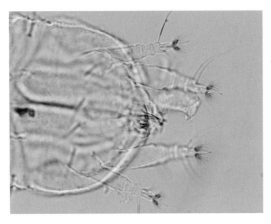

彩图 122　诺尔瘿螨
Knorella bambusae (3)

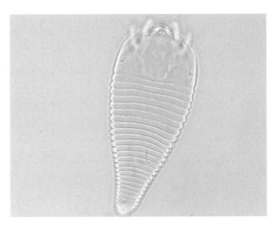

彩图 123　毒鱼藤匡氏瘿螨
Kuangella trifoliatae (1)

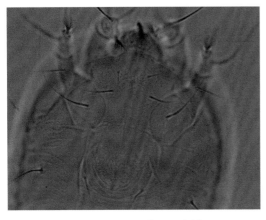

彩图 123　毒鱼藤匡氏瘿螨
Kuangella trifoliatae (2)

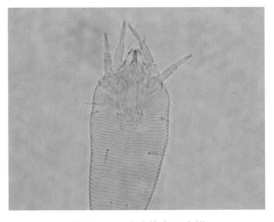

彩图 124　珍珠菜离子瘿螨
Leipothrix lysimachiae (1)

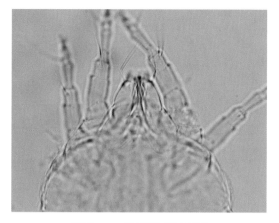

彩图 124　珍珠菜离子瘿螨
Leipothrix lysimachiae (2)

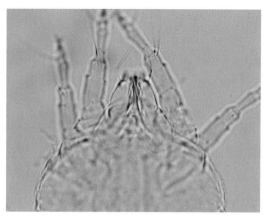

彩图 124　珍珠菜离子瘿螨
Leipothrix lysimachiae (3)

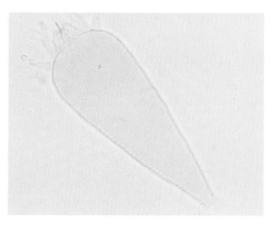

彩图 125　金樱新上三脊瘿螨
Neocalepitrimerus rosa (1)

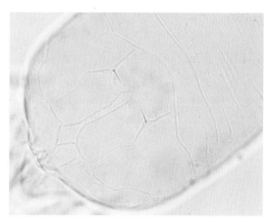

彩图 125　金樱新上三脊瘿螨
Neocalepitrimerus rosa (2)

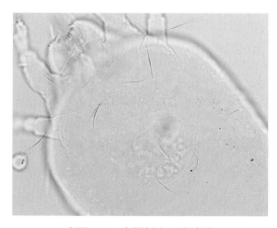

彩图 125　金樱新上三脊瘿螨
Neocalepitrimerus rosa (3)

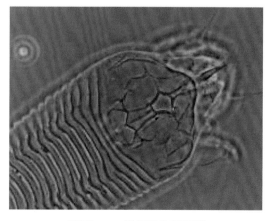

彩图 126　柑橘皱叶刺瘿螨
Phyllocoptruta oleivora (1)

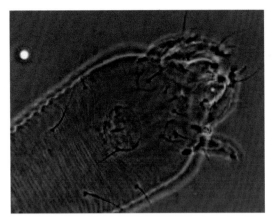

彩图 126　柑橘皱叶刺瘿螨
Phyllocoptruta oleivora (2)

彩图 127　柑橘皱叶刺瘿螨 *P. oleivora*
的为害状

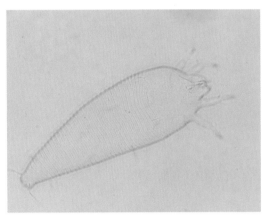

彩图 128　算盘子顶冠瘿螨
Tegolophus glochidionis (1)

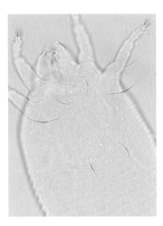

彩图 128　算盘子顶冠瘿螨
Tegolophus glochidionis (2)

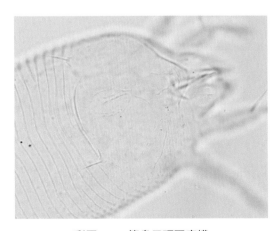

彩图 128　算盘子顶冠瘿螨
Tegolophus glochidionis (3)

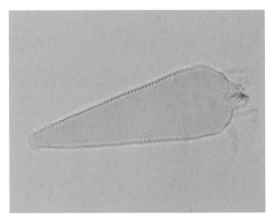

彩图 129　芒顶冠瘿螨
Tegolophus miscanthus (1)

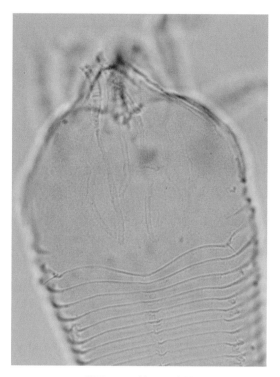

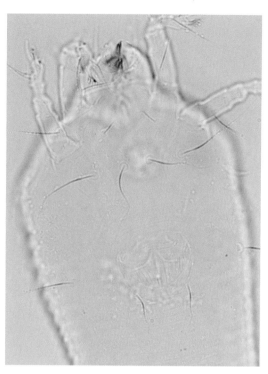

彩图 129　芒顶冠瘿螨
Tegolophus miscanthus (2)

彩图 129　芒顶冠瘿螨
Tegolophus miscanthus (3)

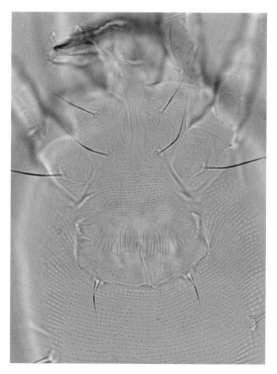

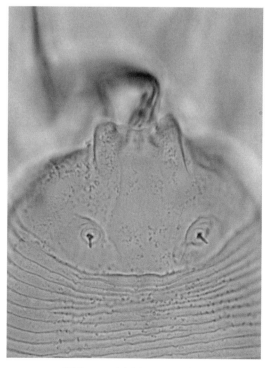

彩图 130　拟赤杨双羽爪瘿螨
Diptacus alniphyllus (1)

彩图 130　拟赤杨双羽爪瘿螨
Diptacus alniphyllus (2)

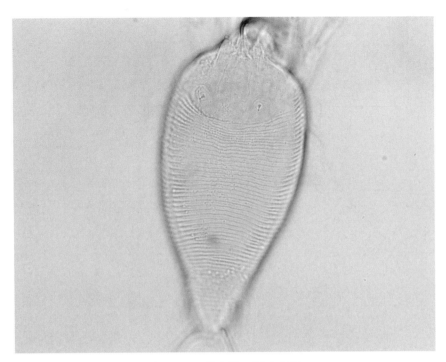

彩图 130　拟赤杨双羽爪瘿螨
Diptacus alniphyllus (3)

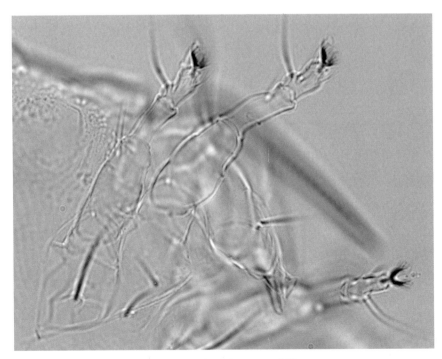

彩图 130　拟赤杨双羽爪瘿螨
Diptacus alniphyllus (4)